现代数学基础丛书·典藏版 18

线性偏微分算子引论

下册

齐民友 徐超江 编著

科学出版社
北京

内 容 简 介

本书介绍线性偏微分算子的现代理论，主要论述拟微分算子和Fourier积分算子理论，还系统地讲述其必备的基础——广义函数理论和Sobolev空间理论。

本书分上、下两册。下册讨论辛几何理论、Fourier 积分算子理论，以及非线性微局部分析，这是线性偏微分算子伦理 80 年代以来一个重要的动向和富有潜力的方面。

本书可供有关专业的大学生、研究生、教师和研究工作者参考。

图书在版编目(CIP)数据

线性偏微分算子引论. 下册/齐民友，徐超江编著. —北京：科学出版社，1992.4（2016.6 重印）

（现代数学基础丛书・典藏版；18）

ISBN 978-7-03-002494-7

Ⅰ.①线… Ⅱ.①齐… ②徐… Ⅲ.①线性方程－偏微分方程－微分算子－研究 Ⅳ.①O175

中国版本图书馆 CIP 数据核字(2016) 第 113028 号

责任编辑：张　扬／责任校对：林青梅
责任印制：徐晓晨／封面设计：王　浩

科学出版社 出版
北京东黄城根北街 16 号
邮政编码：100717
http://www.sciencep.com
北京厚诚则铭印刷科技有限公司印刷
科学出版社发行　各地新华书店经销
*
1992 年 4 月第　一　版　开本：B5(720×1000)
2016 年 6 月印　　刷　印张：18
字数：232 000

定价：128.00 元

(如有印装质量问题，我社负责调换)

目　　录

第八章 辛 几 何

§1. Hamilton 力学

1. 力学的基本方程. 70年代以来，线性偏微分算子理论最大的进展是微局部分析的出现. 它使人们认识到，应该在余切丛上讨论微分算子，而不只是在底空间上进行. 微分流形的余切丛有着特殊的几何结构，这种几何就是辛几何. 辛几何其实已有很长的历史，过去，它一直与分析力学紧密地联系在一起. 因此，我们先介绍分析力学中的一些基本概念，这些概念对于线性偏微分算子是极为重要的.

讨论构形空间 M（这是一个微分流形）上的力学系有两种方式，其一是在 M 的切丛 TM 上讨论. 这时设 x 是 M 上的动点，$x = x(t)$ 是该力学系的轨道，于是 $\dot{x}(t)$ 是速度，它是一个切向量. 这个力学系的动能是 $\dot{x}$ 的二次型 $T = \langle \dot{x}, A\dot{x} \rangle$，$A$ 是一个正定矩阵. 如果该力学系有位能 $U(x)$，则称二者之差 $L(x,\dot{x}) = T - U$ 为此力学系的 Lagrange 函数. 力学的基本方程可以用最小作用原理来表示.

最小作用原理. 力学系的轨道是作用量

$$S = \int_{t_0}^{t_1} L(x,\dot{x})\,dt \tag{8.1.1}$$

作为一个泛函的驻定曲线.

由变分学的基本原理知道，力学系的轨道 $x = x(t)$ 应满足 Euler-Lagrange 方程

$$\frac{d}{dt}\left(\frac{\partial L}{\partial \dot{x}_j}\right) - \frac{\partial L}{\partial x_j} = 0,\ j = 1, \cdots, n, \tag{8.1.2}$$

这里 $x = (x_1, \cdots, x_n)$ 是 M 上的局部坐标系. 如果 M 就是 $\mathbb{R}^{3n}$，

则

$$L = T - U = \frac{1}{2}\sum_{j=1}^{n} m_j(\dot{x}_j^2 + \dot{y}_j^2 + \dot{z}_j^2) - U(x, y, z),$$

而(8.1.2)就成为 n 个质点之组的 Newton 运动方程。

$$m_j\ddot{x}_j + \frac{\partial}{\partial x_j}U = 0,$$

$$m_j\ddot{y}_j + \frac{\partial}{\partial y_j}U = 0, \quad j = 1, 2, \cdots, n,$$

$$m_j\ddot{z}_j + \frac{\partial}{\partial z_j}U = 0.$$

在切丛 TM 上讨论力学系称为 Lagrange 力学。它的基本方程组(8.1.2)是 n (n 为自由度)个二阶微分方程，称为 Lagrange 方程组。

也可以在余切丛 T^*M 上讨论力学系。T^*M 在力学中称为**相空间**。这时我们不是讨论广义坐标 x_j 与广义速度 $\dot{x}_j$，而是讨论广义坐标 x_j 与广义动量 $p_j = \frac{\partial L}{\partial \dot{x}_j}$. 容易证明 p 是余切向量。从切丛转到余切丛是通过 Legendre 变换，即引入 (x, p) 的函数——称为 Hamilton 函数

$$H(x, p) = \dot{x}p - L(x, \dot{x}), \tag{8.1.3}$$

式右的 $\dot{x}$ 应理解为 (x, p) 的函数，这个函数关系将由 $p_j = \frac{\partial L}{\partial \dot{x}_j}$ 来确定。

Hamilton 函数的力学意义是总能量。因为动能是 $\dot{x}$ 的二次齐性函数，所以由 Euler 恒等式，有

$$H = \dot{x}p - L(x, \dot{x}) = \dot{x}\frac{\partial L}{\partial \dot{x}} - (T - U)$$

$$= \dot{x}\frac{\partial T}{\partial \dot{x}} - (T - U) = T + U.$$

在余切丛上力学系的基本方程是 Hamilton 方程组。实际

上，我们有

定理 8.1.1 Lagrange 方程组等价于 $2n$ 个一阶方程形成的方程组

$$\dot{p}=-\frac{\partial H}{\partial x},\quad \dot{x}=\frac{\partial H}{\partial p},\tag{8.1.4}$$

这里 Hamilton 函数 H 由 Legendre 变换（8.1.3）决定。

证． 现在求 Hamilton 函数 $H(x,p)$ 的全微分

$$dH=\frac{\partial H}{\partial x}dx+\frac{\partial H}{\partial p}dp.$$

另一方面，由（8.1.3）又有

$$\begin{aligned}dH&=\dot{x}dp+pd\dot{x}-\frac{\partial L}{\partial \dot{x}}d\dot{x}-\frac{\partial L}{\partial x}dx\\&=\dot{x}dp-\frac{\partial L}{\partial x}dx.\end{aligned}$$

比较 dH 的这两个表达式有

$$\dot{x}=\frac{\partial H}{\partial p},\quad \frac{\partial H}{\partial x}=-\frac{\partial L}{\partial x}.$$

因此 Lagrange 方程组

$$\frac{d}{dt}\left(\frac{\partial L}{\partial \dot{x}}\right)-\frac{\partial L}{\partial x}=0$$

等价于

$$\dot{x}=\frac{\partial H}{\partial p},\quad \dot{p}=\frac{d}{dt}\left(\frac{\partial L}{\partial \dot{x}}\right)=-\frac{\partial H}{\partial x}.$$

定理得证．

系 8.1.2 $H(x,p)$ 是 Hamilton 方程组（8.1.4）的初积分．

证． 在力学系的一个轨道 $x=x(t)$，$p=p(t)$ 上

$$\frac{d}{dt}H(x(t),p(t))=\frac{\partial H}{\partial x}\frac{dx}{dt}+\frac{\partial H}{\partial p}\frac{dp}{dt}=0.$$

证毕．

这个系就是沿着力学系的轨道能量守恒．当然，在不同的轨道上，能量值是不同的．

例. 考虑 Kepler 问题，即一个质量为m的质点在有心力场下于一平面内的运动. 设这个力场有位能 $U(r)=-k/r$，k 是常数. 采用极坐标系 (r,θ)，则动能是

$$T=\frac{m}{2}(\dot{r}^2+r^2\dot{\theta}^2),$$

Lagrange 函数为

$$L=T-U=\frac{m}{2}(\dot{r}^2+r^2\dot{\theta}^2)+\frac{k}{r},$$

而 Lagrange方程成为

$$\frac{d}{dt}\left(\frac{\partial L}{\partial \dot{r}}\right)-\frac{\partial L}{\partial r}=m\ddot{r}-mr\dot{\theta}^2+\frac{k}{r^2}=0,$$

$$\frac{d}{dt}\left(\frac{\partial L}{\partial \dot{\theta}}\right)-\frac{\partial L}{\partial \theta}=\frac{d}{dt}(mr^2\dot{\theta})=0.$$

由后一方程得到 $mr^2\dot{\theta}=\text{const}$，这就是角动量守恒. 为了求它的 Hamilton 方程组，我们作 Legendre 变换

$$(r,\theta,\dot{r},\dot{\theta})\longmapsto(r,\theta,p_r,p_\theta),$$

$$p_r=\frac{\partial L}{\partial \dot{r}}=m\dot{r},\quad p_\theta=\frac{\partial L}{\partial \dot{\theta}}=mr^2\dot{\theta},$$

这时动能成为

$$T=\frac{m}{2}\left(\frac{p_r^2}{m^2}+\frac{p_\theta^2}{m^2r^2}\right)=\frac{1}{2m}\left(p_r^2+\frac{p_\theta^2}{r^2}\right),$$

而 Hamilton 函数是$\left(设\ m=\frac{1}{2},\ k=1\right)$

$$H=T+U=\left(p_r^2+\frac{p_\theta^2}{r^2}\right)-\frac{1}{r}.$$

当然也可利用 $H=\dot{r}p_r+\dot{\theta}p_\theta-L$ 来计算，结果亦同. Hamilton 方程组现在是

$$\frac{dr}{dt}=\frac{\partial H}{\partial p_r}=2p_r,\quad \frac{d\theta}{dt}=\frac{\partial H}{\partial p_\theta}=\frac{2p_\theta}{r^2},$$

$$\frac{dp_r}{dt}=-\frac{\partial H}{\partial r}=\frac{2p_\theta^2}{r^3}-\frac{1}{r^2},\quad \frac{dp_\theta}{dt}=-\frac{\partial H}{\partial \theta}=0.$$

这里又一次得到角动量 p_θ 守恒。

由 $p_\theta = l$（常数）及 $\frac{d\theta}{dt} = 2p_\theta/r^2$，又有

$$\theta = 2l\int \frac{dt}{r^2}. \tag{8.1.5}$$

由能量守恒

$$H = T + U = \frac{1}{4}\left(\dot{r}^2 + \frac{4l^2}{r^2}\right) - \frac{1}{r} = \frac{\dot{r}^2}{4} + \omega(r).$$

$$= E\left(\omega(r) = \frac{l^2}{r^2} - \frac{1}{r}\text{ 称为有效位能}\right)$$

得到

$$\int dt = \int \frac{dr}{2\sqrt{E - \omega(r)}}. \tag{8.1.6}$$

(8.15) 与 (8.1.6) 解出了 Kepler 问题。

2. 典则变换. 在上面的例子中由平面直角坐标转到极坐标是一个关键的步骤.若采用直角坐标 (x, y)，H 将含有(x, y, p_x, p_y)四个变量，求积 Hamilton 方程组将不是很容易的事. 现在H中不含θ，因而 $\frac{\partial H}{\partial \theta} = 0$，从而得到一个守恒律. 一般地说，若$H$中不含某一变量(这种变量称为循环坐标)，就可以得到一个守恒律. 守恒律是一个初积分，从数学上说，其作用是使 Hamilton 方程组降一阶。上面我们就是用了两个守恒律(角动量和能量)将 Kepler 问题化为求两个积分. 这个例子实际上是求解 Hamilton 方程组最有效的方法：寻求一个变量变换，使Hamilton 方程组形状不变，而同时使 Hamilton 函数尽可能简单(找出尽可能多的循环坐标)，以得到种种守恒律. 这种变换就称为典则变换.

为了讨论典则变换，我们再引入 Poisson 括号的概念。设有一个物理量 $F(x, p)$，则沿着力学系的轨道有

$$F(t) = F(x(t), p(t)),$$

而且

$$\frac{dF}{dt} = \sum_i \left(\frac{\partial F}{\partial x_i}\frac{dx_i}{dt} + \frac{\partial F}{\partial p_i}\frac{dp_i}{dt}\right)$$

$$= \sum_i \left(\frac{\partial F}{\partial x_i}\frac{\partial H}{\partial p_i} - \frac{\partial F}{\partial p_i}\frac{\partial H}{\partial x_i}\right).$$

此式右方常记作 $-\{H, F\}$，而定义 Poisson 括号为

$$\{H,F\} = \sum_{i=1}^{n}\left(\frac{\partial H}{\partial x_i}\frac{\partial F}{\partial p_i} - \frac{\partial H}{\partial p_i}\frac{\partial F}{\partial x_i}\right). \tag{8.1.7}$$

于是有

定理 8.1.3 沿某一力学系的轨道，物理量 $F(x,p)$ 恒适合常微分方程

$$\frac{dF}{dt} = -\{H,F\}, \tag{8.1.8}$$

H 为此力学系的 Hamilton 函数。

由此直接可以得到

系 8.1.4 $F(x,p)$ 是某一力学系的初积分当且仅当

$$\{H,F\} = 0.$$

由以上的讨论可以看出 Poisson 括号的重要性，因此，我们给出一个定义：设 Φ 是相空间到其自身的微分同胚(即坐标变换)，我们给出

定义 8.1.5 若对任意函数 F, G 有

$$\{F,G\}\circ\Phi = \{F\circ\Phi,\ G\circ\Phi\}, \tag{8.1.9}$$

则称 Φ 为**典则变换**。

所以典则变换即保持 Poisson 括号的变换。

由定义直接可得

定理 8.1.6 在典则变换下，Hamilton 方程组的形状不变。

证. 设有典则变换 $\Phi: (x,p) \longmapsto (x',p')$. 于是由定义

$$\sum_i \left(\frac{\partial F}{\partial x_i}\frac{\partial G}{\partial p_i} - \frac{\partial F}{\partial p_i}\frac{\partial G}{\partial x_i}\right) = \sum_i \left(\frac{\partial F}{\partial x'_i}\frac{\partial G}{\partial p'_i} - \frac{\partial F}{\partial p'_i}\frac{\partial G}{\partial x'_i}\right).$$

令 $F(x,p) = x'_i(x,p)$，则由定理 8.1.3，有

$$\frac{dx'_i}{dt} = -\{H, x'_i\} = \frac{\partial H}{\partial p'_i}.$$

同理，令 $F(x,p) = p'_i(x,p)$，又有

$$\frac{dp_i'}{dt} = -\{H, p_i'\} = -\frac{\partial H}{\partial x_i'}.$$

刻划典则变换还有另外两种方法．为方便计，以下我们用 q_i 代替 x_i．于是设有变换

$$\Phi: (q, p) \longmapsto (Q, P).$$

如果 Φ 是典则变换，应有

$$\{P_j, P_k\} = \sum_l \left(\frac{\partial P_j}{\partial Q_l}\frac{\partial P_k}{\partial P_l} - \frac{\partial P_j}{\partial P_l}\frac{\partial P_k}{\partial Q_l}\right) = 0,$$

$$\{Q_j, Q_k\} = 0, \qquad (8.1.10)$$

$$\{Q_j, P_k\} = \delta_{jk}.$$

回到原坐标系 (q, p)，(8.1.10) 是 Φ 的导数的二次式的条件，这个条件如果用矩阵形式来写则是

$$^t\Phi' J \Phi' = J, \qquad (8.1.11)$$

$$J = \begin{pmatrix} 0 & I \\ -I & 0 \end{pmatrix},$$

Φ' 是 Φ 的 Jacobi 矩阵，$^t\Phi'$ 表其转置． 一个变换 Φ 若其 Jacobi 矩阵适合 (8.1.11)，则称为**辛变换**，J 称为**标准辛矩阵**．所以我们又有

定理 8.1.7 Φ 为典则变换当且仅当 Φ' 处处为辛变换．

第三种刻划典则变换的方式是通过所谓**辛形式**

$$\omega = \sum_i dp_i \wedge dq_i. \qquad (8.1.12)$$

直接验算可以证明

定理 8.1.8 Φ 为典则变换当且仅当

$$\Phi^* \omega = \omega. \qquad (8.1.13)$$

现在回到力学系的相空间．设其一个局部坐标为 (q, p)，且 q 是底空间 (即构形空间) 的坐标． 若对底空间作一个坐标变换 $\Phi_b: q \longmapsto Q(q)$，我们恒可把它扩充为一个典则变换

$$\Phi: (q, p) \longmapsto (Q, P).$$

为此，我们仅需找到一组 $P_1, \cdots, P_n$，使之适合

$$\sum_i dP_i \wedge dQ_i = \sum_i dp_i \wedge dq_i.$$

不仅如此，我们也可以找到 P 使之适合

$$\sum_i P_i dQ_i = \sum_i p_i dq_i. \tag{8.1.14}$$

只要对上式双方求外微分 d 即得(8.1.13)。$\sigma = \sum_i p_i dq_i$ 与辛形式 ω 同样都是十分重要的，有时称 σ 为 Liouville 形式。但由(8.1.14)有

$$\sum_k \left(\sum_i P_i \frac{\partial Q_i}{\partial q_k}\right) dq_k = \sum_i p_i dq_i.$$

比较双方，并记 p, P 为列向量 ${}^t(p_1, \cdots, p_n)$, ${}^t(P_1, \cdots, P_n)$ 有 $P = [{}^t\Phi_b'(q)]^{-1} p$. 这样，我们即得所需的典则变换

$$\Phi: (q, p) \longmapsto (Q(q), {}^tQ'(q)^{-1} p).$$

前例中用的变换就是由底空间的极坐标变换扩充而得的典则变换。

3. 生成函数. Hamilton-Jacobi 方程. 上面已见到典则变换的重要性，问题是怎样找到典则变换，方法之一是应用生成函数。考虑典则变换

$$\Phi: (q, p) \longmapsto (Q, P). \tag{8.1.15}$$

它的图象 Γ 定义为

$$\Gamma = \{(q, p; Q, P), (Q, P) = \Phi(q, p)\}. \tag{8.1.16}$$

设我们可以用 (p, Q) 作为 Γ 上的局部坐标，则在 Γ 上有

$$d\left(\sum_i q_i dp_i + \sum_i P_i dQ_i\right)$$

$$= -\left(\sum_i dp_i \wedge dq_i - \sum_i dP_i \wedge dQ_i\right) = 0,$$

因而存在一个函数 $S(p, Q)$ 使得局部地有

$$\sum_i q_i dp_i + \sum_i P_i dQ_i = dS,$$

亦即在 Γ 上有

$$q_i = \frac{\partial S(p,Q)}{\partial p_i}, \quad P_i = \frac{\partial S(p,Q)}{\partial Q_i}, \qquad (8.1.17)$$

就是说，典则变换(8.1.15)可以通过 $S(p,Q)$ 按(8.1.17)生成. 所以 $S(p,Q)$ 称为(8.1.15)的生成函数. 问题是什么样的典则变换的图象 Γ 上允许以 (p,Q) 为局部坐标. 为此，我们来看恒等变换——它当然是典则变换

$$id: Q = q, \quad P = p.$$

由(8.1.17)可以看到，若

$$S(p,Q) = \sum_i p_i Q_i,$$

则生成恒等变换.这时是可以取 (p,Q) 为局部坐标的.所以，接近于恒等变换的典则变换必有生成函数 $S(p,Q)$. 这里"接近"是指到一阶导数均接近，下同. 反之，我们有

定理 8.1.9 若 $S(p,Q)$ 接近于 $\sum_i p_i Q_i$，则定义

$$q_i = \frac{\partial S(p,Q)}{\partial p_i}, \quad P_i = \frac{\partial S(p,Q)}{\partial Q_i} \qquad (8.1.17)$$

将给出一个典则变换.

证. 由于 $S(p,Q)$ 接近于 $\sum_i p_i Q_i$，上述的定义确实是一个坐标变换，而在此变换的图象上可以用 (p,Q) 作为局部坐标.由(8.1.17)，

$$\sum_i P_i dQ_i + \sum_i q_i dp_i = dS(p,Q).$$

因此，取外微分后即有

$$\sum_i dP_i \wedge dQ_i = \sum_i dp_i \wedge dq_i,$$

而定理证毕.

利用这个定理，我们要作出一类重要的典则变换. 改变一下记号，并且考虑 Hamilton 方程组

$$\frac{dy_i}{dt} = \frac{\partial H(y,\eta)}{\partial \eta_i}, \quad \frac{d\eta_i}{dt} = -\frac{\partial H(y,\eta)}{\partial y_i} \qquad (8.1.18)$$

的 Cauchy 问题

$$y(0)=x,\ \eta(0)=\xi.$$

由于(8.1.18)是一个自治系统(即右方不显含时间 t)，其解对一切 $t\in\mathbb{R}$ 均有定义,而且可以认为这个解定义一个含单参数 t 的变换

$$\Phi_t:(x,\xi)\longmapsto(y,\eta).$$

当 $t=0$ 时，$\Phi_0=id$，而且 $\{\Phi_t\}$ 对 t 具有半群性质

$$\Phi_{t+s}=\Phi_t\circ\Phi_s. \tag{8.1.19}$$

$\{\Phi_t\}$ 称为 Hamilton 流,我们要证明

定理 8.1.19 Hamilton 流对任意 t 都是典则变换.

证. 用 $\mathrm{grad}H={}^t\left(\dfrac{\partial H}{\partial y},\dfrac{\partial H}{\partial \eta}\right)$ 以及标准辛矩阵 J 可以将 Hamilton 方程组写成

$${}^t(y_t,\eta_t)=J\mathrm{grad}H. \tag{8.1.20}$$

对初值求导数,记 (y,η) 对初值的 Jacobi 矩阵为 Φ'_t，容易看到

$$\frac{d}{dt}\Phi'_t=JH''\Phi'_t=F\Phi'_t,$$

H'' 表示 H 的 Hess 矩阵

$$H''=\begin{pmatrix}H_{yy} & H_{y\eta}\\ H_{\eta y} & H_{\eta\eta}\end{pmatrix},$$

这是一个对称矩阵. 现在计算 $\dfrac{d}{dt}({}^t\Phi'_t J\Phi'_t)$，有

$$\begin{aligned}\frac{d}{dt}({}^t\Phi'_t J\Phi'_t)&={}^t\left(\frac{d}{dt}\Phi'_t\right)J\Phi'_t+{}^t\Phi'_t J\frac{d}{dt}\Phi'_t,\\&={}^t\Phi'_t\,{}^tFJ\Phi'_t+{}^t\Phi'_t JF\Phi'_t\\&={}^t\Phi'_t({}^tFJ+JF)\Phi'_t\\&={}^t\Phi'_t[-{}^t(JF)+JF]\Phi'_t\\&={}^t\Phi'_t[-H''+H'']\Phi'_t=0.\end{aligned}$$

这里我们利用了 J 为反对称矩阵，从而 ${}^tJ=-J$，以及 $J^2=-I$ 和 H'' 为对称矩阵,所以 ${}^tH''=H''$，$JF=J^2H'=-H''$.

以上我们证明了 ${}^t\Phi'_t J\Phi'_t$ 与时间 t 无关,但当 $t=0$ 时,由于初值条件 $\Phi'_t|_{t=0}=I$，因此对一切 t

$${}^t\Phi'_t J\Phi'_t=J.$$

由定理 8.1.7 知 Φ_t 为典则变换. 证毕.

当 $t=0$ 时,典则变换 $\Phi_0=id$,具有生成函数

$$S(y,\xi)=\sum_i y_i\xi_i$$

(注意,这里的 (x,ξ) 相当于前面的 (q,p),(y,η) 相当于前面的 (Q,P)),所以当 t 充分小时,Φ_t 也应有生成函数 $S_t(y,\xi)$. 现在我们要问怎样求 $S_t(y,\xi)$. 这里我们要用到 $\{\Phi_t\}$ 的半群性质. 考虑两个相继的 Φ_t 和 Φ_τ,这里 t 和 τ 都充分小:

$$(x,\xi)\xmapsto{\Phi_t}(y,\eta)\xmapsto{\Phi_\tau}(z,\zeta). \qquad (8.1.21)$$

相应于它们的生成函数为 $S_t(y,\xi)$, $S_\tau(z,\eta)$, 而相应于 $\Phi_{t+\tau}=\Phi_t\circ\Phi_\tau$ 的生成函数是 $S_{t+\tau}(z,\xi)$. 我们要证明

引理 8.1.11 在 $\Phi_t\circ\Phi_\tau$ 的图象

$$\Gamma=\{(x,\xi;y,\eta;z,\zeta);(y,\eta)=\Phi_t(x,\xi),\\ (z,\zeta)=\Phi_\tau(y,\eta)\}$$

上,恒有

$$S_{t+\tau}(z,\xi)=S_t(y,\xi)+S_\tau(z,\eta)-\sum_i\eta_iy_i. \qquad (8.1.22)$$

证. 由生成函数的定义

$$x_j=\frac{\partial S_t(y,\xi)}{\partial\xi_j},\quad \eta_j=\frac{\partial S_t(y,\xi)}{\partial y_j}.$$

所以

$$dS_t(y,\xi)=\sum_i x_id\xi_i+\sum_i\eta_idy_i.$$

同理

$$dS_\tau(z,\eta)=\sum_i y_id\eta_i+\sum_i\zeta_idz_i,$$

$$dS_{t+\tau}(z,\xi)=\sum_i x_id\xi_i+\sum_i\zeta_idz_i.$$

比较即有

$$dS_{t+\tau}=dS_t+dS_\tau-d\sum_i\eta_iy_i.$$

利用当 $t,\tau\to0$ 时 $S_0=\sum_i y_i\xi_i$,即得 (8.1.22) 式.

现在证明主要的定理

定理 8.1.12 $S_t(z,\xi)$ 适合 Hamilton-Jacobi 方程

$$\frac{\partial S_t}{\partial t}+H\left(z,\ \frac{\partial S_t}{\partial z}\right)=0. \tag{8.1.23}$$

证. 将 (z,ζ) 按 τ 展开有

$$z_j=y_j+\tau\frac{\partial H(y,\eta)}{\partial\eta_j}+O(\tau^2),$$

$$\zeta_j=\eta_j-\tau\frac{\partial H(y,\eta)}{\partial y_j}+O(\tau^2).$$

由前式

$$y_j=z_j-\tau\frac{\partial H(y,\eta)}{\partial\eta_j}+O(\tau^2).$$

现在

$$\begin{aligned}dS_t(z,\eta)&=\sum_j y_j d\eta_j+\sum_j\eta_j dy_j\\&=\sum_j(z_j d\eta_j+\eta_j dz_j)\\&\qquad-\tau\sum_j\left(\frac{\partial H}{\partial y_j}dy_j+\frac{\partial H}{\partial\eta_j}d\eta_j\right)+O(\tau^2).\end{aligned}$$

对 Hamilton 函数适当加一常数项并不改变 Hamilton 方程组，从而也不改变 Hamilton 流生成的典则变换，同时利用 $\tau=0$ 时 $S_0=\sum\eta_j y_j$ 即有

$$S_\tau(z,\eta)=\sum_j\eta_j z_j-\tau H(z,\eta)+O(\tau^2),$$

代入 (8.1.22) 有

$$\begin{aligned}S_{t+\tau}(z,\xi)&=S_t(y,\xi)+\sum_j\eta_j(z_j-y_j)-\tau H(z,\eta)\\&\quad+O(\tau^2)=S_t(z,\xi)-\sum_j\frac{\partial S_t(z,\xi)}{\partial z_j}(z_j-y_j)\\&\quad+\sum_j\eta_j(z_j-y_j)-\tau H(z,\eta)+O(\tau^2).\end{aligned}$$

由于 $\frac{\partial S_t(z,\xi)}{\partial z_j}=\eta_j$，故

$$\frac{1}{\tau}[S_{t+\tau}(x,\xi)-S_t(x,\xi)]=-H(x,\eta)+O(\tau).$$

令 $\tau\to 0$，并注意到 $\eta=\frac{\partial S_t}{\partial x}$，即得

$$\frac{\partial S_t}{\partial \tau}+H\left(x,\ \frac{\partial S_t}{\partial x}\right)=0.$$

以上的讨论告诉我们，为了求出生成函数，只需要求解一个一阶偏微分方程。下面介绍研究以下形状的一阶偏微分方程

$$F\left(x,\ \frac{\partial u}{\partial x}\right)=0 \tag{8.1.24}$$

的一种观点。

设 x 是流形 M 上的动点，由于 $\frac{\partial u}{\partial x}$ 是余切向量，所以引入 T^*M 上的纤维坐标 ξ，代替 (8.1.24)。我们考虑 T^*M 上的方程

$$F(x,\xi)=0. \tag{8.1.25}$$

由于 ξ 应是某一函数 u 对 x 的偏微商，所以应有

$$\xi_i=\xi_i(x). \tag{8.1.26}$$

因此我们实际上需要求的是 T^*M 的一个 n 维子流形 Λ，它可以写成 (8.1.26)，即可以用底空间的坐标作为局部坐标，因此它必须是横截纤维坐标的。更重要的是 (8.1.26) 的 ξ_i 应是某一函数 $u=u(x)$ 的偏导数：$\xi_i=\frac{\partial u}{\partial x_i}$，为此，$\xi_i$ 应该适合一些可积性条件

$$\frac{\partial \xi_i}{\partial x_j}=\frac{\partial \xi_j}{\partial x_i} \tag{8.1.27}$$

$$\left(\text{即 } \frac{\partial^2 u}{\partial x_i\,\partial x_j}=\frac{\partial^2 u}{\partial x_j\,\partial x_i}\right).$$

这一条件可以用另一形式来描述。在 T^*M 上考虑一个二次外形式（见 (8.1.12)）

$$\omega=\sum_i d\xi_i\wedge dx_i, \tag{8.1.28}$$

它在 $\Lambda:\xi_i=\xi_i(x)$ 上的限制是

$$\omega | \Lambda = \sum_{j} d\xi_j(x) \wedge dx_j = \sum_{i<j} \left(\frac{\partial \xi_j}{\partial x_i} - \frac{\partial \xi_i}{\partial x_j} \right) dx_i \wedge dx_j.$$

因此可积性条件（8.1.27）成立的充分必要条件即 ω 在 Λ 上的限制为 0.

由于这个概念具有多方面的应用，我们将称 T^*M 的适合 $\omega|\Lambda=0$ 的 n 维子流形为 Lagrange 子流形. 因此，求解一阶偏微分方程（8.1.24）化成一个几何问题：求余切从 T^*M 的一个 Lagrange 子流形 Λ，并使得：

（1）Λ 横截于纤维坐标，

（2）在 Λ 上（8.1.25）成立.

以上我们从 Hamilton 力学的基本概念入手引入了辛几何的最基本的对象. 由于我们的目的仅在于提出几何问题的力学背景，所以对这些力学问题的处理都加以简化了. 读者如果需要进一步了解这些力学理论，最好的参考文献自然是 Arnold（Арнольд）[1]. 以下我们将要系统地展开辛几何的理论.

§2. 辛 代 数

1. 辛空间. 辛几何研究具有某种构造——辛构造的微分流形. 这个流形的切空间也因此有了代数的辛构造，这就是辛代数的对象——辛空间.

定义 8.2.1 辛空间即具有一个实值非退化反对称双线性形式 ω 的实线性空间 V（以下仅限于有限维空间）. ω 时常称为其辛形式，而辛空间就记作 (V,ω).

反对称性即指对 V 的任意元 x 与 y 都有

$$\omega(x, y) = -\omega(y, x). \tag{8.2.1}$$

它也可以表为等价的条件

$$\omega(x, x) = 0, \ \forall x \in V. \tag{8.2.1'}$$

非退化性即指对任一 $x_0 \in V$，若

$$\omega(x_0, y) = 0, \ \forall y \in V, \tag{8.2.2}$$

则必有 $x_0=0$. 注意到 $\omega(x_0,\cdot)$ 是 V 上的线性形式，所以非退化性就是说：如果 x_0 使这个线性形式成为零形式，必有 $x_0=0$.

在空间 V 引入坐标系使 $x=(x_1,\cdots,x_m)$, $y=(y_1,\cdots,y_m)$, $m=\dim V$ 以后，双线性形式成为

$$\omega(x,y)=\sum_{i,j=1}^{m}a_{ij}x_iy_j.$$

这时，反对称性就是．矩阵 $A=(a_{ij})$ 是反对称的：

$${}^tA=-A.$$

而非退化性就是：若 $\sum_{i=1}^{m}a_{ij}x_i=0$, 必有 $x_i=0$, $i=1,\cdots,m$, 但这就是说矩阵 A 是非奇异的：

$$\det A\neq 0.$$

例 1. 设 $V=\mathbb{R}^{2n}$, 其中点的坐标记作 $x=(x_1,\cdots,x_n;\xi_1,\cdots,\xi_n)$, $y=(y_1,\cdots,y_n;\eta_1,\cdots,\eta_n)$, 我们定义

$$\omega(x,y)=\sum_{j=1}^{n}(x_j\eta_j-y_j\xi_j). \tag{8.2.3}$$

很容易看出，ω 是反对称的非退化的双线性形式，因此 $(\mathbb{R}^{2n},\omega)$ 是一个辛空间．在这个坐标系下面，相应于 ω 的矩阵是

$$A=\begin{pmatrix}0 & I\\ -I & 0\end{pmatrix},\ I \text{ 是 } n \text{ 阶单位方阵}. \tag{8.2.4}$$

这就是 § 1 (8.1.11) 中的标准辛矩阵．以下我们要证明，所有的辛空间都可化为这个情况．

例 2. 设 U 为一个 n 维实线性空间．U^* 是其对偶空间，因此也是 n 维实线性空间．对于 $V=U\oplus U^*$ 定义其上的实值双线性形式如下：对于 $v_1=(u_1,u_1^*)$ $v_2=(u_2,u_2^*)$, 定义

$$\omega(v_1,v_2)=u_2^*(u_1)-u_1^*(u_2). \tag{8.2.5}$$

很显然，它是反对称的．非退化性证明如下：若对

$$v_1\in V,\ \omega(v_1,v_2)=0,\ \forall v_2\in V,$$

则取

$$v_2=(u_2,0),$$

有

$$0=\omega(v_1,v_2)=-u_1^*(u_2),\ \forall u_2\in U,$$

所以 $u_1^*=0$. 同理取 $v_2=(0,u_2^*)$，又有 $u_2^*(u_1)=0$，$\forall u_2^*\in U^*$，所以 $u_1=0$. 这样 (V,ω) 成一辛空间.

取 U 和 U^* 的对偶基底 $(\boldsymbol{e}_1,\cdots,\boldsymbol{e}_n)$，$(\boldsymbol{f}_1,\cdots,\boldsymbol{f}_n)$，使 $v_1=(x_1,\cdots,x_n;\xi_1,\cdots,\xi_n)$，$v_2=(y_1,\cdots,y_n;\eta_1,\cdots,\eta_n)$，则本例中的 ω 即成为例 1 中的 ω. 因此例 1 中的 ω 将称为标准辛形式.

辛空间和 Euclid 空间有一点相同，即同是在一线性空间上赋以一个双线性形式. 不过 Euclid 形式是正定的（当然也就是对称的、非退化的）. 这样，就可以用这个双线性形式定义正交性、正交补空间等等. 类似地，我们就有

定义 8.2.2 设 (V,ω) 为一辛空间. 若对其中两个元 v_1，v_2 有 $\omega(v_1,v_2)=0$，则称 v_1 与 v_2 辛正交. 一切与一固定元 v_1 辛正交的元显然构成 V 的子空间，称为其辛补 $(v_1)^\sigma$：

$$(v_1)^\sigma=\{v;v\in V,\omega(v_1,v)=0\}. \tag{8.2.6}$$

与此类似，若 $L\subset V$ 是其子空间，我们定义 L 的辛补为

$$(L)^\sigma=\{v;v\in V,\omega(u,v)=0,\forall u\in L\}. \tag{8.2.7}$$

辛正交与 Euclid 正交性有一个根本区别，即 $\omega(v,v)=0$，即辛空间中任一元素必辛正交于其自身. 由此，辛空间的任意一维子空间均含于其自己的辛补中. 实际上，V 的任意一维子空间必可写为 $L=\{tu_0;u_0\in V,u_0\neq 0,t\in\mathbf{R}\}$，易见 $L\subset L^\sigma$.

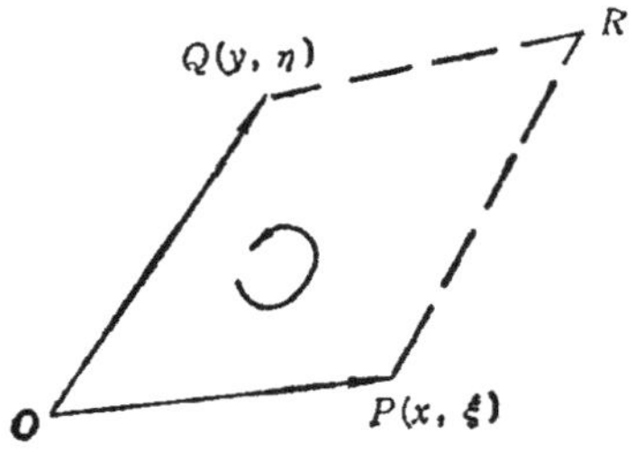

图 1

例 3. 考虑前面的例 1 并令 $n=1$，则 $\omega(x,y)$ 即图 1 中的平行四边形 $OPRQ$ 的有向面积. 它的一维子空间即过 O 的某一直线. 两边同在此直线上的平行四边形面积自然为0. 这个例子中对 $(\mathbf{R}^2,\omega)$ 的几何解释以后经常要用到.

Euclid 空间中的 Euclid 度量建立了它与其对偶的同构. 同

样，对于辛空间也有以下的基本定理。

定理 8.2.3 辛空间 (V,ω) 通过 ω 建立了 V 与 V^* 的一个同构。

证. 任意 $v\in V$ 均可生成 V 上的线性形式如下：

$$\Omega: V\to V^*,\quad V\ni v\to\omega(v,u)=\Omega v.$$

Ω 显然是线性的。它是单射。因为若 $\Omega v=\omega(v,u)=0$，则由 ω 的非退化性必有 $v=0$。有限维线性空间的单射自然是同构。

由此立即有

命题 8.2.4 $\operatorname{codim}(L)^\sigma=\dim L$。

证. 由 $(L)^\sigma$ 之定义知

$$\Omega(L)^\sigma=L\text{ 的零化子空间},$$

但因 Ω 为同构，有 $\operatorname{codim}(L)^\sigma=\operatorname{codim}(L\text{的零化子空间})=\dim L$.

由此命题，立即又有

定理8.2.5 设 L 与 M 为辛空间 (V,ω) 的子空间，则

(1) $(L^\sigma)^\sigma=L$,

(2) $(L+M)^\sigma=L^\sigma\cap M^\sigma$,

(3) $(L\cap M)^\sigma=L^\sigma+M^\sigma$,

(4) $L\subset M\Leftrightarrow M^\sigma\subset L^\sigma$.

证. (1) 由辛补的定义立即有 $L\subset(L^\sigma)^\sigma$。但是

$$\dim(L^\sigma)^\sigma=\operatorname{codim}L^\sigma=\dim L,$$

故 (1) 成立。

(2) 若 $v\in(L+M)^\sigma$，则对任一 $u\in L$，因为 $u=u+0\in L+M$，所以 $\omega(v,u)=0$，因此 $v\in L^\sigma$。同理 $v\in M^\sigma$，从而 $v\in L^\sigma\cap M^\sigma$。反之，若 $v\in L^\sigma\cap M^\sigma$，则因任意 $u\in L+M$ 均可写为 $u=u_1+u_2$，$u_1\in L$，$u_2\in M$，故

$$\omega(v,u)=\omega(v,u_1)+\omega(v,u_2)=0,$$

亦即 $v\in(L+M)^\sigma$。

(3) 由 (2) 和 (1) 即得。

(4) 由辛补的定义和 (1) 自明。

2. 辛空间的子空间，辛基底. 设有辛空间 (V,ω) 及其子空间

L. 由 L 和 L^σ 的关系可以划分几类特别重要的子空间。

定义 8.2.6

(1) 若 $L\subset L^\sigma$，则称 L 为迷向子空间；

(2) 若 $L^\sigma\subset L$，则称 L 为对合子空间；

(3) 若 $L=L^\sigma$，则称 L 为 Lagrange 子空间；

(4) 若 $L\cap L^\sigma=\{0\}$，则称 L 为辛子空间.

为了刻划这些子空间的性质，我们先来讨论 (V,ω) 是否在 L 上诱导一个辛构造. 这里有

命题 8.2.7 (V,ω) 在 $L/L\cap L^\sigma$ 上诱导出一个自然的辛构造.

证. ω 在 $L\cap L^\sigma$ 上的限制自然为 0，因此若取 $u,v\in L$ 在 $L/L\cap L^\sigma$ 中的等价类 $[u]$，$[v]$ 的任意不同的代表元 u，$u'\in[u]$，v，$v'\in[v]$，易见

$$\omega(u,v)=\omega(u',v').$$

因此，可以用这个公共值作为 $\omega([u],[v])$ 的定义，而 ω 在 $L/L\cap L^\sigma$ 上诱导出一个实值双线性形式，记作 ω_L. ω_L 显然是反对称的.

现证 ω_L 是非退化的. 为此假设有 $[u]$ 使 $\omega_L([u],[v])=0$，$\forall[v]\in L/L\cap L^\sigma$，取 $[u]$ 之代表元 u，则 $u\in L$，而且对任意的 $v\in L$，有 $\omega(u,v)=0$，这就是说 $u\in L^\sigma$. 因此 $u\in L\cap L^\sigma$ 而 $[u]=0$. 证毕.

把这个结果用于定义 8.2.6 中的各种子空间. 对于辛子空间，因为 $L\cap L^\sigma=\{0\}$，而 $L/L\cap L^\sigma=L$，所以 ω_L 是 L 上的辛形式. 就是说，L 在诱导辛形式下成为一个辛空间. 所以 L 称为辛子空间. 对于对合子空间，因为 $L^\sigma\subset L$，所以 ω_L 是 L/L^σ 上的辛形式. 对于迷向子空间，因为 $L\subset L^\sigma$，所以 $L/L\cap L^\sigma=L/L=\{0\}$，在其上的双线性形式一定是 0 形式，$\omega_L$ 自不例外. 这还可以通过计算看出：对任意 $u,v\in L$，因为 $L\subset L^\sigma$，所以例如 $u\in L^\sigma$ 而 $\omega(u,v)=0$. 所以 ω 在 L 上的限制必为 0. 对于 Lagrange 子空间自也如此. 可以看到 Lagrange 子空间是“极大”

的迷向子空间．实际上，我们可以把任一迷向子空间扩大为 Lagrange 子空间，从而证明 Lagrange 子空间是“极大”的迷向子空间．我们先来证明

定理 8.2.8 若 L_1, L_2 是两个迷向子空间，且 $L_1\cap L_2=\{0\}$，则必可找到一个 Lagrange 子空间 M，使 $L_1\subset M$ 而 $L_2\cap M=\{0\}$．

证． 令 $\mathscr{F}=\{$一切包含 L_1 而与 L_2 只交于 $\{0\}$ 的迷向子空间$\}$，则因 $L_1\in\mathscr{F}$，所以 $\mathscr{F}$ 非空．因 V 的维数有限，故必可在 $\mathscr{F}$ 中找到维数最大的元(不一定只有一个) M．今证 M 为 Lagrange 子空间． 任取 $x_0\in M^\sigma\backslash M$，则 $M+\{tx_0, t\in\mathbb{R}\}$ 仍是迷向子空间(请读者自行证明)，若 $x_0\neq 0$，则 $M+\{tx_0, t\in\mathbb{R}\}$ 必与 L_2 有非零公共元 $v=u+tx_0$，$u\in M$，$t\neq 0$．令 $v_0=t^{-1}v$，则 $v_0=t^{-1}u+x_0$，于是得到 $x_0\in M^\sigma\backslash M$ 的一个表达式：$x_0=v_0-t^{-1}u$．这里 $v_0\in L_2$，$t^{-1}u\in M$．这个表达式是唯一的，因若 x_0 有另一分解：$x_0=v_0'-t^{-1}u'$，$v_0\in L_2$，$t^{-1}u'\in M$，则 $v_0-v_0'=t^{-1}(u-u')$，从而 $v_0-v_0'\in L_2$，同时因它等于 $t^{-1}(u-u')$ 而属于M．但由假设 $L_2\cap M=\{0\}$，所以 $v_0=v_0'$，$u=u'$．这样一种分解亦可拓展到 M 上，因为 M 中任意元 u 的唯一分解只能是 $u=0+u$，$0\in L_2\cap M$．总之，我们得到 M^σ 的直和分解

$$M^\sigma=(L_2\cap M^\sigma)\oplus M.$$

往下，我们只需证明 $L_2\cap M^\sigma=\{0\}$ 即可．为此注意到，命题 8.2.7 已指出 ω 在 $M^\sigma/M\cong L_2\cap M^\sigma$ 上诱导出一个辛构造 ϖ．这个 ϖ 可以通过同构关系转移到 $L_2\cap M^\sigma$ 上．事实上，若有 v_1，$v_2\in L_2\cap M^\sigma$ 对应于 M^σ/M 中的两个等价类$[u_1]$，$[u_2]$，$u_1, u_2\in M^\sigma$ 定义 $\tilde{\omega}(v_1, v_2)=\varpi([u_1], [u_2])$ 就是 $L_2\cap M^\sigma$ 上的辛形式．它是反对称双线性形式是显然的，它的非退化性也很容易证明．事实上，若 $\omega(v_1, v_2)=0$，$\forall v_2$，必有 $\varpi([u_1], [u_2])=\omega(u_1, u_2)=0$，$\forall u_2\in M^\sigma$．所以 $u_1\in(M^\sigma)^\sigma=M$．因此 $[u_1]=0$ 而由同构关系 $v_1=0$．但由以上作法，知 ϖ 即是 V 上的辛形式 ω 在 $L_2\cap M^\sigma$ 上的限制． 但因 L_2 是迷向的，所以 ω 在 $L_2\cap M^\sigma$ 上的限制必为

0，从而 $\tilde{\omega}=0$。因为 M 也是迷向的，故 M^σ 是对合的，而由定理 8.2.7，其上本应有辛构造，现在既然 $\tilde{\omega}=0$，可见 $M^\sigma/M=\{0\}$，而 $M^\sigma=M$。定理证毕。

这个定理告诉我们，只要有迷向子空间，就一定有包含它的 Lagrange 子空间。但是 V 确有"很多"迷向子空间（所有一维子空间都是），所以 Lagrange 子空间应该也是"很多"的。下一个推论证实了这一点。

推论 8.2.9 设 L_1, L_2 为迷向子空间且 $L_1\cap L_2=\{0\}$，则必可找到分别包含 L_1，L_2 而且互相只交于 $\{0\}$ 的 Lagrange 子空间 M_1, M_2。

证。 先按定理 8.2.8 作 M_1，再对 M_1 和 L_2 用这定理作出 M_2。

推论 8.2.10 每个迷向子空间 L 都等于包含它的一切 Lagrange 子空间的交。

证。 只需证明 L 外任一点 $u\neq 0$ 必不属于某个包含 L 的 Lagrange 子空间即可。作 $L_2=\{tu, t\in\mathbb{R}\}$，则 L_2 是一个迷向子空间，且 $L\cap L_2=\{0\}$。对 L 和 L_2 应用定理 8.2.8 知有 Lagrange 子空间 $M\supset L$ 而 $M\cap L_2=\{0\}$。因 $u\neq 0$，故 $u\notin M$ 而推论得证。

推论 8.2.11 Lagrange 子空间是极大迷向子空间。

现在把命题 8.2.4 应用于 Lagrange 子空间（由定理 8.2.8，Lagrange 子空间一定存在）即有

$$\operatorname{codim} L=\operatorname{codim} L^\sigma=\dim L.$$

因此 $\dim V=\dim L+\operatorname{codim} L=2\dim L$，就是说，一切辛空间都是偶数维的。

若 L 和 M 是 (V,ω) 的两个 Lagrange 子空间而且 $L\cap M=\{0\}$，这样的 Lagrange 子空间由推论 8.2.9 是存在的。由维数的考虑我们有

$$V=L\oplus M.$$

由于 $\omega(u,v)$，$u\in L$，$v\in M$ 实际上是 u,v 的一种配对，我们不妨将 L 与 M^*，M 与 L^* 等同起来，并记 $\langle u,v\rangle=\omega(u,v)$，则对

V 中两个元 $z_j = u_j + v_j$，$u_j \in L$，$v_j \in M(j = 1,2)$，经计算易得

$$\omega(u, v) = \langle u_1, v_2\rangle - \langle u_2, v_1\rangle,$$

这就得到了例 2 中的情况.所以，一切辛空间都可以通过 Lagrange 子空间的直和分解而化为例 2. 再进而即可化为例 1.

在 Euclid 空间中有一类特定的基底——标准正交基底——可将 Euclid 度量化为特别简单的平方和形式. 同样，辛空间中也有一类特殊的基底——辛基底——使辛形式形状最为简单:

定义 8.2.22 $2n$ 维辛空间 (V, ω) 的基底 $\{e_1, \cdots, e_n; f_1, \cdots, f_n\}$ 若适合

$$\omega(e_i, e_j) = \omega(f_i, f_j) = \omega(e_i, f_j) - \delta_{ij} = 0$$

就称为 V 的辛基底.

定理 8.2.23 任意非零辛空间 V 均有辛基底.

证. 一切辛空间都有偶数维，V 为非零，故可设

$$\dim V = 2n > 0.$$

设

$$0 \neq e_1 \in V.$$

由 ω 的非退化性，必有 $f_1 \in V$ 使 $\omega(e_1, f_1) = 1$. 作迷向子空间 $L_1 = \{te_1; t \in \mathrm{R}\}$，$L_2 = \{tf_1; t \in \mathrm{R}\}$，则 $L_1 \cap L_2 = \{0\}$. 由推论 (8.2.9) 可以作出包含 L_j 的 Lagrange 子空间 $M_j(j = 1, 2)$ 使 $M_1 \cap M_2 = \{0\}$，而 $V = M_1 \oplus M_2$. 由此所述 $M_2 \cong M_1^*$. 作 M_1, M_2 的对偶基底即是所求的辛基底.

如果在辛基底下取坐标系使 $u = (x_1, \cdots, x_n; \xi_1, \cdots, \xi_n)$，$v = (y_1, \cdots, y_n; \eta_1, \cdots, \eta_n)$，则

$$\omega(u, v) = \omega\left(\sum_i x_i e_i + \xi_i f_i,\ \sum_i y_i e_i + \eta_i f_i\right)$$

$$= \sum_i (\eta_i x_i - \xi_i y_i).$$

这就是例 1 中的 (8.2.3). 所以事实上仅有的辛空间就是例 1 的 $(\mathrm{R}^{2n}, \omega)$，$\omega$ 是标准辛形式.

3. 辛构造与 Euclid 构造、复构造的关系. 上面说到，辛空间就是 $(\mathrm{R}^{2n}, \omega)$ 但在 R^{2n} 上还有 Euclid 构造

$$\langle u,v\rangle = \sum_i (x_i y_i + \xi_i \eta_i),\quad u = (x_1,\cdots,x_n;\ \xi_1,\cdots,\xi_n),$$

$$v = (y_1,\cdots,y_n;\ \eta_1,\cdots,\eta_n).$$

$\mathbf{R}^{2n}$ 还可以看成是 $\mathbf{C}^n$，如果仍用上面的坐标，并记其复坐标为

$$(u_1,\cdots,u_n), u_j = x_j + i\xi_j,$$

则 $\mathbf{C}^n$ 中任一个 Hermite 构造 $(u, v) = \sum_i u_j \bar{v}_j$，这里 v_i 是 v 的坐标。那么，这三种构造有什么关系？我们先从讨论 $\mathbf{R}^{2n}$ 与 $\mathbf{C}^n$ 的关系开始。

$\mathbf{C}^n = \{(u_1,\cdots,u_n)\}$ 可以看成是 $\mathbf{R}^{2n} = \{(x_1,\cdots,x_n;\xi_1,\cdots,\xi_n)\}$ 是清楚的，$u_j = x_j + i\xi_j$。但 $\mathbf{C}^n$ 与 $\mathbf{R}^{2n}$ 因系数域不同，前者允许作运算乘以 $\sqrt{-1}=i$，从而 $i\xi_j$ 有意义，而 $\mathbf{R}^{2n}$ 中则不许可。因此，我们不能写 $\mathbf{C}^n \cong \mathbf{R}^{2n}$，而需要在后者中引入一个新的构造使"乘以 i"在 $\mathbf{R}^{2n}$ 中有意义，这时注意到，乘以 i 是一个同构，而对复向量 $u = x + i\xi$，$iu = -\xi + ix$，则不妨对 $\mathbf{R}^{2n}$ 也引入一个同构 J，使在上述坐标系下

$$J(x_1,\cdots,x_n;\xi_1,\cdots,\xi_n) = (-\xi_1,\cdots,-\xi_n;x_1,\cdots,x_n).$$

这样的 J 是同构是明显的，重要的是它适合

$$J^2 = -I,\ I \text{ 为 } 2n \text{ 阶单位矩阵}, \tag{8.2.8}$$

而且在上述坐标系下，J 即标准辛矩阵

$$J = \begin{pmatrix} 0 & I \\ -I & 0 \end{pmatrix},\ I \text{ 为 } n \text{ 阶单位矩阵}.$$

脱离坐标系，我们就从 (8.2.8) 出发给出复构造的定义。

定义 8.2.24 $\mathbf{R}^{2n}$ 上引入一个同构 J 适合 $J^2 = -I$ 即称为赋以复构造。

这时，在 $\mathbf{R}^{2n}$ 上就可以定义运算

$$(a + ib)u = au + bJu, \tag{8.2.9}$$

而 $\mathbf{R}^{2n}$ 成为复 n 维空间 $\mathbf{C}^n$ 称为 $\mathbf{R}^{2n}$ 的复化。

$\mathbf{C}^n$ 上有 Hermite 形式 $h(u, v) = u\bar{v} = \sum_{j=1}^n u_j \bar{v}_j$。注意，$h$

不是双线性形式：它对 u 是线性的，而对 v 是共轭线性的。这种 h 称为 sesqui-linear 形式。Hermite 形式是一个正定的 sesqui-linear 形式。如果记 $u_j = x_j + i\xi_j$，$v_j = y_j + i\eta_j$，则

$$h(v, u) = \sum_j (y_j + i\eta_j)(x_j - i\xi_j)$$

$$= \sum_j (x_j y_j + \xi_j \eta_j) + i \sum_j (\eta_j x_j - \xi_j y_j).$$

可见 Hermite 形式的实部给出了 $\mathbf{R}^{2n}$ ($\mathbf{C}^n$ 即其复化) 的 Euclid 构造，其虚部给出辛构造。

上面我们在一组特定坐标下讨论了三者的关系，不过用与坐标系无关的方式自然也是容易的，我们把它留给读者。

虽然 $\mathbf{R}^{2n}$ 可以复化为 $\mathbf{C}^n$，$\mathbf{R}^{2n}$ 上的实线性映射 f 一般不可能化为 $\mathbf{C}^n$ 上的复线性映射。实际上 f 要化为 $\mathbf{C}^n$ 上的复线性映射的充分必要条件是

$$f(iu) = if(u), \quad \forall u \in \mathbf{R}^{2n},$$

亦即 f 与 J 可交换：

$$f \circ J = J \circ f. \tag{8.2.10}$$

如果将 f 用一个 $2n$ 阶实矩阵写成分块矩阵 $f = \begin{pmatrix} A & B \\ C & D \end{pmatrix}$($A, B, C, D$ 均为 n 阶矩阵)，则因 $J = \begin{pmatrix} 0 & I \\ -I & 0 \end{pmatrix}$，(8.2.10) 成为 $C = -B$，$D = A$，即

$$f = \begin{pmatrix} A & B \\ -B & A \end{pmatrix}.$$

这自然提醒一种对应关系

$$A + iB \sim \begin{pmatrix} A & B \\ -B & A \end{pmatrix}.$$

右方的 $2n$ 阶实矩阵称为左方复矩阵的实表示。

特别是，设 $U = A + iB$ 是酉矩阵，即适合

$$I = UU^* = (A + iB)({}^tA - i\,{}^tB)$$

$$= A\,{}^tA + B\,{}^tB + i(B\,{}^tA - A\,{}^tB),$$

则实表示的分块应该适合

$$\begin{aligned} A'A + B'B(= 'AA + 'BB) = I, \\ A'B = B'A(\text{或}\ 'BA = 'AB). \end{aligned} \tag{8.2.11}$$

值得注意的是，酉矩阵的转置与其实表示的转置不同，后者对应于 $\begin{pmatrix} 'A & -'B \\ 'B & 'A \end{pmatrix} \sim 'A - i'B = U^*$，即伴随矩阵，而前者是 $'A + i'B = \begin{pmatrix} 'A & 'B \\ -'B & 'A \end{pmatrix}$，以后称为 U 的复转置。

把辛形式与复构造联系起来，在讨论一些问题时很方便，例如将 $\mathbf{R}^{2n}$ 与 $\mathbf{R}^n \oplus i\mathbf{R}^n$ 等同起来，记 $\omega(u,v) = \operatorname{Im} v \cdot \bar{u}$，则 $(\mathbf{R}^{2n}, \omega) = (\mathbf{R}^n \oplus i\mathbf{R}^n, \operatorname{Im} v\bar{u})$，这时 $\mathbf{R}^n$ 即 $\mathbf{R}^n \oplus i0$（即将 x 与 $\begin{pmatrix} x \\ 0 \end{pmatrix}$ 等同起来）成为一个 Lagrange 子空间. 实际上其中两个元 $u = x + i0$，$v = y + i0$，有 $\operatorname{Im} v\bar{u} = 0$. 即 $\omega|\mathbf{R}^n = 0$. 较为一般地取任一复数 $c = |c|e^{i\theta}$，记 $c\mathbf{R}^n = \{cu = |c|u\cos\theta + i|c|u\sin\theta, u \in \mathbf{R}^n\}$，可以证明它也是 Lagrange 子空间. 事实上取其任二元 $cu = |c|u\cos\theta + i|c|u\sin\theta$，$cv = |c|v\cos\theta + i|c|v\sin\theta$，$\operatorname{Im} cv \cdot c\bar{u} = 0$. 而且容易看到这样得到的任两个 Lagrange 子空间，$c_1\mathbf{R}^n$ 和 $c_2\mathbf{R}^n$，只要不重合（即 c_1 与 c_2 不是相差一个实因子），其交总是 $\{0\}$. 这实际上是一个一般的事实，因为我们有

定理 8.2.25 若 L_1 和 L_2 是 (V,ω) 的两个 Lagrange 子空间，则必可找到第三个 Lagrange 子空间 L_3 使 $L_3 \cap L_1 = L_3 \cap L_2 = \{0\}$.

证 若 $L_1 \cap L_2 = \{0\}$，则可取 L_1 的基底 $(\boldsymbol{e}_1, \cdots, \boldsymbol{e}_n)$ 和 L_2 的基底 $(\boldsymbol{f}_1, \cdots, \boldsymbol{f}_n)$ 合成 V 的辛基底. 在此辛基底下 $(V,\omega) = (\mathbf{R}^n \oplus i\mathbf{R}^n, \operatorname{Im} v\bar{u})$，而 $L_1 = \mathbf{R}^n$，$L_2 = i\mathbf{R}^n$. 故取 $L_3 = e^{\frac{\pi}{4}i}\mathbf{R}^n$ 即合所求.

若 $L_1 \cap L_2 \neq \{0\}$，则记 $L_2 = (L_1 \cap L_2) \oplus W$，$W$ 是一个迷向子空间，且 $W_2 \cap L_1 = \{0\}$. 因此可以作一个 Lagrange 子空间

$L_2'\supset W$ 且 $L_2'\cap L_1=\{0\}$. 仿上所述可作 Lagrange 子空间 L_3 使 $L_3\cap L_1=L_3\cap L_2'=\{0\}$. 我们还可使 $L_1\cap L_2$ 的基底为 $(\boldsymbol{e}_1,\cdots,\boldsymbol{e}_k)$, W_2 的基底为 $(\boldsymbol{f}_{k+1},\cdots,\boldsymbol{f}_n)$, 则 $L_2=\mathbf{R}^k\oplus i\mathbf{R}^{n-k}$, 因此 $L_3\cap L_2=\{0\}$.

4. 辛变换. 辛群. 在 $2n$ 维 Euclid 空间中, 正交变换保持 Euclid 度量不变. 它们组成正交群 $O(2n)$. 在 n (复) 维空间 $\mathbf{C}^n$ 中, 酉变换保持 Hermite 形式不变. 它们组成酉群 $U(n)$. 同样我们给出

定义 8.2.26 设在 $2n$ 维辛空间 (V,ω) 中, 线性变换 $A: V\to V$ 保持辛形式不变, 即

$$\omega(Au, Av)=\omega(u, v), \forall u, v\in V, \qquad (8.2.12)$$

则称 A 为**辛变换**.

现在讨论 A 成为辛变换的条件. 设取 V 的一个辛基底, 使 $\omega(u,v)=\langle Ju,v\rangle$, 则 (8.2.12) 等价于 $\langle {}^tAJAu,v\rangle=\langle Ju,v\rangle$. 由 u, v 的任意性知 (8.2.12) 等价于

$${}^tAJA=J, \quad J \text{ 为标准辛矩阵}. \qquad (8.2.13)$$

由它又有

$${}^tAJ=JA^{-1}.$$

由于 $J^2=-I$, 将上式双方右乘以 J, 再左乘以 ${}^tA^{-1}$, 有 $-I=J^2={}^tA^{-1}JA^{-1}J$, 亦即 $J={}^tA^{-1}JA^{-1}$. 再取逆有

$$AJ{}^tA=J. \qquad (8.2.13')$$

这里我们利用了 $J^{-1}=-J$.

如果把 A 写为分块矩阵 $\begin{pmatrix} a & b \\ c & d \end{pmatrix}$, a,b,c,d 为 n 阶矩阵, 则代入 (8.2.13) 和 (8.2.13') 分别有

$${}^tad-{}^tcd=I,\ {}^tac, {}^tbd \text{ 是对称的}; \qquad (8.2.14)$$

$$a{}^td-b{}^tc=I,\ a{}^tb, c{}^td \text{ 是对称的}. \qquad (8.2.14')$$

以上我们得到 A 为辛变换的几种形状不同的必要充分条件. 与 §1 比较可知辛变换是典则变换.

定义 8.2.26 中没有假设 A 是同构. 这是因为由 (8.2.13) 以及

$\det J=1$ 易得

$$(\det A)^2=1.$$

所以辛变换必为同构. 特别是对 2 维辛变换必适合 $\det A=ad-cb=1$ (见 (8.2.14)). 与本节第一段例 3 比较即知: 2 维辛变换即保持有向面积不变的线性变换.

辛变换显然成群,称为**辛群**,记作 $\mathrm{Sp}(n,\mathbb{R})$ (注意这时辛空间的维数是 $2n$), 它是 $GL(2n,\mathbb{R})$的子群. 以下我们要证明辛群是一个 Lie 群. 为此,先要在其上引入微分流形构造. 这是很容易的,因为 $GL(2n,\mathbb{R})$ 是 $\mathbb{R}^{4n^2}$ 的一个开子集,而 $\mathrm{Sp}(n,\mathbb{R})\subset GL(2n,\mathbb{R})$, 由其中的条件 (8.2.14) $\left(\text{共 } n^2+2\cdot\frac{1}{2}n(n-1)=n(2n-1)\text{个独立的多项式形的方程}\right)$决定,所以它是一个$4n^2-n(2n-1)=n(2n+1)$ 维微分流形(事实上是解析乃至代数流形). 现在来看它在恒等元附近的局部坐标(任一元 $A_0\in \mathrm{Sp}(n,\mathbb{R})$ 的邻域都可以通过左平移 A_0^{-1} 映为恒等元的邻域). 这时 a 和 d 接近于 I 而为可逆. 记 $\sigma=b{}^ta$, $\tau={}^tac$, 则由 (8.2.14) 和 (8.2.14′), 它们是对称的,而且 $b=\sigma{}^ta^{-1}$, $c={}^ta^{-1}\tau$, $d={}^ta^{-1}(I+{}^tcb)={}^ta^{-1}(I+{}^t\tau a^{-1}\sigma{}^ta^{-1})$. 因此可以用 a,σ,τ 之元作为局部坐标. 这样还看到在恒等元附近, $\mathrm{Sp}(n,\mathbb{R})$ 微分同胚于 $GL(n,\mathbb{R})\times S(n)\times S(n)$. 也很容易看到,群运算 $\mathrm{Sp}(n,\mathbb{R})\times \mathrm{Sp}(n,\mathbb{R})\to \mathrm{Sp}(n,\mathbb{R})$: $A,B\longrightarrow A\cdot B$ 以及 $\mathrm{Sp}(n,\mathbb{R})\to \mathrm{Sp}(n,\mathbb{R})$: $A\to A^{-1}$ 都是 C^∞ 映射. 总之我们有

定理 8.2.27 $\mathrm{Sp}(n,\mathbb{R})$ 是 $n(2n+1)$ 维 Lie 群.

下面讨论 $\mathrm{Sp}(n,\mathbb{R})$, $U(n)$ 和 $O(2n)$ 的关系. 它们的元分别保持辛形式, Hermite 形式和 Euclid 形式不变. 又因为我们已证明了

$$\begin{aligned}h(u,v)&=v\bar{u}=\mathrm{Re}\,v\bar{u}+i\mathrm{Im}\,v\bar{u}\\&=\langle(x,\xi)(y,\eta)\rangle+i\omega(u,v).\end{aligned}$$

因此,若一同构保持上面三种构造的两种,亦必保持第三种; 而且我们看到

$$U(n)=O(2n)\cap \mathrm{Sp}(n,\mathbb{R}). \qquad (8.2.15)$$

利用此式可以得到关于 Lagrange 子空间的一个重要性质. 前已看到,辛空间总可以化为 $(\mathbb{R}^{2n},\omega)$,而 $\mathbb{R}^n$ 是它的一个 Lagrange 子空间. 由(8.2.15),酉变换必为辛变换,在其下,Lagrange 子空间仍变为 Lagrange 子空间(读者可自行证明). 所以,$U\mathbb{R}^n$ 也是 Lagrange 子空间. 这里 U 是任意酉变换. 重要的是,它的逆也成立.

定理 8.2.28 (Leray) 一切 Lagrange 子空间 L 必可表为 $U\mathbb{R}^n$,这里 U 是适当的酉变换.

证. 设在辛空间上已给定 Euclid 构造和复构造,已经有了坐标系.今在 L 上取一个关于 Euclid 构造的标准正交系 $(\boldsymbol{e}_1,\cdots,\boldsymbol{e}_n)$,并记它们关于原坐标系的坐标是 $\begin{pmatrix}x_j\\ \xi_j\end{pmatrix}$ $(j=1,\cdots,n)$. 令 $u_j=x_j+i\xi_j$ 则 $\mathrm{Re}\, u_j\bar{u}_l=0$. $j\neq l$, 又因 L 是一个 Lagrange 子空间,所以 $\mathrm{Im}u_j\cdot\bar{u}_l=0$, 总之 $u_j\cdot\bar{u}_l=\delta_{jl}$. 用 $\boldsymbol{u}_j$ 为行向量组成一个 n 阶复矩阵 $U=A+iB\sim\begin{pmatrix}A & B\\ -B & A\end{pmatrix}$ 必为酉矩阵.很明显,$L=U\mathbb{R}^n$.

推论 8.2.29 对任意两个 Lagrange 子空间 L, M 必有一个酉变换 U 使 $L=UM$.

下面我们要证明 Lie 群 $\mathrm{Sp}(n,\mathbb{R})$ 作为一个拓扑空间是连通的. 为此,先引入辛矩阵的极分解,这里设 c: $\mathbb{C}^n\to\mathbb{C}^n$, $u\longmapsto\bar{u}$ 为共轭映射,它的实表示为 $c=\begin{pmatrix}I & 0\\ 0 & -I\end{pmatrix}$, 这时我们有以下的极分解定理.

定理 8.2.30 设 $A\in\mathrm{Sp}(n,\mathbb{R})$, 则一定存在唯一的酉矩阵 U 和唯一的复对称矩阵 S 使

$$A=e^{Sc}U. \qquad (8.2.16)$$

证. 因为 A 可逆,易证 A^tA 是正定的,因此必可找到正交矩阵 $P\in O(2n)$ 使

$$A{}^tA = P\begin{pmatrix}\lambda_1 & & \\ & \ddots & \\ & & \lambda_{2n}\end{pmatrix}{}^tP,\quad \lambda_i > 0.$$

于是可得 $A{}^tA$ 的平方根 $R = P\begin{pmatrix}\lambda_1^{\frac{1}{2}} & & \\ & \ddots & \\ & & \lambda_{2n}^{\frac{1}{2}}\end{pmatrix}{}^tP$，使 $R^2 = A{}^tA$. R 自然也是对称的、可逆的。 今证 $R^{-1}A \in O(2n)$。 实际上 $(R^{-1}A){}^t(R^{-1}A) = R^{-1}\cdot A\cdot{}^tA\cdot R^{-1} = R^{-1}R^2R^{-1} = I$。记 $R^{-1}A = U$，有 $A = RU$。下面证明 U 为酉矩阵并将 R 写为指数。

由于 $A \in \mathrm{Sp}(n,\mathbb{R})$，故由 (8.2.13) 与 (8.2.13′) 有 $AJ{}^tA = J$，${}^tAJA = J$，所以 $R^2JR^2 = A{}^tAJA{}^tA = AJ{}^tA = J$，但 $R^2 = P\begin{pmatrix}\lambda_1 & & \\ & \ddots & \\ & & \lambda_{2n}\end{pmatrix}{}^tP$，$P \in O(2n)$，若记 $G = {}^tPJP$，则由上式又有

$$\begin{pmatrix}\lambda_1 & & \\ & \ddots & \\ & & \lambda_{2n}\end{pmatrix}G\begin{pmatrix}\lambda_1 & & \\ & \ddots & \\ & & \lambda_{2n}\end{pmatrix} = G. \tag{8.2.17}$$

这里我们利用了 ${}^tP = P^{-1}$。 记 $G = (g_{ij})$，则将 (8.2.17) 写成元素之间的关系式，可得

$$\lambda_i\lambda_j g_{ij} = g_{ij},\quad \forall i,j. \tag{8.2.18}$$

因此或者 $\lambda_i\lambda_j = 1$，或者 $g_{ij} = 0$，而不论是那种情况，对任一非负实数 s 均有

$$\lambda_i^{\frac{s}{2}}\lambda_j^{\frac{s}{2}}g_{ij} = g_{ij},\quad \forall i, j. \tag{8.2.19}$$

由 (8.2.19) 回到矩阵形式即有

$$\begin{pmatrix}\lambda_1^{\frac{s}{2}} & & \\ & \ddots & \\ & & \lambda_{2n}^{\frac{s}{2}}\end{pmatrix}G\begin{pmatrix}\lambda_1^{\frac{s}{2}} & & \\ & \ddots & \\ & & \lambda_{2n}^{\frac{s}{2}}\end{pmatrix} = G,$$

亦即

$$R^sJR^s = J,\quad \forall s \geqslant 0. \tag{8.2.20}$$

令 $s = 1$ 得 $RJR = J$。 但 R 是对称的，故 $RJ{}^tR = J$ 而 $R \in \mathrm{Sp}(n,\mathbb{R})$，从而

$$U = R^{-1}A \in \mathrm{Sp}(n,\mathbb{R}) \cap O(2n) = U(n). \tag{8.2.21}$$

记 $S_1 = P\begin{pmatrix} \frac{1}{2}\ln\lambda_1 & & \\ & \ddots & \\ & & \frac{1}{2}\ln\lambda_{2n}\end{pmatrix}{}^tP$（注意 $\lambda_j > 0$），则 S_1 是实对称的．写成分块矩阵，$S_1 = \begin{pmatrix} a & b \\ {}^tb & d\end{pmatrix}$ 应有 $a = {}^ta$，$d = {}^td$．但由 $R^tJR^t = J$ 双方对 s 在 $s = 0$ 处求导有

$$S_1J + JS_1 = 0,$$

用分块矩阵可以得出 $a = -d$，$b = {}^tb$，从而

$$S_1 = \begin{pmatrix} a & b \\ b & -a\end{pmatrix} = \begin{pmatrix} a & -b \\ b & a\end{pmatrix}\begin{pmatrix} I & 0 \\ 0 & -I\end{pmatrix} = Sc,$$

$S = a + ib$ 是复对称矩阵，即 $a = {}^ta$，$b = {}^tb$（亦即其实表示为对称）．由 S_1 的定义，$R = e^{S_1}$，故得(8.2.16)．

唯一性易证，留给读者．

注．(8.2.16)是所谓 Cartan 分解的特例．Cartan 分解指出，任一非异矩阵 M 必可唯一地表为 e^BA，其中 $A \in O(2n)$．B 为对称．

推论 8.2.31 $\mathrm{Sp}(n,\mathbb{R})$ 微分同胚于 $\mathbb{C}^{n(n+1)/2} \times U(n)$．

由此推论即知，为了证明 $\mathrm{Sp}(n,\mathbb{R})$ 的连通性只需证明 $U(n)$ 的连通性即可．这里先注意到 $U(1) = \{e^{i\theta}, \theta \in \mathbb{R}\} = S^1$，从而 $U(1)$ 连通，我们再对 n 递推地证明 $U(n)$ 连通．为此我们要用到 Lie 群理论的一个结果：若 G 为一 Lie 群，H 为其闭子 Lie 群，若 H 与 G/H 均(单)连通，则 G 也(单)连通．它的证明可以参看任一本关于 Lie 群的专著．

$U(n)$ 作用在 S^{2n-1} 上是传递的，即用 $U(n)$ 之元可将 S^{2n-1} 的任一点$\left(记作\ {}^t(z_1, \cdots, z_n),\ \sum_j z_j\bar{z}_j = 1\right)$变到任意另一点(例如 ${}^t(0, \cdots, 0, 1)$)．现在 $(\bar{z}_1, \cdots, \bar{z}_n) \in S^{2n-1}$，以它作一个行向量并再取 $n-1$ 个向量与 $(\bar{z}_1, \cdots, \bar{z}_n)$ 合成一个 Hermite 标准正交基底，这 n 个向量可以构成一个 $U(n)$ 矩阵 U（以 $(\bar{z}_1, \cdots, \bar{z}_n)$ 为第 n 行），则 $U^t(z_1 \cdots z_n) = {}^t(0, \cdots, 0, 1)$．传递性得

证. 但是实现这个传递的 $U(n)$ 矩阵不止一个，而所有形如 $\begin{pmatrix} A & 0 \\ 0 & 1 \end{pmatrix}$, $A \in U(n-1)$ 的酉矩阵亦然，并且只有这样的酉矩阵才行. 这是因为使 ${}^t(0,\cdots,0,1)$ 不动的酉矩阵之集为 $\left\{\begin{pmatrix} A & 0 \\ 0 & 1 \end{pmatrix},\right.$ $\left.A \in U(n-1)\right\}$. 因此有

$$U(n)/U(n-1) \cong S^{2n-1}, \ n \geqslant 2. \tag{8.2.22}$$

利用 S^{2n-1} 的连通性即得 $U(n)$ 的连通性.

但是由此也就会想到 $U(n)$ 不会是单连通的. 因为 $n=1$ 时 $S^{2n-1}=S^1$ 就不是单连通的. 那么，它的万有覆盖 (universal covering) 是什么呢? 由它的万有覆盖——单连通的覆盖空间——可找到 $\mathrm{Sp}(n,\mathrm{R})$ 的基本群. 为此先讨论 $U(n)$ 的万有覆盖空间. 取 $U \in U(n)$, 则因 $|\det U|=1$, 不妨设 $\det U = e^{-in\varphi}$, 而 $U_1 = e^{i\varphi}U$ 仍是酉矩阵且 $\det U_1 = 1$. 因此 $U_1 \in SU(n) = \{U \in U(n),\ \det U = 1\}$, 即 n 阶特殊酉群. 由此可知，每一个酉矩阵均对应于一对 (A,φ). 令

$$\hat{U}(n) = SU(n) \times \mathrm{R} = \{(A,\theta); A \in SU(n), \theta \in \mathrm{R}\},$$

并在其上规定群运算

$$(A_1,\theta_1)\circ(A_2,\theta_2) = (A_1A_2, \theta_1+\theta_2).$$

可见 $\hat{U}(n)$ 仍为一个群，而同态

$$(A,\theta) \longmapsto Ae^{i\theta}$$

是 $\hat{U}(n)$ 到 $U(n)$ 的覆盖映射，同态核为 $\{(I, 2k\pi);\ k \in \mathbf{Z}\} \cong \mathbf{Z}$.

$\hat{U}(n)$ 是单连通的. 实际上，利用与前面一样的方法可证

$$SU(n)/SU(n-1) \cong S^{2n-1}, \ n \geqslant 2. \tag{8.2.23}$$

但现在 $SU(1)=\{1\}$ 是单连通的. 当 $n \geqslant 2$ 时 S^{2n-1} 也是单连通的，故由 (8.2.23), 一切 $SU(n)$ 当 $n \geqslant 1$ 时均为单连通. 由此，$\hat{U}(n) = SU(n) \times \mathrm{R}$ 也是单连通的而成为 $U(n)$ 的万有覆盖. 总结以上所述，即有

定理 8.2.32 $\mathrm{Sp}(n,\mathrm{R})$ 的万有覆盖微分同胚于 $\mathbf{C}^{n(n+1)/2} \times \hat{U}(n)$, 其基本群是 $\pi_1[\mathrm{Sp}(n,\mathrm{R})] = \mathbf{Z}$.

§3. 辛 流 形

1. 基本定义. 设 M 是一个 $2n$ 维微分流形，ω 是 M 上的一个闭的非退化的 2 形式，即

(1) $d\omega = 0$, (8.3.1)

(2) 对任一点 $x \in M$，若有某 $\xi \in T_xM$ 使得对一切 $\eta \in T_xM$ 均有

$$\omega(\xi, \eta) = 0, \tag{8.3.2}$$

则 $\xi = 0$.

这时我们就给出

定义 8.3.1 (M, ω) 称为辛流形.

注. 取定一点 $x \in M$，则 ω 给出 T_xM 上的一个辛形式（2 形式自然是反对称的），而使切空间成为一个辛空间. 但辛空间一定是偶数维的，所以流形 M 亦然. 这样，定义 8.3.1 中关于 M 的维数为 $2n$ 的规定其实是不必要的.

例 1. 设 $M = \mathbb{R}^{2n}$，其上的坐标为 $(q_1, \cdots, q_n; p_1, \cdots, p_n)$，很容易看到若令

$$\omega = \sum_{j=1}^{n} dp_j \wedge dq_j, \tag{8.3.3}$$

则 ω 给出一个辛构造. 事实上若有两个切向量 $\zeta^j = (\xi_1^j, \cdots, \xi_n^j; \eta_1^j, \cdots, \eta_n^j)$ $(j = 1, 2)$，则

$$\omega(\zeta^1, \zeta^2) = \sum_k (\eta_k^1 \cdot \xi_k^2 - \eta_k^2 \xi_k^1).$$

这与 §2 中的 $(\mathbb{R}^{2n}, \omega)$ 是相同的. 这个例子虽然简单却很重要，因为任意辛流形局部地都可以化为它.

例 2. 设 M 为 n 维流形，T^*M 为余切丛. 若 $(q_1, \cdots, q_n)$ 是 M 的一个局部坐标，$(p_1, \cdots, p_n)$ 是相应的纤维坐标，则 (q, p) 是 T^*M 的局部坐标，而且使 T^*M 具有微分流形构造. 局

部地看，令 $\omega=\sum_i dp_i\wedge dq_i$ 自然成为 T^*M 上的辛构造．为了从整体上证明余切丛上有一个辛构造，我们要给出 ω 的内蕴的含意．令 $\pi: T^*M\to M$ 表示自然的投影映射，取 $x\in M$，$p\in T_x^*M$，则在 p 处取 T^*M 作为一个微分流形的切向量 ξ，π 的切映射 $d\pi: T_p(T^*M)\to T_{\pi(p)}M$ 映 ξ 为 M 在 $\pi(p)=x$ 处的切向量，记作 $\pi^*(\xi)$（图 2）．因为 $p\in T_x^*M$ 是 x 点处的余切向量，所以 $\sigma=p(\pi_*(\xi))$ 有意义．σ 是 M 上的一个 1 形式．令 $\omega=d\sigma$，即得 M 上的一个闭的 2 形式．这个 2 形式局部地就是 (8.3.3)．因为在局部坐标下，$\xi=\sum_i\left(a_i\dfrac{\partial}{\partial p_i}+b_i\dfrac{\partial}{\partial q_i}\right)$，$\pi_*(\xi)=\sum_i b_i\dfrac{\partial}{\partial q_i}$．因为 p 作为一个余切向量可以写为 $p=\sum_i p_idq_i$，所以 $p(\pi_*(\xi))=\sum_i p_ib_i$，由此可见 $\sigma=\sum_i p_idq_i$，而 $\omega=\sum_i dp_i\wedge dq_i$．它的非退化性和反对称性自明．

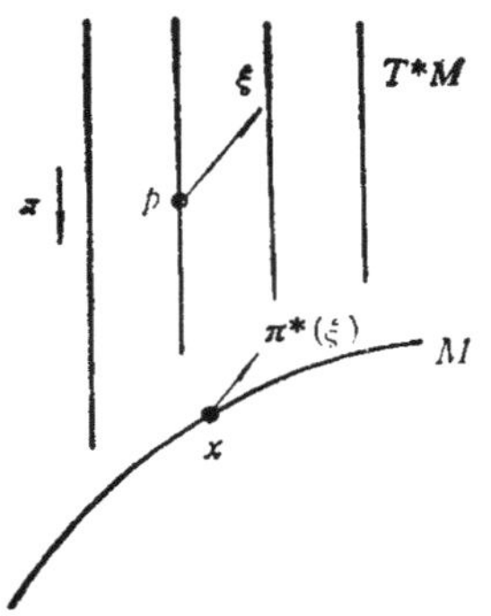

图 2

如在 § 1 中所曾指出的，$\sigma=pdq$ 常称为 Liouville 形式或基本 1 形式，而辛形式 ω 常称为基本 2 形式．

从局部的观点看，一切辛流形都是相同的，但整体地看来决非如此．例如余切丛除了其自然的辛构造 ω 是闭的，同时还是恰当的．一般情况下这是做不到的．因为，如果 $\dim M=2n$，ω 是 M 上的辛形式，则 $\omega\wedge\omega\wedge\cdots\wedge\omega$（$n$ 个因子）将成为 M 上的体积元素，因此是非零的．特别是，对于 2 维情况，如果 M 是一个 2 维可定向流形，其上总是有一个非退化 2 形式——即其体积元素——ω，因而一定是辛流形．但它就一般不是余切丛，例如二维球面 S^2，如果是一个余切丛，则其辛形式 $\omega=d\sigma$，而其体积是

$$\int_{S^2} \omega = \int_{S^2} d\sigma = \int_{\partial S^2} \sigma = 0.$$

这就是一个矛盾.

例 3. 设一个力学系的构形空间为流形 M. §1 指出,其广义动量 p 是一个余切向量,而其相空间就是M的余切丛. 因此,一个力学系的相空间是一个辛流形. §1 就是用辛几何语言表述的力学理论——Hamilton 力学.

2. Hamilton 场. 正如 §2 中指出的,辛空间的辛构造在某些方面类似于 Euclid 构造,辛流形的辛构造也类似于 Riemann 构造. Riemann 构造给出了一点处切空间上的 Euclid 构造而使切空间与余切空间同构,辛构造也是一样. 事实上,设 (M,ω) 是一个辛流形,则任给一个切向量 $\eta\in T_xM$, $\omega(\cdot,\eta)$ 将给出 T_xM 上的一个线性形式: $T_xM\ni\xi\longmapsto\omega(\xi,\eta)$. 因此 $\omega(\cdot,\eta)$ 决定了余切空间的一个元. 这样我们就得到一个线性映射 Ω: $T_xM\to T_x^*M$, $\eta\longmapsto\omega(\cdot,\eta)$. 它是一个单射,因为若 $\omega(\cdot,\eta)=0$, 则由 ω 的非退化性可得 $\eta=0$. 又因 $\dim T_xM=\dim T_x^*M$, 所以Ω必为同构:

$$\omega(\xi,\eta)=(\Omega\eta)(\xi). \tag{8.3.4}$$

如果用局部坐标表示,并设 (M,ω) 即 $(\mathbf{R}^{2n},dp\wedge dq)$ 对于 $\xi=(q_1,\cdots,q_n;p_1,\cdots,p_n)$, $\eta=(q_1',\cdots,q_n';p_1',\cdots,p_n')$ $(\Omega\eta)(\xi)=\omega(\xi,\eta)=\sum_j(p_jq_j'-p_j'q_j)$, 所以$\Omega$的矩阵表示是 $\Omega=\begin{pmatrix}0 & -I\\ I & 0\end{pmatrix}$, 即是 $-J$, 而 $\Omega^{-1}=J$.

以上虽然都是就一点 $x\in M$ 处的切空间和余切空间而言的,但显然可以移到整个切丛和余切丛上. 设α是M上的 1 微分形式,即 T^*M 的一个 C^∞截口, $\Omega^{-1}\alpha$ 应该是 M 上的一个向量场,即切丛 TM 的一个截口. 以后特别重要的是 $\alpha=df$ 即一个恰当微分形式,亦即α是 M 上一个 C^∞ 函数 f 的全微分的情况. 记 $\Omega^{-1}=I$, 我们给出

定义 8.3.2 Idf 称为以 f 为 Hamilton 函数的 Hamilton场.

我们回到局部坐标系并且特别考虑 $(M,\omega)=(\mathbf{R}^{2n},dp\wedge dq)$

的情况．由于

$$I=\begin{pmatrix}0 & I\\ -I & 0\end{pmatrix},\quad df=f_q dq+f_p dp$$

Hamilton 场成为

$$Idf=\begin{pmatrix}0 & 1\\ -I & 0\end{pmatrix}\begin{pmatrix}f_q\\ f_p\end{pmatrix}=\begin{pmatrix}f_p\\ -f_q\end{pmatrix}$$

$$=f_p\frac{\partial}{\partial q}-f_q\frac{\partial}{\partial p}. \tag{8.3.5}$$

与它相应的轨道的微分方程组成为

$$\frac{dq}{dt}=\frac{\partial f}{\partial p},\quad \frac{dp}{dt}=-\frac{\partial f}{\partial q}. \tag{8.3.6}$$

这就是§1 中讲的 Hamilton 方程组．它的解通常只定义在 t 的某个小区间中，称为 Hamilton 局部相流，它是一个含单参数的局部群，而若解定义在 $-\infty<t<+\infty$ 上，则称为 Hamilton 相流，而成为含单参数的群．由于任意辛流形局部地都可化为 $(\mathbb{R}^{2n}, dp\wedge dq)$，上面的结果适用于一切辛流形．

以下恒记 Idf 为 H_f．现在讨论它的一些简单性质．将 H_f 作用到 f，则由切向量与余切向量对偶性的定义有

$$H_f(f)=\langle H_f,df\rangle=\langle \Omega Idf,H_f\rangle=\Omega(H_f)(H_f)$$

$$=\omega(H_f,H_f)=0. \tag{8.3.7}$$

这是由 2 微分形式的反对称性直接得出的．如果将 (M,ω) 局部地化为 $(\mathbb{R}^{2n},dp\wedge dq)$，(8.3.7) 就成为

$$\sum_i\left(\frac{\partial f}{\partial p_i}\frac{\partial f}{\partial q_i}-\frac{\partial f}{\partial p_i}\frac{\partial f}{\partial q_i}\right)=0.$$

这就是说 f 是 Hamilton 方程组 (8.3.6) 的首次积分．在 §1 中就证明了它，它就是能量守恒定律．

上册附录 § 3.2 中指出，任何向量场都决定了一个微分同胚的含单参数的局部群，Hamilton 场自然如此．记 Hamilton 场 H_f 所定义的局部流为 $\{g^t\}$，g^t 是微分同胚，而且有

定理 8.3.3 设 (M,ω) 为一辛流形，则其上的相流保持辛构

道不变：

$$g^{t*}\omega = \omega. \tag{8.3.8}$$

在证明这个定理之前，我们先说明它的意义．前已说明 $\omega\wedge\cdots\wedge\omega=\wedge^n\omega$ 是M上的体积元素．由定理 8.3.3，$g^{t*}\wedge^n\omega=\wedge^n g^{t*}\omega=\wedge^n\omega$．这就是说，Hamilton 局部相流保持 M 上的体积元素不变．把这个结果用于力学系，就得到著名的 Liouville 定理：相空间的体积沿力学系的轨道不变．

为证明这个定理要介绍一些概念和结果．设C是 M 上的 k 维链，D是组成它的胞腔之一，从而有映射 $F: D\to \mathbb{R}^k$，D 上有由标架 $\boldsymbol{e}_1,\cdots,\boldsymbol{e}_k$ 给出的定向．取 $\mathbb{R}$ 上的区间 $I=\{t\in\mathbb{R}, 0\leqslant t\leqslant T\}$．令 $D'=I\times D$，$F'=g^tF$，并且用 I 上的单位向量 $\boldsymbol{e}_0$ 与 $\boldsymbol{e}_1,\cdots,\boldsymbol{e}_k$ 构成 D' 上新的定向：$\{\boldsymbol{e}_0,\boldsymbol{e}_1,\cdots,\boldsymbol{e}_k\}$．这样，得到一个新的胞腔与一个新的 $k+1$ 维链 J_C，称为C在同伦 g^t 下的迹．很容易看到，

$$\partial J_C = g^T C - C - J\partial C.$$

引理 8.3.4 令γ'是(M,ω)上的 1 维链，g^t 是 H_f 的局部相流，则

$$\frac{d}{dt}\int_{J\gamma}\omega = \int_{g^t\gamma} df. \tag{8.3.9}$$

证. 不妨设 γ 为 1 维胞腔 F_s: $[0,1]\to M$，其上的参数为 s，于是记

$$g^tF_s = F'(s,t),\ \xi = \frac{\partial F'}{\partial s},\ \eta = \frac{\partial F'}{\partial t},$$

则 $\xi,\eta\in T_{F'(s,t)}M$，且 η 就是 Hamilton 场 H_f 的向量．由 2 微分形式积分的定义

$$\int_{J\gamma}\omega = \int_0^1\int_0^t \omega(\eta,\xi)\,dt\,ds = \int_0^t dt\int_{g^t\gamma} df.$$

这里我们用到了 $\omega(\eta,\xi)=df(\xi)$．证毕．

推论 若 γ 是一个循环：$\partial\gamma=0$，则

$$\int_{J\gamma}\omega = 0.$$

定理 8.3.3 的证明. 任取一个 2 维链 C，有

$$0=\int_{J_C} d\omega=\int_{\partial J_C}\omega=\left(\int_{g^tC}-\int_C-\int_{J\partial C}\right)\omega$$

$$=\int_{g^tC}\omega-\int_C\omega=\int_C(g^{t*}\omega-\omega).$$

这里用到了上面的推论 $\int_{J\partial C}\omega=0$，因为 ∂C 是一个循环．于是，$g^{t*}\omega$与 ω 在任何 2 维链上的积分相等，因此 $g^{t*}\omega=\omega$.

在 §1 中我们介绍了典则变换的概念．定理 8.3.3 指出，Hamilton 相流给出一族典则变换．

在上册附录 §3 中指出，流形上的向量场对于交换子积 $[X, Y]=XY-YX$ 成为一个 Lie 代数．现在我们想证明，Hamilton 场成为它的 Lie 子代数．这里的关键是要证明，$[H_f, H_g]$ 是相应于某个函数的 Hamilton 场．为此，我们要介绍 M 上两个 C^∞ 函数的 Poisson 括弧的定义．

定义8.3.5 设 f,g 是辛流形 (M,ω) 上的两个 C^∞ 函数，则定义其 Poisson 括弧 $\{f,g\}$ 为 g 在 H_f 方向上的导数：

$$\{f,g\}=H_f(g). \tag{8.3.10}$$

注. 由定义立即可知，g 为 H_f 的首次积分的充分必要条件是 $\{f, g\}=0$.

现在我们要证明，$C^\infty(M)$ 关于 Poisson 括弧成为 Lie 代数．

为此，首先需证明 $\{,\}$ 是反对称的．这可由一个更基本的命题直接看出．

命题 8.3.6

$$\omega(H_f, H_g)=\{f, g\}. \tag{8.3.11}$$

证. 由 (8.3.4) 有

$$\omega(H_f,H_g)=\langle \Omega I dg,H_f\rangle=\langle dg,H_f\rangle=\{f,g\}.$$

由此当然立即有

$$\{f,g\}=-\{g,f\}. \tag{8.3.12}$$

更重要的是要证明 Jacobi 恒等式：

$$\{\{f,g\},h\}+\{\{g,h\},f\}+\{\{h,f\},g\}=0, \tag{8.3.13}$$

但这是容易的．因为例如

$$\{\{f,g\},h\}=\{H_fg,h\}=-\{h,H_fg\}=-H_h\circ H_f(g).$$

所以 (8.3.13) 实际上是若干个函数的二阶微商之和．但同一项可以表示为不同函数的二阶微商，因为由 (8.3.12) 自然有 $H_f(g)=-H_g(f)$．这样，我们可将 (8.3.13) 中的 f 的二阶微商表为

$$\begin{aligned}\{\{f,g\},h\}+\{\{h,f\},g\}&=-\{\{g,f\},h\}\\&\quad+\{\{h,f\},g\}=(H_h\circ H_g-H_g\circ H_h)f\\&=[H_h,H_g]f.\end{aligned}$$

但 $[H_g,H_f]$ 是一阶微分算子，所以其左方也不应该有 f 的二阶微商．因此 (8.3.13) 左方各项必互相抵消而为 0．证毕．

这里顺便讲一个 Jacobi 恒等式的推论．前面已提到 $\{f,g\}=0$ 等价于 f 是 H_g 的首次积分（或 g 为 H_f 的首次积分），今设 f,g 都是 H_h 的首次积分，则由 Jacobi 恒等式

$$\{\{f,g\},h\}=\{f,\{g,h\}\}-\{g,\{f,h\}\}=0.$$

这就是关于首次积分的 Poisson 定理：若 f,g 是 H_h 的首次积分，则 $\{f,g\}$ 也是．这个定理很有用，因为它能帮助找出新的首次积分．下面再转回本题．

由 (8.3.12) 和 (8.3.13) 知 $C^\infty(M)$ 关于 Poisson 括弧为 Lie 代数，然则它与向量场关于交换子的 Lie 代数有何关系？这里我们有重要的

定理 8.3.7

$$[H_f,H_g]=H_{\{f,g\}}.$$

证． 记 $\{f,g\}$ 为 h，由 Jacobi 恒等式，对任意函数 $\varphi\in C^\infty(M)$ 有

$$\{h,\varphi\}=\{f,\{g,\varphi\}\}-\{g,\{f,\varphi\}\}.$$

但由 Poisson 括弧之定义，左方为 $H_h\varphi$，右方为 $[H_f,H_g]\varphi$，由于 φ 是任意的，故二者相等．

这个定理说明 Hamilton 场关于交换子成为 Lie 子代数，而且与 $C^\infty(M)$ 关于 Poisson，括弧的 Lie 代数同态，同态核是使 $H_f=0$ 的 f，即由在 M 的各个连通分支上取（可能不同的）常数

值的局部常值函数所成的 Lie 子代数。

3. 辛微分同胚和 Darboux 定理. 设有两个辛流形(维数不一定相同)(M_1,ω_1) 与 (M_2,ω_2), f: $M_1 \to M_2$ 为一个可微映射. 如果 ω_2 在 f^* 下的拉回为 ω_1:

$$f^*\omega_2 = \omega_1,$$

就说 f 是一个辛映射. 若记 f 相应的切映射为 f_*, 则对 M_1 上 x 点的任两个切向量 ξ, η 有

$$\omega_1(\xi,\eta) = (f^*\omega_2)(\xi,\eta) = \omega_2(f_*\xi, f_*\eta).$$

所以,若 $f_*\xi = 0$, 则对 $\forall \eta \in T_x M_1$ 均有 $\omega_1(\xi,\eta) = 0$,而由 ω_1 的非退化性有 $\xi = 0$. 由 $f_*\xi = 0$ 导出 $\xi = 0$ 即表明线性映射 f_* 是单射,从而 f 是内浸 (immersion), 而 $\dim M_2 \geqslant \dim M_1$.

辛映射实际上比 § 1 中讲的典则映射稍广,但其共同之处是保持辛形式不变. 如果 $\dim M_2 = \dim M_1$, 则辛映射是局部微分同胚. 更进一步有

定义 8.3.8 若 $(M_j,\omega_j)(j=1,2)$ 是辛流形, f: $M_1 \to M_2$ 是微分同胚,且

$$f^*\omega_2 = \omega_1,$$

则 f 称为辛微分同胚(或辛同胚).

例如对于余切丛 $T^*M_j(j=1,2)$, 设 f: $M_1 \to M_2$ 是底空间的微分同胚,则从映射

$$T^*(M_1) \ni (x,\xi) \longmapsto (f(x), {}^t f'(x)^{-1}\xi) \in T^*(M_2)$$

就是一个辛同胚.

现在我们的目的是证明任一辛流形 M 必可局部地辛同胚于 $T^*(\mathbf{R}^n)$, $\dim M = 2n$, 而使 ω 成为 $\sum_i dp_i \wedge dq_i$. $(q_1, \cdots, q_n; p_1, \cdots, p_n)$ 称为 M 上的辛坐标. 我们的目的是证明任一辛流形在其任一点附近都有辛坐标. 在辛坐标下, 辛几何的一切对象形状都特别简单,其辛形式为 $\omega = dp \wedge dq$; 其 Hamilton 场是 $H_f = f_p \dfrac{\partial}{\partial q} - f_q \dfrac{\partial}{\partial p}$ (见 (8.3.5)), 而其 Poisson 括弧是 $\{f, g\} =$

$$H_f(g)=\sum_{j=1}^{n}\left(\frac{\partial f}{\partial p_j}\frac{\partial g}{\partial q_j}-\frac{\partial f}{\partial q_j}\frac{\partial g}{\partial p_j}\right).$$

现在设 q_j,p_j ($j=1,\cdots,n$) 是 M 上的 $2n$ 个 C^∞ 函数，且其微分线性无关(因此可以用它们作为局部坐标)，则它们构成辛坐标的条件不但可以用 $\omega=dp\wedge dq$ 来表示，而且可以用 Poisson 括弧的关系式来表示. 这里我们要用到重要的命题 8.3.6，即 (8.3.11) 式. 一方面，若 (q_j,p_j) 是辛坐标，由 $\omega=dp\wedge dq$, $H_{p_j}=\frac{\partial}{\partial q_j}$, $H_{q_j}=-\frac{\partial}{\partial p_j}$ 立即有

$$\{q_j,q_k\}=\{p_j,p_k\}=\{p_j,q_k\}-\delta_{jk}=0.$$

反之，若此式成立，令

$$H_{p_j}=\sum_k a_{jk}\frac{\partial}{\partial p_k}+b_{jk}\frac{\partial}{\partial q_k},$$

由 $\{q_j,q_k\}=H_{q_j}(q_k)$ 等等，又有 $a_{jk}=0$, $b_{jk}=\delta_{jk}$ 等等，从而

$$H_{p_j}=\frac{\partial}{\partial q_j},\ H_{q_j}=-\frac{\partial}{\partial p_j}.$$

代入 (8.3.11) 即知 $\omega=dp\wedge dq$. 现在即可证明重要的

定理 8.3.9 令 M 为一 $2n$ 维辛流形，A,B 为 $\{1,2,\cdots,n\}$ 的子集. 若 $p_j,j\in A$, $q_k,k\in B$ 为在 $P_0\in M$ 附近微分线性无关的 C^∞ 函数，且适合

$$\{q_j,q_k\}=\{p_j,p_k\}=\{p_j,q_k\}-\delta_{jk}=0,$$
$$j\in A,\ k\in B,$$

则必可在 P_0 附近找到局部辛坐标 (x,ξ) 使 $x_j=q_j$, $j\in A$, $\xi_k=p_k$, $k\in B$.

证. 设 $J\notin A$, 我们的目的即是要求一个 C^∞ 函数 $q=q_J$, 使得在 P_0 附近

$$\{q_j,q\}=0,\ j\in A,\ \{p_k,q\}=\delta_{Jk},\ k\in B, \tag{8.3.14}$$

并且使 dq 与 dq_j, $j\in A,dp_k$, $k\in B$ 在 P_0 附近线性无关. (8.3.14) 是一个偏微分方程组，实际上即

$$H_{q_j}q=0,\ H_{p_k}q=\delta_{Jk}.$$

为了证明它们可积，应用 Frobenius 定理（上册附录定理 A.3.5），应考查 H_{q_j}, H_{p_k} 的交换子，但例如

$$[H_{q_j}, H_{p_k}] = H_{\{q_j, p_k\}} = 0,$$

因为 $\{q_j, p_k\}$ 是常数. 所以一定有一个局部坐标系将此方程组化为常微分方程组，例如

$$H_{q_j} = \frac{\partial}{\partial x_j}, \quad H_{p_k} = -\frac{\partial}{\partial \xi_k},$$

从而 (8.3.14) 成为常微分方程组

$$\frac{\partial q}{\partial x_j} = 0, \quad j \in A; \quad \frac{\partial q}{\partial \xi_k} = -\delta_{jk} \quad k \in B, \qquad (8.3.14')$$

而且不妨设 $P_0 = 0$ 过 P_0 作子流形

$$M_0: \; x_j = 0, \; j \in A,$$
$$\xi_k = 0, \; k \in B,$$

而且在 M_0 上给定 q 之初值 $q|_{M_0} = \varphi(x_{j'}, \xi_{k'})$, 这里 $j' \in A' = \{1, \cdots, n\} \backslash A$, $k' \in B' = \{1, \cdots, n\} \backslash B$, 而且 $d\varphi|_{P_0} \neq 0$. 由这个初值求解 (8.3.14′) 即可得到 $q = q_J$. 余下的是要证明 dq_J 与 dq_j, dp_k 在 P_0 附近线性无关，但由 (8.3.14) 与初值可知，在 P_0 处

$$dq_J|_{P_0} = dq|_{P_0} = d\varphi|_{P_0} - \sum_{k \in B} \delta_{jk} dp_k.$$

显然在此点 dq_J 与 dq_j, dp_k 线性无关，而在 P_0 附近亦然. 仿此也可以作出 p_k, $k \in B$, 于是定理证毕.

如果 A 和 B 都是空集，即得

定理 8.3.10 (Darboux) 辛流形在其任一点附近均有辛坐标.

至此，我们前面一再宣称的：一切辛流形均局部地互相辛同胚，或者均辛同胚于余切丛 $T^*(\mathbb{R}^n)$ 得证.

辛同胚既然保持辛形式不变，当然也就是 §1 中讲的典则变换，因为现在讲的辛流形局部地和 §1 中讲的相空间是一样的. 因此，用 §1 的结果知，在辛同胚下，Poisson 括弧，Hamilton 方程组的形状都是不变的. 这些结果也不难直接证明. 但有一点应该

指出，在许多著名的力学教科书（甚至如 Ландау, Лифшиц[1]）中都以保持 Hamilton 方程组的形状不变为典则变换的定义．这种说法与我们这里的说法（这是现代的偏微分算子理论文献中通用的）是不一致的．例如令 $n=1$ 而考虑

$$\frac{dq}{dt}=\frac{\partial H}{\partial p},\quad \frac{dp}{dt}=-\frac{\partial H}{\partial q},$$

作变换 $x=q$，$\xi=2p$，则 $d\xi\wedge dx\neq dp\wedge dq$，从而它不是我们所说的典则变换，但若改变时间参数为 $\tau=2t$，则以上方程组成为

$$\frac{dx}{d\tau}=\frac{\partial H}{\partial \xi},\quad \frac{d\xi}{d\tau}=-\frac{\partial H}{\partial x},$$

其形状并未改变．

4. 锥形辛流形． 辛流形的概念来自余切丛，但余切丛除了辛构造以外还有向量丛的构造，其辛形式应在纤维上为 0．因为在局部平凡化以后，纤维就是子流形 $F:x_j=x_j^0$，（$(x_1,\cdots,x_i)$ 是底空间坐标）．$\omega=d\xi\wedge dx$，$\omega|F=0$．这时还有 Liouville 形式 $\sigma(=\xi dx)$ 使 $\omega=d\sigma$．我们可以很容易地由 ω 直接得出 σ，因为若令

$$\rho=\sum_j \xi_j\frac{\partial}{\partial\xi_j}$$

（称为**轴向量场**），则对任意切向量

$$t=\sum_{j=1}^{n}\left(a_j\frac{\partial}{\partial\xi_j}+b_j\frac{\partial}{\partial x_j}\right)$$

易得

$$\omega(\rho,t)=\sum b_j\xi_j=\sigma(t). \tag{8.3.15}$$

(8.3.15) 可以不变地给出．令 M_t 表示对纤维乘以 t（在不同的坐标系下，这个运算总是相同的），则对 T^*M 上的任一函数 f，有

$$\rho f=\frac{d}{dt}M_t^*f|_{t=1}. \tag{8.3.16}$$

对于 Liouville 形式和辛形式，也都有 $M_t^*\omega=t\omega$，$M_t^*\sigma=t\sigma$．

仿此，我们给出下面的

定义 8.3.11 一个 N 维 C^∞ 微分流形 S 称为锥流形，如果

(1) 存在一 C^∞ 映射 M: $\mathbb{R}^+ \times S \to S$，记作 $M(t, x) = M_t(x)$；

(2) S 上任一点 x 都有一邻域 V 使得 $M(\mathbb{R}^+ \times V) = V$，并有一微分同胚 φ: $V \to \Gamma$，Γ 是 $\mathbb{R}^N \backslash 0$ 的开锥，使得 $t\varphi = \varphi M_t$，$t > 0$，$\bar{V}$ 称为 x 的锥邻域.

锥形辛流形就是适合 $M_t^* \omega = t\omega$ 的辛流形 (S, ω).

M_t 就是模仿着纤维上的放大映射 (dilation) $\xi \longmapsto t\xi$ 而来的. 它明显地有群性质： $M_{t_1} \circ M_{t_2} = M_{t_1 t_2}$ 所以锥流形是群 $\mathbb{R}^+$ 作用于其上的流形. 余切丛除去零截口 $T^*M \backslash 0$ 就是一个锥流形，其中我们规定 $M_t(x, \xi) = (x, t\xi)$，(2) 中规定的 φ 是 $(x, \xi) \longmapsto (x|\xi|, \xi)$.

有了锥流形的一般定义，就可以定义其上的轴向量场，即仿照 (8.3.16) 给出

$$\rho f = \frac{d}{dt} M_t^* f|_{t=1}. \tag{8.3.16'}$$

如果用 y 表示定义 (2) 中的 Γ 中的坐标，则 ρ 在局部坐标下的表示 $\varphi_* \rho$ 可以计算如下：对于 $f \in C^\infty(\mathbb{R}^N)$，

$$\frac{d}{dt} M_t^* f(y)|_{t=1} = \frac{d}{dt} f(ty)|_{t=1} = \sum_{j=1}^N y_j \frac{\partial f}{\partial y_j}.$$

所以 $\varphi_* \rho = \sum_{j=1}^n y_j \frac{\partial}{\partial y_j}$. 特别是，若 f 是 μ 阶正齐性函数，我们有 $\rho f = \mu f$. 反之，若此式在一个锥邻域中成立，f 也一定是 μ 阶正齐性函数.

对于锥形辛流形 M_t 与辛同胚不同，因此不能希望 Poisson 括弧在 M_t^* 下不变. 实际上，我们有

$$tM_t^*\{f, g\} = \{M_t^* f, M_t^* g\}. \tag{8.3.17}$$

为此我们取一个一阶齐性函数 T，并令 $\omega_1 = \omega / T$. 于是 ω_1 仍是一个辛形式，而 $M_t^* \omega_1 = M_t^* \omega / M_t^* T = \omega / T = \omega_1$，所以 M_t

对于新的辛流形(S, ω_t)是辛映射，而若记相应于 ω_t 的 Poisson 括弧为$\{,\}_t$，当有$\{,\}_t = \{,\}/T$，而且

$$M_t^*\{f,g\}_t = \{M_t^*f, M_t^*g\}_t,$$

但左方是 $M_t^*\{f, g\}/tT$，右方是 $\{M_t^* f, M_t^*g\}/T$，从而即得(8.3.17)。

将它在 $t=1$ 处对 t 求导，利用 (8.3.16′) 有

$$\{f,g\} + \rho\{f,g\} = \{\rho f,g\} + \{f,\rho g\}, \qquad \textbf{(8.3.18)}$$

即

$$H_f + [\rho, H_f] = H_{\rho f}. \qquad (8.3.18')$$

下面我们要适当修改定理 8.3.9 和定理 8.3.10 (Darboux 定理)使之适合锥形辛流形的情况。

定理 8.3.12 令 S 为一个 $2n$ 维锥形辛流形，A, B 各为 $\{1, 2, \cdots, n\}$ 的子集，而 q_j, $j \in A$, $p_k, k \in B$ 是 $P_0 \in S$ 的一个锥邻域中的 C^∞ 函数。今设

(1) q_j 和 p_k 分别是 0 阶和 1 阶正齐性函数，即

$$\rho q_j = 0, \ \rho p_k = p_k, j \in A, \ k \in B, \qquad (8.3.19)$$

(2) $\{q_j, q_k\} = \{p_j, p_k\} = \{p_j, q_k\} - \delta_{jk} = 0,$ (8.3.20)

(3) Hamilton 向量场 H_{q_j}, H_{p_k} 与轴向量场 ρ 在 P_0 线性无关，

(4) 若记 $q_j(P_0) = a_j$, $p_k(P_0) = b_k$，则若 $B \backslash A \neq \varnothing$，必有 $j_0 \in B \backslash A$，使 $b_{j_0} \neq 0$。

在上述条件下，必可以在 P_0 的某个锥邻域中找到 q_j, $j \notin A$, $p_k, k \notin B$，使 (1), (2) 对一切 j, k 成立；且 $q_j(P_0), j \notin A$, $p_k(P_0)$, $k \notin B$. 取任意指定实数值 a_j 和 b_k；而且 (3) 对于 $j \neq j_0$ 仍成立。

上述 (q, p) 是 P_0 在 S 中的一个锥邻域到(a, b)在 $T^*\mathbf{R}^n \backslash 0$ 的一个锥邻域的齐性辛同胚。

证. 证明的基本思想是：首先在 P_0 的切空间(这自然是一个辛空间，而 ω_{P_0} 给出它的辛形式)上将 H_{q_j}, H_{p_k} 补充成辛基底，再用 Frobenius 定理求出 S 上的辛坐标。

由于 Hamilton 向量 $\varepsilon_j = -H_{q_j}(P_0)$，$e_k = H_{p_k}(P_0)$ 属于辛空间 $T_{P_0}(S)$，而ω在其上定义了一个辛形式，所以对轴向量ρ有

$$\omega(\rho,\varepsilon_j) = (\Omega\varepsilon_j)(\rho) = -\langle dq_j,\rho\rangle = -\rho q_j = 0,\ j\in A.$$

同理

$$\omega(\rho,e_k) = (\Omega e_k)(\rho) = \langle dp_k,\rho\rangle = \rho p_k = p_k(P_0) = b_k, k\in B.$$

现在我们要选取 ε_j 和 e_k $j\notin A\cup\{J\}$，$k\notin B$ 使上式和(2)仍成立. 同时，ε_j，e_k，ρ 为线性无关.

第一步先把 $\{e_k\}, k\in B$ 补充起来，使得凡有 $j\in A$，亦必有 $k=j\in B$，即 $A\subset B$. 因此，设 $k\in A\backslash B$，看如何作 e_k. 于是选 e 适合方程组

$$\omega(\rho,e) = b_k \quad (\text{任意选定}),$$
$$\omega(e_j,e) = 0,\ j\in B,$$
$$\omega(\varepsilon_j,e) = \delta_{jk}, j\in A.$$

这个方程组是可解的，因为ω是非退化的，所以，对线性无关的e_j，$j\in B$；ε_j，$j\in A$ 和 ρ 线性式

$$\omega(e_j,\cdot),\omega(\varepsilon_j,\cdot),\omega(\rho,\cdot)$$

也是线性无关的，所以，上述方程组有解 e（不一定唯一），取之为 e_k.

至此，已得 $A\subset B$，再将A从我们的考虑中除去，这样得到一个A为空集的情况. 作法如下，令 $A\cap B=\{k\}$. 将 $T_{P_0}(S)$ 分解为直和

$$T_{P_0}(S) = W_0\oplus W_1,$$

W_1 由 $\{e_k,\varepsilon_k\}$，$k\in A\cap B$ 张成. 相应于这个直和分解 $\rho=\rho_0+\rho_1$，$\rho_0\in W_0$，$\rho_1\in W_1$，然后对 $\{\rho_0,e_k\}$，$k\in B\backslash A$ 仿上法作下去. 于是归结到了 $A=\varnothing$ 时如何作 $e_k, k\notin B$. 这就要求解出方程组

$$\omega(\rho,e) = b_k\ (\text{任给}),\ \omega(e_j,e) = 0,\ j\in B.$$

这里的解和上述情况一样当然是存在的，而且解张成一个仿射空间（这就是：非齐次方程的“通解”＝其某个“特解”＋齐次方程的“通解”），因为线性无关的方程个数是$|B|+1$（$|B|$表示B中元素

的个数)，所以其维数为 $2n-|B|-1$. 问题在于这样是否能得出ρ和 $e_j, j\in B$ 以外的解. 但若ρ和 $e_j, j\in B$ 即是全部解，则应对一切 $j\in B$ 都有 $\omega(\rho, e_j)=b_k=b_j$, $j\in B$, $\omega(\rho,\rho)=0=b_k$，而且$|B|+1=2n-|B|-1$ 即$|B|=n-1$. 但这时一切 $b_j=b_k=0$, 而与某一个 $b_{j_0}\neq 0$, $j_0\in B\backslash A=B\backslash\varnothing=B$ 相矛盾.

这样我们可以一直补充B直到$A=\varnothing$而 $B=\{1,\cdots,n\}$ 为止. 下面的问题是怎样作 ε_j. 先考虑 $j\neq J$ 的情况，这样，我们求解

$$\omega(\rho, \varepsilon)=0,\ \omega(e_k,\varepsilon)=-\delta_{jk},\ k=1,\cdots,n.$$

由于ρ与 $e_k(k=1,\cdots,n)$ 线性无关，所以这个方程组恒有解ε，但是我们需要断定解ε与 ρ, e_k 无关，否则就不能以ε为 ε_j. 设不然，则

$$\varepsilon=c\rho+\sum_{k=1}^{n}c_k e_k,$$

代入后一方程有

$$\delta_{jk}=\omega(\varepsilon,e_k)=c\omega(\rho,e_k)=cb_k.$$

令 $k=j$, 可得 $c\neq 0$, 但令 $k=j_0$, 由 $b_{j_0}\neq 0$ 又有 $c=0$, 这就是矛盾.

至此，已作出了一切 ε_j, $j\neq j_0$ 最后要求 ε_{j_0}, 这只要求解

$$\omega(\rho,\varepsilon_{j_0})=0,\ \omega(\varepsilon_j,\varepsilon_{j_0})=0,\ j\neq j_0,$$
$$\omega(e_k,\varepsilon_{j_0})=-\delta_{j_0k}$$

即可. 这是很容易的.

以上我们都是在切空间 $T_{P_0}(S)$ 上讨论的，也可以说，我们获得了无穷小解，现在的问题是如何在 P_0 附近求得 S 上的局部坐标以适合定理的要求. 上面我们说了为此要应用 Frobenius 定理，但定理 8.3.9 的证明过程告诉我们，Frobenius 定理使得原问题化成了求解常微分方程，现在我们也是把问题化为常微分方程.

设记 M 上的一个辛坐标为 x_j, $\xi_j(j=1,\cdots,n)$, 且已有

$$x_j=q_j,\ j\in A;\ \xi_k=p_k,\ k\in B.$$

且 $H_{x_j}(P_0)=-\varepsilon_j$, $H_{\xi_k}(P_0)=e_k$（对于尚未求出的 q 与 p，它们起初值的作用）。

在这样的部分的辛坐标下，

$$\rho=\sum_{j\in A}\xi_j\frac{\partial}{\partial\xi_j}+\rho_1,$$

$$\rho_1=\sum_{j=1}^{n}f_j\frac{\partial}{\partial\xi_j}+\sum_{k=1}^{n}g_k\frac{\partial}{\partial x_k}.$$

可以证明 ρ_1 的系数与 $x_j, j\in A$, ξ_k, $k\in B$ 无关. 这是因为

$$\left[\frac{\partial}{\partial\xi_j},\ \rho_1\right]=-[H_{q_j},\rho]-\frac{\partial}{\partial\xi_j}=-H_{q_j}+H_{q_j}=0,$$

$$\left[\frac{\partial}{\partial x_k},\ \rho_1\right]=[H_{p_k},\rho]=0.$$

求其余的辛坐标，例如求 $u=p_K$, $K\notin B$，即求解

$$\frac{\partial u}{\partial\xi_j}=\delta_{jK},\ j\in A,\ \ \frac{\partial u}{\partial x_k}=0,\ k\in B,\ \rho u=u.$$

令 $u=\xi_K+v$，代入上式即知 v 与 $\xi_j, j\in A$, $x_k, k\in B$ 无关，而

$$\rho_2 v-v=f_K-\sum_{j\in A}\xi_j\delta_{jK}$$

ρ_2 是从 ρ_1 中除去含 $\frac{\partial}{\partial\xi_j}$, $j\in A$ 和 $\frac{\partial}{\partial x_k}$, $k\in B$ 的各项而得. $\rho_2\neq 0$，否则 ρ 将与 H_{x_k}, H_{ξ_j} 线性相关. 上式对 v 是一个常微分方程，而且我们可以在任一个过 P_0 与 ρ_2 横截的子流形上给 v 以初值. 我们将这样来给 v 以初值使得 du 与前述的 $H_{x_j}(P_0)=-\varepsilon_j$, $H_{\xi_k}(P_0)=e_k$ 相协调，特别是使在 P_0 处 $du=d\xi_K$. 这样即可求出 u 作为 p_K. 完全同样地可以求出 q_j, $j\notin A\cup\{J\}$. 最后一个待求的辛坐标是 q_J，它也可以通过求解常微分方程而得. 证毕.

这样，每一个锥形辛流形都局部地齐性辛同胚（指坐标函数对纤维变量为齐性）于 $T^*(\mathbf{R}^n)\backslash 0$. 这时 $\omega=d\sigma$, $\sigma=\sum_{j=1}^{n}\xi_j dx_j$，而 ρ 实际上就是 $I(\sigma)$. 所以任一锥形辛流形上的辛形式都是恰

当形式. 又因为 $H_{q_j}=I(dq_j)$，$H_{p_k}=I(dp_k)$，所以定理中的(3)也可改述为 dq_j，dp_k，σ 在 P_0 点线性无关，这里 $j\in A$，$k\in B$.

§4. 辛流形的子流形

1. 基本定义. 我们已经看到，辛流形 (M,ω) 每点的切空间 T_xM 都是一个辛空间，而以 ω_x 为其上的辛形式. 同样，M 的子流形 V 在每一点 $x\in V\subset M$ 上的切空间 T_xV 也是 T_*M 的子空间. 因此，我们可以把 §2 中关于辛空间的子空间的概念移到这里而得

定义 8.4.1 设 (M,ω) 为一辛流形，$V\subset M$ 为其子流形. 若对每一点 $x\in V\subset M$，T_xV 均为 T_xM 的迷向、对合、Lagrange 或辛子空间，则称 V 为 M 的**迷向**、**对合**、Lagrange 或**辛子流形**.

如果记 TV 的辛补(这里使用了丛的记号，TV 的辛补是 TM 的一个子丛，而在每一点 $x\in V$ 均为 T_xV 的辛补)为 $(TV)^\sigma$，则上面的定义又可表述如下：

迷向子流形：$(TV)^\sigma\subset TV$，从而 $\dim V\leqslant n=\frac{1}{2}\dim M$.

Lagrange 子流形：$(TV)^\sigma=TV$，从而 $\dim V=n=\frac{1}{2}\dim M$.

对合子流形：$(TV)^\sigma\supset TV$，从而 $\dim V\geqslant n=\frac{1}{2}\dim M$.

辛子流形：$TV\cap(TV)^\sigma=\{0\}$.

因此，Lagrange 子流形是极大迷向子流形.

在各种子流形中最重要的是 Lagrange 子流形。在讨论它之前，先回答一下对合性是什么意思. 这里有

命题 8.4.2 设 V 是 (M,ω) 的对合子流形，$f,g\in C^\infty(M)$ 在 V 上为 0，则 $\{f,g\}_V=0$.

证. 对任意 $\xi\in T_xV$，$x\in V$，因为 $f|_V=0$，所以

$$0=\xi(f)=\langle df,\xi\rangle=\omega(\xi,Idf)=\omega(\xi,H_f).$$

同理 $\omega(\xi, H_g)=0$. 这意味着 $H_f, H_g \in (T_xV)^\sigma \subset T_xV$，就是说 H_g 是 V 的切向量. 然而 $f|_V=0$，所以 $H_g(f)|_V=0$，亦即 $\{f, g\}_V=0$.

由此可得：若 V 可以表为 $f_1=\cdots=f_k=0$，且 $df_1, \cdots, df_k$ 线性无关，可得在 V 上 $\{f_i, f_j\}=0$，$1\leqslant i, j\leqslant k$. 两个函数若其 Poisson 括弧在某流形上为 0，则在微分几何中称为互相对合，所以，对合子流形 V 之定义函数在 V 上恒互相对合. 这就是对合子流形名词的来源.

下面开始讨论 Lagrange 子流形，先看一些例子.

例 1. 若 M 为 n 维流形，则 T^*M 是 $2n$ 维辛流形，而 M（底空间）可以与它的 n 维子流形 $M\times\{0\}$（即零截口）等同起来. 如果用局部坐标 $\omega=\sum_{j=1}^n d\xi_j\wedge dx_j$ 则 $\omega|_M=\sum_{j=1}^n d\xi_j\wedge dx_j|_{\xi=0}=0$，所以 M 是 T^*M 的 Lagrange 子流形. 同理固定 M 上一点 P_0 考虑 P_0 上的纤维 $T^*_{P_0}M$，用局部坐标可表为 $T^*_{P_0}M=\{(0, \cdots, 0, \xi_1, \cdots, \xi_n)\}$，也有 $\omega|_{T^*_{P_0}M}=0$. 因此，固定点处的余切空间 $T^*_{P_0}M$ 也是 T^*M 的 Lagrange 子流形.

例 2. 更为一般地，设 $N\subset M$ 是 M 的 k 维子流形，其余法丛即 $\{\xi; \xi\in T^*_NM, \langle\xi, X\rangle=0, \forall X\in TN\}$ 也是 T^*M 的 Lagrange 子流形. 事实上，若用局部坐标将 N 表为 $x_{k+1}=\cdots=x_n=0$，则其余法丛可以局部地表示为 $\{(x_1, \cdots, x_k, 0, \cdots 0; 0, \cdots 0; \xi_{k+1}, \cdots, \xi_n)\}$，$\omega$ 在其上的限制自然为 0.

例 3. 设 $\varphi(x)$ 是 M 上的 C^∞ 函数，则 $d\varphi$ 的图象 $\Gamma=\{(x, d\varphi); x\in M\}$ 也是 T^*M 的 n 维子流形.

$$\omega|_\Gamma=\sum_{j=1}^n d\left(\frac{\partial\varphi}{\partial x_j}\right)\wedge dx_j=\sum_{\substack{i,j=1\\ i\neq j}}^n \frac{\partial^2\varphi}{\partial x_i\partial x_j}dx_i\wedge dx_j=0.$$

所以 Γ 也是一个 Lagrange 子流形，而 φ 称为其生成函数（母函数）.

更为一般地，设 Φ 是 M 上的 1 形式：$\Phi=\sum_{j=1}^n a_j(x)dx_j$. 视

Φ为 T^*M 的截口，即一映射 $M\to T^*M$，其象即 T^*M 的n维子流形 $\xi_j=a_j(x)$ $(j=1,\cdots,n)$。对于基本1形式 σ，$\Phi^*\sigma=\sigma|_{\xi_j=a_j(x)}=\sum_{j=1}^{n}a_j(x)dx_j=\Phi$，而对于辛形式$\omega$自然有 $\Phi^*\omega=\Phi^*(d\sigma)=d(\Phi^*\sigma)=d\Phi$。所以，$\Phi$为 Lagrange 子流形的必要充分条件是$\Phi$为闭：$d\Phi=0$.这时，由 Poincaré 定理必局部地有一函数φ使 $\Phi=d\varphi$，而上述截口即 $d\varphi$ 的图象，φ是上述 Lagrange 子流形的局部的生成函数. 在这个情况下，Φ与M局部微分同胚，而我们得到的结果可以叙述为：T^*M 之一切与M局部微分同胚的 Lagrange 子流形均有生成函数φ，所以可以把这种 Lagrange 子流形看成是M上"广义的函数."

然而 T^*M，也有不与M局部微分同胚的 Lagrange 子流形，例2中子流形 $N\subset M$ 的余法丛即是一例. 然而可以证明(见 Arnold[1]，p.224 定理)，在 Lagrange 子流形Λ上一点P附近 $(P\in T^*N)$，若取 T^*M 的局部坐标为 $(x_1,\cdots,x_n;\xi_1,\cdots,\xi_n)$，则必可找到子集 $A,B\subset\{1,2,\cdots,n\}$，使 $A\cup B=\{1,2,\cdots,n\}$，$A\cap B=\varnothing$，而 (x_j,ξ_k) $j\in A$，$k\in B$ 是Λ的局部坐标，而且可以仿照上面的作法找到一个函数 $\varphi(x_j,\xi_k)$，使Λ即是$d\varphi$的图象：$\Lambda=\{(x_j,\xi_k),d\varphi\}$ $j\in A$，$k\in B$。φ 称为Λ的广义生成函数.

例 4. Lagrange 子流形还可以自然地与典则变换联系起来. 设 (M_i,ω_i) $(i=1,2)$ 是两个同维数的辛流形，则 $(M_2,-\omega_2)$ (称为 (M_2,ω_2) 的对偶)也是辛流形，积 $(M_1\times M_2,\pi_1^*\omega_1+\pi_2^*\omega_2)$ 也是辛流形，这里 π_i 是投影运算，$\pi_i:M_1\times M_2\to M_i$。现在令 $f:M_2\to M_1$ 是一个微分同胚，其图象为 $\Gamma_f=\{(f(x,\xi),(x,\xi)),(x,\xi)\in M_2\}\subset M_1\times M_2$，其维数为

$$\dim\Gamma_f=\dim M_2=\frac{1}{2}(\dim M_1+\dim M_2)$$

$$=\frac{1}{2}\dim(M_1\times M_2),$$

如果我们就记 $\pi_i^*\omega_i$ 为 ω_i，现在问 Γ_f 在什么条件下是 $(M_1\times M_2,\omega_1-\omega_2)$ 的 Lagrange 子流形？事实上

$$\omega_1-\omega_2|_{\Gamma_f}=f^*\omega_1-\omega_2,$$

因此，Γ_f 是 Lagrange 子流形当且仅当 $f: M_2\to M_1$ 是典则变换(产同胚)．由于这个例子的重要性，我们给出

定义 8.4.3 设 (M_i,ω_i) $(i=1,2)$ 均为辛流形，$(M_1\times M_2, \pi_1^*\omega_1-\pi_2^*\omega_2)$ 的任意 Lagrange 子流形 Λ 称为由 M_2 到 M_1 的一个**典则关系**．

注意，在这个定义中并不要求 $\dim M_1=\dim M_2$．事实上，例 4 是说当 $\dim M_1=\dim M_2$ 而 $f:M_2\to M_1$ 是微分同胚时，Γ_f 为典则关系当且仅当 f 为辛同胚．而在一般情况下，若 M_1，M_2 是两个微分流形 N_1，N_2 的余切丛：$M_i=T^*N_i$，而 f 是 $T^*\varphi$，$\varphi:N_1\to N_2$，则 $\Lambda=\{((x,\xi),(y,\eta))\in T^*N_1\times T^*N_2,\ y=\varphi(x),\ \xi=\varphi_x^*\eta\}$ 是由 $M_2=T^*N_2$ 到 $M_1=T^*N_1$ 的典则关系．

典则关系的讨论与典则变换的生成函数理论有密切的关系．仍然考虑典则变换 $f:M_2\to M_1$，并特别设 $M_i=T^*N_i$ $(i=1,2)$，则 $\Gamma_f=\{(f(x,\xi),(x,\xi)),\ (x,\xi)\in T^*N_2\}\subset T^*N_1\times T^*N_2$．现在引入一个丛同构

$$a: T^*N_2\to T^*N_2,\ (x_2,\xi_2)\longmapsto(x_2,-\xi_2),$$

则 $1\times a:T^*N_1\times T^*N_2\to T^*(N_1\times N_2)$，$((x_1,\xi_1),(x_2,\xi_2))\longmapsto(x_1,x_2,\xi_1,-\xi_2)$ 是一个辛同胚，从而可以将 $T^*N_1\times T^*N_2$ 与 $T^*(N_1\times N_2)$ 视为相同，因此 Γ_f 成为 $T^*(N_1\times N_2)$ 的 Lagrange 子流形．特别是，若 Γ_f 与 $N_1\times N_2$ 局部微分同胚，则如例 3 所述，Γ_f 应有局部的生成函数 $\Phi(x_1,x_2)$，$x_i\in N_i(i=1,2)$．

定理 8.4.4 设有局部定义的典则变换

$$f:T^*N_2\to T^*N_1,\ (x_1,\xi_1)=f(x_2,\xi_2). \tag{8.4.1}$$

适合 $\left|\dfrac{\partial x_1}{\partial\xi_2}\right|\neq 0$，则必存在函数 $\Phi(x_1,x_2)$ 适合

$$\left|\frac{\partial^2\Phi}{\partial x_1\,\partial x_2}\right|\neq 0 \tag{8.4.2}$$

使 f 可以表为

$$\xi_2 = -\frac{\partial \Phi}{\partial x_2}, \quad \xi_1 = \frac{\partial \Phi}{\partial x_1}. \tag{8.4.3}$$

反之，若可找到函数 $\Phi(x_1, x_2)$ 适合 (8.4.2)，则由 (8.4.3) 所定义的变换必为典则变换。

$\Phi(x_1, x_2)$ 称为 (8.4.3) 的生成函数。

证. 由 $\left|\frac{\partial x_1}{\partial \xi_2}\right| \neq 0$ 知 ξ_2 可以写成 (x_1, x_2) 的函数，代入 $(x_1, \xi_1) = f(x_2, \xi_2)$ 知 ξ_1 亦然，即是说 Γ_f 可以用 (x_1, x_2) 作为局部坐标，即 Γ_f 与 $N_1 \times N_2$ 微分同胚。故有生成函数 $\Phi(x_1, x_2)$ 使 $(x_1, x_2, \xi_1, -\xi_2) = (x_1, x_2, d\Phi)$。此即 (8.4.3) 式。(8.4.2) 即

$$\left|\frac{\partial \xi_2}{\partial x_1}\right| \neq 0.$$

逆定理部分自明。

若 Γ_f 不能局部地与 $N_1 \times N_2$ 微分同胚，则典则变换将有广义生成函数。

关于典则关系进一步的讨论可以参看 A. Weinstein [1]。

2. 锥形 Lagrange 子流形. 在应用上特别重要的是锥形 Lagrange 子流形。它的定义是

定义 8.4.5 设 M 为一 n 维流形，L 是 $T^*M\backslash 0$ 的 n 维 Lagrange 子流形，若 L 是锥形的，即

$$(x, \xi) \in L \Rightarrow (x, t\xi) \in L, \ \forall t > 0,$$

则称 L 为锥形 Lagrange 子流形。

例如上面例 2 的 $N \subset M$ 的余法丛(不妨记作 $N^\perp$) 就是一个锥形 Lagrange 子流形。

对于锥形流形 L，轴向量场 $\rho = \sum_{j=1}^{n} \xi_j \frac{\partial}{\partial \xi_j}$ 一定是切向量场，因为它是曲线 $\varphi: R^+ = \{t, t > 0\} \to L$，$t \longmapsto (x, t\xi)$，$(x, \xi) \in L$，所决定的切向量场。

定理 8.4.6 $T^*M\backslash 0$ 的 n 维闭子流形 L 是锥形 Lagrange 子流形的充要条件是 Liouville 形式 σ 在 L 上为 0。

证. 必要性. 取 L 上任一点 (x,ξ) 处的切向量 ζ 以及轴向量 ρ，由 (8.3.15) 即知

$$\sigma(\zeta)=\omega(\rho,\zeta)=0.$$

充分性. 因 $\sigma|_L=0$，故 $\omega|_L=d\sigma|_L=0$ 而知 L 是 Lagrange 子流形，今证它是锥形的. 由上式可知 $\rho\in(T_{(x,\xi)}L)^\sigma=T_{(x,\xi)}L$，故 ρ 是 L 的切向量. 因此 ρ 的任一积分曲线即

$$\frac{dx}{dt}=0,\ \frac{d\xi}{dt}=\xi,\ x|_{t=0}=x^0,\ \xi|_{t=0}=\xi^0,\ (x_0,\xi^0)\in L$$

之积分曲线均在 L 上. 但后者为 $x=x^0$, $\xi=\xi^0e^t=\xi^0\tau$. 这里 $\tau=e^t>0$，亦即有 $(x^0,\xi^0)\in L\Rightarrow(x^0,\tau\xi^0)\in L(\tau>0)$ 所以 L 是锥形子流形. 注意，这里我们应用了 L 为闭，这才使整个积分曲线不能越出 L 外.

上面我们指出，M 的 k 维子流形 N 的余法丛是 T^*M 的锥形 Lagrange 子流形. 其实它的逆局部地也是成立的，即有

定理 8.4.7 若 L 是 T^*M 的一锥形 Lagrange 子流形，而且由 T^*M 到 M 的投影映射 π 之切映射 $d\pi$ 在 L 之任一点 (x,ξ) 处均有相同秩数 k，即 $d\pi$: $T_{(x,\xi)}L\to T_xM$ 之秩为 k，则 L 在 (x,ξ) 的一个锥邻域中必为某个 k 锥子流形 V 的余法丛.

证. 令 $\pi L=V$，由隐函数定理，V 是 M 的 k 维子流形. 不妨用局部坐标将 V 局部地表示为 $x_{k+1}=\cdots=x_n=0$, $n=\dim M$，则因 L 是锥形 Lagrange 子流形，而 $\sigma|_L=0$ (定理 8.4.6)，亦即 $\sum_{j=1}^k\xi_jdx_j=0$，所以在 L 上 $\xi_1=\cdots=\xi_k=0$. 这就是说 L 局部地是 V 的余切丛. 证毕.

现在讨论锥形 Lagrange 子流形的生成函数，这与下一章将讨论的 Fourior 积分算子有密切的关系. 我们想要证明它们是由相函数生成的. 相函数的概念见本书上册第四章 §1，现在再重复如下. 相函数 $\Phi(x,\theta)$ (有时是 $\Phi(x,y,\theta)$ 而以 y 为参数)是一个 $C^\infty(\Omega\times\mathbf{R}^N\backslash0)$ 的函数(这里我们考虑 $\Omega\subset\mathbf{R}^n$ 而一般 $n\neq N$ 的情况)，它对 θ 是一次正齐性的，即

$$\Phi(x,t\theta)=t\Phi(x,\theta),\ t>0,$$

而且当 $\theta\neq 0$ 时没有临界点：$\mathrm{grad}_{(x,\theta)}\Phi(x,\theta)\neq 0(\theta\neq 0)$。讨论相函数时，一个重要的集合是

$$C_\Phi=\{(x,\theta)\in\Omega\times\mathbf{R}^N\backslash 0,\ \mathrm{grad}_\theta\Phi(x,\theta)=0\}.\tag{8.4.4}$$

若记由 $\Omega\times\mathbf{R}^N\backslash 0$ 到 Ω 的投影算子为 π，则恒记

$$\begin{aligned}&\pi C_\Phi=S_\Phi=\{x\in\Omega,\exists\theta\in\mathbf{R}^N\backslash 0\ \text{使}\ \mathrm{grad}_\theta\Phi(x,\theta)=0\},\\&R_\Phi=\Omega\backslash S_\Phi.\end{aligned}\tag{8.4.5}$$

相函数称为非退化的，如果 $d_{(x,\theta)}\left(\frac{\partial\Phi}{\partial\theta_j}\right)(j=1,\cdots,N)$ 为线性无关的话，亦即

$$\mathrm{rank}(\Phi_{\theta\theta},\Phi_{\theta x})=\mathrm{rank}\begin{pmatrix}\frac{\partial^2\Phi}{\partial\theta_1^2} & & \frac{\partial^2\Phi}{\partial\theta_1\partial x_1}\cdots\frac{\partial^2\Phi}{\partial\theta_1\partial x_n}\\ & \ddots & \cdots\\ & \frac{\partial^2\Phi}{\partial\theta_N^2} & \frac{\partial^2\Phi}{\partial\theta_N\partial x_1}\cdots\frac{\partial^2\Phi}{\partial\theta_N\partial x_n}\end{pmatrix}$$

$$=N.\tag{8.4.6}$$

这时由隐函数定理可知 C_Φ 是 $\Omega\times\mathbf{R}^N\backslash 0$ 的 n 维子流形。由相函数之定义，当 $\mathrm{grad}_\theta\Phi=0$ 时 $\mathrm{grad}_x\Phi\neq 0$，故可作出一个映射

$$\begin{aligned}\Lambda_\Phi:C_\Phi\to T^*\Omega\backslash 0=\Omega\times\mathbf{R}^n\backslash 0,\\(x,\theta)\longmapsto(x,d_x\Phi).\end{aligned}\tag{8.4.7}$$

今证当 Φ 为非退化时，这是一个内浸，即其切映射是单射。这个切映射即

$$(\delta x,\delta\theta)\longmapsto\left(\delta x,\ \frac{\partial^2\Phi_x}{\partial x^2}\delta x+\frac{\partial^2\Phi}{\partial x\partial\theta}\delta\theta\right),$$

若其右方为0，则 $\delta x=0$，$\frac{\partial^2\Phi}{\partial x\partial\theta}\delta\theta=0$。但因在 C_Φ 上 $\mathrm{grad}_\theta\Phi=0$，所以对 C_Φ 的切向量 $(\delta x,\delta\theta)$ 有 $\Phi_{x\theta}\delta x+\Phi_{\theta\theta}\delta\theta=0$。现在 $\delta x=0$，所以 $\Phi_{\theta\theta}\delta\theta=0$。由此，以及 $\Phi_{x\theta}\delta\theta=0$，由于假设了 $(\Phi_{x\theta},\Phi_{\theta\theta})$ 之秩为 N，所以 $\delta\theta=0$。这就是说，Λ_Φ 是一个内浸。我们常将内浸映射与其象用同一记号表示，所以 Λ_Φ 现在也表示 $T^*\Omega\backslash 0$ 的一个 n 维内浸子流形（上册附录 A，p.504）。很

容易看到，它是锥形 Lagrange 子流形．因为

$$\sigma|_{\Lambda_\Phi}=\sum_{j=0}^{n}\frac{\partial\Phi}{\partial x_j}dx_j|_{\Lambda_\Phi}=\sum\frac{\partial\Phi}{\partial x_j}dx_j+\frac{\partial\Phi}{\partial\theta_i}d\theta_i\Big|_{\Lambda_\Phi}=d\Phi|_{\Lambda_\Phi}$$

但在 Λ_Φ 上 $\mathrm{grad}_\theta\Phi=0$，由齐性有 $\Phi|_{\Lambda_\Phi}=\theta\cdot\mathrm{grad}_\theta\Phi|_{\Lambda_\Phi}=0$，从而 $\sigma|_{\Lambda_\Phi}=d\Phi|_{\Lambda_\Phi}=0$。

重要的是，这个结果的逆也是成立的．

定理 8.4.8 若 $L\subset T^*M\backslash 0$ 是一个锥形 Lagrange 子流形，则任一点 $P=(x,\xi)\in L$ 必有一个锥邻域 Γ 以及一个非退化相函数 Φ 使 $L\cap\Gamma=\Lambda_\Phi$。

证． 我们先来求 $\pi^*P\in M$ 附近的一个局部坐标系 $(x_1,\cdots,x_n)$，使 T^*M 相应地有一个局部坐标 $(x_1,\cdots,x_n;\xi_1,\cdots,\xi_n)$，而 L 在 P 的一个锥邻域中可以表为 $\{(x(\xi),\xi)\}$，这里 $x(\xi)$ 是 ξ 的零次正齐性函数． 这个坐标系作法如下：$T_P(L)$ 与过 P 的纤维空间之切空间(即 0 维子流形 $\pi P\in M$ 的余法丛) Λ 是辛空间 $T_P(T^*M)$ 的两个 Lagrange 子空间．于是由定理 8.2.25 可以找到另一个 Lagrange 子空间 Λ_1 与二者都只交于 $\{0\}$．设 (y,η) 是 T^*M 中 P 附近的一个局部坐标而 $P=(0,\eta_0)(\eta_0\neq 0)$ 记 Λ_1 上之点为 $(\delta y,\delta\eta)$，$\delta y\in\mathbb{R}^n$，$\delta\eta\in\mathbb{R}^n$，则因 $\dim\Lambda=n$ 故必有两个 $n\times n$ 矩阵 A 和 B 使

$$\Lambda_1=\{(\delta y,\delta\eta);A\delta y+B\delta\eta=0\}.$$

B 必为非异矩阵． 否则 Λ_1 中可以找到 $\delta y^0=0$，$\delta\eta^0\neq 0$ 使 $A\delta y^0+B\delta\eta^0=B\delta\eta^0=0$．但是 Λ 是 0 点的纤维空间的切空间，故用局部坐标表示 $\Lambda=\{(0,\delta\eta),\delta\eta\in\mathbb{R}^n\}$ 从而 $\delta\eta^0\in\Lambda$ 而与 $\Lambda\cap\Lambda_1=\{0\}$ 矛盾． 故由 $A\delta y+B\delta\eta=0$ 有 $\delta\eta=C\delta y$，而 $\Lambda_1=\{(\delta y,C\delta y),\delta y\in\mathbb{R}^n\}$．今证 $C=-B^{-1}A$ 是对称的．事实上，取 Λ_1 之两点 $(\delta y_1,C\delta y_1)$，$(\delta y_2,C\delta y_2)$ 因为 $\omega|_{\Lambda_1}=0$，故

$$\langle C\delta y_1,\delta y_2\rangle=\langle\delta y_1,C\delta y_2\rangle,\ \text{即}\ C={}^tC.$$

记$C=(c_{ij})$，$c_{ij}=c_{ji}$，因为 $\eta^0=(\eta^0{}_1,\cdots,\eta^0{}_n)\neq 0$，所以可以找到 n^3 个数 $c^k_{ij}=c^k_{ji}\,(i,j,k=1,\cdots,n)$ 使

$$\sum_{k=1}^{n} \eta_k^0 c_{ij}^k = c_{ij}.$$

现在即可引入所求的坐标x,使 πP 对应于 $x=0$,而在其附近有

$$y_k = x_k - \frac{1}{2}\sum_{i,j=1}^{n} c_{ij}^k x_i x_j,$$

其 Jacobi 行列式为 $\det D = \det\left(\delta_{kl} - \sum_{i=1}^{n} c_{il}^k x_i\right)$,因而在余切丛上的对偶坐标 ξ 与 η 的关系是

$$\xi = {}^t D\eta,\ \xi_l = {}^t\left(\delta_{kl} - \sum_{i=1}^{n} c_{il}^k x_i\right)\eta_k.$$

它的线性部分即 $T_P(T^*M)$ 中切向量的相应变换公式. 故若 $P=(0,\xi_0)\cong(0,\eta_0)$,则 Λ_1 上的向量 $(\delta x,\delta\xi)$ 适合

$$\delta y_k = \delta x_k,$$

$$\delta\xi_l = \delta\eta_l - \sum_{i=1}^{n} c_{il}^k \eta_{0k}\delta x_k = \delta\eta_l - \sum_{i=1}^{n} c_{il}\delta y_i = 0,$$

因为在 Λ_1 上有 $\delta\eta = C\delta y$. 这样,Λ_1 上的向量是 $(\delta x,0)$.

现在看 $T_P(L)$ 上的切向量$(\delta x,\delta\xi)$. 因为此空间维数为 n,故又有两个 $n\times n$ 矩阵 A_1,B_1 使得在 $T_P(L)$ 上

$$A_1\delta x + B_1\delta\xi = 0,$$

因为 $T_P(L)\cap\Lambda_1 = \{0\}$. 故若以$(\delta x,0)$代入上式可得: $A_1\delta x = 0 \Longleftrightarrow \delta x = 0$,即 A_1 是非奇异的. 故有 $\delta x = C_1\delta\xi$. 这就是说,在 $T_P(L)$ 上 $\delta\xi$ 是独立变量. 回到子流形上可知,在P附近L上的独立变量是ξ,即是说L局部地可表为$\{(x(\xi),\xi)\}$. 因为L是锥形子流形,故 $x(t\xi)=x(\xi)$,$t>0$,亦即: $x(\xi)$ 是ξ的零次正齐性函数.

现在就可以着手来找相函数了. 因为L是锥形 Lagrange 子流形,故在其上 $\xi dx = \xi dx(\xi) = 0$. 若令 $H(\xi) = \sum_{i=1}^{n} x_i(\xi)\cdot\xi_i$,

则 $H(\xi)$ 是 ξ 的一次正齐性函数而且

$$dH(\xi)=\sum_{i=1}^{n} x_i(\xi)d\xi_i+\xi_i dx_i(\xi)=\sum_{i=1}^{n} x_i(\xi)d\xi_i,$$

即是说

$$\frac{\partial H}{\partial \xi_i}=x_i(\xi).$$

令

$$\Phi(x,\xi)=x\cdot\xi-H(\xi).$$

知

$$C_\Phi=\left\{(x,\xi);\ d_\xi\Phi=x-\frac{\partial H}{\partial \xi_i}=0\right\},$$

而

$$\Lambda_\Phi=\{(x,d_x\Phi)=(x,\xi),(x,\xi)\in C_\Phi\}=\{(x(\xi),\xi)\}.$$

这就得知 L 是 Λ_Φ(在 P 附近).

余下的是要证明 Φ 确是一个非退化相函数. 光滑性与齐性都是明显的,而

$$\operatorname{grad}_{(x,\xi)}\Phi=(\xi,x-\operatorname{grad}_\xi H)\neq 0\ (\text{因}\ \xi\neq 0)$$

在 $\operatorname{grad}_\xi\Phi=0$ 即 $x=\operatorname{grad}_\xi H$ 处

$$(\Phi_{\xi x},\Phi_{\xi\xi})=(I,\operatorname{Hess}_\xi\Phi),$$

其秩自然是 n. 至此,定理证毕. 这个定理的特点是: 相函数有特殊形状,且 $N=n$.

前面讲的典则关系如果考虑到锥性构造也将有相应结果,这些都将在用到时再讲.

3. 特征理论. 本章 §1 之末尾提到求解 (8.1.25)

$$F\left(x,\ \frac{\partial u}{\partial x}\right)=0$$

可以用辛几何的观点说明,即求 T^*M 的一个 Lagrange 子流形 Λ 使之既横截于纤维,又在 Λ 上 (8.1.25) 成立. 以下我们就会看到 (8.1.25) (即现在的 $F(x,\xi)=0$) 定义 T^*M 的一个对合子流形. 所以,求解 (8.1.25) 即化为求包含于一个对合子流形中的 Lagrange 子流形. 众所周知,求解一阶偏微分方程的基本方法是特征线法,即由一个子流形(称为初始流形)之各点作出特征带,并

以之组成所求的 Lagrange 子流形. 现将它变为更为广泛的问题,然后再用辛几何的观点来讨论特征理论. 为此我们先继续讨论对合子流形.

设有辛流形 (M,ω), $\dim M = 2n$ 的子流形 V. 若 V 由方程 $f_1 = \cdots = f_k = 0$ 决定,而 $df_j(j = 1,\cdots,k)$ 在 V 上线性无关,则当 V 为对合子流形时必有 $\{f_i,f_j\} = 0$ 于 V 上. 实际上这个命题(命题 8.4.2)之逆也是成立的(由此也就可知 (8.1.25) 定义了 T^*M 的一个对合子流形). 因为任取一点 $P\in V$, $T_P(V) = \bigcap_{i=1}^{k}\ker(df_i)_P$, 但是辛形式 ω 给出了 df_i 与 H_{f_i} 之对应关系:

$$\langle df_i,\xi\rangle = \omega(\xi, Idf_i) = \omega(\xi,H_{f_i}),$$

因此 $\bigcap_{i=1}^{k}\ker(df_i)_P = \bigcap_{i=1}^{k}(H_{f_i})_P^{\sigma}$, 而 $[T_P(V)]^{\sigma}\subset T_P(V)$ 即表示 $(H_{f_1})_P,\cdots,(H_{f_k})_P$ 所张的空间是切空间,也就是说 $T_P(V)$ 为对合子空间当且仅当 $(H_{f_i})_P$ $(i = 1,\cdots,k)$ 均为 V 在 P 处的切向量. 这正意味着在 V 上(见定义 8.3.5, (8.3.10) 式)

$$H_{f_i}(f_j) = \{f_i,f_j\} = 0.$$

但是由 Hadamard 引理(上册引理 4.2.6 的证明, p.193), 由

$$\{f_i,f_j\}|_V = 0$$

可知,在 V 附近

$$\{f_i,f_j\} = \sum_{k=1}^{n} c_{ij}^k f_k,\quad i,j = 1,\cdots,n.$$

因此,由 Frobenius 定理 $H_{f_i}(i = 1,2,\cdots,n)$ 构成 $T_P(V)$ 上的一个可积分布. 因此,对合子流形 V 将由 H_{f_i} 的积分子流形组成. 从而这些积分子流形给了 V 一个叶层构造 (foliation). 这一点是极为重要的.

进一步看这些积分子流形,它们又应该由 H_{f_i} 的积分曲线组成. H_{f_i} 的积分曲线构成一个微分同胚(实际上是辛同胚亦即典则变换)的单参数(记为 τ_i)群 $\Phi_{H_{f_i}}^{\tau_i}$, 所以这些积分子流形为

$$\{\Phi_{H_{f_k}}^{\tau_k}\circ\Phi_{H_{f_{k-1}}}^{\tau_{k-1}}\circ\cdots\circ\Phi_{H_{f_1}}^{\tau_1}P,\ |\tau_i|\text{充分小}\},$$

这里 $\Phi_{H_{f_i}}^{\tau_i}$ 与 $\Phi_{H_{f_j}}^{\tau_j}$ 的次序无关. Frobenius 定理告诉我们的也就

是这个事实，例如可以参看 Arnold[1] p.211。这些积分子流形称为V的特征带.

由这些概念可以得到一些重要结果. 首先:

定理 8.4.9 M的余维数为k的C^∞子流形V是对合子流形的充要条件是: 过任一点 $P \in V$ 必有M的一个 Lagrange 子流形 $L \subset V$。

证. 设过任一点 $P \in V$ 有 Lagrange 子流形 $L \subset V$. 则 $T_P(L) \subset T_P(V)$, 而

$$[T_P(V)]^\sigma \subset [T_P(L)]^\sigma = T_P(L) \subset T_P(V),$$

即V为对合子流形.

反之设V为对合子流形而在P附近可表为 $f_1 = \cdots = f_k = 0$, 这里 $k \leqslant n = \frac{1}{2}\dim M$, df_i 在P点线性无关，且 $\{f_i, f_j\}|_V = 0$. 将 $f_1, \cdots, f_k$ 扩充为一辛基底 $f_1, \cdots, f_k, f_{k+1}, \cdots, f_n; g_1, \cdots, g_n$, 则 $L = \{f_i = 0, i = 1, \cdots, n\}$ 是M的过P的 Lagrange 子流形且 $L \subset V$.

但是上述证明有一漏洞，因为它应用了定理 8.3.9 而其中要求的是 $\{f_i, f_j\} = 0$ 于P附近而不只是 $\{f_i, f_j\}|_V = 0$, 所以有必要改变V的定义函数来达到这一点。 在P附近取M的一个辛坐标 (x, ξ). 因为 $df_1, \cdots, df_k$ 线性无关，故必可从 $f_i = 0$ 中解出某些 $x_i, i \in I$; $\xi_j, j \in J$ 而 $|I| + |J| = k$. 而得

$$x_i = g_i(\hat{x}, \hat{\xi}), \quad \xi_j = g_j(\hat{x}, \hat{\xi}),$$

$(\hat{x}, \hat{\xi})$ 是其余坐标. 将V的定义方程换为

$$\tilde{f}_i \equiv x_i - g_i(\hat{x}, \hat{\xi}) = 0 \text{ 或 } \tilde{f}_j \equiv \xi_j - g_j(\hat{x}, \hat{\xi}) = 0,$$

则由对合性条件有

$$\{\tilde{f}_i, \tilde{f}_j\} = a_{ij} + c_{ij}(\hat{x}, \hat{\xi}), a_{ij} = 0 \text{ 或 } 1.$$

上式应在V上，即当 $x_i = g_i(\hat{x}, \hat{\xi})$, $\xi_j = g_j(\hat{x}, \hat{\xi})$ 时为 0, 但因其右方不含 (x_i, ξ_j), 所以有: 在P附近

$$\{\tilde{f}_i, \tilde{f}_j\} \equiv 0.$$

定理至此证毕.

现在看 M 的任意子流形 M_0，由定义 8.4.1，M_0 为辛子流形当且仅当 $TM_0\cap(TM_0)^\sigma=\{0\}$. 这时 ω 在 M_0 上诱导出一个辛构造 ω_0 而 (M_0,ω_0) 是一个辛流形. 我们现在用特征带来讨论一阶偏微分方程的初值条件，为此仍设 $V\subset M$ 是余维数 k 的对合子流形.

定理 8.4.10 设 M_0 是对合子流形 V 的余维数 k 的子流形，(M_0,ω_0) 是辛子流形当且仅当 M_0 横截于 V 的特征带.

证. 设 (M_0,ω_0) 是辛子流形，则对任一点 $P\in M_0$，$T_PM_0\cap(T_PM_0)^\sigma=\{0\}$. 但 $T_PM_0\subset T_PV$，所以 $(T_PV)^\sigma\subset(T_PM_0)^\sigma$ 而有 $T_PM_0\cap(T_PV)^\sigma=0$，从前面讲的 $(T_PV)^\sigma$ 与 H_{f_i} 的关系即知 M_0 与 V 的特征带横截.

反之，若 $T_PM_0\cap(T_PV)^\sigma=\{0\}$，双方取辛补有 $(T_PM_0)^\sigma+T_PV=T_PM$. 由于

$$\dim(T_PM_0)^\sigma=2n-\dim M_0=2n-(\dim V-k),$$

所以

$$\dim[(T_PM_0)^\sigma\cap T_PV]=k,$$

而

$$(T_PV)^\sigma=(T_PM_0)^\sigma\cap T_PV.$$

注意到

$$T_PM_0\cap(T_PV)^\sigma=\{0\},$$

即可得

$$T_PM_0\cap(T_PM_0)^\sigma=\{0\},$$

就是说 M_0 是一个辛子流形.

但是我们并不是用 M_0 作为初始流形，而是取 (M_0,ω_0) 的另一 Lagrange 子流形 L_0. 前已说过 V 的特征带为 $H_{f_1},\cdots,H_{f_k}$ 所张的子空间:

$$[T_PV]^\sigma=\{H_{f_1},\cdots,H_{f_k}\},$$

而对含于 V 中的 Lagrange 子流形 L，因为

$$[T_PV]^\sigma\subset[T_PL]^\sigma=T_PL\subset T_PV,$$

这些特征带也切于 L. 如果 $L\supset L_0$，则 L 必包含过 L_0 各点的特征带. 实际上我们有

定理 8.4.11 对 (M_0,ω_0) 的任一 Lagrange 子流形 L_0 局部

地必有 (M,ω) 的唯一 Lagrange 子流形 L 使 $L_0 \subset L \subset V$，而且 L 即过 L_0 各点的特征带之并.

证. 定义 $\tilde{L}$ 为过 L_0 上各点的特征带之并:

$$\tilde{L} = \{\Phi_{f_k}^{\tau_k} \circ \cdots \circ \Phi_{f_1}^{\tau_1}(Q),\ Q \in U \cap L_0,\ (\tau_1, \cdots, \tau_k) \in T^k\},$$

这里 U 是 L_0 上一点 P 之充分小邻域，T^k 是 $0 \in \mathbf{R}^k$ 的充分小邻域. 因为若有含 L_0 的 Lagrange 子流形 L，则所有这些特征带都位于 L 上，所以 $\tilde{L} \subset L$. 又因 $L_0 \subset M_0$ 而与所有特征带横截，所以 $\dim \tilde{L} = \dim$ (特征带) $+ \dim L_0$. 但 H_{f_i} 彼此线性无关，所以 $\dim$ (特征带) $= k$，$\dim L_0 = \frac{1}{2}\dim M_0 = \frac{1}{2}(\dim V - k) = \frac{1}{2}(2n - k - k) = n - k$，所以 $\dim \tilde{L} = k + (n - k) = n = \dim L$. 因此局部地有 $L = \tilde{L}$，就是说，若有 Lagrange 子流形 L 存在，它必为 $\tilde{L}$. 唯一性得证.

再证存在性，为此我们在 $T_Q(L_0)$ 上逐步添加 H_{f_i}. 于是先令

$$L_1 = \{\Phi_{f_1}^{\tau_1}(Q),\ Q \in U \cap L_0, \tau_1 \in T^1\},$$

记号的意义同上. 由 H_{f_1} 与 L_0 的横截性,

$$T_Q L_1 = T_Q L_0 + \{H_{f_1}(Q)\},$$

$$(T_Q L_1)^\sigma = (T_Q L_0)^\sigma \cap \ker df_1(Q)$$

$$\supset T_Q L_0 + \{H_{f_1}(Q)\} = T_Q L_1,$$

所以 L_1 是迷向子流形. 仿此再作

$$L_l = \{\Phi_{f_l}^{\tau_l} \circ \cdots \circ \Phi_{f_1}^{\tau_1}(Q),\ Q \in U \cap L_0,\ (\tau_1, \cdots, \tau_l) \in T^l\}$$

也是迷向子流形，而且 $\dim L_l = n + l - k$. 所以作到 $l = k$ 时即得 $L_k = \tilde{L}$ 是适合 $L_0 \subset \tilde{L} \subset V$ 的 Lagrange 子流形.

经过了这些几何的讨论就可以回到一阶偏微方程上来. 这时，我们所用的辛流形将是一个余切丛 T^*M（这个 M 与前述 M 不同，现在 $\dim M = n$）而它的对合子流形 $f_1 = \cdots = f_k = 0$，$k \leqslant n$ 相应于一个一阶偏微分方程组

$$f_1\left(x, \frac{\partial \varphi}{\partial x}\right) = \cdots = f_k\left(x, \frac{\partial \varphi}{\partial x}\right) = 0. \qquad (8.4.8)$$

如果我们设一切函数都是实值 C^∞ 函数，则应用前述的理论可以得到关于一阶偏微分方程组的 Cauchy 问题的基本定理如下：

定理 8.4.12 设 $\dim T^*M = 2n$, $f_1,\cdots,f_k$ 是 T^*M 上的 $k \leqslant n$ 个实值 C^∞ 函数且 $df_1,\cdots,df_k$，在 $P=(x_0,\xi_0)\in V=\{f_1=\cdots=f_k=0\}$ 附近线性无关．若过 $\pi P=(x_0)$ 有 M 的 $n-k$ 维子流形 N 与 $\{d_\xi f_1(P),\cdots,d_\xi f_k(P)\}$ 横截，而且在 N 上给一函数 $\psi(x)$ 使 $d_x\psi(Q)=\xi_0|_{T_QN}$，则当 $f_1,\cdots,f_k$ 在 P 附近为对合时必存在 (8.4.8) 的唯一解 $\varphi(x)$ 使在 Q 附近

$$\varphi|_N=\psi(x), \tag{8.4.9}$$

而且图象 $(x,d_x\varphi(x))$ 是 (8.4.8) 的特征带之并．

反之，若 (8.4.8) 在 Q 附近有一解 $\varphi(x)$，则令 $d_x\varphi=\xi$，必有 $f_1,\cdots,f_k$ 在 (x,ξ) (x 在 x_0 附近)附近对合，而且 $d_\xi f_1,\cdots,d_\xi f_k$ 在 V 附近线性无关．

证． 若 $\varphi(x)$ 是一个解，则图象 $(x,d_x\varphi)$ 是一个含于 V 内的 Lagrange 子流形，而且局部地微分同胚于 M．由定理 8.4.9，V 是对合子流形．由于 L 在 V 附近微分同胚于 M，故 $d_\xi f_1,\cdots,d_\xi f_k$ 在 V 附近线性无关．

反之，设 $f_1,\cdots,f_k$ 在 $(x,d_x\varphi)$ 附近为对合，而且 $d_\xi f_1,\cdots,d_\xi f_k$ 线性无关．T^*N 显然是 T^*M 的辛子流形，而且 $L_0=\{(x,d_x\psi),x\in N\}$ 是 T^*N 的 Lagrange 子流形．于是必有 T^*M 的唯一的 Lagrange 子流形 L 含于 V 内，且全由通过 L_0 上各点的 V 的特征带组成．记 L 上之点为 (x,ξ)，应有

$$\xi|_{T_Q^*N}=d_x\psi|_N,\quad f_1(x,\xi)=\cdots=f_k(x,\xi)=0.$$

由于 $d_\xi f_1,\cdots,d_\xi f_k$ 与 T^*N 横截，故由隐函数定理可以从上式中解出 $\xi=\xi(x)$，即 $L=\{(x,\xi(x))\}$．这样 L 必局部地微分同胚于 M，从而它是某一函数 $\varphi(x)$ 之梯度的图象：$L=\{(x,d_x\varphi)\}$．这样的 φ 可以决定到只相差一个常数，但因在 N 上已规定 $\varphi=\psi$，所以 φ 是唯一的．定理证毕．

特征带是余切丛 T^*M 上的几何对象．它在 M 上的投影可

以称为 $f_1,\cdots,f_k$ 的特征：π(特征带)＝(特征)。一般说来特征带都依赖于 ξ。唯一的例外情况是 $\dfrac{\partial f_i}{\partial\xi}$ 不含 ξ。这样 Hamilton 场 H_{f_i} 中决定 x 的部分与 ξ 无关。这就是 $f_i(x,\xi)=\langle v_i(x),\xi\rangle+a_i(x)$ 的情况，亦即 (8.4.8) 是线性方程组的情况。

在偏微分方程理论中应用最多的情况是方程组 (8.4.8) 由一个 PsDO 的主象征构成的情况

$$p(x, d_x\varphi)=0. \tag{8.4.10}$$

按照偏微分方程的经典理论，如果一个超曲面 $\varphi=c$ 使得 (8.4.10) 在 $\varphi=c$ 上成立，则称此超曲面为特征超曲面。所以按照定义，特征超曲面的定义函数 φ 并非 (8.4.10) 作为一个偏微分方程的解，因为它并不要求 (8.4.10) 在某一区域内而只在一个超曲面上成立。但是实际上我们可以将 (8.4.10) 按偏微分方程求解而得一族特征超曲面。这是因为 (8.4.10) 中并不显含 φ 而只含 $d_x\varphi$。故若 $\varphi(x)$ 是 (8.4.10) 的一个解，则 $\varphi(x)=c$ (c 是任意常数)都是特征超曲面。为了应用定理 8.4.12，应区分两种情况：

(1) $p(x,\xi)$ 是实值函数。这时对合性条件恒成立，而 $d_\xi f_1,\cdots,d_\xi f_k$ 在 V 上线性无关成为

$$d_\xi p(x,\xi)\neq 0,\ \text{当}\ p(x,\xi)=0\ \text{时};$$

(2) $p(x,\xi)$ 是复值函数。这时 (8.4.10) 成为

$$\mathrm{Re}\,p(x,d_x\varphi)=0,\ \mathrm{Im}\,p(x,d_x\varphi)=0,$$

而定理 8.4.12 的条件成为当 $p(x,\xi)=0$ 时

$$\{\mathrm{Re}\,p,\ \mathrm{Im}\,p\}=0,$$

$$d_\xi\mathrm{Re}\,p,\ d_\xi\mathrm{Im}\,p\ \text{线性无关}.$$

在这两种情况下 V: $p(x,\xi)=0$ (称为特征簇)的特征带特称为次特征带。在 (1) 时它是 1 维的而在 (2) 时是 2 维的。它们在底空间上的投影称为次特征曲线或次特征曲面。

以上的讨论都是局部的，如果要作全局的讨论则有许多新的问题。可以参看 J. J. Duistermaat [1]，[2]。关于一阶偏微分方程的经典性的著作可参看 C. Carathéodory[1] (这是分析性质

的),还有 E. Cartan[1] (这是几何性质的). 关于经典力学则除了多次引用的 Arnold 的著作外还可参看 R. Abraham and J. E. Marsden[1], C Godbillon [1] 和 J. M. Souriau [1], 其中都有很好的关于辛几何的论述. 关于辛几何我们只讨论了它的基本知识和下面需要的知识, 进一步的讨论可参看 L. Hörmander [5] 第三卷第二十一章和 V. Guillemin and S. Sternberg[1].

第九章　Fourier 积分算子

§1. FIO 的物理背景

1. 几何光学和物理光学的关系. Fourier 积分算子(以下简记为 FIO) 理论是一个源远流长的数学理论. 它的"前身"可以说就是数学物理中的渐近方法. 19 世纪末到 20 世纪初有许多数学物理学家对这种方法作出了贡献. 这里可以提出 Debye, Runge 和 Sommerfeld. 他们所讨论的中心问题之一是几何光学和物理光学的关系,所以我们先对此作一些简略介绍. 读者愿知其详,可以参看 Guillemin and Sternberg[1] 或者 M. Kline and I. W. Kay[1].

几何光学的基本法则与经典力学中质点的运动法则——最小作用原理——同样是一个变分原理. 设 $\mathbf{R}^3_x$ 空间中折射率为函数 $n(x_1,x_2,x_3)$ 由 P_0 到 P_1 的曲线 γ 上的积分

$$S(\gamma)=\int_{P_0}^{P_1} n(x_1,\ x_2,\ x_3)|_\gamma dt \tag{9.1.1}$$

称为 P_0 到 P_1 的光学距离. Fermat 原理指出, 光实际进行的道路即实际的光线是 $S(\gamma)$ 作为 γ 的泛函的驻定曲线. 这个原理很好地解释了光的直线传播、折射、反射等现象, 为光的粒子学说作了很好的数学说明.

但是光的粒子学说不能说明许多现象,首先是衍射. 光的波动学说却可以解释它. 19 世纪中, Maxwell 指出光的本性是电磁波. Maxwell 方程组最后可以化成波动方程

$$\Box u\equiv\frac{1}{c^2}\frac{\partial^2 u}{\partial t^2}-\Delta u=0 \tag{9.1.2}$$

(以下为简单记恒设光速 $c=1$), 这是物理光学的基本方程.

后来的研究说明了几何光学正是物理光学在波长趋于 0 时的

极限．上述 Debye, Runge, Sommerfeld 的渐近方法很好地说明了这一点．他们的想法是：设在初始时刻有平面波

$$u|_{t=0}=0,u_t|_{t=0}=e^{ik\cdot x}, \tag{9.1.3}$$

$k\cdot x=k_1x_1+k_2x_2+k_3x_3$，$k=(k_1,k_2,k_3)$ 称为波矢量．在传播过程中它将分裂为两个波，而且波形发生改变．所以，可以求 Cauchy 问题 (9.1.2)，(9.1.3) 以下形状的解

$$u(t,x)=a(t,x,k)e^{-i\varphi_1(t,x,k)}+b(t,x,k)e^{-i\varphi_2(t,x,k)}, \tag{9.1.4}$$

φ_1,φ_2 称为位相，a，b 称为振幅．我们只看上式第一项，以它代入 (9.1.2) 有

$$e^{i\varphi_1}\frac{\partial^2}{\partial t^2}(ae^{-i\varphi_1})=\frac{\partial^2 a}{\partial t^2}-2i\left(\frac{\partial a}{\partial t}\frac{\partial\varphi_1}{\partial t}+\frac{1}{2}\frac{\partial^2\varphi_1}{\partial t^2}a\right)-a\left(\frac{\partial\varphi_1}{\partial t}\right)^2,$$

$$e^{i\varphi_1}\Delta(ae^{-i\varphi_1})=\Delta a-2i\left(\mathrm{grad}a\cdot\mathrm{grad}\,\varphi_1+\frac{1}{2}a\Delta\varphi_1\right)-a|\mathrm{grad}\varphi_1|^2.$$

波矢量之长 $|k|$ 与波长 λ 成反比，波的频率 $\omega=c|k|=|k|$．我们设相函数是 k 的一阶正齐性函数，所以若 ω 很大，它是一个急变的物理量．振幅比之相函数则是缓变的物理量，所以设有以下的渐近展开式

$$a(t,x,k)\sim\sum_{j=0}^{\infty}a_j(t,x,k),$$

a_j 是 k 的 $-j$ 次正齐性函数．以此代入方程即有

$$\begin{aligned}0\sim\sum_{j=0}^{\infty}\Bigg\{&\left[\left(\frac{\partial\varphi_1}{\partial t}\right)^2-|\mathrm{grad}\varphi_1|^2\right]a_j\\&+2i\left[\frac{\partial\varphi_1}{\partial t}\frac{\partial a_{j-1}}{\partial t}-\mathrm{grad}\varphi_1\cdot\mathrm{grad}\,a_{j-1}\right.\\&\left.+\frac{1}{2}\left(\frac{\partial^2\phi_1}{\partial t^2}-\Delta\varphi_1\right)a_{j-1}\right]\\&-\left(\frac{\partial^2 a_{j-2}}{\partial t^2}-\Delta a_{j-2}\right)\Bigg\},\end{aligned}$$

其中每一项都是 k 的 $-j+2$ 次正齐性函数。它的各项都取为 0，于是从 $j=0$ 开始先得到

$$\left(\frac{\partial\varphi_1}{\partial t}\right)^2-|\mathrm{grad}\varphi_1|^2=0. \qquad (9.1.5)$$

这就是相函数所应适合的方程，称为光程方程 (eiconal equation). 它可以分解因子而有 $\frac{\partial\varphi_1}{\partial t}\pm|\mathrm{grad}\varphi_1|=0$. 我们取 $\frac{\partial\varphi_1}{\partial t}=|\mathrm{grad}\varphi_1|$(另一个方程决定的 φ 即作为 φ_2). 关于 φ_1 初值条件取为

$$\varphi_1(0,x,k)=k\cdot x.$$

下面再看 a_j. 先看 $|k|^{-1}$ 项，可得

$$\frac{\partial\varphi_1}{\partial t}\frac{\partial a_0}{\partial t}-\mathrm{grad}\varphi_1\cdot\mathrm{grad}a_0+\frac{1}{2}\left(\frac{\partial^2\varphi_1}{\partial t^2}-\Delta\varphi_1\right)a_0=0. \qquad (9.1.6_0)$$

关于 $a_1,a_2,\cdots$ 依次有

$$\frac{\partial\varphi_1}{\partial t}\frac{\partial a_j}{\partial t}-\mathrm{grad}\varphi_1\cdot\mathrm{grad}\,a_j+\frac{1}{2}\left(\frac{\partial^2\varphi_1}{\partial t^2}-\Delta\varphi_1\right)a_j+\frac{1}{2}\left(\frac{\partial^2 a_{j-1}}{\partial t^2}-\Delta a_{j-1}\right)=0. \qquad (9.1.6_j)$$

$(9.1.6_0)$ 称为传输方程 (transport equation), $(9.1.6_j)$ 称为高阶传输方程.

用同样的方法求 $b(t,x,k)e^{-i\varphi_2(t,x,k)}=e^{-i\varphi_2}\sum_{j=0}^{\infty}b_j(t,x,k)$. 关于 φ_2 将有 $\frac{\partial\varphi_2}{\partial t}=-|\mathrm{grad}\varphi_2|$, $\varphi_2(0,x,k)=k\cdot x$, 关于 b_j 仍可得到 (9.1.6).

为了适合初值条件应有

$$a_j(0,x,k)+b_j(0,x,k)=0,\quad j=0,1,2,\cdots$$

$$a_0(0,x,k)-b_0(0,x,k)=1,$$

$$-i|k|(a_j(0,x,k)-b_j(0,x,k))+\frac{\partial a_{j-1}}{\partial t}-\frac{\partial b_{j-1}}{\partial t}=0,\quad j=1,2,\cdots$$

由它们即可得出 a_j, b_j 所应适合的初值条件.

用上面的方法可以得出渐近解来。下面来讨论它的物理意义。当 $|k|\to\infty$ 时,取渐近解的第一项即得一个近似解:

$$u(t,x)\sim a_0(t,x)e^{-i\varphi_1(t,x,k)}, \tag{9.1.7}$$

φ_1 适合 (9.1.5), a_0 适合 (9.1.6$_0$)。波的传播按物理光学即是等相面的传播。在这里

$$\varphi_1(t,x,k)=|k|\varphi_1\left(t,x,\frac{k}{|k|}\right),$$

$|k|$是一个大参数,记

$$\varphi_1\left(t,x,\frac{k}{|k|}\right)=\psi(t,x,\eta),$$

等相面即

$$\psi(t,x,\eta)=S(t,x)=c, \tag{9.1.8}$$

即是波前(这里我们略去了 η)。它是 4 维空间 $\mathbf{R}^4=\{(t,x_1,x_2,x_3)\}$ 中的一个曲面,但是是 $\mathbf{R}^3=\{(x_1,x_2,x_3)\}$ 中的一族曲面:当 $t=t_0$ 时 $S(t_0,x)=c$ 给出了 t_0 时刻波前在 $\mathbf{R}^3$ 中的位置。

再看传输方程 (9.1.6$_0$)。这里若约去因子 $|k|$,注意到

$$\left(\frac{\partial S}{\partial t}\frac{\partial}{\partial t},\ -\frac{\partial S}{\partial x_1}\frac{\partial}{\partial x_1},\ -\frac{\partial S}{\partial x_2}\frac{\partial}{\partial x_2},\ -\frac{\partial S}{\partial x_3}\frac{\partial}{\partial x_3}\right)$$

是一个向量场,记其积分曲线为 $t=t(\tau)$, $x_i=x_i(\tau)$ (9.1.6$_0$) 可以化为沿此积分曲线的常微分方程

$$\frac{d}{d\tau}a_0+L(t(\tau),x(\tau),a_0)=0.$$

这就相应于传播是沿此积分曲线进行的。这个积分曲线即是光线。

光程方程 (9.1.5) 是 Hamilton-Jacobi 方程,而上述向量场的积分曲线即是其特征曲线。用上一章最后一段的语言来说 (9.1.5) 即波动方程 (9.1.2) 的特征方程,而 (9.1.5) 的积分曲线即次特征曲线。

现在转到余切丛上来讨论.如在上册第四章 §5 所指出的:为了描述波的传播最好是不但给出波前的位置(这里是 (t,x) 且 $S(t,x)=c$——不妨令 $c=0$) 而且给出其传播方向(不是次特征

方向)，现在即是 $\left(\frac{\partial S}{\partial t}, \operatorname{grad}_x S\right)$，亦即用 $T^*(\mathbf{R}^4)$ 中的

$$\Lambda=\left(t,x,\frac{\partial S}{\partial t}, \operatorname{grad}_x S\right),$$

来刻划它。但是，这正是一个 Lagrange 子流形，而相函数 $S(t,x)$ 就是它的生成函数。我们要求 S 是 Hamilton-Jacobi 方程

$$H\left(t,x,\frac{\partial S}{\partial t}, \operatorname{grad}_x S\right)=\left(\frac{\partial S}{\partial t}\right)^2-|\operatorname{grad} S|^2=0$$

之解，这个方程定义了 $T^*(\mathbf{R}^4)$ 中的一个对合子流形 $H(t, x; \xi_0, \xi')=0$，$\xi'=(\xi_1, \xi_2, \xi_3)$. 次特征曲线包含在$H$定义的特征带中. 因为现在$H$中不显含 t 和 x，所以它定义的特征带的方程(即 Hamilton 方程组)是

$$\frac{d\xi_0}{d\tau}=\frac{d\xi'}{d\tau}=0, \text{ 即 } \xi_0=\text{常数}, \ \xi'=\text{常数}.$$

但是我们要注意，Hamilton-Jacobi 方程和特征带的方程都只在 $t=0$ 附近可解. 所以我们得到的 Lagrange 子流形只是一小块，它的生成函数也只是局部地有效. 上一章指出，只有在 Λ 横截于纤维时，它才微分同胚于底空间 $\mathbf{R}^4$，才能有 (t, x) 的函数 $S(t, x)$ 为其生成函数. 当这个微分同胚被破坏时，就说发生了"焦散"(caustic)现象. 这时就需要转换到其它坐标系而应用广义生成函数. 以上的讨论不仅说明了几何光学的现象，而且告诉我们，这些讨论都是局部的，而必需考虑各种物理现象的几何的、内蕴的性质. 我们再提一下 Duistermaat[2] 一文，那里对所提的问题作了深刻的讨论.

如果不限于 $|k|\to\infty$ 的情况，就是考虑波的一切频率成分，则我们应该把(9.1.4)对一切 ω 积分起来. 按照习惯，我们记频率为 ξ，并且考虑到波动方程的一般 Cauchy 问题，我们应该求波动方程 Cauchy 问题的如下形状的解:

$$u(t, x)=\int e^{iS(t,x,\xi)}a(t,x,\xi)\hat{f}(\xi)d\xi.$$

当然，只是在 $|t|$ 很小的时候. 第四章 §3 的例 3(p.205)中我们已

经看到它了．这就是一个 FIO．（准确地说是局部 FIO）．

2. 经典力学和量子力学的关系．在经典力学中一个粒子在某时刻有确定的位置和动量，而在量子力学中则不然，在某一时刻 t 粒子出现在 (x_1, x_2, x_3) 点附近一小块 dx 中只有一定的概率 $|\psi(t,x)|^2dx$ $\left(\text{因此不妨设}\int_{\mathbb{R}^3}|\psi|^2dx=1\right)$. $\psi(t,x)$称为波函数．与经典力学不同，在量子力学中物理量不是用函数来表示的而是用算子来表示的，例如，位置在经典力学中用 x_i 表示而在量子力学中用 $x_i\cdot$（乘以 x_i）表示；同样，经典力学的动量 $p_i=mv_i$ 在量子力学中用 $m\frac{\partial}{\partial x_i}$ 表示．波函数所适合的基本方程是Schrödinger方程

$$i\hbar\frac{\partial\psi}{\partial t}=-\frac{\hbar^2}{2m}\Delta\psi+V(x)\psi. \tag{9.1.9}$$

这里 m 是粒子质量，$V(x)$ 是位能，即粒子将受到力 $F=-\mathrm{grad}V$ 的作用．$\hbar=\frac{h}{2\pi}$，h 称为 Planck 常数，$h=6.63\times10^{-27}$ 尔格·秒，$\hbar=1.05\times10^{-27}$ 尔格·秒，所以它们是很小的参数．

物理学的研究告诉我们，当 $\hbar$ 可以忽略不计时，量子效应可以不计，这时粒子服从经典力学定律．所以经典力学是量子力学当 $\hbar\to0$ 时（其实是视 $\hbar$ 为 0 时）的极限．这样我们又可以用上面的渐近方法（在物理学中称为 WKB 方法（见上册第四章 § 4，p.210））去讨论它．现在的 $1/\hbar$ 就相当于上面的$|k|$．为简单计，我们只限于一维情况，并设粒子有固定的能量 E（量子力学告诉我们，$E/\hbar$ 是粒子的频率），所以设解为

$$\psi(t,x)=\phi(x)e^{-i\frac{E}{\hbar}t}=\phi(x)e^{-i\omega t},$$

即设波函数为单色——一个固定频率——波，这时关于 $\phi(x)$——称为定态波函数——将有

$$-\frac{d^2\phi}{dx^2}+\tau^2(V(x)-E)\phi=0, \tag{9.1.10}$$

$\tau = \frac{\sqrt{2m}}{\hbar}$ 我们将视为趋于 ∞。(9.1.10) 称为一维定态 Schrödinger 方程。

设 (9.1.10) 的解为

$$\phi(x,\tau) = a(x,\tau)e^{i\tau S(x)} \sim e^{i\tau S(x)} \sum_{j=0}^{\infty} a_j(x)\tau^{-j}, \tag{9.1.11}$$

代人 (9.1.10) 并令 τ^2 的系数为 0 将得到

$$[(S'(x))^2 + (V(x) - E)]a_0 = 0.$$

因为 $a_0 \neq 0$ (渐近展开的第一项当然不为 0)，故有光程方程

$$[S'(x)]^2 + (V(x) - E) = 0. \tag{9.1.12}$$

它可以化为两个方程

$$S_1' = \sqrt{E - V(x)},\quad S_2' = -\sqrt{E - V(x)},$$

从而关于相函数 $S(x)$ 有

$$S_1(x) = \int\sqrt{E - V(x)}dx,\quad S_2(x) = -\int\sqrt{E - V(x)}dx.$$

和上面一样，关于 a_j 可以得到传输方程。例如，关于 $a_0(x)$ 有

$$a_0'(x)S_1' + \frac{a_0}{2}S_1'' = 0.$$

它很容易积出：用 $a_0(x)$ 乘双方即有

$$\frac{d}{dx}\left[\frac{a_0^2(x)}{2}S_1'(x)\right] = 0.$$

因此 $\frac{1}{2}a_0^2S' = \text{const}$。如果 $S_1' \neq 0$，立即有

$$a_0(x) = K_1/\sqrt{S_1'(x)} = K_1/\sqrt[4]{E - V(x)},$$

$$\phi_1(x,\tau) = K_1e^{i\tau\int\sqrt{E-V(x)}dx}/\sqrt[4]{E - V(x)}.$$

用同样的方法处理 S_2 即得 (9.1.10) 之解

$$\phi(x,\tau) = C_1e^{i\tau\int\sqrt{E-V(x)}dx}/\sqrt[4]{E - V(x)} + C_2e^{-i\tau\int\sqrt{E-V(x)}dx}/\sqrt[4]{E - V(x)}, \tag{9.1.13}$$

这里 C_1 与 C_2 是常数，其关系如何确定是一个重要问题．目前 C_1 与 C_2 是互相独立的，第一项表示入射波，第二项表示反射波，二者没有关系．总之，我们得到了(9.1.10)的一个近似解．这个近似解是在 $S'(x)\neq 0$ 的条件下得到的．这个条件的意义是什么？如上一段所述，我们应该在余切丛 $T^*(\mathbf{R}^1)$ 中考察 Lagrange 子流形

$$\{(x,S'(x))\}.$$

在 $S'(x)=0$ 处此子流形不微分同胚于底空间，从而出现了焦散现象．我们现在着重讨论 $S'(x)=0$ 时发生的情况．

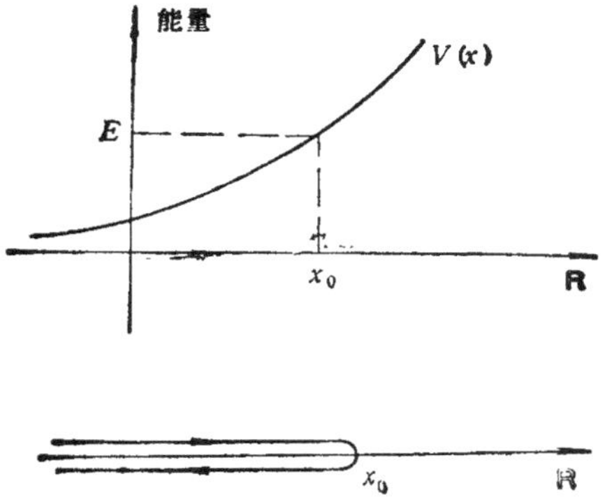

图 3

若 $S'(x_0)=0$，则在 $x=x_0$ 处

$$E=V(x).$$

如果 $V(x)$ 的图象如图 3 所示，它形成一个“势阱”，按经典力学的观点粒子不能穿过 x_0 到右方，因为它的总能量 E 不能小于势能 $V(x)$．因此，上面的讨论只适用于 $x<x_0$．如果要在 $x>x_0$ 处讨论，就需要允许 $S(x)$ 取复值而我们将得到以下形状的近似解

$$\psi'(t,x)=Ce^{-\tau\int\sqrt{V(x)-E}dx}/\sqrt[4]{V(x)-E}. \qquad (9.1.14)$$

这里我们略去了 $e^{\tau\int\sqrt{V(x)-E}\,dx}$ 是因为如果将不定积分写为

$\int_{x_0}^{x}$，则当 $x\to+\infty$ 时，$\int_{x_0}^{x}\sqrt{V(x)-E}\,dx\to+\infty$ 而 $e^{\tau\int\sqrt{V(x)-E}\,dx}$ 将指数增长，这在物理上是不许可的，因为波函数应在 L^2 中。

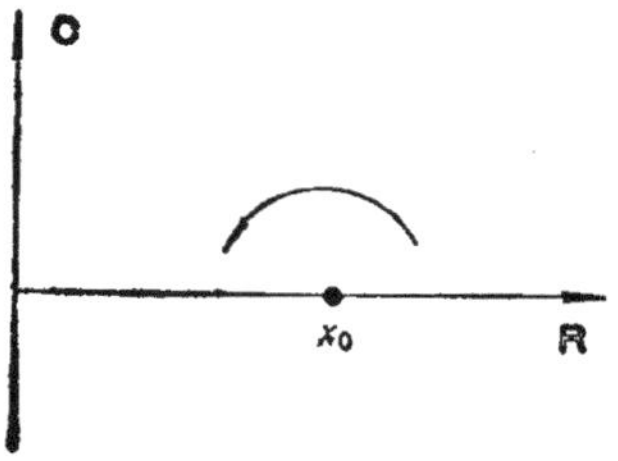

图 4

怎样把 (9.1.14) 与 (9.1.13) 联系起来呢？现在我们已进入复域，如果我们从复平面的上半平面绕过 x_0（图 4），$\arg(V(x)-E)$ 将增加 π，从而 $\phi'(t,x)$ 变成

$$Ce^{-i\pi/4}e^{-i\tau\int\sqrt{E-V(x)}\,dx}/\sqrt[4]{E-V(x)},$$

这就是 (9.1.13) 的第二项。如果从下半平面绕过 x_0，则得到

$$Ce^{i\pi/4}e^{i\tau\int\sqrt{E-V(x)}\,dx}/\sqrt[4]{E-V(x)},$$

即 (9.1.13) 的第一项。

所以如果我们要把 (9.1.13)，(9.1.14) 联结起来，(9.1.13) 中就不应该出现两个任意常数，而应有

$$\phi(t,x)=\begin{cases}C\left[e^{-\frac{i\pi}{4}-i\tau\int_{x_0}^{x}\sqrt{E-V(x)}\,dx}+e^{\frac{i\pi}{4}+i\tau\int_{x_0}^{x}\sqrt{E-V(x)}\,dx}\right]/\\ \qquad\sqrt[4]{E-V(x)},\quad x<x_0,\\ Ce^{-\tau\int_{x_0}^{x}\sqrt{V(x)-E}\,dx}/\sqrt[4]{V(x)-E},\quad x>x_0.\end{cases}\tag{9.1.15}$$

(9.1.14) 与 (9.1.13) 可以联结起来说明在量子力学中一个粒子可以穿过势阱，这是一个典型的量子效应。但是在越过势阱后，位相将要改变 $\frac{\pi}{4}$。这是一个非常重要的指数称为 Maslov 指数，我们将在下面讨论它。

§2. FIO 的局部理论

1. 回顾. 我们已在上册第四章 §3 介绍了 FIO 的定义与一些

初步的结果，现在把下面需要的一些结果再简要回顾一下。

FIO 就是一个形如

$$(Au)(x)=\iint e^{i\Phi(x,y,\theta)}a(x,y,\theta)u(y)dyd\theta \qquad (9.2.1)$$

的算子。这里 $\Phi(x,y,\theta)$ 是一个相函数，而 $x\in\Omega_1\subset\mathbb{R}^n$, $y\in\Omega_2\subset\mathbb{R}^n$, $\theta\in\mathbb{R}^N$; $a(x,y,\theta)\in S^m_{\rho,\delta}$, $0<\rho$, $\delta<1$. 由相函数的定义，$\mathrm{grad}_{(x,y,\theta)}\Phi(x,y,\theta)\neq 0(\theta\neq 0)$. (9.2.1) 目前还只是一个形式的记法，因为对于它甚至不能应用振荡积分的定义，但若取 $v(x)\in\mathscr{D}(\Omega_1)$，则

$$\langle Au,v\rangle=\iiint e^{i\Phi(x,y,\theta)}a(x,y,\theta)u(y)v(x)dxdyd\theta$$

的确可按振荡积分理解，所以 $Au\in\mathscr{D}'(\Omega_2)$，而 A 成为一个算子 $A:\mathscr{D}(\Omega_2)\to\mathscr{D}'(\Omega_1)$. 一般地对于 $w(x,y)\in\mathscr{D}(\Omega_1\times\Omega_2)$

$$I_\Phi(aw)=\iiint e^{i\Phi(x,y,\theta)}a(x,y,\theta)w(x,y)dxdyd\theta \quad (9.2.2)$$

也是有意义的。它定义了一个广义函数(也记作 A)，从而

$$I_\Phi(aw)=\langle A,w\rangle,$$

A 称为 Fourier 积分分布. (9.1.1) 也时常写作 $I_\Phi(au)$. 若 $k\in\mathbb{N}$ 适合 $m-ks<-N$, $s=\min(\rho,1-\delta)>0$，则广义函数 A 的阶不超过 k.

如果进一步设相函数适合

$$\mathrm{grad}_{(x,\theta)}\Phi\neq 0,\ \mathrm{grad}_{(y,\theta)}\Phi\neq 0\ (\theta\neq 0), \qquad (9.2.3)$$

即 Φ 为算子相函数，则 FIO $A:\mathscr{D}(\Omega_2)\to\mathscr{D}(\Omega_1)$，它的转置 ${}^tA:\mathscr{D}(\Omega_1)\to\mathscr{D}(\Omega_2)$. 这时可以扩充 A 及 ${}^tA$ 的定义域而得 $A:\mathscr{E}'(\Omega_2)\to\mathscr{D}'(\Omega_1)$; ${}^tA:\mathscr{E}'(\Omega_1)\to\mathscr{D}'(\Omega_2)$.

FIO $A:\mathscr{D}(\Omega_2)\to\mathscr{D}'(\Omega_1)$ 有一个广义函数核 $K_A(x,y)$ 我们时常形式地记它为

$$K_A(x,y)=\int e^{i\Phi(x,y,\theta)}a(x,y,\theta)d\theta.$$

它目前不是振荡积分，因为缺少了条件 $\mathrm{grad}_\theta\Phi\neq 0$ ($\theta\neq 0$). 为了讨论 A 的性质，集

$$C_\Phi = \{(x,y,\theta)\in \Omega_1\times\Omega_2\times \mathbf{R}^N\backslash 0, \mathrm{grad}_\theta\Phi = 0\} \qquad (9.2.4)$$

起重要的作用。记 $\Omega_1\times\Omega_2\times\mathbf{R}^N\backslash 0$ 到 $\Omega_1\times\Omega_2$ 的投影算子为 π，并定义

$$S_\Phi = \pi C_\Phi = \{(x,y)\in\Omega_1\times\Omega_2, \exists\theta\in\mathbf{R}^N\backslash 0, \mathrm{grad}_\theta\Phi = 0\}, \qquad (9.2.5)$$

$$R_\Phi = \Omega_1\times\Omega_2\backslash S_\Phi,$$

则 sing supp $K_A\subset S_\Phi$，或者说 $K_A(x,y)$ 在 R_Φ 中光滑.

当 A 具有算子相函数时，令 $u\in\mathscr{E}'(\Omega_2)$，则在 A 的作用下

$$\text{sing supp}Au\subset S_\Phi\circ\text{sing supp } u = \{x\in\Omega_1;\ \exists y\in \text{sing supp } u,(x,y)\in S_\Phi\}. \qquad (9.2.6)$$

当然，若 $u\in\mathscr{D}(\Omega_2)$，则 sing supp$u=\phi$，由上式有 sing supp$Au=\phi$，这与 $A:\mathscr{D}(\Omega_2)\to\mathscr{E}(\Omega_1)$ 相符合。

进一步我们要微局部地讨论 $I_\Phi(aw)$ 这时我们常在(9.2.2)中将 (x,y) 合写为 $x\in\Omega$，而如习惯他那样将 $w(x,y)$ 写成 $u(x)$. 我们有 $I_\Phi(au)=\langle A,u\rangle$，而

$$WF(A)\subset\{(x, \mathrm{grad}_x\Phi(x,\theta)), \theta\neq 0,\ (x,\theta)\in \text{con supp } a, \mathrm{grad}_\theta\Phi(x,\theta)=0\}. \qquad (9.2.7)$$

当然，$WF(A)$ 也就是 A 的广义函数核 $K_A(x,y)$ 的波前集.

以上 con supp a 是 a 的锥支集，即包含 $\{(x,\xi);\ a(x,\xi)\neq 0\}$ 的最小闭锥形集. 如果 con supp $a=\Omega\times\mathbf{R}^N$，则(9.2.7)右方是一个重要的集 $\{(x,\mathrm{grad}_x\Phi), \theta\neq 0, \mathrm{grad}_\theta\Phi=0\}$. 为了讨论它我们需要设 $\Phi(x,\theta)$ 是**非退化相函数**，即

$$\mathrm{rank}\begin{pmatrix} \frac{\partial^2\Phi}{\partial\theta_1^2} & & & \frac{\partial^2\Phi}{\partial\theta_1\partial x_1} & \cdots & \frac{\partial^2\Phi}{\partial\theta_1\partial x_n} \\ & \ddots & & & \cdots & \\ & & \frac{\partial^2\Phi}{\partial\theta_N^2} & \frac{\partial^2\Phi}{\partial\theta_N\partial x_1} & \cdots & \frac{\partial^2\Phi}{\partial\theta_N\partial x_n} \end{pmatrix} = N, \qquad (9.2.8)$$

这里的矩阵是 $N\times(n+N)$ 矩阵. 在 $\mathrm{grad}_\theta\Phi=0$ 时，$\frac{\partial^2\Phi}{\partial\theta_i\partial x_j}=0$，所以(9.2.8)成为 $\det\left(\frac{\partial^2\Phi}{\partial\theta^2}\right)\neq 0$. 因此可以由隐函数存在定理

得知 $C_\Phi=\{(x,\theta);\theta\neq 0,\ \mathrm{grad}_\theta\Phi=0\}$ 是一个 n 维子流形,而上一章 §3 证明了,这时 $\Lambda_\Phi: C_\Phi\to\{(x,\mathrm{grad}_x\Phi)\}$ 是一个内浸,它的象(仍记为 $\Lambda_\Phi=\{(x,\mathrm{grad}_x\Phi),\theta\neq 0,\ \mathrm{grad}_\theta\Phi=0\}$)是 $T^*\Omega\backslash 0$ 的锥形 Lagrange 子流形. 这是刻划 FIO 的一个本质的概念.与此相对照,我们不说 $a\in S^m_{\rho,\delta}$ 中的 m 即 FIOA 的阶数,其原因在下面就会看到.

2. Fourier 积分分布与相函数. 如果在 $I_\Phi(au)$ 中作一个变换 $x\longmapsto x$, $\tilde\theta\longmapsto\theta=\theta(x,\tilde\theta)$, θ 对 $\tilde\theta$ 是一次正齐性的,且 $\left|\dfrac{\partial\theta}{\partial\tilde\theta}\right|\neq 0$. 这是一个保持纤维的变换,而 $I_\Phi(au)$ 变成

$$I_{\tilde\Phi}(\tilde a u)=\iint e^{i\tilde\Phi(x,\theta)}\tilde a(x,\tilde\theta)u(x)dxd\tilde\theta.$$

$$\tilde\Phi(x,\tilde\theta)=\Phi(x,\theta(x,\tilde\theta)),$$

$$\tilde a(x,\tilde\theta)=a(x,\theta(x,\tilde\theta))\left|\frac{\partial\theta}{\partial\tilde\theta}\right|.$$

这时相函数和象征都改变了,但 $I_\Phi(au)$ 与 $I_{\tilde\Phi}(\tilde a u)$ 仍是同一个分布. 所以这时我们说 Φ 与 $\tilde\Phi$ 是等价的. 现在要考虑等价的充分必要条件. 粗略地说,这就是 $\Lambda_\Phi=\Lambda_{\tilde\Phi}$. 因此锥形 Lagrange 子流形 Λ_Φ 而不是相函数 Φ 才是 FIO 的真正内在的东西.

如果存在一个保纤维的微分同胚 $(x,\theta)\longmapsto(x,\tilde\theta(x,\theta))$,使 $\tilde\Phi(x,\tilde\theta)=\Phi(x,\theta)$, 则因为 $\tilde\Phi_{\tilde\theta}\dfrac{\partial\tilde\theta}{\partial\theta}=\Phi_\theta$, 所以 $\Phi_\theta=0\Longleftrightarrow\tilde\Phi_{\tilde\theta}=0\left(\dfrac{\partial\tilde\theta}{\partial\theta}\text{非异}\right)$, 即 $C_\Phi\sim C_{\tilde\Phi}$, 而 $\Lambda_\Phi=\{(x,\Phi_x);\Phi_\theta=0\}=\left\{\left(x,\tilde\Phi_x+\tilde\Phi_{\tilde\theta}\dfrac{\partial\tilde\theta}{\partial x}\right);\Phi_\theta=0\right\}=\{(x,\tilde\Phi_x);\ \tilde\Phi_{\tilde\theta}=0\}=\Lambda_{\tilde\Phi}$. 在这样的微分同胚个数下 θ 的维数 N 与 $\tilde\theta$ 的维数 $\tilde N$ 自然相同,而且 $\Phi_{\theta\theta}$ 与 $\tilde\Phi_{\tilde\theta\tilde\theta}$ 的符号数(即正负特征值个数之差)在 C_Φ 与 $C_{\tilde\Phi}$ 的相应点附近自然也相同.

现在要考虑相反的过程. 首先我们注意到 θ 与 $\tilde\theta$ 维数不一定相同,因而可以找到具有相同 Λ_Φ 的相函数但 θ 的维数不同. 这里

有一个有用的结果：

引理 9.2.1 设 $\varphi(x,\theta)$ 是 $(x_0,\theta_0)\in\Omega\times\mathbf{R}^N\backslash 0$ 的某一锥邻域中的非退化相函数且 $\varphi_\theta(x_0,\theta_0)=0$。若记 $\xi_0=\varphi_x(x_0,\theta_0)$，从而 $(x_0,\xi_0)\in\Lambda_\varphi$，则

$$N-\operatorname{rank}\varphi_{\theta\theta}(x_0,\theta_0)=n-\operatorname{rank}d\pi_\Lambda(x_0,\xi_0). \qquad (9.2.9)$$

这里 $n=\dim\Omega$，π_Λ 是 $\pi: T^*\Omega\to\Omega$ 在 Λ 上的限制。

证. Λ_φ: $C_\varphi\to\Lambda_\varphi$ 是一个映射，$\pi_\Lambda=\pi\circ\Lambda_\varphi$，从而切映射 $d\pi_\Lambda=d\pi\circ d\Lambda_\varphi$ 而式右是 $\dim\ker d\pi_\Lambda$。记 $\Omega\times\mathbf{R}^N\backslash 0$ 中的切向量为 $(\delta x,\delta\theta)$，则 C_φ 的切向量应适合

$$\varphi_{\theta x}\delta x+\varphi_{\theta\theta}\delta\theta=0.$$

$d\Lambda_\varphi$ 是单射，而 $\ker d\pi=\{(0,\ \delta\xi)\}$，所以 $\dim\ker d\pi_\Lambda=\dim\{\delta\theta;\ \varphi_{\theta\theta}\delta\theta=0\}=N-\operatorname{rank}\varphi_{\theta\theta}$。证毕。

从这个结果一方面可以看到 $d\pi_\Lambda$ 在 (x_0,ξ_0) 一定是奇异的，因为由 Euler 恒等式 $\varphi_{\theta\theta}\cdot\theta=0$，从而 $\operatorname{rank}\varphi_{\theta\theta}<N$，而且可以看到 $N=n-\operatorname{rank}d\pi_\Lambda(x_0,\xi_0)+\operatorname{rank}\varphi_{\theta\theta}(x_0,\theta_0,)$，所以 θ 的维数 $N\geqslant n-\operatorname{rank}d\pi_\Lambda(x_0,\xi_0)$，所以 θ 变量的分数减少有一定的限度。

现在来看怎样减少 $\varphi(x,\theta)$ 中 θ 变量的个数而不影响 Λ_φ。令 $r=\operatorname{rank}\varphi_{\theta\theta}(x_0,\theta_0)$，记 $\theta=(\theta',\theta'')=(\theta_1,\cdots,\theta_{N-r};\theta_{N-r+1},\cdots,\theta_N)$ 不妨设矩阵 $\varphi_{\theta''\theta''}$ 是可逆的。附带提到 $\theta_0''\neq 0$，否则由 Euler 恒等式 $0=\varphi_{\theta\theta}\cdot\theta_0=\varphi_{\theta''\theta''}\theta_0''$ 应有 $\theta_0''=0$，从而 $\theta_0=0$ 而这是不可能的。于是，把隐函数定理用于 $\varphi_{\theta''}(x,\theta)=0$ 可以解出 $\theta''=g(x,\theta')$ 且 $\theta_0''=g(x_0,\theta_0')$，$g$ 对 θ' 是一次正齐性函数.引入新的变量 $\hat\theta=(\theta',\theta''-g(x,\theta'))$ 而将 $\varphi(x,\theta)$ 写为 $\hat\varphi(x,\hat\theta)$。$\hat\varphi_{\hat\theta''}=0$ 即 $\varphi_{\theta''}(\theta',\theta'')=0$，其唯一解是 $\theta''=g(x,\theta')$ 亦即 $\hat\theta''=0$。这时 $\hat\varphi_{x\hat\theta''}=0$，$\hat\varphi_{\hat\theta'\hat\theta''}=0$。记

$$\hat\varphi(x,\hat\theta',0)=\varphi(x,\theta',g(x,\theta'))=\phi(x,\theta'). \qquad (9.2.10)$$

我们要证明 ϕ 也是非退化相函数，而且 $\Lambda_\phi=\Lambda_\varphi$ 于 $(x_0,\xi_0)=(x_0,\varphi_x(x_0,\theta_0))$ 附近。

$\phi(x,\theta')$ 对 θ' 是一次正齐性函数是明显的。它对 (x,θ') 当

$\theta' \neq 0$ 时没有临界点．这是因为

$$\begin{aligned}\psi_x(x,\theta') &= \varphi_x(x,\theta',g(x,\theta'))\\&\quad + \varphi_{\theta''}(x,\theta',g(x,\theta'))g_x(x,\theta'),\\ \psi_{\theta'}(x,\theta') &= \varphi_{\theta'}(x,\theta',g(x,\theta'))\\&\quad + \varphi_{\theta''}(x,\theta',g(x,\theta'))g_{\theta'}(x,\theta')\end{aligned}$$

但 $\theta''=g(x,\theta')$ 是 $\varphi_{\theta''}(x,\theta',\theta'')=0$ 之解，故由上式

$$\psi_x(x,\theta')=\varphi_x(x,\theta',g),\ \psi_{\theta'}(x,\theta')=\varphi_{\theta'}(x,\theta',g). \tag{9.2.11}$$

由于自然地有 $\varphi_{\theta''}(x,\theta',g)=0$，故由 $\mathrm{grad}_{(x,\theta')}\psi=0$ 可得

$$\mathrm{grad}_{(x,\theta)}\varphi(x,\theta)=0,$$

而这与 φ 是相函数相矛盾．

最后证明 $\psi(x,\theta')$ 是非退化的，亦即求证

$$\mathrm{rank}\begin{pmatrix}\psi_{x\theta'}\\ \psi_{\theta'\theta'}\end{pmatrix}=N-r,\ \dim\theta'=N-r. \tag{9.2.12}$$

但由 φ 为非退化，且在 $\varphi_{\theta''}=0$ 上 $\varphi_{x\theta''}=0$，$\varphi_{\theta'\theta''}=0$ 故由

$$\mathrm{rank}\begin{pmatrix}\varphi_{x\theta}\\ \varphi_{\theta\theta}\end{pmatrix}=N$$

可得，在 $(x_0,\theta_0',\theta_0'')$ 处

$$\mathrm{rank}\begin{pmatrix}\varphi_{x\theta'} & \varphi_{x\theta''}\\ 0 & 0\\ \varphi_{\theta''\theta'} & \varphi_{\theta''\theta''}\end{pmatrix}=N,$$

因为 $\mathrm{rank}\,\varphi_{\theta''\theta''}(x_0,\theta_0',\theta_0'')=r$，所以 $\mathrm{rank}\,\varphi_{x\theta'}(x_0,\theta_0',\theta_0'')=N-r$．在 $\theta''=g(x,\theta')$ 上，由(9.2.11)，$\varphi_{\theta'}=0 \Longleftrightarrow \varphi_{\theta'}=0 \Longleftrightarrow \varphi_\theta=0$ 且 $\psi_{x\theta'}=\varphi_{x,\theta'}$．因此在 (x_0,θ_0) 处 $\mathrm{rank}\,\psi_{x\theta'}=\mathrm{rank}\,\varphi_{x\theta'}=N-r$．$N-r$ 已经是(9.2.12)中矩阵之最大秩，所以在其附近，特别在 $\psi_{\theta'}=0$ 处 $\mathrm{rank}\psi_{x\theta'}=N-r$，而(9.2.12)得证．

最后考虑 ψ 所决定的锥形 Lagrange 子流形：

$$\Lambda_\psi=\{(x,\psi_x),\psi_{\theta'}=0\}=\{(x,\varphi_x),\varphi_\theta=0\}=\Lambda_\varphi$$

在 (x_0,θ_0) 附近成立，这里我们应用了 $\psi_{\theta'}=0 \Longleftrightarrow \varphi_\theta=0$ 以及

(9.2.11)。

在减少 θ 维数后 $I_\varphi(au)=I_\phi(bu)$，b 与 a 的关系以后再讨论。

同样 θ 的维数也可以任意增加。令 $Q(\eta)$ 是 $\eta\in\mathbf{R}^s$ 上的正定二次型(实际上只要假设它是非退化即可)。现在作新的函数

$$\phi(x,\theta,\eta)=\varphi(x,\theta)+Q(\eta)/|\theta|. \qquad (9.2.13)$$

这时在 ϕ 中出现了很高的奇性于 $|\theta|=0$ 时.但这并不影响 FIO。因为 FIO 和 PsDO 可以定义到 mod 一个正则化算子。例如作一个切断函数 $\chi(\theta)\in C_0^\infty(\mathbf{R}^N)$ 使得在 $\theta=0$ 附近 $\chi(\theta)=1$. 于是

$$I_\Phi(au)=\iint e^{i\Phi(x,y,\theta)}[1-\chi(\theta)]a(x,y,\theta)u(y)dyd\theta$$
$$+\iint e^{i\Phi(x,y,\theta)}\chi(\theta)a(x,y,\theta)u(y)dyd\theta=I_1+I_2.$$

易见 I_2 是正则化算子，而有 $I_\Phi(au)\sim I_1$. 但 I_1 的振幅函数 $[1-\chi(\theta)]a(x,y,\theta)$ 在 $\theta=0$ 附近恒为 0，所以即令相函数形如 (9.2.13) 也没有关系。

现在我们要证明 (9.2.13) 确为相函数而且在 $(x_0,\theta_0,0)$ 附近 $\Lambda_\varphi=\Lambda_\phi$. 事实上我们有

$$\phi_x=\varphi_x,\ \phi_\eta=A_\eta/|\theta|,\ \phi_\theta=\varphi_\theta+\left(\frac{Q(\eta)}{2|\theta|}\right)_\theta,$$

这里 A 是 Q 的矩阵：$Q(\eta)=\langle A\eta,\eta\rangle$ 而 A 是非奇异的.若有某点 (x_0,θ_0,η_0) 使 $\phi_x=\phi_\eta=\phi_\theta=0$，由 $\phi_\eta=0$ 立即有 $\eta=0$，代入 ϕ_θ 之式即知在 (x_0,θ_0) 处 $\varphi_x=\varphi_\theta=0$ 而与 φ 是相函数矛盾。

ϕ 对 (θ,η) 的齐性是显然的，所以 ϕ 是相函数。

对于 ϕ，$C_\phi=\{(x,\theta,\eta),\ \mathrm{grad}_{(\theta,\eta)}\phi=0\}$ 中必有 $\eta=0$. 现在来证明 ϕ 之非退化性。在 C_ϕ 上我们有：$\phi_{(\theta,\eta)}$ 的微分所成的矩阵是

$$\begin{pmatrix}\phi_{x\theta} & \phi_{\theta\theta} & \phi_{\eta\theta}\\ \phi_{x\eta} & \phi_{\theta\eta} & \phi_{\eta\eta}\end{pmatrix}=\begin{pmatrix}\varphi_{x\theta} & \varphi_{\theta\theta} & 0\\ 0 & 0 & A/|\theta|\end{pmatrix}.$$

因为 $(\varphi_{x\theta},\varphi_{\theta\theta})$ 之秩为 N，$A/|\theta|$ 之秩为 s，故以上矩阵有最

大秩 $N+s$ 而 $d\varphi_{(\theta,\eta)}$ 线性无关，故 ψ 非退化。

最后在 $(x,\theta,0)\in C_\psi$ 上考虑 Λ_ψ。注意到 C_ψ 即是 $(x,\theta)\in C_\varphi$ 以及 $\eta=0$，所以

$$\Lambda_\psi=\{(x,d_x\varphi),\ (x,\theta)\in C_\varphi,\eta=0\}=\{(x,d_x\varphi),(x,\varphi)\in C_\varphi\}=\Lambda_\varphi.$$

当然按这种方式增加 θ 的维数后，

$$\begin{aligned}I_\varphi(au)&=\iint e^{i\varphi(x,\theta)}a(x,\theta)u(x)dxd\theta\\&=\iiint e^{i\psi(x,\theta,\eta)}\left(\int e^{-iQ(\eta)/2|\theta|}d\eta\right)a(x,\theta)u(x)dxd\theta d\eta\\&=\iiint e^{i\psi(x,\theta,\eta)}b(x,\theta,\eta)u(x)dxd\theta d\eta=I_\psi(bu),\end{aligned}$$

$$b(x,\theta,\eta)=\int e^{-iQ(\eta)/2|\theta|}d\eta\cdot a(x,\theta)=C|\theta|^{-\frac{s}{2}}a(x,\theta).$$

这时振幅函数 $b\in S^{m-\frac{s}{2}}_{\rho,\delta}(\Omega\times\mathbb{R}^{N+s})$。

最后对任意的相函数 φ_1 与 φ_2，通过减少或增加 θ 的维数我们可以设 $N_1=N_2$ 而且 $\operatorname{sgn}\varphi_{1\theta_1\theta_1}=\operatorname{sgn}\varphi_{2\theta_2\theta_2}$。现在来证明基本的定理。

定理 9.2.2 设 $\varphi_1(x,\theta_1)$，$\varphi_2(x,\theta_2)$ 是两个非退化相函数，$\dim\theta_1=\dim\theta_2=N$，而且 (x_0,θ_{10})，(x_0,θ_{20}) 对应于 Λ_{φ_1} 与 Λ_{φ_2} 上之同一点 (x_0,ξ_0)，若在该点附近 Λ_{φ_1} 与 Λ_{φ_2} 重合，且

$$\operatorname{sgn}\varphi_{1\theta_1\theta_1}=\operatorname{sgn}\varphi_{2\theta_2\theta_2},$$

则 φ_1 与 φ_2 必在 (x_0,θ_{10}) (x_0,θ_{20}) 附近等价。

这里 $\operatorname{sgn}A=A$ 之正、负特征值个数之差，亦即 A 之符号数。

证. 这个定理的证明比较长，我们把它分成几个部分．第一部分是证明两个在 C_φ 附近二阶相等的非退化相函数必等价．具体地说，即证明

引理 9.2.3 设 φ 和 ψ 均是定义在 $C_\varphi\ni(x_0,\theta_0)\in\Omega\times\mathbb{R}^N\backslash 0$ 的某个锥邻域中的非退化相函数，而且 $\operatorname{sgn}\varphi_{\theta\theta}=\operatorname{sgn}\psi_{\theta\theta}$。则当 $\varphi-\psi$ 在 C_φ 邻域中二阶为 0 时，φ 与 ψ 必在 (x_0,θ_0) 的某个锥

邻域中等价.

证. 首先我们要注意,在 C_φ 上 $\varphi=\phi(=0)$, $\varphi_\theta=\phi_\theta(=0)$, $\varphi_x=\phi_x$, 所以在 (x_0,θ_0) 附近 $C_\varphi=C_\phi$, $\Lambda_\varphi=\Lambda_\phi$. 所谓 $\varphi-\phi$ 在 C_φ 邻域中二阶为 0, 即指存在一个元素为 C^∞ 函数的对称矩阵 $\gamma(x,\theta)=(\gamma_{ij})$ 使

$$\phi=\varphi+\frac{1}{2}\langle\gamma\varphi_\theta,\varphi_\theta\rangle. \tag{9.2.14}$$

记 $C=C_\varphi=C_\phi$, 则通过计算易见在 C 上

$$\phi_{\theta\theta}=\varphi_{\theta\theta}(I+\gamma\varphi_{\theta\theta}),$$
$$\phi_{x\theta}=\varphi_{x\theta}(I+\gamma\varphi_{\theta\theta})$$

或写为

$$\begin{pmatrix}\phi_{\theta\theta}\\ \phi_{x\theta}\end{pmatrix}=\begin{pmatrix}\varphi_{\theta\theta}\\ \varphi_{x\theta}\end{pmatrix}(I+\gamma\varphi_{\theta\theta}).$$

由非退化性假设矩阵 $\begin{pmatrix}\varphi_{x\theta}\\ \varphi_{\theta\theta}\end{pmatrix}$ 与 $\begin{pmatrix}\phi_{x\theta}\\ \phi_{\theta\theta}\end{pmatrix}$ 之秩为 N, 故其映 $\mathbf{R}^N$ 之象是 $\mathbf{R}^N$. 因此 $(I+\gamma\varphi_{\theta\theta})$ 映 $\mathbf{R}^N$ 之象亦必须为 $\mathbf{R}^N$, 即 $(I+\gamma\varphi_{\theta\theta})$ 可逆. 现在我们来作出引理 9.2.3 所需要的微分同胚 $\tilde{\theta}=\tilde{\theta}(x,\theta)$, 它应该对 θ 是一次正齐性的. 设

$$\tilde{\theta}=\theta+W\mathrm{grad}_\theta\,\varphi, \tag{9.2.15}$$

$W=(w_{ij})$ 是 N 阶方阵而其元 $w_{ij}(x,\theta)$ 是 (x_0,θ_0) 附近的 C^∞ 函数, 且对 θ 为一次正齐性, W 待定使 $\varphi(x,\tilde{\theta})=\phi$. 在变换 (9.2.15) 后,由 Taylor 展开式有

$$\varphi(x,\tilde{\theta})=\varphi(x,\theta)+\sum_{j=1}^{N}(\tilde{\theta}_j-\theta_j)\frac{\partial\varphi}{\partial\theta_j}$$
$$+\sum_{j,k=1}^{N}(\tilde{\theta}_j-\theta_j)(\tilde{\theta}_k-\theta_k)\varphi_{jk}(x,\theta,\tilde{\theta}),$$
$$(\varphi_{jk}=\varphi_{kj}).$$

由 (9.2.15)

$$\varphi(\boldsymbol{x},\tilde{\theta})-\varphi(\boldsymbol{x},\theta)=\sum_{j,k=1}^{N}\left(w_{jk}+\sum_{j',k'=1}^{N}w_{jj'}\varphi_{j'k'}w_{kk'}\right)\frac{\partial\varphi}{\partial\theta_j}\frac{\partial\varphi}{\partial\theta_k}.$$

所以要想达到我们的要求，注意到 (9.2.14) 只需令

$$w_{jk}+\sum_{j',k'=1}^{N}w_{jj'}\varphi_{j'k'}w_{kk'}=\frac{1}{2}\gamma_{jk} \tag{9.2.16}$$

即可，现在我们从 (9.2.16) 求一个方阵解 W. 事实上，若记 $(\varphi_{jk})=\Phi$, (9.2.16) 可以写成矩阵形式

$$W+W\Phi' W=\frac{1}{2}\gamma. \tag{9.2.16'}$$

当 $\gamma=0$ 时，它显然有解 $W=0$，而且在 $W=0$ 处左方的微分是 I. 所以可以用隐函数定理求出当 γ 之元充分小时的唯一解 $W=W(\boldsymbol{x},\theta,\gamma)$ 使 $W(\boldsymbol{x},\theta,0)=0$, 这个解也必是充分小的，因此由它作出的变换 (9.2.15) 是微分同胚.

现在讨论这个微分同胚是否保纤维. 首先，易见 (9.2.14) 中的 γ 对 θ 是一次正齐性的，而 (φ_{jk}) 由 φ 的 Taylor 展式的余项积分形式表示，可见对 θ 为 -1 次正齐性的. 故由隐函数的唯一性知 (9.2.16') 所决定的 W 对 θ 自然是一次正齐性.

余下的问题是如何放弃 γ 之元充分小的限制. 引理中的条件 $\mathrm{sgn}\varphi_{\theta\theta}=\mathrm{sgn}\psi_{\theta\theta}$ 也还没有用到，其实这个条件正好可以用到取消关于 γ 的限制. 把这一点放到后面，我们暂时宣布引理证毕.

现在来处理关于 γ 的限制，我们的方法是标准的同伦方法. 令 $S(N)$ 是 N 阶对称方阵空间. 如果可以找到一条连续曲线 γ_t: $[0,1]\to S$ 使 $\gamma(0)=0$, $\gamma(1)=\gamma$ (即 (9.2.14) 中的 γ). 而且 $I+\gamma_t\varphi_{\theta\theta}$ 在 $(\boldsymbol{x}_0\theta_0)$ 可逆，则相应于 γ_t 可以作出一族

$$\psi_t=\varphi+\frac{1}{2}\langle\gamma_t\varphi_\theta,\varphi_\theta\rangle.$$

于是在 C 上又有

$$\begin{pmatrix}\psi_{t\theta\theta}\\ \psi_{tx\theta}\end{pmatrix}=\begin{pmatrix}\varphi_{\theta\theta}\\ \varphi_{x\theta}\end{pmatrix}(I+\gamma_t\varphi_{\theta\theta}).$$

前面我们是通过 φ 和 ψ 的非退化性，通过双方映 $\mathbf{R}^N$ 之象的维数

之讨论得到 $(I+\gamma\varphi_{\theta\theta})$ 可逆. 现在则反过来，仍通过维数的讨论，由 $(I+\gamma_t\varphi_{\theta\theta})$ 可逆得知 φ_t 是非退化相函数.

现在建立 φ_t 与 φ 的等价性. 这归结为求解 (9.2.16′) 但右方改为 γ_t. 若对某一个 t_0 有解 W 从而得知 φ_{t_0} 与 φ 等价，则对相应于 t_0 的 φ_{t_0} 可证它与 φ 的等价性. 容易看到，由隐函数存在定理对充分接近于 t_0 的 t，(9.2.16′) 仍可解从而 φ_t 也与 φ 等价. 又若有一串 $t_n\to t_0$，使得对 γ_{t_n} (9.2.16′) 可解，则这些解必有极限 W_0 是 (9.2.16′) 中取 $\gamma=\gamma_{t_0}$ 时的解. 当 $t=0$ 时，$\gamma_0=0$，(9.2.16′) 当然有解 $W=0$. 因此

$$T=\{t\in[0,1],\ (9.2.16')\text{ 有解}\}$$

是 $[0,1]$ 的非空的既开又闭子集. 由 $[0,1]$ 的连通性知 $T=[0,1]$，所以 $t=1$ 时 $\gamma_1=\gamma$ 使 (9.2.16′) 有解. 这样可证 φ 与 φ 等价.

因此全部问题归结于是否可以作出这样一条曲线 γ. $\mathrm{sgn}\varphi=\mathrm{sgn}\phi$ 在这里起了作用. 我们有

引理 9.2.4 设 A 是 N 阶实对称矩阵，$R=\{B\in S(N);\ \det(I+BA)\neq 0\}$. 当且仅当 $A+AB_jA$, $(j=1,2)$ 有相同符号数时，B_1 与 B_2 在 R 的同一连通分支中.

证. 令 $N_0=\ker A$，则 $\mathrm{Im}A=N_0^\perp$，这由 $\mathrm{Im}\,A\subset N_0^\perp$ 以及 $\dim\mathrm{Im}\,A=\mathrm{codim}\ker A$ 立即可知，$I+BA$ 在 N_0 上的限制是恒等元，因此它是同构的当且仅当 $A+ABA$ 限制在 $N_0^\perp$ 上为一同构. 令 P 为 $\mathbb{R}^N$ 到 $N_0^\perp$ 的正交投影算子. 所以 $ABA=APBPA$，这是因为 $PA=A$，而 $A(I-P)=0$. 取 $t\in[0,1]$ 并作 $B_t=(1-t)B+tPBP$，容易算出 $A+AB_tA=A(I+B_tA)=A+ABA-tABA+tAPBPA=A+ABA$. 这就是说 $A+ABA$ 和 $A+AB_tA$ 在 $N_0^\perp$ 上同为同构或同非同构. 因此 $I+BA$ 和 $I+B_tA$ 同为同构或同非同构. 但是 $\{B_t\}$ 显然是一曲线连接 B 与 PBP，而这一曲线位于 R 的一个连通分支内. 因此，若要将 R 中的 B_1 与 B_2 连接起来，只需要先把 PB_1P 和 PB_2P 用一条曲线 $M_t\subset R$ 连接起来. 这里要求 $M_tN_0=0$,

$M_t N_0^\perp \subset N_0^\perp$. 因此我们把问题从一般的 B_1 和 B_2 化成从 $N_0^\perp$ 到 $N_0^\perp$ 的情况,而限制在 $N_0^\perp$ 上 A 显然是同构.

现在要用到代数中一个已知的事实. 在 k 阶非奇异实对称矩阵空间中,符号数相同的矩阵 T_1 和 T_2 必可用该空间中一条曲线连接起来. 现在 $\operatorname{sgn}(A+AB_jA)(j=1,2)$ 相同,所以可以用一条位于 $N_0^\perp$ 中的曲线 $\{Q_t\}$ 连接起来. 但 $B \longmapsto A+ABA$ 当 A 为非异对称矩阵时是一对一的,因此 B_1 与 B_2 也可用曲线 $\{A^{-1}Q_tA^{-1}-I\}$ 连接起来. 引理证毕.

现在把引理用于我们的情况. 令 $B_1=0$, $B_2=\gamma$, $A=\varphi_{\theta\theta}$, 则前已证明

$$I+0\varphi_{\theta\theta}=I,\ I+\gamma\varphi_{\theta\theta}\text{ 可逆}$$

$$A+AB_jA=\varphi_{\theta\theta},\ j=1;\ =\phi_{\theta\theta},\ j=2,$$

具有相同的符号数,因此有曲线 $\gamma[0,1]\to R$ 连接 0 与 γ. 至此,引理 9.2.3 的证明完成.

定理 9.2.2 证明的完成. 现在 $\varphi_j(j=1,2)$ 作以下的变换 $(x,\theta)\to(x,\varphi_{jx},\varphi_{j\theta})$ (因为定理 9.2.2 中 θ_1 与 θ_2 的维数相同,故记为 θ). 由隐函数定理以及 φ_j 的非退化性,可以在$(x_0,\theta_{j0})\in C_{\varphi j}$ 附近解出 $\theta_j:(x,\xi,y)\longmapsto\theta_j(x,\xi,y)$ $(x,\xi,y)\longmapsto\theta_j(x,\xi,y)$为局部微分同胚,这里 $(x_0,\theta_{j,0})$ 对应于 $\Lambda_{\varphi j}$ 上的 (x_0,ξ_0),而且可以认为 $\theta_j(x,\xi,y)$ 对 ξ 是一次正齐性的. 再作变换

$$\begin{aligned}&\Omega\times\mathbf{R}^N\backslash 0\to\Omega\times\mathbf{R}^N\backslash 0,\\&(x,\theta)\longmapsto(x,\tilde\theta),\ \tilde\theta=\theta_2(x,\varphi_{1x},\varphi_{1\theta})\\&\qquad+A\varphi_{1\theta}|\theta|/|\theta_{1\theta}|.\end{aligned}\tag{9.2.17}$$

$A:\mathbf{R}^N\to\mathbf{R}^N$ 是待定的矩阵. 由 $\theta_2(x,\xi,y)$ 之定义:

$$\xi=\varphi_{2x}(x,\theta_2(x,\xi,y)),\ y=\varphi_{2\theta}(x,\theta_2(x,\xi,y)).$$

令 $\xi=\varphi_{1x}$, $y=\varphi_{1\theta}$ 即得

$$\begin{aligned}\varphi_{1x}&=\varphi_{2x}(x,\theta_2(x,\varphi_{1x},\varphi_{1\theta})),\\\varphi_{1\theta}&=\varphi_{2\theta}(x,\theta_2(x,\varphi_{1x},\varphi_{1\theta})).\end{aligned}$$

现在令 $\phi=\varphi_2(x,\tilde\theta)$. 在 C_{φ_1} 上,

$$\varphi_{2\theta}=\varphi_{2\theta}(x,\theta_2(x;\varphi_{1x},\varphi_{1\theta}))\frac{\partial\tilde{\theta}}{\partial\theta}=\varphi_{1\theta}\frac{\partial\tilde{\theta}}{\partial\theta}=0,$$

所以微分同胚 (9.2.17) 是 $C_{\varphi_1}\to C_{\varphi_2}$ 的在 (x_0,θ_{10}) 附近的微分同胚. 不仅如此

$$\psi_x=\varphi_{2x}+\varphi_{2\theta}(x,\tilde{\theta})\frac{\partial\tilde{\theta}}{\partial\theta}=\varphi_{1x}.$$

所以 $\psi-\varphi_1$ 在 C_{φ_1} 上二阶为 0.

由 ψ 的作法知 φ_2 与 ψ 等价,由引理 9.2.3 知 ψ 与 φ_1 等价, 所以 φ_1 与 φ_2 等价. 现在余下的问题是证明 (9.2.17) 是微分同胚.

在 (x_0,θ_{10}) 处,我们有

$$\frac{D\tilde{\theta}}{D\theta}=\theta_{2\xi}\varphi_{1x\theta}+\theta_{2y}\varphi_{1\theta\theta}+A\varphi_{1\theta\theta}\ (\varphi_{1\theta}(x_0,\theta_{10})=0)$$

$$=\theta_{2\xi}\varphi_{1x\theta}+(\theta_{2y}+A)\varphi_{1\theta\theta}. \tag{9.2.18}$$

令 $B=\theta_{2y}+A$, 适当选取 A 可使 B 是任意线性映射. 我们要求 (9.2.18)在 $(x_0,\theta_{10})\in C_{\varphi_1}$ 对 θ 的切空间(记其中对 θ 的切向量为 $\{v\}$)上为单射. 如果有一个 $v\neq 0$ 能使

$$\varphi_{1\theta\theta}v=0,\ \theta_{2\xi}\psi_{1x\theta}v=0, \tag{9.2.19}$$

它就不可能是单射. 反之,如果这样的 v 不存在,则必有一个线性映射 $C:\mathbf{R}^N\to\mathbf{R}^N$ 使得当 $\varphi_{1\theta\theta}=0$ 时 C 为 0 而且 $C+\theta_{2\xi}\varphi_{1x\theta}$ 为单射. 取 $\ker\varphi_{1\theta\theta}$ 在 $\mathbf{R}^N$ 中的任一补空间 W, 而且使得在 W 上 $B\varphi_{1\theta\theta}=C$. 现在只需证明 (9.2.19) 只有 0 解即可.

注意到(9.2.19)的第一个方程说明 v 是 C_{φ_1} 的切向量. 第二个方程说明 v 在映射 $(x,\theta)\longmapsto(x,\theta_2)$ (x 固定)的切映射下之象为 0, 但后者作为微分同胚 $C_{\varphi_1}\longmapsto\Lambda_{\varphi_1},(x,\theta)\longmapsto(x,\varphi_{1x},0)$与微分同胚 $(x,\xi,0)\longmapsto(x,\theta_2,0)$ 的复合,其核自然为 0, 即 $v=0$. 定理至此完全得证.

3. 振幅函数的讨论. 以上我们讨论了 FIO 中相函数可能的变化. 但对相函数变化时振幅函数的变化, 特别是主象征应如何定义都没有提到. 关于主象征我们将在 FIO 的整体理论中详细

讨论，现在只对振幅函数的变化作一些初步讨论。

讨论 Fourier 积分分布与讨论其分布核

$$K_A(x)=(2\pi)^{-N/2-n/4}\int e^{i\varphi(x,\theta)}a(x,\theta)d\theta \qquad (9.2.20)$$

是一致的．积分号前出现了因子 $(2\pi)^{-N/2-n/4}$ 不是偶然的，而是使它与过去熟习的 PsDO 理论相协调．振幅函数 $a(x,\theta)$ 我们恒为方便计假设是在 $S^m(\Gamma)$ 中．这里 $\Gamma\subset\Omega\times \mathbf{R}^N\backslash 0$ 是一个锥形集(见第四章 §2)．

FIO 与 PsDO 一样，只定义到相差一个正则化算子，也就是说，一个形如 (9.2.1) 的 FIO (注意 (9.2.20) 即是其分布核，不过我们将 (x,y) 合并写成了 x) 实际上应理解为一个等价类 $(\mathrm{mod}L^{-\infty})$．它的振幅函数也应理解为一个 $\mathrm{mod}S^{-\infty}(\Gamma)$ 的等价类．和 PsDO 一样，若 $a(x,\theta)$ 对 θ 具有紧支集，则 $K_A(x)\in C^\infty(\Omega)$，而相应的 FIO 相差一个正则化算子．这个基本的事实以下经常会遇到．

现在考虑相函数的变化下振幅函数如何改变．上一节指出，如果有一个保持纤维的变换

$$(x,\theta)\longmapsto(x,\tilde{\theta}(x,\theta)),$$

则 $I_\varphi(au)$ 将变为

$$(2\pi)^{-N/2-n/4}\iint e^{i\tilde{\varphi}(x,\theta)}\tilde{a}(x,\tilde{\theta})u(x)dxd\tilde{\theta}. \qquad (9.2.21)$$

这里 $\tilde{\varphi}(x,\tilde{\theta})=\tilde{\varphi}(x,\tilde{\theta}(x,\theta))=\varphi(x,\theta)$ 是与 $\varphi(x,\theta)$ 等价的，而

$$\tilde{a}(x,\tilde{\theta})=a(x,\theta)\left|\frac{D\theta}{D\tilde{\theta}}(x,\tilde{\theta})\right|.$$

由上册第四章定理 4.2.4 (p.191)．知 $\tilde{a}(x,\tilde{\theta})\in S^m(\tilde{\Gamma})$．这里 $\tilde{\Gamma}$ 是 Γ 在上述保纤维变化下的象．这时，振幅函数的变化是很简单的．但是相函数还可以通过其它方式变化(不一定是等价的)而其锥形 Lagrange 子流形 Λ_φ 仍不变，而这样的变化下振幅函数的变化规则将是不相同的．其程序如下．

前一段曾经讲到，我们可以把相函数的 θ 之维数减少，使得若

原来的 $\theta=(\theta',\theta'')=(\theta_1\cdots,\theta_{N-r};\theta_{N-r+1},\cdots,\theta_N)$，则$N$变为 $N-r$，而相函数 $\varphi(x,\theta)$ 变为 $\phi(x,\theta')$。由引理 9.2.1 应有

$$N-\operatorname{rank}\varphi_{\theta\theta}(x_0,\theta_0)=n-\operatorname{rank}d\pi_A(x_0,\xi_0),$$

$$(N-r)-\operatorname{rank}\phi_{\theta'\theta'}(x_0,\theta_0')=n-\operatorname{rank}d\pi_A(x_0,\xi_0).$$

因为 $r=\operatorname{rank}\varphi_{\theta\theta}(x_0,\theta_0)$,所以变换以后的相函数 ϕ 适合

$$\phi_{\theta'\theta'}(x_0,\theta_0')=0.$$

由 $\varphi(x,\theta)$ 到 $\phi(x,\theta')$ 是经过一个保纤维变换

$$\theta=(\theta',\theta'')\longmapsto(\theta',\theta''-g(x,\theta'))=\tilde\theta$$

而来,而且

$$\phi(x,\theta')=\varphi(x,\theta',g(x,\theta'))=\tilde\varphi(x,\tilde\theta',0).$$

所以 Fourier 积分分布 $I_\varphi(au)$ 变成了 (9.2.21).

上述步骤中，是将相函数变得适合 $\phi_{\theta'\theta'}(x_0,\theta_0')=0$.现在进一步把 $\phi(x,\theta')$变为另一个非退化相函数,使之具有φ的符号数.为此作二次型 $Q(\theta'')$ 使它为非退化的,且有φ的符号数.但上一段已指出,这时只要作 (9.2.13) 即可,即令新的相函数为

$$\varphi^{\#}(x,\theta)=\tilde\varphi(x,\theta',0)+\frac{1}{2}Q(\theta'')/|\theta'|.$$

但是 $I_{\varphi^{\#}}(au)$ 的振幅函数将按不同方式变化:

$$\begin{aligned}
I_{\varphi^{\#}}(au)&=(2\pi)^{-N/2-n/4}\iint e^{i\varphi^{\#}(x,\theta',\theta'')}a(x,\theta)u(x)dxd\theta\\
&=(2\pi)^{-N/2-n/4}\iint e^{i\tilde\varphi(x,\theta',0)+\frac{i}{2}Q(\theta'')/|\theta'|}a(x,\theta)u(x)dxd\theta\\
&=(2\pi)^{-N'/2-n/4}\iint e^{i\tilde\varphi(x,\theta',0)}(2\pi)^{-r/2}\int e^{\frac{i}{2}Q(\theta'')/|\theta'|}a(x,\theta)d\theta''\\
&\quad\cdot u(x)dxd\theta'\\
&=(2\pi)^{-N'/2-n/4}\iint e^{i\tilde\varphi(x,\theta',0)}b(x,\theta')u(x)dxd\theta' \qquad (9.2.22)
\end{aligned}$$

$$N'=N-r,$$

$$\begin{aligned}
b(x,\theta')&=(2\pi)^{-r/2}\int e^{\frac{i}{2}Q(\theta'')/|\theta'|}a(x,\theta)d\theta''\\
&=(2\pi)^{-r/2}\int e^{\frac{i}{2}Q(\eta)}a(x,\theta',\eta)|\theta'|^{r/2}d\eta
\end{aligned}$$

$$\eta = \theta''/|\theta'|^{\frac{1}{2}}.$$

用稳定位相公式(上册第四章§4 定理 4.4.3)可以得到 $b(x,\theta')$ 当 $|\theta'|$ 无限增长时的渐近公式:

$$b(x,\theta') = |\theta'|^{r/2}(\det Q)^{-\frac{1}{2}}\exp\left(\frac{i\pi}{4}\,\mathrm{sgn}Q\right)a(x,\theta',0)$$

$$+ O(1)|\theta'|^{m+\frac{r}{2}-1}. \qquad (9.2.23)$$

总结以上的作法可知,在第一步振幅函数的阶 m 并未变化,而在第二步变成了 $m+\frac{r}{2}$, θ 之维数则由 N 变为 $N-r$. 但不论如何

$$m + \frac{1}{2}(\theta\ \text{维数}) = m + \frac{r}{2} + \frac{1}{2}(\theta'\ \text{维数}).$$

这些情况告诉我们,FIO 的主象征应该以一种抽象的、内蕴的方式来定义. 附带说一下,一个 FIO 的阶数(而不是振幅函数的阶数)至今还未定义.

4. FIO 的运算. 对于 FIO, 也和 PsDO 的情况一样,有一种运算方法. 具体说,可以定义其转置算子、伴算子以及两个 FIO 的复合(在一定条件下). 现在我们在局部情况下讨论这些问题.

设 $\varphi(x,y,\theta)$ 是算子相函数,而 FIO $Au(x)$ 是

$$Au(x) = \iint e^{i\varphi(x,y,\theta)}a(x,y,\theta)u(y)dyd\theta, \qquad (9.2.24)$$

相应于它的分布核是

$$K_A(x,y) = \int e^{i\varphi(x,y,\theta)}a(x,y,\theta)d\theta.$$

$$x\in\Omega_1,\ y\in\Omega_2,\ \theta\in\mathbf{R}^N\backslash 0.$$

本来它可以完全归结于前面的讨论,而且实际上前面的讨论就是由它而来,只不过将 (x,y) 合记为 x. 但现在恢复到 (x,y) 这样的记法. 相应于 $\varphi(x,y,\theta)$ 的锥形 Lagrange 子流形将是特别重要的一类. 这个 Lagrange 子流形 $\Lambda_\varphi = \{(x,y;d_x\varphi,d_y\varphi),\varphi_\theta = 0\}\subset T^*(\Omega_1\times\Omega_2) = T^*(\Omega_1)\times T^*(\Omega_2)$. 但是在 $T^*(\Omega_1)\times T^*(\Omega_2)$ 上可以给另一个辛构造 $\xi dx - \eta dy$ 而不是原来的 $\xi dx + \eta dy$. 由

第八章§4 定义 8.4.3，$T^*(\Omega_1\times\Omega_2)$ 关于 $\xi dx-\eta dy$ 的 Lagrange 子流形称为一个典则关系.如果这个 Lagrange 子流形是锥形的，则称之为**锥形典则关系**. 上面已证明了 (9.2.24) 的相函数 $\varphi(x, y,\theta)$ 和一个锥形 Lagrange 子流形 $\Lambda_\varphi=\{(x,y;d_x\varphi,d_y\varphi),\varphi_\theta=0\}$ 相对应，今定义 $\Lambda'_\varphi=\{(x,y;\ d_x\varphi,\ -d_y\varphi),\ \varphi_\theta=0\}$ (一般地我们定义一个运算 $(x,y;\xi,\ \eta)'=(x,y;\ \xi,-\eta)$)，易见 Λ'_φ 是一个锥形典则关系. 所以我们说 FIO (9.2.24) 是与锥形典则关系相联系的 Fourier 积分分布.

典则关系的讨论与典则变换有密切的关系.若 $\dim\Omega_1=\dim\Omega_2$ $f: T^*\Omega_2\backslash 0\to T^*\Omega_1\backslash 0$ 对纤维坐标是一次正齐性的，则说 f 的图象是典则关系与 $f^*(\xi dx)=\eta dy$ 即 f 为锥形典则变换是等价的.而一个典则变换在一定条件下又必有生成函数，这时 $\varphi(x, y,\theta)$ 将给出相应于 (9.2.24) 的锥形典则变换的生成函数.

现在回到 (9.2.24). 设 $u(y)\in\mathscr{D}(\Omega_2)$，$v(x)\in\mathscr{D}(\Omega_1)$，我们按下式来定义转置算子 ${}^tA$:

$$\langle Au,v\rangle=\langle u,{}^tAv\rangle,$$

但左方可写为

$$\begin{aligned}\langle Au,\ v\rangle&=\iiint e^{i\varphi(x,y,\theta)}a(x,y,\theta)v(x)u(y)dxdyd\theta\\&=\int u(y)dy\iint e^{i\varphi(x,y,\theta)}a(x,y,\theta)v(x)dxd\theta\\&=\langle u,{}^tAv\rangle.\end{aligned}$$

所以，若在 ${}^tAv$ 之式中将 x 与 y 对换即有形式转置

$$ {}^tAv(x)=\iint e^{i\varphi(y,x,\theta)}a(y,x,\theta)v(y)dyd\theta,\tag{9.2.25}$$

就是说 ${}^tA$ 仍是一个 FIO，其相函数为 $\varphi(y,\ x,\ \theta)$ (仍为算子相函数)，振幅函数 $a(y,\ x,\ \theta)$ 与 $a(x,\ y,\ \theta)$ 同属 $S^m(\Gamma)$ (如果 $a\theta S^m(\Gamma)$)，而分布核为

$$K_{{}^tA}(x,y)=\int e^{i\varphi(y,x,\theta)}a(y,\ x,\ \theta)d\theta.$$

完全类似地，可以用

$$(Au,v)=(u,A^*v),\ v\in\mathscr{D}(\Omega_1),\ u\in\mathscr{D}(\Omega_2)$$

来定义伴算子．于是我们有形式伴算子

$$Av(x)=\iint e^{-i\varphi(y,x,\theta)}\overline{a(y,x,\theta)}v(y)dyd\theta.$$

所以相函数是 $-\varphi(y,x,\theta)$，振幅函数为 $\overline{a(y,x,\theta)}$，分布核是

$$K_{A^*}(x,y)=\iint e^{-i\varphi(y,x,\theta)}\overline{a(y,x,\theta)}dyd\theta.$$

利用 ${}^tA$ 与 A^* 之定义知具有算子相函数的 FIO 恒可拓展为一算子 $A:\mathscr{E}'(\Omega_2)\to\mathscr{D}'(\Omega_1)$，${}^tA$（及$A^*$）：$\mathscr{E}'(\Omega_1)\to\mathscr{D}(\Omega_2)$．

FIO 的复合则复杂得多． 在讨论 PsDO A_1 与 A_2 的复合时，我们需要假设其中至少一个是适当的，其定义见上册第五章 §1 定义 5.1.3 (p.253)．这个定义也适用于 FIO (9.2.24)，而且很容易看到，若其振幅函数适合以下条件：投影映射 $\pi_x:(x,y)\longmapsto x$，$\pi_y:(x,y)\longmapsto y$ 在 supp $a(x,y,\theta)$ 上的限制(视 θ 为参数)均为适当映射(这时也称 $a(x,y,\theta)$ 为适当的)，则A是适当的．因此下文中 A，$K_A(x,y)$ 或 $a(x,y,\theta)$ 为适当这些说法时常混用，而 FIO A 的分布核 $K_A(x,y)$ 也时常就记作 A．

算子的复合与相应分布核的波前集有密切关系． 第四章 §5 中讲到算子 $A:\mathscr{D}(\Omega_y)\to\mathscr{D}'(\Omega_x)$，$B:\mathscr{D}(\Omega_z)\to\mathscr{D}'(\Omega_y)$ 的复合时给出了以下的条件．设 A，B 的分布核 $K_A(x,y)$，$K_B(y,z)$ 都是适当的，则当

$$WF'_y(K_A)\cap WF_y(K_B)=\emptyset \tag{9.2.26}$$

时可以定义 $A\circ B$：$\mathscr{D}(\Omega_z)\to\mathscr{D}(\Omega_x)$，其相应的波前集

$$WF(K_{A\circ B})\subset WF'(K_A)\circ WF'(K_B)\cup(WF_x(K_A)\times\mathrm{supp}_0(\Omega_z))\cup(\mathrm{supp}_0\Omega_x\times WF_z(K_B))$$

(定理 4.5.17)． 这个定理已经从原则上解决了两个 FIO 的复合问题．余下的是：$A\circ B$ 是否仍为 FIO?

定理 9.2.5 设 $A_j(j=1,2)$ 为适当的 FIO

$$(A_1u)(x)=\iint e^{i\varphi_1(x,y,\theta)}a_1(x,y,\theta_1)u(y)dyd\theta_1,$$
$$(A_2v)(y)=\iint e^{i\varphi_2(y,z,\theta)}a_2(y,z,\theta_2)v(z)dzd\theta_2, \tag{9.2.27}$$

这里 $x\in\Omega_x$, $y\in\Omega_y$, $z\in\Omega_z$, 其维数各为 n_x, n_y, n_z; $\theta_j\in\mathbf{R}^{N_j}$, φ_1, φ_2 均为非退化算子相函数，$a_j\in S^{m_j}$, 而且 Λ'_{φ_1}, Λ'_{φ_2} 适合以下条件：

$$(\Lambda'_{\varphi_1}\times\Lambda'_{\varphi_2})\ 与\ \Delta=T^*(\Omega_x)\times \mathrm{diag}(T^*(\Omega_y))\times T^*(\Omega_z) \tag{9.2.28}$$

在其交点上横截，

则可定义 $A_1\circ A_2$: $\mathscr{D}(\Omega_z)\to\mathscr{E}(\Omega_2)$ 仍为一个 FIO，其位相 $\varphi(x,y,\theta)$ 是 $\Omega_x\times\Omega_y\times\mathbf{R}^N\backslash 0$ $(N=N_1+N_2+n_y)$ 中的非退化位相函数，振幅函数 $a\in S^{m_1+m_2-n_y}(\Omega_x\times\Omega_z\times\mathbf{R}^N)$，且

$$\Lambda'_\varphi=\Lambda'_{\varphi_1}\circ\Lambda'_{\varphi_2}. \tag{9.2.29}$$

证. 这个定理中提到的一些记号与概念将在证明中加以解释。我们首先注意复合的可能性。为此只需验证 (9.2.26) 成立。注意到

$WF'_y(K_{A_1})=\{(y,\eta);\ \exists x\in\Omega_x$ 使 $(x,y;\ 0,-\eta)\in WF(K_{A_1})\}$. 因为 $WF(K_{A_1})\subset\Lambda_{\varphi_1}=\{(x,y;\varphi_{1x},\varphi_{1y}),\varphi_{1\theta}=0\}$ 而 φ_1 是算子相函数，从而 φ_{1x} 与 $\varphi_{1\theta}$ 不同时为 0. 这样 $WF(K_{A_1})$中不含形如 $(x,y;\ 0,\eta)$ 之点，而 $WF'_y(K_A)=\emptyset$. 同理 $WF_y(K_{A_2})=\emptyset$. 因此 (9.2.26) 成立并给出一个算子：$\mathscr{D}(\Omega_z)\to\mathscr{D}'(\Omega_x)$. 今证 $A_1\circ A_2$ 仍为 FIO. 容易看到，对于 $u(x,z)\in\mathscr{D}(\Omega_x\times\Omega_y)$，有

$$\langle A_1\circ A_2,u\rangle=\int e^{i\varphi_1(x,y,\theta_1)+i\varphi_2(y,z,\theta_2)}a_1(x,y,\theta_1)$$
$$\times a_2(y,z,\theta_2)u(x,z)dxdydzd\theta_1d\theta_2, \tag{9.2.30}$$

它的分布核是

$$K_{A_1\circ A_2}(x,z)=\int e^{i[\varphi_1(x,y,\theta_1)+\varphi_2(y,z,\theta_2)]}a_1(x,y,\theta_1)$$
$$\times a_2(y,z,\theta_2)dyd\theta_1d\theta_2, \tag{9.2.31}$$

这里 (9.2.30) 理解为振荡积分.

(9.2.31) 中的 $\varphi=\varphi_1+\varphi_2$ 将给出相函数，而以 y,θ_1,θ_2 为 θ 变量. 但相函数应为 θ 变量的一次正齐性函数. 而现在 φ 对 y 没有齐性. 所以我们引入新变量 $\tilde{y}=y(|\theta_1|^2+|\theta_2|^2)^{1/2}=y|\theta|$，并视 $\varphi=(\varphi_1+\varphi_2)(x,y,z,\theta_1,\theta_2)=(\varphi_1+\varphi_2)(x,z;\tilde{y},\theta_1,\theta_2)=\varphi_1(x,\tilde{y}/|\theta|,\theta_1)+\varphi_2(\tilde{y}/|\theta|,z,\theta_2)$. 这样，它成了齐性函数. 但它是否相函数? 记 $\sigma=(\tilde{y},\theta_1,\theta_2)$，则

$$\varphi_x=\varphi_{1x},\ \varphi_z=\varphi_{2z},\ \varphi_{\theta_1}=\varphi_{1\theta_1},\ \varphi_{\theta_2}=\varphi_{2\theta_2},$$
$$\varphi_{\tilde{y}}=(\varphi_{1\tilde{y}}+\varphi_{2\tilde{y}})=(\varphi_{1y}+\varphi_{2y})/|\theta|.$$

所以 $\varphi_x=\varphi_y=\varphi_\sigma=0$ 意味着 $\varphi_{1x}=\varphi_{1\theta_1}=0$，$\varphi_{2z}=\varphi_{2\theta_2}=0$，这与 φ_j 为算子相函数相矛盾，就是说 φ 是相函数.

为证明 φ 的非退化性，需要用到条件 (9.2.28). $\Lambda'_{\varphi_j}(j=1,2)$ 是锥形典则关系，例如 $\Lambda'_{\varphi_1}=\{(x,y;d_x\varphi_1,-d_y\varphi_1)\}$，$\mathrm{diag}(T^*(\Omega_y))=\{(y,y;\eta,\eta),(y,\eta)\in T^*(\Omega_y)\}$，所以 $\Lambda'_{\varphi_1}\times\Lambda'_{\varphi_2}$ 与 $\Delta=T^*(\Omega_x)\times\mathrm{diag}(T^*(\Omega_y))\times\mathrm{diag}T^*(\Omega_z)$ 交于 $\{(x,d_x\varphi_1,y,-d_y\varphi_1 y,d_y\varphi_2,z,-d_z\varphi_2),\ \varphi_{1\theta_1}=0,\ \varphi_{2\theta_2}=0,\ -d_y\varphi_1=d_y\varphi_2\}$. 所谓两个微分流形 M_1 与 M_2 在其一个交点 $P\in M_1\cap M_2$ 处横截，即 T_PM_1 与 T_PM_2 横截相交，而线性空间 R 的两个子空间 R_1 与 R_2 横截(记作 $R_1\pitchfork R_2$) 即指 $\dim R_1+\dim R_2=\dim(R_1+R_2)$ (如果其左方 $\leqslant\dim R$). 以及 $R=R_1+R_2$ 即 $\dim R=\dim R_1+\dim R_2-\dim(R_1\cap R_2)$ (如果 $\dim R_1+\dim R_2\geqslant\dim R$). 现在 Λ'_{φ_1} 的切向量是 $(\delta x,\delta y;\ d(d_x\varphi_1)u,\ -d(d_y\varphi_1)u)$，这里 $u=(\delta x,\delta y,\delta\theta_1)$ 适合 $d(d_{\theta_1}\varphi_1)u=0$; Λ'_{φ_2} 的切向量是 $(\delta y,\delta z,d(d_y\varphi_2)v,-d(d_z\varphi_2)v)$，这里 $v=(\delta y,\delta z,\delta\theta_2)$ 适合 $d(d_{\theta_2}\varphi_2)v=0$. 因此 $\Lambda'_{\varphi_1}\times\Lambda'_{\varphi_2}$ 的切空间维数是 $(n_x+n_y)+(n_y+n_z)=n_x+2n_y+n_z$，$\Delta$ 的切空间维数是 $2n_x+2n_y+n_z$，$T(\Lambda'_{\varphi_1}\times\Lambda'_{\varphi_2})\cap T\Delta=\{(\delta x,\delta y,\delta z,d(d_x\varphi_1)u,\ -d(d_y\varphi_1)u,\ d(d_y\varphi_2)v,\ -d(d_z\varphi_2)v)\ u=(\delta x,\delta y,\delta\theta_1),\ v=(\delta y,\delta z,\delta\theta_2),\ d(d_{\theta_1}\varphi_1)u=0,\ d(d\theta_2\varphi_2)v=0,\ d(d_y(\varphi_1+\varphi_2))\delta y=0\}$. 它对 $(\delta x,\delta y,\delta z,\delta\theta_1,\delta\theta_2)$ (维数为 $n_x+n_y+n_z+N_1+N_2$) 加上了限制 $d(d_{(y,\theta_1,\theta_2)}(\varphi_1+\varphi_2))\cdot$

$(\delta x,\delta y,\delta z,\delta\theta_1,\delta\theta_2)=0$. 因此其维数即 dim ker $d(d_{(y_1,\theta_1,\theta_2)}(\varphi_1+\varphi_2))$. 于是令 $R_1=T(\Lambda'_{\varphi_1}\times\Lambda'_{\varphi_2})$, $R_2=T\Delta$, $R=T(T^*\Omega_x\times T^*\Omega_y\times T^*\Omega_y\times T^*\Omega_z)$, 所以横截性就是

$$\dim T(\Lambda'_{\varphi_1}\times\Lambda'_{\varphi_2})+\dim T\Delta-\dim\ker d(d_{(y,\theta_1,\varphi_2)}(\varphi_1+\varphi_2))$$
$$=\dim T(T^*\Omega_x\times T^*\Omega_y\times T^*\Omega_y\times T^*\Omega_z),$$

或

$$\dim\ker d(d_{(y,\theta_1,\theta_2)}(\varphi_1+\varphi_2))=(n_x+2n_y+n_z)$$
$$+(2n_x+2n_y+2n_z)-(2n_x+4n_y+2n_z)$$
$$=n_x+n_z.$$

所以

$$\operatorname{rank} d(d_{(y,\theta_1,\theta_2)}(\varphi_1+\varphi_2))=\operatorname{codim}\ker d(d_{(y,\theta_1,\theta_2)}(\varphi_1+\varphi_2))$$
$$=(n_x+n_y+n_z+N_1+N_2)-(n_x+n_z)$$
$$=n_y+N_1+N_2$$

即纤维坐标的维数. 这就是说 $\varphi_1+\varphi_2$ 是非退化相函数.

我们在这里也就顺便得出了结论 (9.2.29). 因为

$$\Lambda'_\varphi=\{(x,z,d_x\varphi,-d_z\varphi);\ \varphi_{\theta_1}=\varphi_{1\theta_1}=0,$$
$$\varphi_{\theta_2}=\varphi_{2\theta_2}=0,\ \varphi_{1y}+\varphi_{2y}=0\},$$

利用 $d_y\varphi_1=-d_y\varphi_2$ 即知一定有 y 存在使

$$(x,y,d_x\varphi_1,-d_y\varphi_1)\in\Lambda'_{\varphi_1},\ (y,z,d_y\varphi_2,-d_z\varphi_2)\in\Lambda'_{\varphi_2},$$

即是 $\Lambda'_\varphi=\Lambda'_{\varphi_1}\circ\Lambda'_{\varphi_2}$. 这里我们用到了两个集

$$S=X\times Y,\ T=Y\times Z$$

的复合 $S\circ T$ 的定义:

$$S\circ T=\{(x,z),\exists y\in Y,(x,y)\in S,(y,z)\in T\}.$$

余下最困难是证明 $A_1\circ A_2$ 的振幅函数 $a\in S^{m_1+m_2-n_y}$. 现在我们形式地有

$$A_1\circ A_2u(x)=\int e^{i[\varphi_1+\varphi_2]}a_1(x,y,\theta_1)a_2(y,z,\theta_2)u(z)dzdyd\theta_1d\theta_2,\tag{9.2.32}$$

但是 a_1a_2 显然不属于某个 S 类中. 这首先是因为例如将 $a_1(x,y,\theta_1)$ 对 θ_1 求导时只会增加一个因子 $(1+|\theta_1|)^{-1}$ 而不是

$(1+|\theta_1|+|\theta_2|)^{-1}$. 其次纤维变量的零截口现在是 $\tilde{y}=\theta_1=\theta_2=0$，而例如 $\tilde{y}=\theta_1=0$，$\theta_2\neq 0$ 不在 a_1a_2 的纤维的零截口中，但是在 a_1 纤维的零截口中. 由相函数的性质，这些问题不难解决. 首先，因为 φ_1，φ_2 都是算子相函数，故

$$d_{(y,\theta_1)}\varphi_1\neq 0,\quad d_{(y,\theta_2)}\varphi_2\neq 0,$$

但 φ_{2y} 对 θ_2 是一次正齐性的，故当 $|\theta_2|$ 充分小时 φ_{2y} 也充分小，所以 $d_{(y,\theta_1)}(\varphi_1+\varphi_2)\neq 0$. 不过这里关于$|\theta_2|$的界要依赖于$|\theta_1|$. 因此可以在$|\theta|=(|\theta_1|^2+|\theta_2|^2)^{\frac{1}{2}}=1$上找到一个 $\varepsilon>0$ 使得当$|\theta_2|\leqslant\varepsilon|\theta_1|$ 时 $d_{(y,\theta_1)}(\varphi_1+\varphi_2)\neq 0$，而当$|\theta_2|\leqslant\varepsilon|\theta_1|$ 时 $d_{(y,\theta_2)}(\varphi_1+\varphi_2)\neq 0$. 作两个截断函数

$$\chi_1(\theta_1,\theta_2)=\begin{cases}1, & |\theta_2|\leqslant\dfrac{\varepsilon}{2}|\theta_1|,\\ 0, & |\theta_2|>\varepsilon|\theta_1|,\end{cases}$$

$$\chi_2(\theta_1,\theta_2)=\begin{cases}1, & |\theta_1|\leqslant\dfrac{\varepsilon}{2}|\theta_2|,\\ 0, & |\theta_1|>\varepsilon|\theta_2|.\end{cases}$$

用它们把分布核 $K_{A_1\circ A_2}$ (9.2.31) 切成三块:

$$\begin{aligned}K_{A_1\circ A_2}(x,z)&=\int e^{i(\varphi_1+\varphi_2)}\chi_1a_1a_2dyd\theta_1d\theta_2\\&\quad+\int e^{i(\varphi_1+\varphi_2)}\chi_2a_1a_2dyd\vartheta_1d\theta_2\\&\quad+\int e^{i(\varphi_1+\varphi_2)}(1-\chi_1-\chi_2)a_1a_2dyd\theta_1d\theta_2\\&=\mathrm{I}_1+\mathrm{I}_2+\mathrm{I}_3.\end{aligned}$$

在I_1中因为 $|\theta_2|\leqslant\dfrac{\varepsilon}{2}|\theta_1|$，所以 $d_{(y,\theta_1)}(\varphi_1+\varphi_2)\neq 0$，更加有

$$d_{(y,\theta_1,\theta_2)}(\varphi_1+\varphi_2)\neq 0.$$

因此用定义振荡积分的方法知 $\mathrm{I}_1=\mathrm{I}_1(x,z)\in C^\infty$. 同理 $\mathrm{I}_2\in C^\infty$. 余下考虑 I_3. 引用

$$\tilde{y}=y(|\theta_1|^2+|\theta_2|^2)^{\frac{1}{2}}=y|\theta|,$$

而记

$$\varphi(x,z,\theta_1,\tilde{y},\theta_2)=\varphi_1(x,\tilde{y}/|\theta|,\theta_1)+\varphi_2(\tilde{y}/|\theta|,z,\theta_2),$$
$$b(x,z,\theta_1,\tilde{y},\theta_2)=(1-\chi_1-\chi_2)a_1a_2|\theta|^{-n_y},$$

则

$$I_3=\int e^{i\varphi(x,z,\theta_1,\tilde{y},\theta_2)}b(x,z,\theta_1,\tilde{y},\theta_2)d\theta_1d\tilde{y}d\theta_2.$$

因为在 supp$b$ 上 $c|\theta_1|\leqslant|\theta_2|\leqslant C|\theta_1|$，$C$，$c>0$，容易证明 $b\in S^{m_1+m_2-n_y}$。因此 $A_1\circ A_2$ 的形式表示(9.2.32)中 mod 一个正则化算子是 FIO。定理证毕。

注 1. 以上的定理其实在 A_1 与 A_2 中有一个是适当时即可证明。

注 2. 如果 Λ'_{φ_1} 和 Λ'_{φ_2} 是两个锥形典则变换

$$\psi_1: T^*(\Omega_y)\to T^*(\Omega_1) \text{ 和 } \psi_2:T^*(\Omega_z)\to T^*(\Omega_y)$$

的图象，则因

$$\Lambda'_\varphi=\Lambda'_{\varphi_1}\circ\Lambda'_{\varphi_2}=\{(x,z;\xi,\zeta),\ \exists(y,\eta)\in T^*(\Omega_y)$$
$$(x,y;\xi,-\eta)\in\Lambda'_{\varphi_1},\ (y,z;\eta,-\zeta)\in\Lambda'_{\varphi_2}\},$$

所以 Λ'_φ 是锥形典则变换

$$\psi_1\circ\psi_2:T^*(\Omega_z)\to T^*(\Omega_1)$$

的图象。所以 FIO 的复合和典则变换的复合是相应的。

注 3. FIO A_j 的振幅函数 $a_j\in S^{m_j}$，但我们不能说 A_j 是 m_j 阶的 FIO。因为算子的阶显然应该适合：$A_1\circ A_2$ 的阶数 = A_1 的阶数 + A_2 的阶数，而现在 $A_1\circ A_2$ 的振幅函数属于 $S^{m_1+m_2-n_y}$。所以我们应该这样来定义 FIO 的阶：

$$\begin{aligned}\text{ord}A_1&=m_1+\frac{1}{2}N_1-\frac{1}{4}(n_x+n_y),\\ \text{ord}A_2&=m_2+\frac{1}{2}N_2-\frac{1}{4}(n_y+n_z).\end{aligned}\tag{9.2.33}$$

这样，因为

$$\text{ord}A_1\circ A_2=(m_1+m_2-n_y)+\frac{1}{2}(N_1+N_2+n_y)$$
$$-\frac{1}{4}(n_x+n_z)=(m_1+m_2)+\frac{1}{2}(N_1+N_2)$$

$$-\frac{1}{4}(n_x+2n_y+n_z),$$

自然有

$$\operatorname{ord}(A_1\circ A_2)=\operatorname{ord}A_1+\operatorname{ord}A_2.$$

上一段讲振幅函数在变换下时有

$$m+\frac{N}{2}=\left(m+\frac{r}{2}\right)+\frac{1}{2}(N-r).$$

由于在那里的变换下底空间维数 n 并没有改变，所以 $m+\frac{1}{2}$（θ 之维数）$-\frac{1}{4}$（底空间的维数）$=\operatorname{ord}A$ 也没有改变。这样看来，$\operatorname{ord}A$ 的定义 (9.2.33) 是合理的。

5. 一些特殊情况. FIO 的复合是一个很重要的公式，而在应用中有一些很常见的情况，结果可以更明确。首先是 FIO 与 PsDO 的复合。设有一个 FIO

$$Fu(x)=\iint e^{i\phi(x,y,\theta)}f(x,y,\theta)u(y)dyd\theta \tag{9.2.34}$$

以及一个 PsDO

$$Av(y)=(2\pi)^{-n}\iint e^{i(y-z)\xi}a(y,z,\xi)v(z)dzd\xi. \tag{9.2.35}$$

现在要讨论 AF 与 FA.

先考虑 F 与 A(PsDO 是 FIO 的特例)的 Lagrange 子流形. 其一是

$$\Lambda'_f=\{(x,y,d_x\phi,-d_y\phi),\ \phi_\theta=0\},$$

其二是

$$\Lambda'_A=\{(y,z,\xi,\xi),\ y=z,\ \xi\neq 0\}.$$

所以

$$\Lambda'_f\circ\Lambda'_A=\{(x,z,d_x\phi,\xi),\ \exists(y,\eta),$$
$$(x,y,d_x\phi,-\eta)\in\Lambda'_f,\ (y,z,\eta,\xi)\in\Lambda'_A,\}.$$

因此

$$\eta=\xi=-d_y\phi,\ y=z,$$

从而

$$\Lambda'_f \circ \Lambda'_A = \{(x,y;d_x\phi,-d_y\phi),\quad \phi_\theta = 0\} = \Lambda'_f.$$

所以直接可以看到 AF 的相函数仍是 $\phi(x,y,\theta)$ 而不必经过定理 9.2.5 来计算了.

现在我们直接来计算 AF. 通过"积分号下求微商"(由振荡积分的性质知道这是合法的)有

$$A\circ Fu(x) = (2\pi)^{-n}\iint A(e^{i\phi(x,y,\theta)}f(x,y,\theta))u(y)dyd\theta.$$

由上册定理5.2.1(见其中的(5.2.2)式,不过多了一个参数 y), 可知

$$A(e^{i\phi(x,y,\theta)}f(x,y,\theta)) = e^{i\phi(x,y,\theta)}b(x,y,\theta).$$

这里 $b(x,y,\theta)$ 有以下的渐近展开式

$$b(x,y,\theta) \sim \sum_{\alpha,\beta}\frac{1}{\alpha'\beta'}(\partial_\xi^{\alpha+\beta}D_z^\beta a)(x,x,\phi_x(x,y,\theta))$$

$$\cdot D_z^\alpha f(z,y,\theta)e^{iR(x,z,y,\theta)}|_{z=x}.$$

$$R(x,z,y,\theta) = \phi(z,y,\theta) - \phi(x,y,\theta) - \langle\phi_x(x,y,\theta),z-x\rangle,$$

而且 $b(x,y,\theta)\in S^{m_a+m_f}$. 因此

$$A\circ Fu(x) = (2\pi)^{-n}\iint e^{i\phi(x,y,\theta)}b(x,y,\theta)u(y)dyd\theta. \qquad (9.2.36)$$

对于 PsDO, 因为 $N = n_x = n_y = n$, 所以

$$\text{ord } A = m_a + \frac{n}{2} - \frac{1}{4}(n+n) = m_a$$

对于 F, 则只有

$$\text{ord } F = m_f + \frac{N}{2} - \frac{1}{4}(n_x + n_y).$$

现在

$$\text{ord } A\circ F = (m_a + m_f) + \frac{N}{2} - \frac{1}{4}(n_x + n_y)$$

$$= \text{ord} A + \text{ord} F.$$

再计算 $F\circ A$. 因为 $F\circ A = {}^t({}^tA\circ{}^tF)$, ${}^tA$ 与 ${}^tF$ 均仍为 PsDO 与 FIO, 其相函数及振幅函数分别为

$$i(y-x)\xi,\ a(y,x,\xi),\quad \phi(y,x,\theta),\ f(y,x,\theta),$$

所以可知 ${}^tA\circ{}^tF$ 之相函数为 $\phi(y,x,\theta)$，而振幅函数为

$$b^\#(y,x,\theta)\sim\sum_{\alpha,\beta}\frac{(-1)}{\alpha!\beta!}(\partial_\xi^{\alpha+\beta}D_x^\alpha a)(x,x,-\phi_x(y,x,\theta)),$$

$$\cdot D_z^\beta f(y,z,\theta)e^{iR^\#(x,z,y,\theta)}|_{z=x}$$

$$R^\#(x,z,y,\theta)=\phi(y,z,\theta)-\phi(y,x,\theta)$$

$$-\langle\phi_x(y,x,\theta),z-x\rangle,$$

从而 $F\circ A$ 的相函数仍为 $\phi(x,y,\theta)$ 而振幅函数是 $b^\#(x,y,\theta)$.

用同样的方法可以考虑 $g(x,D)\circ F\circ h(x,D)$，这里 $g(x,D)$ 和 $h(x,D)$ 是两个 PsDO，其象征分别为 $g(x,\xi)$ 和 $h(x,\xi)$，而有

定理 9.2.6 $g(x,D)\circ F\circ h(x,D)$ 仍是一个 FIO，其相函数是 $\phi(x,y,\theta)$ 而振幅函数有以下的渐近式

$$\sum_{\alpha,\beta,\gamma}\frac{(-1)^{|\beta|}}{\alpha!\beta!\gamma!}(\partial_\xi^\alpha g)(x,\phi_x(x,y,\theta))D_x^\alpha(\partial_\xi^{\beta+\gamma}D_x^\beta h)$$

$$\cdot(y,-\phi_y(x,y,\theta))\cdot D_z^\gamma f(y,z,\theta)e^{iR^\#(x,z,y,\theta)}|_{z=x}. \tag{9.2.37}$$

其次考虑 FIO A 和它的伴算子 A^* 的复合.这里设 A 的相函数是非退化算子相函数 $\varphi(x,y,\theta)$,则 A^* 的相函数是 $-\varphi(y,x,\theta)$。若记 φ_i 为 φ 对第 i 个变量（x 或 y）的偏微商，则不难看到

$$\Lambda_{\varphi^*}=\{(x,y;-\varphi_2(y,x,\theta),-\varphi_1(y,x,\theta));\varphi_\theta(y,x,\theta)=0\}.$$

我们把 φ 中的变量与 A^* 相函数变量区别开来,并记 $\tilde\varphi$ 为 $\varphi(\tilde y,\tilde z,\tilde\theta)$，则

$$\Lambda_{\tilde\varphi}=\{(\tilde y,\tilde z;\tilde\varphi_1,\tilde\varphi_2);\ \tilde\varphi_\theta=0\}.$$

为了讨论 A^* 与 A 复合的可能性,应考查 $T(\Lambda'_{\varphi^*}\times\Lambda'_{\tilde\varphi})$ 与 $T(\Delta)$ 是否横截,这里 Δ 是对角线集 $T^*(\Omega_x)\times\mathrm{diag}T^*(\Omega_y)\times T^*(\Omega_z)$.很容易看到 $T(\Lambda'_{\varphi^*}\times\Lambda'_{\tilde\varphi})$ 中的切向量是

$$(\delta x,\delta y,\delta\tilde y,\delta\tilde z,-\varphi_{22}\delta x-\varphi_{21}\delta y-\varphi_{2\theta}\delta\theta,$$

$$\varphi_{12}\delta x+\varphi_{11}\delta y+\varphi_{1\theta}\delta\theta,\ \tilde\varphi_{11}\delta\tilde y+\tilde\varphi_{12}\delta\tilde z+\tilde\varphi_{1\theta}\delta\tilde\theta,$$

$$-\tilde\varphi_{21}\delta\tilde y-\tilde\varphi_{22}\delta\tilde z-\tilde\varphi_{2\theta}\delta\tilde\theta),$$

其中

$$\varphi_{1\theta}\delta x+\varphi_{2\theta}\delta y+\varphi_{\theta\theta}\delta_\theta=0,$$

$$\tilde{\varphi}_{1\theta}\delta\tilde{x} + \tilde{\varphi}_{2\theta}\delta\tilde{y} + \tilde{\varphi}_{\theta\theta}\delta\tilde{\theta} = 0,$$

$T(\Delta)$ 中的切向量则为

$$(\delta_1 x, \delta_1 y, \delta_1 y, \delta_1 z; \delta_1\xi, \delta_1\eta, \delta_1\eta, \delta_1\zeta).$$

注意到定理 9.2.5 中关于横截性的说明可知，如果 $R_1 + R_2 = R$，则当然有 R_1 与 R_2 的横截性． 现在 R 是 $T(T^*(\Omega_x) \times T^*(\Omega_y) \times T^*(\Omega_y) \times T^*(\Omega_x))$，要想 $T(\Lambda'_{\varphi *} \times \Lambda'_{\tilde{\varphi}}) + T(\Delta) = R$，只需要对 $T^*(\Omega_y) \times T^*(\Omega_y)$ 中的任意向量 (a, b, c, d)

$$\begin{aligned}
&\delta y + \delta_1 y = a,\\
&\delta\tilde{y} + \delta_1 y = b,\\
&\varphi_{12}\delta x + \varphi_{11}\delta y + \varphi_{1\theta}\delta\theta + \delta_1\eta = c,\\
&\tilde{\varphi}_{11}\delta\tilde{y} + \tilde{\varphi}_{12}\delta\tilde{z} + \tilde{\varphi}_{1\theta}\delta\tilde{\theta} + \delta_1\eta = d,\\
&\varphi_{2\theta}\delta x + \varphi_{1\theta}\delta y + \varphi_{\theta\theta}\delta\tilde{\theta} = 0,\\
&\tilde{\varphi}_{1\tilde{\theta}}\delta\tilde{y} + \tilde{\varphi}_{2\theta}\delta\tilde{z} + \tilde{\varphi}_{\tilde{\theta}\tilde{\theta}}\delta\tilde{\theta} = 0
\end{aligned}$$

有解 $(\delta x\ \delta y\ \delta\theta\ \delta\tilde{y}\ \delta\tilde{z}\ \delta\tilde{\theta}\ \delta_1 y\ \delta_1\eta)$ 即可．它的系数矩阵是

$$\begin{pmatrix}
0 & 1 & 0 & 0 & 0 & 0 & 1 & 0\\
0 & 0 & 0 & 1 & 0 & 0 & 1 & 0\\
\varphi_{12} & \varphi_{11} & \varphi_{1\theta} & 0 & 0 & 0 & 0 & 1\\
0 & 0 & 0 & \tilde{\varphi}_{11} & \tilde{\varphi}_{12} & \tilde{\varphi}_{1\theta} & 0 & 1\\
\varphi_{2\theta} & \varphi_{1\theta} & \varphi_{\theta\theta} & 0 & 0 & 0 & 0 & 0\\
0 & 0 & 0 & \tilde{\varphi}_{1\theta} & \tilde{\varphi}_{2\tilde{\theta}} & \tilde{\varphi}_{\tilde{\theta}\theta} & 0 & 0
\end{pmatrix} \tag{9.2.38}$$

第二行乘 -1 加到第一行，第四行乘 -1 加到第三行即知其秩与

$$\begin{pmatrix}
\varphi_{2\theta} & \varphi_{1\theta} & \varphi_{\theta\theta} & 0 & 0 & 0\\
0 & 1 & 0 & -1 & 0 & 0\\
\varphi_{12} & \varphi_{11} & \varphi_{1\theta} & -\tilde{\varphi}_{11} & -\tilde{\varphi}_{12} & -\tilde{\varphi}_{1\theta}\\
0 & 0 & 0 & \tilde{\varphi}_{1\theta} & \tilde{\varphi}_{2\theta} & \tilde{\varphi}_{\theta\theta}
\end{pmatrix} \qquad (\tilde{\theta}\text{ 写成 }\theta)$$

相同，因为 φ 是非退化的，故只需

$$\begin{pmatrix}
\varphi_{2\theta} & \varphi_{1\theta} & \varphi_{\theta\theta}\\
0 & 1 & 0\\
\varphi_{12} & \varphi_{11} & \varphi_{1\theta}
\end{pmatrix}$$

达到最大秩，(9.2.38)也就达到最大秩，从而上述方程组有解．但这就是

$$\det\begin{vmatrix}\varphi_{2\theta} & \varphi_{\theta\theta}\\ \varphi_{12} & \varphi_{1\theta}\end{vmatrix}\neq 0. \tag{9.2.39}$$

我们来讨论它的几何意义．这里我们有

引理 9.2.7 设 $\varphi(x,y,\theta)$ 是非退化相函数，Λ_φ 在其任何一点附近与 $T^*\Omega_x$ 局部微分同胚的充要条件是：(1) $n_x=n_y$．(2) $\begin{pmatrix}\varphi_{xy} & \varphi_{x\theta}\\ \varphi_{y\theta} & \varphi_{\theta\theta}\end{pmatrix}$ 在该点满秩．

证． 充分性．若(1)，(2)成立，则 $(x,y,\theta)\longmapsto(x,\varphi_x,\varphi_\theta)$ 为满秩，故在 $\varphi_\theta=0$ 上之限制也满秩．即 $C_\varphi\to T^*(\Omega_x)$ 为局部微分同胚．但 $\Lambda_\varphi\to C_\varphi$ 是局部微分同胚，故 $\Lambda_\varphi\to T^*(\Omega_x)$ 也是．

必要性．$\dim\Lambda_\varphi=n_x+n_y$，$\dim T^*(\Omega_x)=2n_x$，由二者微分同胚即得(1)．又 $C_\varphi\to\Lambda_\varphi\to T^*(\Omega_x)$ 为微分同胚，故可以用 $T^*(\Omega_x)|_{\Lambda_\varphi}=\{(x,\varphi_x)\}$ 作为 C_φ 上的局部坐标，因此

$$(x,y,\theta)\longmapsto(x,\varphi_x,\varphi_\theta)$$

是一个坐标变换，所以

$$\det\left(\frac{\partial(x,\varphi_x,\varphi_\theta)}{\partial(x,y,\theta)}\right)=\det\begin{pmatrix}\varphi_{xy} & \varphi_{x\theta}\\ \varphi_{\theta y} & \varphi_{\theta\theta}\end{pmatrix}\neq 0.$$

以上得到了 A^* 与 A 可以复合的条件．进一步还可证明 $A^*\circ A$ 是一个 PsDO．为此只需注意到

$$\begin{aligned}\Lambda_\varphi'^*\circ\Lambda_\varphi'=\{(x,z;\ &-\varphi_2(y,x,\theta),\ -\varphi_2(y,z,\tilde\theta)),\\ &\varphi_\theta(y,x,\theta)=\varphi_\theta(y,z,\tilde\theta)=0,\\ &\varphi_1(y,x,\theta)=\varphi_1(y,z,\tilde\theta)\}.\end{aligned}$$

在 $\det\begin{pmatrix}\varphi_{xy} & \varphi_{x\theta}\\ \varphi_{\theta y} & \varphi_{\theta\theta}\end{pmatrix}\neq 0$ 的条件下，方程组 $\varphi_\theta(y,x,\theta)=a$，$\varphi_y(y,x,\theta)=b$ 是 (x,θ) 空间到 (a,b) 空间的微分同胚． 故若取 $a=\varphi_\theta(y,z,\tilde\theta)$，$b=\varphi_y(y,z,\tilde\theta)$，知

$$\varphi_\theta(y,x,\theta)=\varphi_\theta(y,z,\tilde\theta),\quad \varphi_y(y,x,\theta)=\varphi_y(y,z,\tilde\theta)$$

有唯一解，即 $x=z$，$\theta=\tilde\theta$．所以

$$\Lambda'_{\varphi}{}^* \circ \Lambda'_{\varphi} = \{(x,x;\xi,\xi)\},$$

但右方是相应于 PsDO 的锥形典则关系. 所以 $A^* \circ A$ 是一个 PsDO. 总结以上结果即有

定理 9.2.8 若 A 是一个适当 FIO, 其相函数是非退化的算子相函数,而且 $\Lambda_{\varphi} \to T^*(\Omega_x)$ 是微分同胚,则 $A^* \circ A$ 和 $A \circ A^*$ 都是 PsDO.

6. FIO 在 H^s 中的连续性. 在上册中我们已经指出(第五章 § 5), 利用拟微分算子

$$\Lambda^s u(x) = (2\pi)^{-n} \int e^{i\langle x,\xi\rangle}(1 + |\xi|^2)^{s/2}\hat{u}(\xi)d\xi$$

可以将 $u \in H^s$ 化为 $\Lambda^s u \in L^2$, 因此下面我们可以限于考虑 L^2 上的连续性. 这时可以利用上面证明了的 $A^* \circ A$ 为 PsDO 这一性质. 关于 PsDO 的 L^2 有界性在上册中有定理 5.5.3. 我们先把这个结果简化一下,而有

引理 9.2.9 若 $A \in L^0$ 是 Ω_x 中的适当的 PsDO, 则对任一紧集 $K \Subset \Omega_x$ 必有常数 $C_K > 0$ 存在,使得对任一 $u \in C_0^\infty(K)$

$$\|Au\| \leqslant C_K \|u\|,$$

从而 $A: L^2_{loc} \to L^2_{loc}$ 是有界算子.

证. 令

$$Au(x) = (2\pi)^{-n} \int e^{i\langle x,\xi\rangle} a(x,\xi)\hat{u}(\zeta)d\xi.$$

由于 A 是适当的, 故对 $K \Subset \Omega_x$, 必有紧集 $K_1 \Subset \Omega_x$, 使得对 $u \in C_0^\infty(K)$ 有 $\operatorname{supp} Au \subset K_1$ 作 $\chi(x) \in C_0^\infty(\Omega_x)$ 且在 K_1 上 $\chi = 1$. 于是

$$Au(x) = (2\pi)^{-n} \int e^{i\langle x,\xi\rangle} \chi(x) a(x,\xi)\hat{u}(\xi)d\xi.$$

因为 χa 对 x 有紧支集,视 ξ 为参数,知它对 x 的 Fourier 变换是急减的,即对一切 N 存在 $C_N > 0$ 使

$$\left|\int \chi(x) a(x,\xi) e^{i\langle x,\eta\rangle} dx\right| \leqslant C_N(1 + |\eta|)^{-N}.$$

所以对 $u \in C_0^\infty(K)$, $v \in C_0^\infty(K_1)$, 用 Plancherel 定理有

$$
\begin{aligned}
|\langle Au,v\rangle| &= \left|(2\pi)^{-n}\iint v(x)\chi(x)a(x,\xi)e^{i\langle x,\xi\rangle}\hat{u}(\xi)d\xi dx\right| \\
&\leqslant \left|(2\pi)^{-n}\iint \hat{v}(\eta)\widehat{\chi a}(\eta-\xi,\xi)\hat{u}(\xi)d\xi d\eta\right| \\
&\leqslant C_N\left|\iint \hat{v}(\eta)\hat{u}(\xi)(1+|\xi-\eta|)^{-N}d\xi d\eta\right| \\
&\leqslant C_N\left|\iint \hat{v}(\eta)(1+|\xi-\eta|)^{-N}d\xi d\eta\right|^{\frac{1}{2}} \\
&\quad\cdot\left|\iint \hat{u}(\xi)(1+|\xi-\eta|^2)^{-N}d\xi d\eta\right|^{\frac{1}{2}} \\
&\leqslant C\|u\|\|v\|,
\end{aligned}
$$

从而定理得证.

定理 9.2.10 设 A 是零阶适当的 FIO，而且 $\Lambda_\varphi\to T^*(\Omega_x)$ 是局部微分同胚，则 $A:L^2_{loc}(\Omega_y)\to L^2_{loc}(\Omega_x)$ 是有界的.

证. 由定理 9.2.8，$A^*\circ A$ 仍为一个零阶 PsDO. 除了相差一个正则化算子(它当然是 $L^2_{loc}(\Omega_y)\to L^2_{loc}(\Omega_x)$ 的有界算子)外，不妨认为 $A^*\circ A$ 也是适当的. 因此由引理 9.2.9 即知

$$\|(A^*\circ A)u\|^2_{L^2}\leqslant C^2_K\|u\|^2_{L^2(K)},$$

从而对 $u\in C_0^\infty(K)$ 有

$$
\begin{aligned}
\|Au\|^2_{L^2(K_1)} &= |(Au,Au)| = |((A^*\circ A)u,u)| \\
&\leqslant \|(A^*\circ A)u\|_{L^2}\|u\|_{L^2(K)}\leqslant C_K\|u\|^2_{L^2(K)},
\end{aligned}
$$

由 $C_0^\infty(K)$ 在 $L^2(K)$ 中的稠密性定理得证.

推论 9.2.11 若 A 为 m 阶适当的 FIO，且 $\Lambda_\varphi\to T^*(\Omega_x)$ 是微分同胚，则 A: $H^{s+m}_{loc}(\Omega_y)\to H^s_{loc}(\Omega_x)$ 为有界.

§3. Lagrange-Grassmann 流形

1. 基本性质. §2 中提出的理论作为 §1 中那些例子的回答是不够的，主要在于它不是一个整体的理论. 为了应用它于偏微分算子理论的各种具体问题就必需整体化. 为此就需更多的辛几何的知识，这就是本节的目的.

以下我们恒设辛空间 V 为

$$(\mathbf{R}^{2n},\omega),\ \omega(x,y)=\sum_{j=1}^{n}(x_j\eta_j-y_j\xi_j),$$

这里 $x=(x_1,\cdots,x_n;\ \xi_1,\cdots,\xi_n)$, $y=(y_1,\cdots,y_n;\ \eta_1,\cdots,\eta_n)$ 是在某一辛基底下的表示. 所以 ω 是标准辛形式.

定义 9.3.1 $2n$ 维辛空间 V 的一切 Lagrange 子空间之集称为 Lagrange-Grassmann 流形,记作 $\Lambda(n)$.

当然我们应证明它确实是一个流形. 回忆到, Leray 定理(定理 8.2.28) 指出任意 $L\in\Lambda(n)$ 均可表为 $U\mathbf{R}^n$, 这里 $U\in U(n)$ 是酉矩阵. 但这个定理并不意味着可将 $U(n)$ 的流形构造转入 $\Lambda(n)$, 因为它所给出的对应 $U(n)\to\Lambda(n)$ 并非一对一的. 我们有

定理 9.3.2 (Arnold [2]) $\Lambda(n)\cong U(n)/O(n)$.

证. 由 Leray 定理, 每个 $U\in U(n)$ 均对应于一 $L\in\Lambda(n)$. 若 $T\in O(n)$, 则 $\begin{pmatrix}T&0\\0&T\end{pmatrix}\in U(n)$ (注意 (8.2.8) 式),用 $\mathbf{R}^n$ 表示 $\mathbf{C}^n$ 中形如 $\begin{pmatrix}x\\0\end{pmatrix}$ 之向量之集 有 $T\mathbf{R}^n=\mathbf{R}^n$, 从而 $U\mathbf{R}^n=UT\mathbf{R}^n$, 反之,若有 $U,U_1\in U(n)$ 使 $U\mathbf{R}^n=U_1\mathbf{R}^n$, 则记

$$U^{-1}U_1=T=\begin{pmatrix}a&-b\\b&a\end{pmatrix},$$

当有

$$\begin{pmatrix}a&-b\\b&a\end{pmatrix}\begin{pmatrix}x\\0\end{pmatrix}=\begin{pmatrix}ax\\bx\end{pmatrix}\in\mathbf{R}^n,$$

即对一切 $x\in\mathbf{R}^n$, $bx=0$, 亦即 $b=0$. 所以 $T=U^{-1}U_1\in O(n)$, 从而定理得证.

由此可见 $\Lambda(n)$ 与商群 $U(n)/O(n)$ 之元一一对应, 而 U, $U_1\in U(n)$ 在同一等价类中当且仅当 $U_1=UT$, $T\in O(n)$. 作其复转置: $U_1^tU_1=(UT)^t(UT)=UT^tT^tU=U^tU$, 记此复矩阵为 $W(L)$, 可见每一个等价类均对应于同一个 $W(L)$. 当然, 它是复对称 U 矩阵. 今证每个复对称 U 矩阵必可写为 U^tU 之形式,实

际上，$U_1\in U(n)$ 可用 $\bar{U}$ 矩阵化为对角形

$$U_1=T\begin{pmatrix}\lambda_1 & & \\ & \ddots & \\ & & \lambda_n\end{pmatrix}T^{-1}$$

(这里用复记法)，令 $A=T\begin{pmatrix}\ln\lambda_1 & & \\ & \ddots & \\ & & \ln\lambda_n\end{pmatrix}T^{-1}$，则 $U_1=e^A$。令 $A=B+iC$，B,C 是 n 阶实矩阵，则 $U_1^*=e^{A^*}=e^{{}^tB-i{}^tC}$。由 $U_1\cdot U_1^*=I$ 有 $A+A^*=0$ 亦即 $B+{}^tB=0$，$C-{}^tC=0$。若 U_1 又是复对称的，即 $B={}^tB$，$C={}^tC$，当有 $B=0$，而 $U_1=e^{iC}$。这就是复对称 U 矩阵的一般表示法，C 是 n 阶实对称矩阵。令 $U=e^{\frac{i}{2}C}$，有 $U={}^tU$ 而 $U_1=UU=U{}^tU$。于是有一一对应

$$\{U{}^tU,\ U\in U(n)\}=U_{symm}(n)=\{U\in U(n),\ U={}^tU\}.$$

所以 $\Lambda(n)\cong U_{symm}(n)$。

但是 $U_{symm}(n)$ 是 $U(n)$ 的闭子流形，由条件 $U=e^{iA}$，$\mathrm{Re}A=0$ 决定，其维数为 $\frac{1}{2}n(n+1)$，而且是一个解析子流形。通过上述对应可将 $U_{symm}(n)$ 的拓扑转移到 $\Lambda(n)$ 中去，而 Arnold 定理中的 $\cong$ 成一个微分同胚。又因 $U(n)$ 本身为紧，故有

定理 9.3.3 $\Lambda(n)$ 是 $\frac{1}{2}n(n+1)$ 维实解析紧流形。

$\Lambda(n)$ 的连通性还不清楚。不过 $L\in\Lambda(n)$ 由 $W(L)\in U_{symm}(n)$ 决定，若 $\det W=e^{-in\varphi}$，则 $\det W_1=\det(e^{i\varphi}W)=1$。即是说 $U_{symm}(n)$ 之元可写为 (s,φ)，$s\in SU_{symm}(n)$。因此我们考虑

$$\hat{\Lambda}(n)=SU_{symm}(n)\times\mathbb{R}^1, \tag{9.3.1}$$

而有一个自然的映射 $\hat{\Lambda}(n)\to\Lambda(n)$，$(S,\varphi)\longmapsto W(L)$，它是一个局部的同胚。现在用 $\hat{U}(n)=SU(n)\times\mathbb{R}^1$ 作用到 $\hat{\Lambda}(n)$ 上如下：对 $(U,\varphi)\in\hat{U}(\varphi)$ 定义

$$(s,\theta)\xmapsto{(U,\varphi)}(US{}^tU,\ \theta+2\varphi), \tag{9.3.2}$$

并考虑 $(I,\theta)\in\hat{\Lambda}(n)$ 的轨道。因为任一个 $U_{symm}(n)$ 之元均可表为 $e^{2i\varphi}U{}^tU$，$U\in SU(n)$，这个轨道盖满了 $\hat{\Lambda}(n)$。由(9.3.2)知

(I,θ) 的"平衡子"(stabilizer) 为 $\{(U,0)\}$, $U\in SU(n)$ 且 $U^tU=I$ 即 $U\in SO(n)$, 因此有微分同胚

$$\hat{\Lambda}(n)\cong\hat{U}(n)/SO(n). \tag{9.3.3}$$

$\hat{U}(n)$ 是连通与单连通的, $SO(n)$ 也一样, 所以 $\hat{\Lambda}(n)$ 也是连通及单连通的, 又因 $\hat{\Lambda}(n)\to\Lambda(n)$, $(s,\theta)\longmapsto se^{i\theta}$ 是局部微分同胚,所以 $\hat{\Lambda}(n)$ 是 $\Lambda(n)$的万有覆盖,其纤维为$(s,\theta+2k\pi)$, $k\in\mathbf{Z}$, 所以我们有

定理9.3.4 $\Lambda(n)$ 是连通的, $\hat{\Lambda}(n)$ 是它的万有覆盖,而其基本群是 $\pi_1(\Lambda(n))\cong\mathbf{Z}$.

以上我们已使每一个 $L\in\Lambda(n)$ 与一个 $W(L)\in U_{\text{symm}}(n)$ 相对应,从而可以用 $W(L)$ 作为 $\Lambda(n)$ 的局部坐标. 但下面的局部坐标更适合我们的应用. 任取 $M\in\Lambda(n)$, $\Lambda^0(M)$ 表示 $\Lambda(n)$ 与 M 横截的 L(即适合 $L\cap M=\{0\}$) 之集. 我们要以 $\Lambda^0(M)$ 为一个坐标邻域,并作一坐标映射 $\Lambda^0(M)\to\mathbf{R}^{\frac{1}{2}n(n-1)}$. 为此,任取 $N\in\Lambda^0(M)$, 可以作直和分解 $\mathbf{R}^{2n}=M\oplus N$. 将它应用到 L 上得:

$$z_L=z_M+z_N,\quad z_L\in L,\quad z_M\in M,\quad z_N\in N,$$

这个分解是唯一的,因此定义了一个投影算子

$$P^L_{MN}:\ L\to M,\quad z_L\longmapsto z_M. \tag{9.3.4}$$

再用 $\mathbf{R}^{2n}$ 上的基本辛形式 ω 可得 L 上的双线性形式

$$\beta^L_{MN}(z,z')=-\omega(P^L_{MN}z,z'),\quad\forall z,z'\in L. \tag{9.3.5}$$

由定义 (9.3.4) 不难看到

$$P^L_{MN}=-P^N_{ML},\quad P^L_{NM}=I-P^L_{MN}. \tag{9.3.6}$$

因为 ω 决定了一个同构 $\Omega:V(=\mathbf{R}^{2n})\cong V^*(=\mathbf{R}^{2n})$, 故由(9.3.5), (9.3.6) 又有

$$\beta^L_{MN}=-\Omega P^L_{MN},\ \beta^L_{MN}=-\beta^L_{NM}\ (\text{因 }\omega(z,z')=0,z,z'\in L).$$

记 L 上的对称双线性形为 $B_{\text{symm}}(L)$. 今证

定理 9.3.5 令 $L,M,N\in\Lambda(n)$, $L\in\Lambda^0(M)$, 则 $N\longmapsto\beta^L_{MN}$ 是 $\Lambda^0(M)$ 到 $B_{\text{symm}}(L)$ 的单全射,且 $L\longmapsto 0$.

证. 先证 β^L_{MN} 为对称. 设 $z,z'\in L$ 在直和分解 $\mathbf{R}^{2n}=M\oplus N$ 下有 $z=z_M+z_N$, $z'=z'_M+z'_N$, 因 $N\in\Lambda(n)$, 有

$$0=\omega(z_N,z'_N)=\omega(z-P^L_{MN}z,z'-P^L_{MN}z')$$
$$=-\omega(z,P^L_{MN}z')-\omega(P^L_{MN}z,z')$$
$$=\beta^L_{MN}(z,z')-\beta^L_{MN}(z',z).$$

今证任一 $\beta\in B_{symm}(L)$ 必对应一个 $N\in\Lambda^0(M)$ 使 $\beta=\beta^L_{MN}$. 实际上 $\beta(x,y)$, $x,y\in L$ 是双线性泛函,而 ω 建立了 L 与 M 的对应,所以必有算子 $T:L\to M$ 使 $\beta(x,y)=\omega(Tx,y)$. 考虑算子 $I+T:L\to\mathbf{R}^{2n}$, 它是单射,因为若 $x\in L$ 使 $(I+T)x=0$,必有 $x=-Tx\in M$, 从而 $x\in L\cap M=\{0\}$. 但有限维空间的单射必为同构,记 $N=(I+T)L$, 有 $\dim N=n$. N 又是迷向的,因为

$$\omega((I+T)z,(I+T)z')$$
$$=\omega(z,Tz')+\omega(Tz,z')$$
$$=-\beta(z',z)+\beta(z,z')=0,$$

n 维迷向子空间必为 Lagrange 子空间,故 $N\in\Lambda(n)$.

进一步证明 $N\in\Lambda^0(M)$. 若不然 $N\cap M\neq\{0\}$, 而有公共元 $\hat{z}\neq 0$, 因 $\hat{z}\in N$, 故有 $z\in L$ 使 $\hat{z}=(I+T)z$, 因 $\hat{z}\in M$, 故有 $z'\in L$ 使 $\hat{z}=Tz'$, 总之 $Tz'=(I+T)z$, 或 $z=T(z'-z')$. 但左方属于 L, 右方属于 M, 因此 $z\in L\cap M=\{0\}$ 而 $\hat{z}=(I+T)z=0$. 这就是矛盾.从而 $N\in\Lambda^0(M)$ 即 $N\cap M=\{0\}$, 而可以作 $z\in L$ 的直和分解:

$$z=(I+T)z+(-Tz)=z_N+z_M.$$

所以 $-T=P^L_{MN}$, $\beta=\beta^L_{MN}$. 证毕.

余下的是要证明 β^L_{MN} 可作为 $\Lambda^0(M)$ 的局部坐标, 即与前面引入的局部坐标 $\overline{W}(N)\in U_{symm}(n)$ 互为 C^∞ 函数. 为此记 $\mathbf{R}^{2n}$ 到 N 的正交投影为 P_N. 以下是几个引理.

引理 9.3.6 $\mathbf{R}^{2n}\to N$ 的正交投影是

$$P_N=\frac{1}{2}(I+W(N)c),\quad c:\mathbf{C}^n\to\mathbf{C}^n,\ z\longmapsto\bar{z}.$$

证. 记 $W(N)=\begin{pmatrix}a & -b\\ b & a\end{pmatrix}$, a, b 是实对称矩阵且 a^ta+

$b^t b = I$, $ab = ba$((8.2.11)), $c = \begin{pmatrix} 0 & 0 \\ 0 & -1 \end{pmatrix}$, 则

$$W(N)c = \begin{pmatrix} a & b \\ b & -a \end{pmatrix},$$

$$P_N^2 = \frac{1}{4}(I + 2W(N)c + (W(N)c)^2)$$

$$= \frac{1}{4}\left[I + 2\begin{pmatrix} a & b \\ b & -a \end{pmatrix} + \begin{pmatrix} a^2+b^2 & ab-ba \\ ba-ab & a^2+b^2 \end{pmatrix}\right]$$

$$= \frac{1}{2}\left[I + \begin{pmatrix} a & b \\ b & -a \end{pmatrix}\right] = P_N,$$

故 P_N 是正交投影。再证 $\mathrm{Im}P_N = N$ 设

$$N = U\mathbb{R}^n, \quad U = \begin{pmatrix} \alpha & -\beta \\ \beta & \alpha \end{pmatrix} \in U(n),$$

从而 $\alpha^t\alpha + \beta^t\beta = 1$, $\alpha^t\beta = \beta^t\alpha$, 由 $W(N)$ 的定义, $W(N) = U^tU$

$$\begin{pmatrix} a & -b \\ b & a \end{pmatrix} = \begin{pmatrix} \alpha & -\beta \\ \beta & \alpha \end{pmatrix}\begin{pmatrix} {}^t\alpha & -{}^t\beta \\ {}^t\beta & {}^t\alpha \end{pmatrix},$$

从而 $a = \alpha^t\alpha - \beta^t\beta$, $b = \beta^t\alpha + \alpha^t\beta$.任取 $z = \begin{pmatrix} x \\ y \end{pmatrix} \in \mathbb{R}^{2n}$, 有

$$P_N z = \frac{1}{2}\begin{pmatrix} x + ax + by \\ y + bx - ay \end{pmatrix}.$$

但

$$\begin{aligned} x + ax + by &= (\alpha^t\alpha + \beta^t\beta)x + (\alpha^t\alpha - \beta^t\beta)x \\ &\quad + (\beta^t\alpha + \alpha^t\beta)y = 2\alpha^t\alpha x + 2\alpha^t\beta y \\ &= 2\alpha({}^t\alpha x + {}^t\beta y) = 2\alpha x_1, \end{aligned}$$

$$\begin{aligned} y + bx - ay &= (\alpha^t\alpha + \beta^t\beta)y + (\beta^t\alpha + \alpha^t\beta)x \\ &\quad - (\alpha^t\alpha - \beta^t\beta)y = 2\beta^t\beta y + 2\beta^t\alpha x \\ &= 2\beta({}^t\alpha x + {}^t\beta y) = 2\beta x_1. \end{aligned}$$

所以 $P_N z = \begin{pmatrix} \alpha x_1 \\ \beta x_1 \end{pmatrix} = \begin{pmatrix} \alpha & -\beta \\ \beta & \alpha \end{pmatrix}\begin{pmatrix} x_1 \\ 0 \end{pmatrix} \in U\mathbb{R}^n = N$, 即 $\mathrm{Im}P_N \subset N$.

为了完成 $\operatorname{Im}P_N = N$ 的证明只需证明 P_N 在N上的限制为 I 即可。这是很容易证明的，因为N中之元必可写为 $\begin{pmatrix}\alpha x_1\\ \beta x_1\end{pmatrix}$，$x_1 \in \mathbb{R}^n$，所以只需在上面计算 $P_N z$ 时令 $z = \begin{pmatrix}\alpha x_1\\ \beta x_1\end{pmatrix}$ 经过计算（利用(8.2.11)第二式的括号中之式)即得：

引理 9.3.7 $M, N \in \Lambda(n)$ 互相横截当且仅当 $P_M - P_N$ 可逆。

证. $P_M - P_N$ 的可逆性即其单射性，亦即 $\ker(P_M - P_N) = 0$.

$\ker(P_M - P_N) = \{z, P_M z = P_N z\}$，若 $z \in M \cap N$，则 $P_M z = z$，$P_N z = z$，从而这时 $\ker(P_M - P_N) = M \cap N$。故当 $\ker(P_M - P_N) = 0$ 时，由 $z \in M \cap N$ 有 $z = 0$，即 $M \pitchfork N$。

反之若 $M \cap N = \{0\}$，而 $z \in \ker(P_M - P_N)$，有 $P_M z = P_N z$。但左方 $\in M$，右方 $\in N$，故 $P_M z = 0$，而 $z \in M^\perp$，同理 $z \in N^\perp$。从而 $z \in M^\perp \cap N^\perp = (M + N)^\perp = (\mathbb{R}^{2n})^\perp = \{0\}$。证毕。

今设 $M \cap N = \{0\}$ 于是 $P_M - P_N$ 可逆而且有直和分解 $\mathbb{R}^{2n} = M \oplus N$。关于由 $\mathbb{R}^{2n}$ 到 M 的投影算子 P_{MN} 有

引理 9.3.8 $P_{MN} = P_M(P_M - P_N)^{-1}(I - P_N)$. (9.3.7)

证. 任意 $z \in \mathbb{R}^{2n}$ 有直和分解 $z = x + y$，$x \in M$，$y \in N$，而

$$
\begin{aligned}
&P_M(P_M - P_N)^{-1}(I - P_N)z\\
&\quad = P_M(P_M - P_N)^{-1}(I - P_N)x\\
&\quad = P_M(P_M - P_N)^{-1}(I - P_M + P_M - P_N)x\\
&\quad = P_M(P_M - P_N)^{-1}(P_M - P_N)x\\
&\quad = P_M x = x.
\end{aligned}
$$

证毕。

因此 $P^L_{MN} = P_{MN}|_L$；$\beta^L_{MN} = -\Omega P^L_{MN} = -\Omega P_{MN}|_L$，由计算过程知 β^L_{MN} 之元是 $W(N)$ 的元的 C^∞ 函数。现在再计算它的反函数。为此取 $N_0 \in \Lambda(n)$ 与N充分接近以至 P_{N_0} 与 P_N 充分

接近，而 P_{N_0} 与 $P_M - P_{N_0}$ 在 L 上均可逆．再注意在 L 上 $I-P_M$ 可逆．事实上，若 $z \in L$ 使 $(I - P_M)z = 0$ 必有 $z = P_M z \in M$ 即 $z \in L \cap M = \{0\}$．由此

$$
\begin{aligned}
&P^L_{MN} = P_M(P_M - P_N)^{-1}(I - P_M) + P_M,\\
&(P^L_{MN} - P_M)(I - P_M)^{-1} = P_M(P_M - P_N)^{-1}\\
&\quad = (P_M - P_{N_0} + P_{N_0})(P_M - P_{N_0} + P_{N_0} - P_N)^{-1}\\
&\quad = (P_M - P_{N_0})(P_M - P_{N_0})^{-1}[I + (P_{N_0} - P_N)\\
&\qquad \cdot(P_M - P_{N_0})^{-1}]^{-1} + P_{N_0}(P_M - P_{N_0})^{-1}[I\\
&\qquad + (P_{N_0} - P_N)(P_M - P_{N_0})^{-1}]^{-1}.
\end{aligned}
$$

因为 $P_{N_0} - P_N$ 充分小，所以 $C = (P_{N_0} - P_N)(P_M - P_{N_0})^{-1}$ 也充分小，而将上式中的逆用 Neumann 级数展开，上式右方可以继续写为 $(I + A)(I + C)^{-1}$, $A = P_{N_0}(P_M - P_{N_0})^{-1}$．取 N_0 使 $I + A$ 非奇异，则由上式可解出 C 为 β^L_{MN} 之元的 C^∞ 函数．从而 P_N 之元亦然． 再由引理 9.3.6 知 $W(N)$ 之元是 β^L_{MN} 之元的 C^∞ 函数．总之 β^L_{MN} 是 $\Lambda^0(M)$ 的一个局部坐标．

至此，我们已作出 $\Lambda(n)$ 的一个区图 $\Lambda^0(M)$．现在进一步作一个图册． 注意到横截性是一个通有 (generic) 性质，即任一 $L \in \Lambda^0(M)$ 在 $\Lambda(n)$ 中一切充分接近的元均在 $\Lambda^0(M)$ 中，而任一元 $L \in \Lambda(n)$ 即令本身不在 $\Lambda^0(M)$ 中其任一邻域中也都可找到 $\Lambda^0(M)$ 之元．这就是说 $\Lambda^0(M)$ 是 $\Lambda(n)$ 的稠密开集．还可看到，$\bigcup\limits_{M \in \Lambda(n)} \Lambda^0(M) = \Lambda(n)$．每一个 $\Lambda^0(M)$ 中均可引入一个局部坐标与 $U_{symm}(n)$ 微分同胚，所以不同的 M 所作出的区图 $\Lambda^0(M)$ 中的局部坐标(即 β^L_{MN}) 彼此相容．这样，我们得到了 $\Lambda(n)$ 的一个图册．但实际上，用不着“这么多 $\Lambda^0(M)$”． 在 $(\mathbb{R}^{2n}, \omega)$ 中选定一个辛基底 $\{e_1,\cdots,e_n;f_1,\cdots,f_n\}$，令 $I, J \subset \{1,2,\cdots,n\}$ 使 $I \cup J = \{1,2,\cdots,n\}$，$I \cap J = \phi$，于是 $\{e_i, f_j\}_{i\in I, j\in J}$ 张成一个 Lagrange 子空间，记作 M_I．我们有 Arnold 的著名结果

定理 9.3.9 $\Lambda(n) = \bigcup\limits_I \Lambda^0(M_I)$．

证． 令 $M = \{e_1, \cdots, e_n\}$． 任取 $L \in \Lambda(n)$，若 $L \cap M =$

$\{0\}$，则 $L \in \Lambda^0(M_I)(I=\{1,2,\cdots,n\})$. 若 $\dim L\cap M=n$，则 $L=M$，而 $L\in\Lambda^0(M_\phi)$. 余下的只需考虑 $0<k=\dim L\cap M<n$ 的情况. 但 $L\cap M$ 既是 M 的子空间，必有 M 的 $n-k$ 维子空间 $\{e_I\}$，$I=\{i_1,\cdots,i_{n-k}\}\subset\{1,\cdots,n\}$ 使

$$M=(L\cap M)\oplus\{e_I\}.$$

今证 $L\in\Lambda^0(M_I)$.

因为 $L\cap M\subset L=L^\sigma$，$\{e_I\}\subset M_I=M_I^\sigma$，所以

$$M^\sigma=M=(L\cap M)\oplus\{e_I\}\subset L^\sigma+M_I^\sigma=(L\cap M_I)^\sigma.$$

双方取辛补有 $L\cap M_I\subset M$. 因此

$$L\cap M_I=(L\cap M_I)\cap M=(L\cap M)\cap(M_I\cap M)$$
$$=(L\cap M)\cap\{e_I\}=\{0\}.$$

故 $L\in\Lambda^0(M_I)$ 而定理证毕.

2. Keller-Maslov-Arnold 循环. 以上我们详细讨论了 $\Lambda^0(M)\subset\Lambda(n)$. 如果我们定义

$$\Lambda^k(M)=\{L\in\Lambda(n),\ \dim L\cap M=k\},$$

则有

$$\Lambda(n)=\Lambda^0(M)\cup\Lambda^1(M)\cup\cdots\cup\Lambda^n(M).$$

现在讨论 $\Lambda^k(M)$，$k>0$. 若 $N\in\Lambda^k(M)$，因为 M 与 N 并不横截而没有直和分解，当然就不能定义 P^L_{MN} 及 β^L_{MN}，因而不能直接同前面的方法讨论 $\Lambda^k(M)$ 的构造. 然而由于横截性为 generic，必有 $N\in\Lambda(n)$，使得对某个 $L'\in\Lambda^k(M)$，有 $L',M\in\Lambda^0(N)$，从而 $\beta^{L'}_{MN}$ 有意义.

引理 9.3.10 当 L' 与 M 均在 $\Lambda^0(N)$ 中时，$L'\cap M$ 即 L' 在 $\beta^{L'}_{MN}$ 下的正交补.

证. $P^{L'}_{MN}$: $L'\to M$ 为单全射当且仅当 $L'\cap N=\{0\}$，这是由于若 $z_{L'}\in L'$ 在直和分解 $\mathbb{R}^{2n}=M\oplus N$ 下有 $z_{L'}=z_M+z_N$. 若 $z_M=0$，则 $z_{L'}=z_N\in L'\cap N$. 故 $L'\cap N=\{0\}$ 与 $P^{L'}_{MN}$ 为单射等价. 但相同有限维空间之间的单射即单全射. 故由 N 的取法：$L'\subset\Lambda^0(N)$ 有 $P^{L'}_{MN}L'=M=M^\sigma$，

$$L'\cap M=\{z;z\in L',\omega(P^{L'}_{MN}x,z)=0,\forall x\in L'\}$$

$$= \{z; z \in L', \beta_{MN}^{L'}(x,z) = 0,\ \forall x \in L'\}.$$

再取另一个 $L \in \Lambda^0(N)$，我们有

引理 9.3.11 $P_{MN}^L: \ker(P_{MN}^L - P_{L'N}^L) \to L' \cap M$ 是单全射.

证. 若 $z \in \ker(P_{MN}^L - P_{L'N}^L)$，则 $P_{MN}^L z = P_{L'N}^L z$. 但式左在M中，式右在 L' 中，所以 $P_{MN}^L z \in L' \cap M$. 它很显然是单射. 因若 $P_{MN}^L z = 0$，$z \in \ker(P_{MN}^L - P_{L'N}^L)$，必有 $P_{L'N}^L z = 0$. 按直和分解 $\mathbb{R}^{2n} = M \oplus N$，将 z 写为 $z = P_{MN}^L z + z_N$ 有 $z = z_N \in N$，从而 $z \in L \cap N = \{0\}$.

P_{MN}^L 也是全射. 因为若 $y \in L' \cap M$，而由直和分解 $\mathbb{R}^{2n} = L \oplus N$ 有 $y = y_L + y_N$，即 $y_L = y - y_N$，但这恰好是 y_L 按 L' 和N的直和分解. 所以 $y = P_{L'N}^L y_L$. 而上式也是 y 按 M 和N的直和分解，所以 $y = P_{MN}^L y_L$. 于是

$$(P_{MN}^L - P_{L'N}^L) y_L = 0,\ y_L \in \ker(P_{MN}^L - P_{L'N}^L).$$

它是 y 在 P_{MN}^L 下的原象.

由于 $\beta_{MN}^L = -\Omega P_{MN}^L$，所以为了讨论 $L' \cap M$ 只要讨论 $\beta_{MN}^L - \beta_{L'N}^L$ 即可：$\ker(P_{MN}^L - P_{L'N}^L) \cong \ker(\beta_{MN}^L - \beta_{L'N}^L)$.

引理 9.3.12 $L' \in \Lambda^k(M)$ 当且仅当L对 $\beta = \beta_{MN}^L - \beta_{L'N}^L$ 之正交补的维数为 k.

证. L对β的正交补 $=\{z; z \in L, \beta(x,z) = 0, \forall x \in L\} = \{z; z \in L, \langle \Omega(P_{MN}^L - P_{L'N}^L) z, x\rangle = 0 \forall x \in L\} = \ker(P_{MN}^L - P_{L'N}^L)$. 故 $\dim(\beta$ 在L中之正交补$) = \dim \ker(P_{MN}^L - P_{L'N}^L) = \dim(L' \cap M)$. 以上我们用到了$\beta$之对称性. 证毕.

至此可以讨论 $\Lambda^k(M)$ 的构造了. 为此取 $L \in \Lambda^k(M)$，并取 $N \in \Lambda(n)$ 使 $L, M \in \Lambda^0(N)$. 因 $\Lambda^0(N)$ 为开，故L附近一切 $L' \in \Lambda^0(N)$，从而 $\beta_{M,N}^L, \beta_{L'N}^L$ 均有意义，而由引理 9.3.10，$L \cap M = L$ 在 β_{MN}^L 的正交补，故其维数为 k，在L中选一基底是 $\{e_{n-k+1}, \cdots, e_n\}$ 为 $L \cap M$ 的基底，并计算 β_{MN}^L 在此基底下的矩阵 $\begin{pmatrix} a, & b \\ {}^t b & d \end{pmatrix}$，$a$ 为 $n-k$ 阶对称矩阵，d 为 k 阶对称矩阵. 若记L中之向量为

$\begin{pmatrix} x \\ y \end{pmatrix}$, $\dim x = n-k$, $\dim y = k$, 则上述正交补 $= L \cap M$

$\left\{\begin{pmatrix} 0 \\ y \end{pmatrix}\right\}$. 但由正交补的定义

$$\left\langle \begin{pmatrix} a & b \\ {}^t b & d \end{pmatrix}\begin{pmatrix} 0 \\ y \end{pmatrix}, \begin{pmatrix} x' \\ y' \end{pmatrix} \right\rangle = 0, \ \forall x', y',$$

所以易得 $b = d = 0$, 从而 $\beta^L_{MN} = \begin{pmatrix} a_0 & 0 \\ 0 & 0 \end{pmatrix}$, a_0 是非奇异的 $n-k$ 阶矩阵. 再计算 L' 与 L 充分接近时 $\beta^L_{L'N}$ 的矩阵. 但 $\beta^L_{L'N} = -\beta^L_{NL'}$ 而后者确为 L' 在 $\Lambda^0(N)$ 中的局部坐标. 因为 L 在此局部坐标下坐标为 0, 故当 L' 充分接近 L 时

$$\beta^L_{L'N} = \begin{pmatrix} a & b \\ {}^t b & d \end{pmatrix},$$

a, b, d 均充分小. 于是得到

$$\beta^L_{MN} - \beta^L_{L'N} = \begin{pmatrix} a_0 - a & -b \\ -{}^t b & -d \end{pmatrix}.$$

它在 L 中的核维数为 k. 令

$$\begin{pmatrix} x \\ y \end{pmatrix} \in \ker(\beta^L_{MN} - \beta^L_{L'N}),$$

有

$$(a_0 - a)x - by = 0, \quad {}^t bx + dy = 0.$$

因为 a_0 非奇异而 a 充分小, 故 $(a_0 - a)$ 可逆. 由第一式解出 x 代入后式有

$$[d + {}^t b(a_0 - a)^{-1} b]y = 0, \quad \forall y \in \mathbf{R}^k,$$

所以

$$d = {}^t b(a - a_0)^{-1} b. \tag{9.3.8}$$

前已指出 $\beta^L_{L'N}$ 可由 a, b, d 表示, 现在看到任一点 $L \in \Lambda^k(M)$ 附近的一切 L' 在某个区图 $\Lambda^0(N)$ 中的局部坐标 $\beta^L_{L'N}$ 适合(9.3.8). 这是 $\frac{1}{2}k(k+1)$ 个方程. 故有

定理 9.3.13 $\Lambda^k(M)$ 是 $\Lambda(n)$ 的余维数 $\frac{1}{2}k(k+1)$ 的解析子流形.它在 $\beta^L_{L'N}$ 坐标下的定义方程是 (9.3.8).

以下我们需要 $\Lambda^k(M)$ 在 L 点的切空间. 为了写出它来只需将 $\Lambda^k(M)$ 在 L 附近的定义方程 (9.3.8) 中的独立变量(这里是 a 和 b, 注意 L 的坐标是 0) 看作一阶小量,然后略去高阶小量即得. 由 (9.3.8) 可见 d 是二阶小量,所以切空间是 $\left\{\begin{pmatrix} a & b \\ {}^t b & 0 \end{pmatrix},\ a = {}^t a\right\}$, 亦即 $B_{symm}(L)$ 中在 $L\cap M$ 上为 0 之元.

至此可将 $\Lambda(n)$ 的构造概括如下: 任取

$$M \in \Lambda(n),\ \Lambda(n) = \bigcup_{k=0}^{n} \Lambda^k(M).$$

它是辛空间 $(\mathbf{R}^{2n}, \omega)$ 的 $\frac{1}{2}n(n+1)$ 维紧的解析子流形; $\Lambda^0(M)$ 是其稠密开子集, $\Lambda^k(M)$ 是 $\Lambda(n)$ 的余维数 $\frac{1}{2}k(k+1)$ 的代数子流形.特别是 $\Lambda^1(M)$ 是超曲面, 它是 $\Lambda(n)\backslash\Lambda^0(M)$ 的正规部分. $\overline{\Lambda'(M)} = \bigcup_{k\geqslant 1}\Lambda^k(M)$. 因此对 $\Lambda'(M)$ 可以连接一个余维数为 3 的解析簇 $\bigcup_{k\geqslant 2}\Lambda^k(M)$. 可以证明 $\Lambda^1(M)$ 是连通的,而且因它在 $\Lambda(n)\backslash\Lambda^0(M)$ 中的余集之维数 $\leqslant \dim\Lambda^1(M) - 2$, 所以我们可以把它看成 $\Lambda(n)$ 中的余维数为 1 的循环,记作 μ_M.

定义 9.3.14 μ_M 称为 Keller-Maslov-Arnold 循环.

μ_M 是可定向的. 在其正规部分的一点 $L\in\Lambda^1(M)$ 可以定义其两侧. 我们已经指出, $\Lambda^1(M)$ 在 L 处的切空间为 $\left\{\begin{pmatrix} a & b \\ {}^t b & 0 \end{pmatrix},\right.$ a 为 $n-1$ 阶对称矩阵$\}$. 它就是 $B_{symm}(L)$ 中的超平面 $d=0$, 其上的元即在 $L\cap M$ 上为 0 的双线性形式. $d=0$ 把 $B_{symm}(L)$ 分成两部分,一部分在 $L\cap M$ 上取正值,即有 $d>0$. 这一部分称为 μ_M 在 L 点的正侧;另一部分在 $L\cap M$ 上取负值,即有 $d<0$, 这一部分称为负侧.

例. 令 $n=1$，则辛空间 $(\mathbf{R}^2,\omega)$ 的 Lagrange 子空间即为过原点的直线. 它们的参数方程是

$$x=t\cos\frac{\theta}{2},\quad y=t\sin\frac{\theta}{2},\tag{9.3.9}$$

$$t\in\mathbf{R}^1,\ 0\leqslant\theta<2\pi.$$

因此 $\Lambda(1)\cong S^1$. 记 (9.3.9) 为 M，则 $\Lambda^0(M)$ 即 S^1 上的 $\frac{\theta}{2}$ 点，而 $\Lambda^1(M)=M$.

若令 $L=M$ 为纵轴，N 为横轴. 在 L 附近取 L'，则

$$P^L_{NL'}(0,y)=\left(-y\cdot\cos\frac{\theta}{2}\Big/\sin\frac{\theta}{2},\ 0\right).$$

这里我们注意到 L' 的倾角 $\frac{\theta}{2}>\frac{\pi}{2}$，因此在计算投影时得到 $-y\operatorname{ctg}\frac{\theta}{2}$. 而

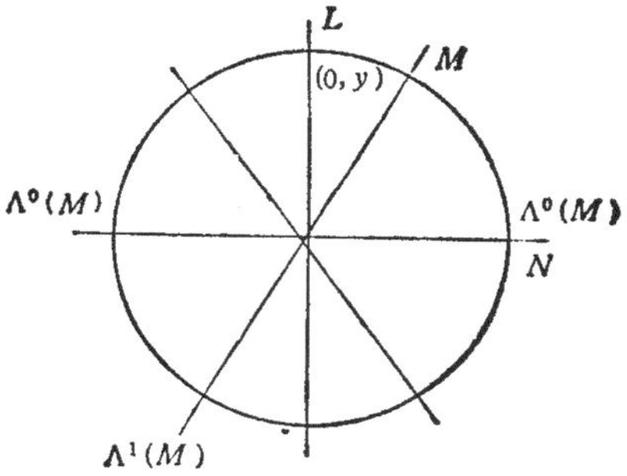

图 5

$\beta^L_{L'N}[(0,y),(0,y)]=-\beta^L_{NL'}[(0,y),(0,y)]=\omega_1(P^L_{NL'}(0,y),(0,y))=-y^2\operatorname{ctg}\frac{\theta}{2}$. 因此第一象限是 $\dot{\Lambda}^1(M)$ 的负侧，第二象限是其正侧.

3. Keller-Maslov-Arnold 指数. 上面已在辛空间 $(\mathbf{R}^{2n},\omega)$ 中相应于 $M\in\Lambda(n)$ 定义了 Keller-Maslov-Arnold 循环 μ_M. 现在我们在 $(\mathbf{R}^{2n},\omega)$ 中作一闭曲线(环) γ，并且讨论 γ 与 μ_M 相交的情况.

定义 9.3.15 若 γ 与 μ_M 只相交在正规部分 $\Lambda^1(M)$ 的有限多个点处，而在每个交点 L 处都是横截的，即有

$$T_L\gamma\oplus T_L\mu_M=T_L\Lambda(n),$$

则称 γ 与 μ_M 为正规相交.

设正规相交点为 L，则对 L 附近的 L' 可以由前所述，按 $B_{symm}(L)$ 在 $L\cap M$ 上符号的变化来规定 μ_M 在 L 附近的两侧. 若 γ 由 μ_M 的负侧走向正侧，则称之为正相交，规定其相交数为 1；反之则称为负相交，相交数规定为 -1.

定义 9.3.16 γ 与 μ_M 的相交数(记为 $\gamma\cdot\mu_M$) 定义为正相交次数 p 与负相交次数 q 之差：

$$\gamma\cdot\mu_M=p-q \tag{9.3.10}$$

称为 γ 的 Keller-Maslov-Arnold 指数；简称为 Maslov 指数.

$\gamma\cdot\mu_M$ 是同伦不变量. 实际上若有同伦 γ_s，$0\leqslant s\leqslant 1$，则因当 s 作微小变化时，$\gamma_s\cdot\mu_M$ 对 s 连续，但它又仅取整数值，所以它是不变的. 这就是说 $\gamma\cdot\mu_M$ 只依赖于 γ 的同伦类. 不仅如此，$\gamma\cdot\mu_M$ 还与 M 无关. 事实上，辛群 $Sp(n,\mathbb{R})$ 是(道路)连通的，所以对任意 $A\in Sp(n,\mathbb{R})$，必可找到 $Sp(n,\mathbb{R})$ 中的道路 $A(s)$，$0\leqslant s\leqslant 1$，使 $A(0)=I$，$A(1)=A$. 今另给 $M_1\in\Lambda(n)$，必可找到一个辛同胚 $A\in Sp(n,\mathbb{R})$ 使 $AM=M_1$. $A^{-1}(\gamma)$ 自然也是 $Sp(n,\mathbb{R})$ 中的道路，而 $A^{-1}(s)\gamma$ 是 γ 到 $A^{-1}\gamma$ 的同伦，从而 $\gamma\cdot\mu_M=(A^{-1}\gamma)\cdot\mu_M$. 但辛同胚 $A:\Lambda(n)\to\Lambda(n)$ 是 $\Lambda(n)$ 的微分同胚，它当然使 $\gamma\cdot\mu_M$ 不变，所以 $\gamma\cdot\mu_M=A\gamma\cdot\mu_{AM}$. 将此式应用于 $(A^{-1}\gamma)\cdot\mu_M=\gamma\cdot\mu_M$ 上有

$$\gamma\cdot\mu_M=A(A^{-1}\gamma)\cdot\mu_{AM}=\gamma\cdot\mu_{M_1}. \tag{9.3.11}$$

此外，由基本群的运算知 $[\gamma]\longmapsto\gamma\cdot\mu_M$ 是 $\pi_1[\Lambda(n)]\to\mathbf{Z}$ 的同态，记为 μ. 不仅于此，我们还有

定理 9.3.17 $\mu:\pi_1[\Lambda(n)]\to\mathbf{Z}$ 是一同构.

证. 因为由定理 9.3.4 已知 $\pi_1[\Lambda(n)]\cong\mathbf{Z}$，我们只要找到一个环 γ_0 使 $\mu(\gamma_0)=1$ 即可. 为此我们要利用上面讲到的例. 不失一般性取 $M=\mathbb{R}^1\times\mathbb{R}^{n-1}$，而取 γ 为上例中的曲线：

$$\gamma:[0,2\pi]\to\mathbb{R}^1\theta\longmapsto\left(t\cos\frac{\theta}{2},\ t\sin\frac{\theta}{2}\right).$$

于是得 $\Lambda(n)$ 中的环

$$\gamma_\theta:\left(t\cos\frac{\theta}{2},\ t\sin\frac{\theta}{2},\xi_2,\cdots,\xi_n\right),\ t\in\mathbf{R}^1,\ \theta\in[0,2\pi).$$

由上面的例知，只有在 $\theta=\pi$ 时，γ_0 与 M 相交，而且是由负侧到正侧，所以 $\gamma_0\cdot\mu_M=1$。证毕。

由此可知，Maslov 指数也可以定义为

定义 9.3.16′ Maslov 指数即同构 $\mu:\pi_1[\Lambda(n)]\cong\mathbf{Z}$.

以上我们用同伦的基本群来定义 Maslov 指数，也可以用上同调群 $H^1(\Lambda,\mathbf{Z})$ 来定义 Maslov 指数. 见 Arnold [2].

现在我们要给 Maslov 指数一个显示表示并与前面讲过的 β^L_{MN} 联系起来. 为此先要定义一个复矩阵 A (即 $\mathbf{C}^n$ 的线性变换) 的对数 $\log A$. 设 A 的特征值均不在非正实轴上，我们给出

定义 9.3.18 定义 $\log A$ 为以下积分

$$\log A=(2\pi i)^{-1}\int_C(\log\zeta)(\zeta I-A)^{-1}d\zeta,\qquad(9.3.12)$$

C 是图 6 中的路径 I.

将 C 用 Cauchy 定理变形为图 6 的 II，则也可定义 $\log A$ 为

$$\log A=\int_{-\infty}^{0}[(\zeta I-A)^{-1}-(\zeta I-I)^{-1}]d\zeta.\quad(9.3.12')$$

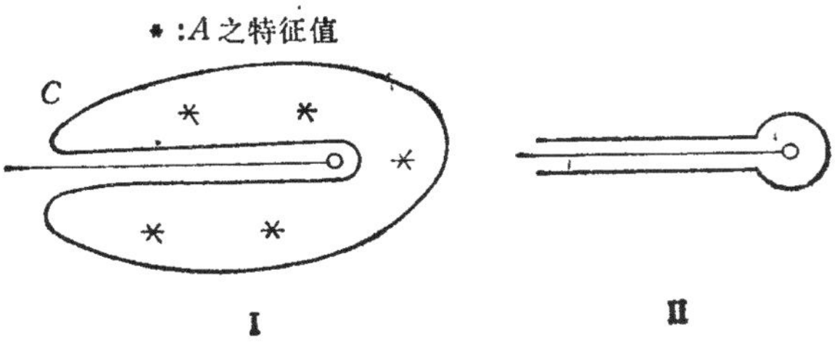

图 6

这里被积式多了一项 $(\zeta I-I)^{-1}=\zeta^{-1}I$，所以可认为它是 $\log A$ 的另一枝.

引理 9.3.19

$$A=\exp(\log A),\qquad(9.3.13)$$

$$\log A^{-1} = -\log A, \tag{9.3.14}$$

$$\det A = \exp(\operatorname{Tr}\log A). \tag{9.3.15}$$

证. 必要时经过 A 的元的小扰动，可以认为 A 只有简单特征值，从而 A 与一对角阵相似：

$$A = P^{-1}\begin{pmatrix}\lambda_1 & & \\ & \ddots & \\ & & \lambda_n\end{pmatrix}P.$$

于是 (9.3.12) 成为

$$\log A = P^{-1}\cdot(2\pi i)^{-1}\int \log\zeta\begin{pmatrix}\zeta-\lambda_1 & & \\ & \ddots & \\ & & \zeta-\lambda_n\end{pmatrix}^{-1} d\zeta\cdot P^{-1},$$

$$A^{-1} = P^{-1}\begin{pmatrix}\lambda_1^{-1} & & \\ & \ddots & \\ & & \lambda_n^{-1}\end{pmatrix}P.$$

由矩阵的指数与 $\operatorname{Tr}A\left(=\sum_{i=1}^{n}\lambda_i\right)$ 之定义，以上诸式是自明的. 再取极限即知它们对一般 A 也成立.

现在取 $\hat{\Lambda}(n)$ 的两个元 $u=(T,\theta)$ 与 $u'=(T',\theta')$，$(T, T'\in SU_{\text{symm}})$ 使 $e^{i\theta}T - e^{i\theta'}T'$ 可逆，从而 $-e^{i(\theta-\theta')}TT'^{-1}$ 不以 -1 为特征值. 但 $-e^{i(\theta-\theta')}TT'^{-1}$ 是酉矩阵. 故它没有非正特征值，所以我们可以定义

$$m(u,u') = (2\pi)^{-1}[n(\theta-\theta') + i\operatorname{Tr}\log(-e^{i(\theta-\theta')}TT'^{-1})]. \tag{9.3.16}$$

经计算知 $\operatorname{Tr}\log(-e^{i(\theta-\theta')}TT'^{-1}) = \log\det(-e^{i(\theta-\theta')}TT'^{-1}) = (2k+1)\pi$，从而 $e^{2\pi i m(u,u')} = (-1)^n$，即是说

$$m(u,u')\in \mathbb{Z}\,(\text{若 } n \text{ 为偶});\ \in \frac{1}{2}+\mathbb{Z}\,(\text{若 } n \text{ 为奇}).$$

今证

引理 9.3.20 在 $\widehat{\mathrm{Sp}}(n,\mathbb{R})$ 作用下 $m(u,u')$ 之值不变.

证. $\mathrm{Sp}(n,\mathbb{R})$ 在 $\Lambda(n)$ 上的作用是迁移的. 这个作用可以提升为 $\widehat{\mathrm{Sp}}(n,\mathbb{R})$ 在 $\hat{\Lambda}(n)$ 上的作用. 但 $e^{i\theta}T-e^{i\theta'}T'$ 可逆即指 u 与 u' 横截，而横截性在辛变换下不变. 故对 $\hat{A}\in\widehat{\mathrm{Sp}}(n,\mathbb{R})$，

$\hat{A}u$ 与 $\hat{A}u'$ 也横截，从而 $m(\hat{A}u, \hat{A}u')$ 有意义. 它的值当然连续依赖于 $\hat{A}$. 但 $m(u,u')$ 只取离散值于 $\mathbf{Z}$ 或 $\frac{1}{2}+\mathbf{Z}$ 中，因此其值不变.

现在作一闭曲线 $\gamma: [0, 1] \to \Lambda(n)$ 使 $\gamma(0) = \gamma(1) = L$. 把 $\gamma(t)$ 提升到 $\widehat{\Lambda(n)}$ 中成为 $\hat{\gamma}(t)$, 并记

$$\hat{\gamma}(j) = (T_j, \theta_j)(j = 0, 1), \quad T_j \in SU_{\text{symm}}.$$

令 $W(L)$ 是相应于 L 的复对称酉矩阵之元，则

$$W_j(L) = T_j e^{i\theta_j}.$$

再取 M 与 L 横截而

$$W(M) = Te^{i\varphi}, \quad u = (T, \varphi) \in \hat{\Lambda}(n),$$

则横截性表明 $T_j e^{i\theta_j} - Te^{i\varphi}$ 为可逆，从而 $m(u, \gamma(0))$ 与 $m(u, \gamma(1))$ 均有定义. 我们可以得到 Maslov 指数的明显表达式

定理 9.3.21 γ 的 Maslov 指数为 $\mu(\gamma) = m(u, \hat{\gamma}(0)) - m(u, \hat{\gamma}(1))$.

证. 我们应该先证 $\mu(\gamma)$ 与 M 无关，并只依赖于 γ 的同伦类. 事实上，由 $m(u, \hat{\gamma}(j))$ 的定义经过简单的计算即得

$$\mu(\gamma) = (2\pi)^{-1} n(\theta_1 - \theta_0). \tag{9.3.17}$$

它自然与 M 无关.

进一步要指出 $\mu(\gamma)$ 只依赖于 γ 的同伦类以及 $\mu(\gamma)$ 在加法运算下与 $\pi_1[\Lambda(n)]$ 同态. 前者是很容易证明的，因为当 γ 连续变动而端点不动时，$m[u, \hat{\gamma}(0)]$ 与 $m[u, \hat{\gamma}(1)]$ 都不变. 若端点改变就相当于在 γ 上连接其它的闭环，$\mu(\gamma)$ 的不变性可以从它在同伦类运算下的运算规律得出. 若在 γ 后接上另一个环 γ' 而合成一个新环 $\gamma'' = \gamma + \gamma'$ 上升到 $\hat{\Lambda}(n)$ 中以后成为

$$\hat{\gamma}'': (T_0, \theta_0) \to (T_1, \theta_1) \to (T_2, \theta_2).$$

于是

$$\begin{aligned} 2\pi\mu(\gamma'') &= n(\theta_2 - \theta_0) = n(\theta_2 - \theta_1) + n(\theta_1 - \theta_2) \\ &= 2\pi\mu(\gamma) + 2\pi\mu(\gamma'). \end{aligned}$$

若将 γ 反向变为 $-\gamma$, 提升以后的 $(-\hat{\gamma}): (T_1, \theta_1) \to (T_0, \theta_0)$ 而

$2\pi\mu(-\gamma)=n(\theta_0-\theta_1)=-2\pi\mu(\gamma)$. 这样即知 $\{\mu(\gamma)\}$ 成一个与 $\pi_1[\Lambda(n)]$ 同态的加法群.

余下的只需证明有一个 γ 使 $\mu(\gamma)=1$ 即可. 但在前面已作出一个环

$$\gamma_0:\ [0,2\pi]\to\mathbf{R}^n=\mathbf{R}^1\times\mathbf{R}^{n-1},$$

$$\theta\longmapsto\left(x_1=t\cos\frac{\theta}{2},\ y_1=t\sin\frac{\theta}{2};\ \xi_2\cdots,\xi_n\right),\ t\in\mathbf{R}^1,$$

而将问题化为 $V=\mathbf{R}^2$ 的特例. 这时 $\theta_1=\pi$, $\theta_0=0$, 从而

$$\mu(\gamma_0)=(2\pi)^{-1}\cdot 2\cdot(\theta_1-\theta_0)=1.$$

定理证毕.

(9.3.17) 告诉我们, Maslov 指数就是环绕数. 下面我们想指出它与 β_{MN}^L 的符号数的关系. 设 $L,M,N\in\Lambda(n)$ 且 $M\cap N=\{0\}$, 从而 β_{MN}^L 有意义, 记 $\operatorname{sgn}(L,M,N)=\operatorname{sgn}\beta_{MN}^L$, 则有下面的定理.

定理 9.3.22 令 $L_j,M_k\in\Lambda(n)\ (j,k=1,2)$, 且 $L_j\cap M_k=\{0\}(j,k=1,2)$. 作 $\Lambda(n)$ 中的闭曲线 γ, 先在 $\Lambda^0(M_1)$ 中由 L_1 到 L_2, 再在 $\Lambda^0(M_2)$ 中由 L_2 回到 L_1, 则有

$$\mu(\gamma)=\frac{1}{2}[\operatorname{sgn}(M_1,L_2,M_2)-\operatorname{sgn}(M_1,L_1,M_2)]$$

$$=\frac{1}{2}[\operatorname{sgn}(M_1,M_2,L_1)-\operatorname{sgn}(M_1,M_2,L_2)].\qquad(9.3.18)$$

证. 先设 $M_1\cap M_2=\{0\}$. 必要时对 γ 作微小变形、可设 γ 与 μ_{M_1} 正规地相交, 于是 $\mu(\gamma)=\gamma\cdot\mu_{M_1}$, 而交点在 $\Lambda^0(M_2)$ 中, 因为 γ 的这一段位于 $\Lambda^0(M_2)$ 中. 现在追随这一道路来看 $\operatorname{sgn}\beta_{M_2,\gamma(t)}^{M_1}=\operatorname{sgn}(M_1,M_2,\gamma(t))$ 的变化. $\operatorname{sgn}\beta$ 只有当 β 的某特征值为 0 时才会改变. 因此可设当 $t=t_0$ 时 $\gamma(t_0)$ 穿过 $\Lambda^1(M_1)$, 而且不妨设为正相交. 于是, 这时 0 是 $\beta_{M_2,\gamma(t_0)}^{M_1}$ 的特征值. 它的特征向量形成一个不变子空间, 再作它的相补的不变子空间, 则 $\beta_{M_2,\gamma(t_0)}^{M_1}$ 在这样分解后可写为

$$\beta_{M_2,\gamma(t_0)}^{M_1}=\begin{pmatrix}A_0 & 0\\ 0 & 0\end{pmatrix},$$

A_0 是可逆的 $n-1$ 阶对称矩阵。当 t 充分接近 t_0 时，则有

$$\beta^{M_1}_{M_2,\gamma(t)}=\begin{pmatrix}A & B\\ {}^tB & D\end{pmatrix}_\varphi=\beta(t).$$

A 仍为 $n-1$ 阶可逆对称矩阵。由于 A 可逆，故有

$$\begin{pmatrix}A & B\\ {}^tB & D\end{pmatrix}=\begin{pmatrix}I & 0\\ {}^tBA^{-1} & I\end{pmatrix}\begin{pmatrix}A & 0\\ 0 & D-{}^tBA^{-1}B\end{pmatrix}\begin{pmatrix}I & A^{-1}B\\ 0 & I\end{pmatrix}$$

$$=P\begin{pmatrix}A & 0\\ 0 & D-{}^tBA^{-1}B\end{pmatrix}{}^tP. \qquad (9.3.19)$$

由此式可见

$$\operatorname{sgn}\beta(t)=\operatorname{sgn}A+\operatorname{sgn}(D-{}^tBA^{-1}B).$$

但在 t_0 附近 $\operatorname{sgn}A$ 不会改变，当 t 充分接近 t_0 时 B 是一阶小量，${}^tBA^{-1}B$ 是二阶小量，因此 $\operatorname{sgn}(D-{}^tBA^{-1}B)$ 的改变取决于 $\operatorname{sgn}D$ 的改变。在正相交时，$\operatorname{sgn}D$ 增加 $+2$，在负相交时增加 -2。所以当 $\gamma(t)$ 由 L_2 走向 L_1 时，$\operatorname{sgn}\beta^{M_1}_{M_2\gamma(t)}$ 的改变量是 $2\gamma\cdot\mu_{M_1}$，因而定理得证。

进一步考虑 $\dim(M_1\cap M_2)=k\geqslant 1$。作 M_1 的基底 $(e_1,\cdots,e_n)$ 使 $M_1\cap M_2=(e_{n-k+1},\cdots,e_n)$，而 $W=(e_1,\cdots,e_{n-k})$。作一个单射 $Q:M_1\cap M_2\to\mathbb{R}^{2n}$ 使得在其上 $-\omega(Qx,x)>0$，$x\neq 0$。这样的 Q 是很容易作的：例如设 $(e_1,\cdots,e_n;f_1,\cdots,f_n)$ 是一个辛基底，规定 $Qe_j=f_j$，$j=n-k+1,\cdots,n$，即可。然后再把 Q 拓展到 M_2 上：对 M_2 作直和分解 $M_2=W_2\oplus(M_1\cap M_2)$，令 $\tilde{Q}|_{W_2}=0$，$\tilde{Q}|_{M_1\cap M_2}=Q$，$\tilde{Q}$ 即所求的拓展。最后定义

$$Q_s=I+s\tilde{Q}:\ M_2\to\mathbb{R}^{2n},$$

而记

$$M(s)=Q_sM_2.$$

令 $N\in\Lambda(n)$ 而且 $N\in\Lambda^0(M_1)\cap\Lambda^0(M_2)$，现在分析 $\beta^{M_1}_{M_2N}$ 的构造。由上节引理 9.3.12 的证明可知这时

$$\beta^{M_1}_{M_2,N}=\begin{pmatrix}a_0 & 0\\ 0 & 0\end{pmatrix},$$

a_0 是 $n-k$ 阶可逆对称矩阵。又因为当 s 充分小时 $Q_s\sim I$ 而

$M(s)\sim M_2$，所以N与 $M(s)$ 也横截，而 $\beta^{M_1}_{M_2(s),N}$ 有意义，设将它写为分块矩阵$\begin{pmatrix} a_s & b_s \\ {}^tb_s & d_s \end{pmatrix}$，$a_s$ 是 $n-k$ 阶对称矩阵，则因 $a_s\sim a_0$，可以设 a_s 可逆。和上面讨论的情况一样：

$$\begin{aligned}\operatorname{sgn}\beta^{M_1}_{M(s),N} &= \operatorname{sgn}(M_1,M(s),N)\\ &= \operatorname{sgn}a_s+\operatorname{sgn}(d_s-{}^tb_sa_s^{-1}b_s),\end{aligned}$$

而且当 s 充分小时，$\operatorname{sgn}a_s$ 不变，${}^tb_sa_s^{-1}b_s$ 对于d_s而言是二阶小量.今证 .

$$d_s=sD+O(s^2),\ \operatorname{sgn}D=k, \tag{9.3.20}$$

即D在 $M_1\cap M_2$ 上为正定。证明如下。

取 $x\in M_1\cap M_2=M_1\cap M(0)$。当 s 充分小时 $P^{M_2}_{M(s),N}x=x+sT_sx$。另一方面，由 $M(s)$ 的定义，必有 $y\in M_2$ 使

$$P^{M_2}_{M(s),N}x=y+s\tilde{Q}y.$$

因此 $y+s\tilde{Q}y=x+sT_sx$，当 s 充分小时可以解出 $y=x+s\tilde{T}_sx$。现在 $x\in M_1\cap M_2$，所以 $P^{M_1}_{M(s),N}x=P^{M_2}_{M(s),N}x$，于是

$$\begin{aligned}\beta^{M_1}_{M(s),N}(x,x) &= -\omega(P^{M_2}_{M(s),N}x,x)\\ &= -\omega(y,x)-\omega(s\tilde{Q}y,x)\\ &= -\omega(s\tilde{Q}(x+s\tilde{T}_sx),x)\\ &= -s\omega(Qx,x)+O(s^2),\end{aligned}$$

这里我们利用了ω在 $M_2\in\Lambda(n)$ 上为 0。令 $D=-\omega(Qx,x)$ 则 (9.3.20) 得证。于是有当 $s>0$ 充分小时有

$$\begin{aligned}\operatorname{sgn}(M_1,M(s),N) &= \operatorname{sgn}a_s+\operatorname{sgn}(d_s-{}^tb_sa_s^{-1}b_s)\\ &= \operatorname{sgn}a_s+k=\operatorname{sgn}(M_1,M_2,N)+k.\end{aligned} \tag{9.3.21}$$

在上式中令 $N=L_j$ $(j=1,2)$，再相减有

$$\begin{aligned}&\operatorname{sgn}(M_1,M(s),L_1)-\operatorname{sgn}(M_1,M(s),L_2)\\ &= \operatorname{sgn}(M_1,M_2,L_1)-\operatorname{sgn}(M_1,M_2,L_2).\end{aligned} \tag{9.3.22}$$

但当 s 很小，且 $s\neq 0$ 时，由 (9.3.21) 可以看到 M_1 与 $M(s)$ 横截。故 (9.3.22) 之左方为 $2\gamma\cdot\mu_{M_1}$，从而定理证毕。

4. Hörmander 指数.

定义 9.3.23 (9.3.18) 中的 $\mu(\gamma)$ 称为 Hörmander 指数，

记作 $s(M_1,M_2;L_1,L_2)$。这里仍设 $L_j,M_k\in\Lambda(n)$，而且 L_j 与 M_k $(j,k=1,2)$ 横截。

Hörmander 指数有一些简单的性质：

斜对称性

$$s(M_1,M_2;L_1,L_2)=-s(M_1,M_2;L_2,L_1)$$
$$=-s(M_2,M_1,L_1,L_2). \tag{9.3.23}$$

证. 它对 L_1,L_2 的斜对称性由定义自明。若交换 M_1,M_2，则相当于将 γ 换为另一道路：先在 $\Lambda^0(M_2)$ 中连接 L_1 到 L_2，再在 $\Lambda^0(M_1)$ 中连接 L_2 到 L_1，但这就是 $-\gamma$，因此相交数反号：$(-\gamma)\cdot\mu_{M_1}=-(\gamma\cdot\mu_{M_1})$ 而斜对称性得证。

关于 L 的上循环性质

$$s(M_1,M_2;L_1,L_2)+s(M_1,M_2;L_2,L_3)$$
$$+s(M_1,M_2;L_3,L_1)=0. \tag{9.3.24}$$

证. 由定义即知。

局部常值性. $s(M_1,M_2;L_1,L_2)$ 当 L_j,M_k 变动但保持 L_j 与 M_k 的横截性时恒取常值。

证. 由 (9.3.18) 中 $\mu(\gamma)$ 作为相交数即知。

Hörmander 指数的一个重要作用是决定 L_1,L_2 是否在 $\Lambda^0(M_1)\cap\Lambda^0(M_2)$ 的同一个连通分支中。事实上我们有以下很直观的定理。

定理 9.3.24 $s(M_1,M_2;L_1,L_2)=0$ 当且仅当 L_1,L_2 位于 $\Lambda^0(M_1)\cap\Lambda^0(M_2)$ 的同一个连通分支中。

证. 充分性. 取 γ 完全位于 $\Lambda^0(M_1)$ 中，这时 γ 与 μ_{M_1} 不会相交，从而 $\gamma\cdot\mu_{M_1}=s(M_1,M_2;L_1,L_2)=0$。

必要性. 设 $\gamma\cdot\mu_{M_1}=0$。除非 γ 完全位于 $\Lambda^0(M_1)$ 中，则 γ 与 μ_{M_1} 正负相交的交点必成对出现。设 $t<t_2$，t_1 相应于正相交，t_2 相应于负相交，而在 $t_1<t<t_2$ 中 $\gamma\in\Lambda^0(M_1)$，且全在其正侧中。我们要应用以下的事实，

$$\Lambda^1(M_1)\cap\Lambda^0(M_2)\ \text{是连通的}. \tag{9.3.25}$$

它的证明将在后面给出。

用一光滑弧 $\lambda\subset\Lambda^1(M_1)\cap\Lambda^0(M_2)$ 连接 $\gamma(t_1),\gamma(t_2)$，c 是一个环，由 $\gamma(t)$，$t_1\leqslant t\leqslant t_2$ 与一 λ 组成．将 γ 上原来连接 $\gamma(t_1)$ 与 $\gamma(t_2)$ 的一段用 λ 代替，所得的新道路记为 $\tilde{\gamma}$．将 λ 由 $\Lambda^1(M)$ 向 $\Lambda^0(M)$ 的正侧稍微移动，可见 $c\sim\Lambda^0(M_1)$ 中的闭曲线，从而 $c\sim 0$．若将 λ 稍向负侧移动，则 $\tilde{\gamma}$ 与 $\Lambda^0(M_1)\cap\Lambda^0(M_2)$ 中一道路同伦，但后者与 $\Lambda^1(M_1)$ 正负相交次数各减少一次．经过有限多次这样的变动可用一完全位于 $\Lambda^0(M_1)\cap\Lambda^0(M_2)$ 的曲线连接 L_1，L_2．所以它们位于其同一连通分支中．

(9.3.25) 的证明．令 $L\in\Lambda^1(M_1)\cap\Lambda^0(M_2)$．作映射 $L\longmapsto L\cap M_1$，$\Lambda^1(M_1)\cap\Lambda^0(M_2)$ 被光滑地映到了 M_1 的与 M_2 横截的直线 l 之集上．这些直线当然是 $\mathbf{R}^{2n}$ 的迷向子空间．ω 在 $l^\perp/l$ 上诱导出一个辛构造，使 $l^\perp/l$ 成为 $2(n-1)$ 维辛空间，L/l 是它的 $n-1$ 维迷向子空间，从而是 $l^\perp/l$ 的 Lagrange 子空间，而且与 M_2 的象 $M_2\cap l^\perp=M_{2,l}$ 横截．所以 $\Lambda^1(M_1)\cap\Lambda^0(M_2)$ 可以看成是一个纤维丛，其底空间是 $\{l\}$，它是连通的，纤维 $\Lambda^0(M_{2,l})$ 也是连通的，所以 (9.3.25) 成立．

以上的讨论全是在一个辛空间 R^{2n} 中进行的．在 §4 中我们将把它们移到辛流形上去．

§4. FIO 的整体理论

1. Fourier 积分分布的整体定义． §2 讲到的 FIO 的局部理论尚不足以回答 §1 的物理实例提出的问题．但在 §2 中我们至少看见了以下的事实：与其说一个 FIO 是由它的相函数 φ 决定的，不如说它是由一个锥形 Lagrange 子流形 Λ 决定的，而 Λ 只是局部地由一个相函数 $\varphi(x,\theta)$ 来表示．Λ 是一个内在的整体性的对象，$\varphi(x,\theta)$ 则只是局部性的．然而由此产生了一个问题：由相函数 $\varphi(x,\theta)$ 局部表示的 Lagrange 子流形 $\{(x,\theta),\varphi_\theta(x,\theta)=0\}\to\{(x,\varphi_x),\varphi_\theta=0\}\subset\Lambda$．当 φ 为非退化时上述映射是微分同胚，因此 Λ 局部地既是嵌入子流形也是浸入子流形，二者并无区别．但在作整体讨论时，以下恒设Λ是嵌入子流形，这样就没有自已相交及其它复杂情况．而且在Λ上可以作一的 C^∞ 分割，这一点在浸入子流形的情况下就不一定办得到．至于什么是主象征至今还没有涉及．在 PsDO 理论中，我们建立了象征类与算子类之间的同构

$$\sigma_m: L^m_{\rho,\delta}/L^{m_1}_{\rho,\delta} \to S^m_{\rho,\delta}/S^{m_1}_{\rho,\delta}$$

(上册第五章 §2 定义 5.2.4, p.269)．这个同构就称为主象征．这里m是阶数，m_1是象征的渐近展开式中紧接阶数m的指数．我们也想把这个关系推广到 FIO．

于是没有n维 C^∞ 流形X以及局部地定义于其上的m阶 Fourier 积分分布：对 $u\in C_0^\infty(X)$

$$\langle A,u\rangle = (2\pi)^{-(n+2N)/4}\iint e^{i\varphi(x,\theta)}a(x,\theta)u(x)dxd\theta. \quad (9.4.1)$$

这里 $a\in S^{m+(n-2N)/4}$ 由 (9.2.33) 知，a 的增长阶$=A$ 的算子阶 $+(n-2N)/4$．这个表达式适用于Λ上某一点的锥邻域中，因此也设 consupp a 在一个稍小的锥邻域中．(9.4.1) 中我们恒取 $\rho=1$，$\delta=0$，这是为了计算方便．一般说，应该要求 $0\leqslant 1-\rho\leqslant\delta<\rho\leqslant 1$ (比较流形上 PsDO 的定义)．本章中我们恒作规定 $P=1$，$\delta=0$，这样在作变量变换时更加方便(见上册第四章 §2 定理 4.2.4 p.191)．

如果在X中换一个局部坐标 $x=x(\tilde{x})$，则 (9.4.1) 变为

$$\langle A,u\rangle = (2\pi)^{-(n+2N)/4}\iint e^{i\tilde{\varphi}(\tilde{x},\theta)}\tilde{a}(\tilde{x},\theta)\tilde{u}(\tilde{x})d\tilde{x}d\theta, \quad (9.4.2)$$

这里

$$\tilde{\varphi}(\tilde{x},\theta)=\varphi(x(\tilde{x}),\theta),\ \tilde{a}(\tilde{x},\theta)=a(x(\tilde{x}),\theta)\left|\frac{Dx}{D\tilde{x}}\right|^{\frac{1}{2}},$$

$$\tilde{u}(\tilde{x})=u(x(\tilde{x}))\left|\frac{Dx}{D\tilde{x}}\right|^{\frac{1}{2}}.$$

这就是说，我们应该把u看作X上的$\frac{1}{2}$阶密度而认为(9.4.2)定义了u作为$\frac{1}{2}$阶密度的连续线性泛函$\tilde{A}$．这里我们要求

$$\langle A,u\rangle=\langle\tilde{A},\tilde{u}\rangle. \tag{9.4.3}$$

所以 $\tilde{A}$ 也是 $\frac{1}{2}$ 阶分布密度. 这个讨论告诉我们，应该在 $\frac{1}{2}$ 阶密度的框架下讨论整体的 FIO.

再进一步，θ 也可以变动(包括 θ 之维数). §2 中讨论了等价的相函数，这时应该作变换

$$x=x(\tilde{x}),\ \theta=\theta(\tilde{x},\theta), \tag{9.4.4}$$

θ 对 $\tilde{\theta}$ 是一次正齐性的. 因为 A 与 u 都应该按照 $\frac{1}{2}$ 阶密度变化，所以应引入 $\tilde{u}(\tilde{x})=\left|\frac{Dx}{D\tilde{x}}\right|^{\frac{1}{2}}u(x)$，并按 (9.4.3) 来定义 $\tilde{A}$. 在 (9.4.1) 中作变换 (9.4.4) 将给出

$$\langle\tilde{A},\tilde{u}\rangle=(2\pi)^{-(n+2N)/4}\iint e^{i\tilde{\varphi}(\tilde{x},\tilde{\theta})}\tilde{a}(\tilde{x},\tilde{\theta})\tilde{u}(\tilde{x})d\tilde{x}d\tilde{\theta},\ \tilde{u}\in\mathscr{D}, \tag{9.4.5}$$

这里

$$\tilde{\varphi}(\tilde{x},\tilde{\theta})=\varphi(x(\tilde{x}),\tilde{\theta}(\tilde{x},\tilde{\theta})),$$
$$\tilde{a}(\tilde{x},\tilde{\theta})=a(x(\tilde{x}),\theta(\tilde{x},\tilde{\theta}))\left|\frac{Dx}{D\tilde{x}}\right|^{\frac{1}{2}}\left|\frac{D\theta}{D\tilde{\theta}}\right|.$$

现在我们要把以上的对象转到锥形 Lagrange 子流形 Λ 上去. 为此，我们引入一个子流形上的一种密度分布. 在上册第一章 §6 中我们定义了一个超曲面上的 Dirac 分布 (p.67). 如果有一个余维数 k 的子流形(暂设为 $\mathbf{R}^{n-k}$)，$x_1=\cdots=x_k=0$，则可以定义 $\delta(\mathbf{R}^k)$ 为

$$\langle\delta(\mathbf{R}^k),\varphi\rangle=\int\varphi(0,\cdots,0,x_{k+1},\cdots,x_n)dx_{k+1}\cdots dx_n.$$

比较一般地，如果一个余维 k 的子流形 S 由方程 $f_1=\cdots=f_k=0$ 来定义，并设 S 上有局部坐标 $\lambda_1,\cdots,\lambda_k$，则可定义

$$\langle\delta(S),\varphi\rangle=\int\varphi|_S\left|\frac{D(\lambda,f)}{D(x)}\right|^{-1}d\lambda.$$

这里 $d_S=\left|\frac{D(\lambda,f)}{D(x)}\right|^{-1}d\lambda$ 也是一个密度. 这些都是超曲面上的

Dirac 分布的直接推广．我们把它应用到非退化相函数 φ 所定义的余维数 N（维数 n）的子流形 $C_\varphi=\{(x,\theta);\ d_\theta\varphi=0\}$ 上去．令 $\lambda_1,\cdots,\lambda_n$ 是 C_φ 的局部坐标，记

$$d_c=|D(\lambda_1,\cdots,\lambda_n,\varphi_{\theta_1},\cdots,\varphi_{\theta_N})/D(x,\theta)|^{-1}d\lambda.$$

我们要证明 $a\sqrt{d_c}$（a 定义在 $X\times\mathbb{R}^N$ 上，$\tilde{a}(\tilde{x},\tilde{\theta})=a(x,\theta)\cdot\left|\dfrac{Dx}{D\tilde{x}}\right|^{\frac{1}{2}}\left|\dfrac{D\theta}{D\tilde{\theta}}\right|$）经过微分同胚 $C_\varphi\to\Lambda_\varphi$，$(x,\theta)\longmapsto(x,d_x\varphi)(d_\theta\varphi=0)$ 后，成为 Λ 上的 $\dfrac{1}{2}$ 阶密度．如果我们记 $\tilde{\lambda}=\lambda(x(\tilde{x}),\theta(\tilde{x},\tilde{\theta}))$，这时只要证明在 $C_{\tilde{\varphi}}$ 上

$$|D(\lambda,\varphi_\theta)/D(x,\theta)|^{-1/2}a(x,\theta)=|D(\tilde{\lambda},\tilde{\varphi}_{\tilde{\theta}})/D(\tilde{x},\tilde{\theta})|^{-\frac{1}{2}}\tilde{a}(\tilde{x},\tilde{\theta})$$

即可．但这是直接的，因为 $\tilde{\varphi}_{\tilde{\theta}}=\varphi_\theta\dfrac{\partial\theta}{\partial\tilde{\theta}}$ 而在 C_φ 上 $\varphi_\theta=0$ 故有

$$\left|\frac{D(\tilde{\lambda},\tilde{\varphi}_\theta)}{D(\tilde{x},\tilde{\theta})}\right|=\left|\frac{D\theta}{D\tilde{\theta}}\right|\cdot\left|\frac{D(\lambda,\varphi_\theta)}{D(x,\theta)}\right|\left|\frac{D(x,\theta)}{D(\tilde{x},\tilde{\theta})}\right|$$

$$=\left|\frac{D\theta}{D\tilde{\theta}}\right|^2\left|\frac{Dx}{D\tilde{x}}\right|\left|\frac{D(\lambda,\varphi_\theta)}{D(x,\theta)}\right|.$$

若在 C_φ 上取的局部坐标对 θ 为一次正齐性的，则 $\dfrac{D(\lambda,\varphi_\theta)}{D(x,\theta)}$ 是 $n-N$ 次正齐性的，$d\lambda$ 为 n 次正齐性，故 $a\sqrt{d_c}$ 为 $m+\dfrac{n}{4}$ 阶．总之，函数 a 与定义在 Λ 上的 $\dfrac{1}{2}$ 阶密度 $a\sqrt{d_c}$ 增长阶不同，前者是 $m+(n-2N)/4$，后者是 $m+\dfrac{N}{4}$．而且 a 定义在 $X\times\mathbb{R}^\mu$ 上．以下记 $\mu=m+\dfrac{n}{4}$，所以在经过变换(9.4.4)以后，$a\sqrt{d_c}\in S^\mu(\Lambda,\Omega_{\frac{1}{2}})$．$\mu=m+\dfrac{n}{4}$ 是由 A 的阶与 X 的维数决定的，故是不变的．它的意义在于：在 §2 中我们已指出，相同的 Λ_φ 并不一定决定等价的相函数，为此，例如还需要减少或增加 θ 变量的个数使 θ 变量个数与 $\operatorname{sgn}\varphi_{\theta\theta}$ 对 φ 和 $\tilde{\varphi}$ 均相同（定理 9.2.2）．在 θ 变量减少时，相函数变为 $\varphi(x,\theta',0)$ 而在增加时则变为 $\varphi(x,\theta')+Q(\theta'')/$

$2|\theta'|$. 所以现在的问题是将 θ 分成两组 $\theta'=(\theta_1,\cdots,\theta_{N-r})$, $\theta''=(\theta_{N-r+1},\cdots,\theta_N)$，而考虑以下形状的相函数

$$\varphi(x,\theta)=\phi(x,\theta')+Q(\theta'')/2|\theta'|.\quad Q:\ \text{非退化二次型.}$$

这时 $C_\varphi: d_\theta\varphi=0$ 中的 $d_{\theta''}\varphi=0$ 将给出 $\theta''=0$. 于是现在要考虑以下的 Fourier 积分分布

$$\langle A,u\rangle=(2\pi)^{-(n+2N)/4}\iint e^{i[\phi(x,\theta')+Q(\theta'')/|\theta'|]}a(x,\theta)u(x)dxd\theta.$$

先对 θ'' 积分,可得

$$\langle A,u\rangle=(2\pi)^{-[n+2(N-k)]/4}\iint e^{i\phi(x,\theta')}b(x,\theta')u(x)dxd\theta',$$

$$b(x,\theta')=(2\pi)^{-k/2}|\theta'|^k\int e^{iQ(\theta'')/|\theta'|}a(x,\theta'\theta'')d\theta''.$$

$b(x,\theta')$ 的表达式实际上即 (9.2.22)，而且有以下的渐近展开式 (9.2.23)

$$b(x,\theta')=|\det Q|^{-\frac{1}{2}}|\theta'|^{r/2}\exp(\pi i\,\mathrm{sgn}Q/4)a(x,\theta',0)$$
$$(\bmod\ S^{m-1}).\tag{9.4.6}$$

这时 d_c 也有变化. 令 $\tilde{C}_\phi=\{(x,\theta'),\ \phi_{\theta'}=0\}$, C_φ 相应于 $\varphi_\theta=0\Longleftrightarrow\phi_{\theta'}=0$, $\theta''=0$. 于是 $(x,\theta')\longmapsto(x,\theta',0)$ 成为 $\tilde{C}_\phi$ 到 C_φ 的微分同胚,而且有可换的图式:

$$\begin{array}{ccc}\tilde{C}_\phi & \rightarrow & C_\varphi\\ & \searrow\quad\swarrow & \\ & \Lambda & \end{array}$$

而且在 C_φ 上

$$\frac{D(\lambda,\varphi_\theta)}{D(x,\theta)}=\frac{D(\lambda,\phi_{\theta'})}{D(x,\theta')}\det Q|\theta'|^{-r}.$$

因此 Λ 上的 $\frac{1}{2}$ 阶密度现在成为 $a(x,\theta',0)|\theta'|^{r/2}|\det Q|^{-\frac{1}{2}}\sqrt{d_c}$.

总结上述内容可以得到

定理 9.4.1 设在流形 X 的余切丛 $T^*(X)$ 上有锥形 Lagrange 子流形 Λ,而 $\varphi(x,\theta)$ 与 $\tilde{\varphi}(x,\tilde{\theta})$ 在点 $(x_0,\theta_0)\in C_\varphi\subset X\times\mathbf{R}^N$ 与 $(x_0,\tilde{\theta}_0)\in\tilde{C}_{\tilde{\varphi}}\subset X\times\mathbf{R}^{\tilde{N}}$ 附近决定 Λ 的同一小块. 这里

$$\varphi_x(x_0,)\theta_0=\tilde{\varphi}_x(x_0,\tilde{\theta}_0)=\xi_0,$$

则 Fourier 积分分布(9.4.1)可以化为同样形状的 Fourier 积分分布,不过 φ 要换成 $\tilde{\varphi}(x,\tilde{\theta})$, $a\in S_{1,0}^{m+(n-2N)/4}$ 要换成 $\tilde{a}\in S_{1,0}^{m+(n-2\tilde{N})/4}$,这里

$$\exp(\pi i\sigma/4)a(x,\theta)\sqrt{d_c}-\tilde{a}(x,\tilde{\theta})\sqrt{d_{\tilde{c}}}\in S^{m+\frac{n}{4}-1}(\Lambda,\Omega_{1/2}). \quad (9.4.7)$$

这里 $a\sqrt{d_c}$ 与 $\tilde{a}\sqrt{d_{\tilde{c}}}$ 的增长阶同为 $m+\dfrac{n}{4}$ 而与 θ 之维数无关,

$$\sigma=\operatorname{sgn}\varphi_{\theta\theta}-\operatorname{sgn}\tilde{\varphi}_{\tilde{\theta}\tilde{\theta}}, \quad (9.4.8)$$

而且 con supp$a$ 在 (x_0,θ_0) 充分小锥邻域内.

至此,我们可以给出 Fourier 积分分布的整体定义如下:

定义 9.4.2 令 $A\in\mathscr{D}'(X,\Omega_{\frac{1}{2}})$ 可以写成

$$A=\sum_{j\in J}A_j,$$

$\{\operatorname{supp}A_j\}$ 是局部有限的,而且 A_j 可表为

$$\langle A_j,u\rangle=(2\pi)^{-(n+2N_j)/4}\iint e^{i(\varphi_j(x,\theta)-\pi N_j/4)}a_j(x,\theta)u(x)dxd\theta, \quad (9.4.9)$$

dx 是相应于 X 的局部坐标的 Lebesgne 测度, $\theta\in\mathbf{R}^{N_j}$, $a_j\in S^{m+(n-2N_j)/4}(\mathbf{R}^n\times\mathbf{R}^{N_j})$, supp $a_j\subset\{(x,t\theta);\ t\geqslant 1,\ (x,\theta)\in K\}$, K 是集 $\{(x,\theta)\in U_j,\varphi_\theta(x,\theta)=0\}$ 在 $\mathbf{R}^n\times\mathbf{R}^{N_j}$ 中的象的紧子集, A 称为整体 Fourier 积分分布,它的集记作 $I^m(X,\Lambda)$.

2. 主象征. (9.4.6) 中的因子 $|\det Q|^{-\frac{1}{2}}|\theta'|^{r/2}\exp(\pi i\operatorname{sgn}Q/4)$,特别是 $\exp(\pi i\operatorname{sgn}Q/4)$ 尤其值得注意. 它不依赖于振幅函数 a,而只依赖于 Λ. 由于矩阵的符号数与其秩 mod2 相同,且由引理 9.2.1 的 (9.2.9)

$$N-\operatorname{rank}_{\theta\theta}\varphi=\tilde{N}-\operatorname{rank}\tilde{\varphi}_{\tilde{\theta}\tilde{\theta}}(=n-\operatorname{rank}d\pi_\Lambda(x_0,\xi_0))$$

知

$$\sigma=\operatorname{sgn}\varphi_{\theta\theta}-\operatorname{sgn}\tilde{\varphi}_{\tilde{\theta}\tilde{\theta}}\equiv\operatorname{rank}\varphi_{\theta\theta}-\operatorname{rank}\tilde{\varphi}_{\tilde{\theta}\tilde{\theta}}\equiv N-\tilde{N}(\operatorname{mod}2),$$

故 $\sigma'=(\sigma-N+\tilde{N})/2\in\mathbf{Z}$. 所以 (9.4.7) 可以写为

$$i^{\sigma'}\exp(\pi iN/4)a(x,\theta)\sqrt{d_c}=\exp(\pi i\tilde{N}/4)\tilde{a}(\tilde{x},\tilde{\theta})\sqrt{d_{\tilde{c}}}$$

$$\bmod S^{m+n/4-1}.$$

因此，如果记 B 和 B' 是 Λ 的两个相交的坐标邻域，记 A 的主象征为 $s(B)$ 或 $s(B')$，当有

$$s(B)=\iota(B,B')s(B').$$

这就告诉我们，主象征应该理解为 Λ 的一个(复的)线丛 L 的截口. 就是说，如果用整体表示，应该在 $S^{m+n/4}(\Lambda,\Omega_{\frac{1}{2}}\otimes L)$ 中来讨论它. 详细一点说，设有 $T^*X\backslash 0$ 的嵌入锥形 Lagrange 子流形 Λ 与一个指标集 $J=\{j\}$，以及

(i) X 的一族坐标邻域 X_j，

(ii) 整数 $N_j>0$ 以及非退化相函数 φ_j 定义在 $X_j\times\mathbf{R}^{N_j}\backslash 0$ 的一个开锥形集 U_j 中；使得

$$\{(x,\theta)\in U_j;\varphi_{j\theta}(x,\theta)=0\}\ni(x,\theta)\longmapsto(x,d_x\varphi_j)$$

是 Λ 的一个开子集 U_j^Λ 上的微分同胚；记

$$\sigma_{jk}=[(\operatorname{sgn}\varphi_{k\theta\theta}(x,\theta_k)-N_k)-(\operatorname{sgn}\varphi_{j\theta\theta}(x,\theta_j)-N_j)]/2, \tag{9.4.10}$$

这里 $\varphi_{k\theta}(x,\theta_k)=\varphi_{j\theta}(x,\theta_j)=0$，$\varphi_{kx}(x,\theta_k)=\varphi_{jx}(x,\theta_j)=\xi\in T_x^*X\cap\Lambda$；$\sigma_{jk}$ 当然是定义在 $U_j^\Lambda\cap U_k^\Lambda$ 中的一个局部常数值函数. 这是一组很重要的不变量而与 Maslov 指数直接相关. 这一点将在下面讲. 现在我们的目的是建立一个同构:

$$S^{m+n/4}(\Lambda,\Omega_{\frac{1}{2}}\otimes L)/S^{m+n/4-1}(\Lambda,\Omega_{\frac{1}{2}}\otimes L)\\ \to I^m(X,\Lambda)/I^{m-1}(X,\Lambda). \tag{9.4.11}$$

第一步证明它是全射. 这一点由定理 9.4.1 容易地给出. 因为一个元 $s\in S^{m+n/4}(\Lambda,\Omega_{\frac{1}{2}}\otimes L)$，即一族 $s_j\in S^{m+n/4}(W_j^\Lambda,\Omega_{\frac{1}{2}})$，而且 $s_j=i^{\sigma_{jk}}s_k$. 若 con supp$s_j\subset U_j^\Lambda$，即可定义 $A_j(s)\in I^m(X,\Lambda)$ 如(9.4.9)，其中 $a_j\in S^{m+(n-2N_j)/4}$，其支集如定义 9.4.2 所述，a_j 的作法是再先用映射 $C_j=\{(x,\theta)\in U_j,\varphi_{j\theta}=0\}\to U_j^\Lambda$，$(x,\theta)\longmapsto(x,\varphi_{jx})$ 可将 s_j 拉回到 C_j 上为 $a_j\sqrt{d_{c_j}}$. 作 C_j 的一个齐性 C^∞ 扩张可以把 a_j 拓展到 C_j 邻域. 不同的拓展定义出的算子相差一个 $I^{m-1}(X,\Lambda)$ 之元(上册第四章 §2 定理 4.2.5 p.192). 这样，我们

定义了一个映射

$$\mathring{A}_j: S^{m+n/4}(\Lambda, \Omega_{\frac{1}{2}} \otimes L) \to I^m(X, \Lambda)/I^{m-1}(X, \Lambda)$$

$$s \longmapsto \mathring{A}_j(s), \quad \text{con supp} s \subset U_j^{\Lambda}.$$

如果同时还有 con supp$s \in U_k^{\Lambda}$，则 $\mathring{A}_j(s) = \mathring{A}_k(s)$。

现在在 Λ 上作一的分割 $\sum_j \chi_j = 1$，(注意，因为我们已设 Λ 是嵌入子流形，在其上是有一的分割的)使 χ_j 为零次正齐性(对于纤维)，则对 $s \in S^{m+n/4}(\Lambda, \Omega_{\frac{1}{2}} \otimes L)$ 有 $s = \sum \chi_j s$ 而 con supp$\chi_j s \subset U_j^{\Lambda}$，因此，我们定义了一个映射

$$A(s) = \sum_j \mathring{A}_j(\chi_j s): S^{m+n/4}(\Lambda, \Omega_{\frac{1}{2}} \otimes L)$$

$$\to I^m(X, \Lambda)/I^{m-1}(X, \Lambda).$$

A 的定义显然与一的分割的取法无关。这样，由 I^m 的定义，给出 I^m 的一个元就相当于给出一个映射 A，从而全射性得证。

第二步证明 (9.4.11) 为**单射**。为此，需先用稳定位相法给出 $A \in I^m(X, \Lambda)$ 作用在急速振荡函数 $ue^{-it\psi}$ 时的渐近状态 ($t \to +\infty$)。不妨设 supp$u$ 充分小使得在其中实值函数 $\psi \in C^\infty$ 适合 $d_x\psi \neq 0$。这时

$$\langle A, ue^{-it\psi}\rangle = (2\pi)^{-(n+2N)/4} \iint e^{i[\varphi(x,\theta)-t\psi(x)]} a(x, \theta) u(x) dx d\theta$$

$$= (2\pi)^{-(n+2N)/4} t^N \iint e^{it(\varphi-\psi)} a(x, t\theta) u(x) dx d\theta.$$

相函数的临界点是适合 $d_x\varphi = d_x\psi$，$d_\theta\varphi = 0$ 之点(这里我们看到 $d_x\psi \neq 0$ 的作用，否则 φ-ψ 可能没有临界点而渐近估计成为没有意义的)。这种点即 Λ_φ 与 T^*X 的截口$\{(x, d_x\psi)\}$的交点。现在我们看相函数的非退化性

$$\det Q = \det \begin{pmatrix} \varphi_{\theta\theta} & \varphi_{\theta x} \\ \varphi_{x\theta} & \varphi_{xx} - \psi_{xx} \end{pmatrix} \neq 0 \qquad (9.4.12)$$

在几何上意味着什么？Λ 的切向量 $(\delta_x, \delta_\theta)$ 由下式

$$\varphi_{xx}\delta x + \varphi_{x\theta}\delta_\theta = 0,$$

$$\varphi_{\theta x}\delta x + \varphi_{\theta\theta}\delta_\theta = 0$$

决定．截口 $\{(x,d_x\phi)\}$ 的切向量由 $\phi_{xx}\delta_x = 0$ 决定．(9.4.12) 意味着方程组

$$\varphi_{xx}\delta x + \varphi_{x\theta}\delta_\theta = 0,\ \varphi_{\theta x}\delta x + \varphi_{\theta\theta}\delta_\theta = 0,\ \phi_{xx}\delta x = 0$$

只有零解，亦即 Λ 与 $\{(x,d_x\phi)\}$ 横截．现在选 ϕ 适合这样的横截性条件，则由稳定位相公式（上册第四章 §4 定理 4.4.5，p.220）立即有

$$\langle A,\ ue^{-it\phi}\rangle \sim (2\pi)^{n/4}e^{-it\phi(x_s)}|\det Q|^{-\frac{1}{2}}\cdot$$

$$\exp(\pi i\operatorname{sgn}Q/4)t^{(N-n)/2}a(x_s,t\theta_s)u(x_s),\ \operatorname{mod}S^{m+n/4-1}.\quad(9.4.13)$$

以上 (x_s,θ_s) 是 $\varphi\text{-}\phi$ 的临界点，Q 的定义见 (9.4.12) 式．

(9.4.11) **单射性的证明**．设

$$A = \sum_{j\in J} A_j,$$

在必要时设 con supp a_j 充分小，以至于对于某一点 $\lambda_0\in\Lambda$，除 A_0 以外，当 $(x,\theta)\in$ con supp$a_j(x,\theta)$，$j\neq 0$，且 $\varphi_{j\theta}=0$ 时均有 $(x,\varphi_{jx})\neq\lambda_0$．为证单射性只需要证明若 $A=0$，必有 $a_0(x,\theta)\in S^{m+n/4-N_0/2-1}$，这里 (x,θ) 位于子流形 $\varphi_{0\theta}(x,\theta)=0$ 上之一点 (x_0,θ_0) 的一个锥邻域中，而 $(x_0,\ \varphi_{0x}(x_0,\theta_0))=\lambda_0$．为证 $a_0\in S^{m+n/4-N_0/2-1}$，我们要用定理 8.4.8，而知在 X 上 x_0 附近可以选一个坐标系 $(x_1,\cdots,x_n)$ 使 $x_0=0$，而 T^*X 的局部坐标是 $(x_1,\cdots,x_n;\theta_1,\cdots,\theta_n)$，使 Λ 在 λ_0 附近可以表为 $\{(x(\theta),\theta)\}$，$x(\theta)$ 对 θ 为一次正齐性，且相函数 $\varphi_0(x,\theta)=x\cdot\theta-H(\theta)$．这时 $N=n$，而且 $C_{\varphi_0}=\{(x,\theta);\ d_\theta\varphi_0=x-H'(\theta)=0\}$，$\Lambda_\varphi=\{(x,d_x\varphi_0)=(x,\theta)=(H'(\theta),\theta)\}$．现在取 $u(x)\in C_0^\infty(X)$ 且 supp$u(x)$ 在 x_0 的充分小邻域中，Γ_1 是 $d_x\varphi_0(x_0,\theta_0)$ 的充分小锥邻域．在 Γ_1 中取 η，并以 η 作一参数，作 $\phi(x)=\langle x,\eta\rangle$ 而考查 $\langle A,ue^{-it\phi}\rangle$．对于 A_j，则或者 supp$u$ 与 supp$_x a_j$ 不相交，从而 $\langle A_j,ue^{-it\phi}\rangle=0$，或者虽然相交，但因 $(x,\varphi_{jx})\neq\lambda_0$，而 $d_x\phi=\eta$ 又与 $d_x\varphi_0(x_0,\theta_0)$ 充分接近，因而 $\varphi_j-\varphi_0$ 在 supp$u$ 上没有临界点，从而 $\langle A_j,e^{-it\phi}\rangle$ 对 t 急减．但无论如何，$\langle A_0,ue^{-it\phi}\rangle=$

$-\sum_{j\neq 0}\langle A_j, ue^{-it\psi}\rangle$对 t 是急减的. 另一方面,我们又可以用稳定位相法来估计 $\langle A_0, ue^{-it\psi}\rangle$, 则在验证了稳定位相法的条件成立后, 又有

$$\langle A_0, ue^{-it\psi}\rangle - Ca_0(x_s,\theta_s)u(x_s)\in S^{m-(4/n)-1}.$$

这里 $(x_s, \theta_s)\in\Lambda$ 是 $\varphi_0-\psi$ 的临界点 $\{\theta-\eta=0,\ x=H'(\theta)\}$. 由 η 的任意性知 (x_s,θ_s)可以是 Λ 上的任意点, 因而 $a_0\in S^{m\mp n/4-1}$, 但是现在 $N_0=n$, 故 $a_0\in S^{m+\frac{n}{4}-N_0/2-1}$.

应用稳定位相法的条件是 $\varphi_0-\psi$ 非退化. 前面已指出这就是 Λ 与 $d_x\psi$ 横截.但 $T\Lambda=\{(H''(\theta)\delta_\theta,\ \delta_\theta)\}$, $Td_x\psi=\{0\}$ ($d_x\psi$ 是零维子流形),所以横截性成立.

单射性证毕. 总结以上的结果,我们有

定理 9.4.3 若 Λ 是 $T^*X\backslash 0$ 的嵌入 Lagrange 子流形, 则映射 (9.4.11) 是一同构, 这个同构称为 $I^m(X,\Lambda)$ 的主象征.

3. Keller-Maslov 线丛 .上一段里我们已大体提到,Fourier 积分分布的主象征是一个复线丛(称为 Keller-Maslov 线丛)的截口. 现在来进一步解释这一点.

和前面一样,令 X 为一 C^∞ 流形, $\mathscr{L}$ 是 $T^*X=\{(x,\xi)\}$ 的一个连通 Lagrange 子流形. 对 $\mathscr{L}$ 上之每一点 (x,ξ) 附属以余切空间 T_x^*X, 并以 T^*X 的迁移矩阵为 $T_{x_1}^*X\to T_{x_2}^*X$ 的迁移矩阵. 这样得到一个向量丛 $V_{\mathscr{L}}$. 对每一点 $(x,\xi)\in\mathscr{L}$, $(V_{\mathscr{L}})_{(x,\xi)}=T_x^*X$, 从而它的切空间是一个辛空间 $T_{(x,\xi)}(T^*X)$, 而切于纤维方向的子空间是它的一个 Lagrange 子空间, 记为 $M_1(x,\xi)$. $M_2(x,\xi)$则表示 $\mathscr{L}$ 在(x,ξ)的切空间,它当然也是 $T_{(x,\xi)}(T^*X)$的 Lagrange 子空间. 我们用 $\mathscr{L}^0(x,\xi)$ 表示 $T_{(x,\xi)}(T^*X)$ 中所有横截于 $M_j(x,\xi)$ $(j=1, 2)$ 的 Lagrange 子空间的集, 用 $\mathscr{M}(x,\xi)$ 表示 $\mathscr{L}^0(x,\xi)$ 上的函数集,并要求它们适合

$$f(L_1)=i^{s(M_1,M_2;L_1,L_2)}f(L_2),\ L_1,L_2\in\mathscr{L}^0(x,\xi), \tag{9.4.14}$$

这里 $s(M_1,M_2;L_1,L_2)$ 是 Hörmander 指数. 由 Hörmander 指数的定义可知若 L_1, L_2 属于 $\mathscr{L}^0=\Lambda^0(M_1)\cap\Lambda^0(M_2)$ 的同一连

通分支，$s(M_1,M_2;L_1,L_2)=0$ 而 $f(L_1)=f(L_2)$，即 f 是局部常值的，而且 $f(L)$ 在一个连通分支的值可由 (9.4.14) 决定 f 在 $\mathscr{L}^0$ 之其它连通分支中的值．所以 $\mathscr{M}(x,\xi)$ 是一个一维复线性空间．如果将 T^*X 局部平凡化，则 M_1 即 $(\partial_{\xi_1},\cdots,\partial_{\xi_n})$ 所张的子空间：$M_1=\left\{\begin{pmatrix}0\\y\end{pmatrix}\right\}\simeq i\mathbf{R}^n$（见第八章 § 2"3. 辛构造与 Euclid 构造、复构造的关系"一段），$M_2(x,\xi)$ 则是光滑地依赖于 (x,ξ) 的 Lagrange 子空间，故由 (9.4.14) 知当 (x,ξ) 在 $\mathscr{L}$ 上变动时，可以找到 $\mathscr{M}(x,\xi)$ 的一个对 (x,ξ) 光滑的生成元，从而 $\mathscr{M}(x,\xi)$ 是 $\mathscr{L}$ 上的光滑的复向量丛，其纤维型为 $\mathbf{C}^1$．这个向量丛称为 Keller-Maslov 线丛．

由一些上同调的考虑可以证明 $\mathscr{M}$ 可以整体平凡化．Hörmander 指数的上循环性质就是一种上同调性质．由于

$$s(M_1,M_2;L_1,L_2)=\frac{1}{2}[\operatorname{sgn}(M_1,L_2,M_2)-\operatorname{sgn}(M_1,L_1,M_2)],$$

所以

$$i^s=\exp\left(\frac{\pi i}{4}[\operatorname{sgn}(M_1,L_2,,M_2)-\operatorname{sgn}(M_1,L_1,M_2)]\right),$$

而 (9.4.14) 给出

$$\exp\left[\frac{\pi i}{4}\operatorname{sgn}(M_1,L_1,M_2)\right]f(L_1)=\exp\left[\frac{\pi i}{4}\operatorname{sgn}(M_1,L_2,M_2)\right]f(L_2).$$

因此

$$\begin{aligned}&\mathscr{M}\to\mathscr{L}\times\mathbf{C}\\&((x,\xi),f)\longmapsto\left((x,\xi),f(L)\exp\left[\frac{\pi i}{4}\operatorname{sgn}(M_1,L,M_2)\right]\right)\end{aligned}\qquad(9.4.15)$$

就是这样一个整体平凡化．

尤其值得注意的是 $s(M_1,M_2;L_1,L_2)\in\mathbf{Z}$，但因 (9.4.14) 中

出现的是 i^s，所以若 $s\equiv s'(\mathrm{mod}4)$，当有 $i^s=i^{s'}$. 即是说迁移矩阵实际上是 $i^{Z_4}=\{1,i,-1,-i\}$，$Z_4=Z/4Z$，从而作用在 $\mathscr{M}$ 的纤维上的实际上是群 Z_4.

下面我们将这些概念用于主象征的讨论. 这时，我们把上面的 $\mathscr{L}$ 假设为 $T^*X\backslash 0$ 的一个锥形 Lagrange 子流形，$(x_0,\xi_0)\in\mathscr{L}$，而 M_1,M_2 等记号照旧. 取 $T_{(x_0,-\xi_0)}(T^*X)$ 的任意的 Lagrange 子空间 L_0 使之与 $T_{(x_0,\xi_0)}\mathscr{L}$，$M_1$，$M_2$ 横截. 再作一个 C^∞ 函数 $h(x)$ 使得在 (x_0,ξ_0) 的适当的锥邻域 Γ 中 $\{(x,h_x(x))\}$ 与 $\mathscr{L}$ 只相交于 (x_0,ξ_0)，且在该点 $\{(x_0,h_x(x)\}$ 以 L_0 为切空间. 设 Γ 在底空间 X 上的投影位于一坐标邻域 U 内，而坐标为 $(x_1,\cdots,x_n)$.

设 $\varphi(x,\theta)$ 是在 Γ 中定义 $\mathscr{L}$ 的非退化相函数，$F\in I^m(X,\mathscr{L})$ 可在 Γ 中用

$$\langle F,u\rangle=(2\pi)^{-N/2-n/4}\iint e^{i\varphi(x,\theta)}a(x,\theta)u(x)\,dxd\theta$$

来表示，这里 $a\in S^{m+n/4-N/2}(\tilde{\Gamma})$ 具有紧支集，$\tilde{\Gamma}$ 是 (x,θ) 空间中 Γ 在映射 $\{(x,\theta),\varphi_\theta=0\}\to\{(x,\varphi_x)\}$ 下的原象，而 $(x_0,\theta_0)\in\tilde{\Gamma}$，$\varphi_x(x_0,\theta_0)=\xi_0$. 将 F 作用到 $e^{-i\rho h}$ 上去有

$$\langle F,e^{-i\rho h}\rangle=(2\pi)^{-N/2-n/4}\iint e^{i[\varphi(x,\theta)-\rho h(x)]}a(x,\theta)\,dxd\theta$$

$$=(2\pi)^{-N/2-n/4}\rho^N\iint e^{i\rho[\varphi(x,\theta)-h(x)]}a(x,\rho\theta)\,dxd\theta.$$

由于已设 $h_x(x_0)=\varphi_x(x_0,\theta_0)=\xi_0$，$\{(x,h_x(x))\}$ 与 $\mathscr{L}$ 在 (x_0,ξ_0) 横截，知 $\varphi(x,\theta)-h(x)$ 是非退化相函数，从而可以应用稳定位相公式(注意，在 con supp a 中唯一临界点即 (x_0,θ_0)) 而有

$$e^{i\rho h(x_0)}\langle F,e^{-i\rho h(x)}\rangle\sim(2\pi)^{n/4}|\det H_0|^{-\frac{1}{2}}$$

$$\cdot\exp\left(\frac{\pi i}{4}\operatorname{sgn}H_0\right)a(x_0,\rho\theta_0)\rho^{(N-n)/2}\operatorname{mod}O(\rho^{m-n/4-1}).\qquad(9.4.16)$$

H_0 是 $H(x,\theta)=\varphi(x,\theta)-h(x)$ 在 (x_0,θ_0) 处对 (x,θ) 的 Hessian

$$H_0=\begin{pmatrix}\varphi_{\theta\theta} & \varphi_{\theta x}\\ \varphi_{x\theta} & \varphi_{xx}-h_{xx}\end{pmatrix}_{(x_0,\theta_0)}.$$

现在引用 §3 中的记号：$P^{M_1}_{M_2,L_0}$ 是 M_1 在直和分解 $\mathbb{R}^{2n}=$

$M_2 \oplus L_2$ 下到 M_2 的投影. M_1 作为纤维空间的切空间,应有

$$M_1 = \left\{v = \sum_{k=1}^{n} \gamma_k \frac{\partial}{\partial \xi_k}\right\},$$

L_0 是 $\{(x, h_x(x))\}$ 在 $(x_0, h_x(x_0))$ 处的切空间: L_0 应由

$$\left\{w_j = \frac{\partial}{\partial x_j} + \sum_{k=1}^{n} \frac{\partial^2 h(x_0)}{\partial x_j \partial x_k} \frac{\partial}{\partial \xi_k}, j = 1, \cdots, n\right\}$$

张成. M_2是 $\mathscr{L}$ 的切空间应为 C_φ 在映射 $C_\varphi \to \mathscr{L}$ 的切映射下之象,亦即应为切向量

$$u = \sum_{k=1}^{n} \left\{\alpha_k \frac{\partial}{\partial x_k} + \left[\sum_{j=1}^{n} \alpha_j \frac{\partial^2 \varphi}{\partial x_j \partial x_k} (x_0, \theta_0)\right.\right.$$

$$\left.\left. + \sum_{l=1}^{N} C_l \frac{\partial^2 \varphi}{\partial \theta_l \partial x_k} (x_0, \theta_0)\right] \frac{\partial}{\partial \xi_k}\right\}$$

之集. 这里

$$\sum_{k=1}^{N} \alpha_k \frac{\partial^2 \varphi}{\partial x^k \partial \theta_l} (x_0, \theta_0) + \sum_{j=1}^{N} C_j \frac{\partial^2 \varphi}{\partial \theta_j \partial \theta_l} (x_0, \theta_0) = 0,$$
$$l = 1, \cdots, N. \tag{9.4.17}$$

现在作上述直和分解,令

$$v = u - \sum_{k=1}^{n} \delta_k w_k,$$

比较系数有 $\alpha_k = \delta_k$,

$$\gamma_k = \sum_{j=1}^{n} \alpha_j \left[\frac{\partial^2 \varphi(x_0, \theta_0)}{\partial x^j \partial x^k} - \frac{\partial^2 h(x_0)}{\partial x^j \partial x^k}\right]$$

$$+ \sum_{l=1}^{N} C_l \frac{\partial^2 \varphi(x_0, \theta_0)}{\partial \theta_l \partial x_k}, \quad k = 1, 2, \cdots, n,$$

连同 (9.4.17) 用矩阵表示,这就是

$$H_0 \begin{pmatrix} C \\ \alpha \end{pmatrix} = \begin{pmatrix} 0 \\ \gamma \end{pmatrix}. \tag{9.4.18}$$

$u = P^{M_1}_{M_2, L_0} v$, 若再有另一个 $v' = \sum_{k=1}^{N'} \gamma'_k \dfrac{\partial}{\partial \xi_k} \in M_1$, 则

$$\beta^{M_1}_{M_2,L_0}(v,v') = -\omega(P^{M_1}_{M_2L_0}v,v') = -\omega(u,v')$$

$$= \sum_{k=1}^{n} \alpha_k \gamma'_k = H_0^{-1}\begin{pmatrix}0\\ \gamma\end{pmatrix}\cdot\begin{pmatrix}0\\ \gamma'\end{pmatrix} \qquad (9.4.19)$$

下面要引用线性代数中一个结果:

引理 9.4.4 若 $S:\mathbf{R}^d \to \mathbf{R}^d$ 是对称的线性同构，V 是 R^d 的子空间，V^0 是 V 按标准 Euclid 内积的正交补，则

$$\mathrm{sgn}S = \mathrm{sgn}(\delta|_V) + \mathrm{sgn}(S^{-1}|_{V^0}). \qquad (9.4.20)$$

这个引理的证明需要一些技术性的考虑，例如可以参看 Duistermaat[1] p.130 (4.1.4) 式，我们就不加证明，而把它直接用到 $d = n + N$，$S = H_0^{-1}$，$V=\{0\}\times\mathbf{R}^n$，$V^0 = \mathbf{R}^N\times\{0\}$，$S^{-1}=H_0$ 在 V^0 上的限制就是 $\varphi_{\theta\theta}(x_0,\theta_0)$，$S = H_0^{-1}$ 在 V 上的限制的符号数，由(9.4.19) 即 $\mathrm{sgn}\beta^{M_1}_{M_2,L_0} = \mathrm{sgn}(M_1,M_2,L_0)$，所以应用(9.4.20)有

$$\mathrm{sgn}(M_1,M_2,L_0) = \mathrm{sgn}H_0 - \mathrm{sgn}\varphi_{\theta\theta}(x_0,\theta_0), \qquad (9.4.21)$$

这里我们应用了 $\mathrm{sgn}H_0 = \mathrm{sgn}H_0^{-1}$.

进一步令 $\hat{M}_2 = T_{(x_0,\theta_0)}C_\varphi$，它可以用满足 (9.4.17) 的$\begin{pmatrix}C\\ \alpha\end{pmatrix}$来表示，从而 $\hat{M}_2 = H_0^{-1}\begin{pmatrix}0\\ \gamma\end{pmatrix}$. $\dim\hat{M}_2 = n$，所以可用 γ 作 $\hat{M}_2$ 上点的坐标. 如果取 C_φ 上 (x_0,θ_0) 附近的一个局部坐标$(\lambda_1,\cdots,\lambda_n)$使得相应切向量坐标恰好成为 $T_{(x_0,\theta_0)}C_\varphi$ 的坐标 γ，则我们有：Jacobi 矩阵

$$\left.\frac{D(\lambda,\varphi_\theta)}{D(x,\theta)}\right|_{(x_0,\theta_0)} = H_0.$$

以上我们取 λ 为 θ 的一次正齐性函数. 于是，C_φ 上的 Dirac 分布 d_φ 可以写成

$$d_\varphi = \rho^{N-n}|\det H_0|^{-1}_{(x_0,\rho\theta_0)}. \qquad (9.4.22)$$

把它和 (9.4.21) 用到 $\langle F, e^{-i\rho h}\rangle$ 的渐近展开式 (9.4.16)，即有

$$e^{i\rho h(x_0)}\langle F, e^{-i\rho h}\rangle\sqrt{d\lambda}/(2\pi)^{n/4} \sim$$

$$\exp\left(\frac{\pi i}{4}\left[\mathrm{sgn}\varphi_{\theta\theta}(x_0,\theta_0) + \mathrm{sgn}(M_1,M_2,L_0)\right]\right)(a\sqrt{d_\varphi})$$

$$\cdot (x_0, \rho\theta_0) \bmod + O(\rho^{m+n/4-1}). \qquad (9.4.23)$$

通过微分同胚 $C_\varphi \longmapsto \mathscr{L} = \Lambda_\varphi \ (x,\theta) \longmapsto (x, \varphi_x(x,\theta))$ 上式右方第一项成为 $\mathscr{L}$ 上的 $\frac{1}{2}$ 阶密度，而 (9.4.7) 告诉我们，$\bmod S^{m+n/4-1}$，它与相函数 φ 的选择无关，当然也与 $h(x)$ 的选取无关，所以可以把它看成 L_0 的函数 $f(L_0)$. 如果还有另一个 Lagrange 子空间 L_0' 也适合这些条件，则我们有

$$f(L_0') = i^{s(M_1, M_2, L_0, L_0')} f(L_0).$$

至此，我们清楚地看到主象征是锥形 Lagrange 子流形 $\mathscr{L}$ 上的 Keller-Maslov 线丛的光滑截口.

Maslov 线丛的概念是 Maslov (Маслов) 在 [1] 中提出的，但是他是从物理学角度提出的. 其实更早在 Keller[1] 中就有了这个思想. 后来的进一步数学化则是 Hörmander[1] 和 Arnold[2] 的贡献. 更新的讨论可以参看 J. Leray[1].

4. 与典则关系相关的 Fourier 积分分布. Fourier 积分分布的一个特别重要的情况是将流形 X 换成流形的乘积 $X \times Y$，这里 $\dim X = n_X$，$\dim Y = n_Y$. 因为如果 A 是 $X \times Y$ 上的 $\frac{1}{2}$ 阶分布密度，则它定义一个连续映射 $\mathscr{D}(Y, \Omega_{\frac{1}{2}}) \to \mathscr{D}'(X, \Omega_{\frac{1}{2}})$. 因为若取 $X \times Y$ 上的 $\frac{1}{2}$ 阶密度为张量积形式 $v(x) \otimes u(y)$，我们有

$$\langle A, v(x) \otimes u(y) \rangle = \langle \langle A, u(y) \rangle, v(x) \rangle, \qquad (9.4.24)$$

因此 $\langle A, u(y) \rangle \in \mathscr{D}'(X, \Omega_{\frac{1}{2}})$. 反之对任一连续映射

$$A: \mathscr{D}(Y, \Omega_{\frac{1}{2}}) \to \mathscr{D}'(X, \Omega_{\frac{1}{2}}),$$

也可找到 $X \times Y$ 上的 $\frac{1}{2}$ 阶分布密度（仍记为 A），使 (9.4.24) 成立. 这就是 Schwartz 的核定理. 当 A 为 $X \times Y$ 上的 Fourier 积分分布时，所得的连续映射（仍记为 A）就称为 FIO. 现设 $n_X = n_Y$. 在 T^*X 与 T^*Y 上分别有辛构造，σ_X 与 σ_Y，在

$$T^*(X \times Y) = T^*(X) \times T^*(Y)$$

上则有辛构造 $\sigma_X + \sigma_Y$. 但是在讨论 FIO 时，我们常用另一个辛

构造 $\sigma_X-\sigma_Y$. 在这个辛构造下的锥形 Lagrange 子流形 $\Lambda=\{x,y;\xi,\eta\}\subset T^*(X\times Y)\backslash O$, 应适合 $\sigma_X-\sigma_Y|_\Lambda=\xi dx-\eta dy=0$, 所以 $\chi_2:(y,\eta)\longmapsto(x,\xi)$ 是一个典则变换, 而 FIO 的相函数 $\varphi(x,y,\theta)$ 将是它的生成函数. Λ 因此称为典则关系(由 T^*Y 到 T^*X): 在讨论 FIO 时使用典则关系更为自然,特别是在讨论 FIO 的运算时是这样. 以上这些在 §2 中都已提到, 现在我们的目的是整体地再讨论有关内容.

在讨论 FIO 时, 算子相函数, 即适合关系式 $\forall x\in X$, $\mathrm{grad}_{(y,\theta)}\varphi\neq0,\theta\neq0;\forall y\in Y$, $\mathrm{grad}_{(x,\theta)}\varphi\neq0$, $\theta\neq0$ 的相函数是特别重要的,因为具有算子相函数的 FIO A 及其转置 ${}^tA$ 均映 C_0^∞ 到 C^∞中,而且可以拓展为 $\mathscr{E}'$ 到 $\mathscr{D}'$ 的映射. 用典则关系 Λ 来表述, 则可以要求 Λ 与 $T^*X\times O_Y$ 及 $O_X\times T^*Y$ 均不相交,这时 O_X, O_Y 表 T^*X, T^*Y 的零截口,所以 Λ 相应的相函数 $\varphi(x,y,\theta)$ 当 $\varphi_\theta=0$ 时应适合 $\xi=\varphi_x\neq0$, $\eta=\varphi_y\neq0$. 也可以要求 $\Lambda\subset(T^*X\backslash O)\times(T^*Y\backslash O)$ (它只是 $T^*(X\times Y)\backslash O$ 的子集), 所以我们将定义 8.4.3 和本章关于 (9.2.24) 的讨论精确化为

定义9.4.5 若 $T^*(X\times Y)\backslash O$ 的一个嵌入锥形子流形 $\Lambda\subset(T^*X\backslash O)\times(T^*Y\backslash O)$, 而且对于辛构造 $\sigma_X-\sigma_Y$ 为 Lagrange 子流形(亦即 Λ' 为 $\sigma_X+\sigma_Y$ 下的 Lagrange 子流形),则称 Λ 为由 $T^*Y\to T^*X$ 的锥形典则关系.

以上我们定义 $\Lambda'=\{(x,y;\xi,\eta)\}'=\{(x,y;\xi,-\eta)\}$.

若 Λ 是一个由 T^*Y 到 T^*X 的锥形典则关系, $\lambda_0\in\Lambda$. 于是可以在 $(x_0,y_0,\theta_0)\in X\times Y\times(\mathbf{R}^N\backslash O)$的一个锥邻域内找到一个算子象函数 φ, 使 $C_\varphi=\{(x,y,\theta),\varphi_\theta=0\}$ 是 (x_0,y_0,θ_0) 的一个锥邻域中的锥流形,维数为 n_X+n_Y 而且有一个由此锥邻域到 λ_0 的锥邻域的微分同胚

$$C_\varphi\to\Lambda,(x,y,\theta)\longmapsto(x,y;\varphi'_x,-\varphi'_y),(x_0,y_0,\theta_0)\longmapsto\lambda_0.$$

我们要讨论 Λ 的性质如何由 φ 来表示. 这里引理 9.2.7 是重要的, 我们重述并补充如下:

引理 9.4.6 映射 $\Lambda\to T^*X$ 的切映射为单全射当且仅当 (i)

$n_X = n_Y$，(ii)

$$D(\varphi) = \det\begin{pmatrix}\varphi_{\theta\theta} & \varphi_{\theta x}\\ \varphi_{y\theta} & \varphi_{yx}\end{pmatrix} \neq 0 \text{ 于 } (x_0, y_0, \theta_0).$$

这时，映射 $C_\varphi \to \Lambda \to T^*X$ 给出了 C_φ 在 (x_0, y_0, θ_0) 附近一个局部坐标，而且 $dC_\varphi = \delta(C_\varphi) = |D(\varphi)|^{-1}dx_1\cdots dx_n d\xi_1\cdots d\xi_n$.

证. (i) 与 (ii)的必要与充分性的证明即引理 9.2.7. 令 $n = n_X = n_Y$，则 Λ, C_φ 与 T^*X 的维数同为$2n$. 在 C_φ 上有局部微分同胚 $C_\varphi \ni (x, y, \theta) \longmapsto (x, \varphi_x) \in T^*X$，而在 $X \times Y \times (\mathbb{R}^N \backslash O)$ 中 (x_0, y_0, θ_0) 的邻域里则有微分同胚 $(x, y, \theta) \longmapsto (x, \varphi_x, \varphi_\theta)$. 它是微分同胚，因为

$$\det\frac{D(x, \varphi_x, \varphi_\theta)}{D(x, y, \theta)} = \det\begin{pmatrix}\varphi_{xy} & \varphi_{x\theta}\\ \varphi_{y\theta} & \varphi_{\theta\theta}\end{pmatrix} = D(\varphi) \neq 0,$$

而由 Dirac 分布的定义

$$d(C_\varphi) = |D(x, \varphi_x, \varphi_\theta)/D(x, y, \theta)|^{-1}dxd\xi = |D(\varphi)|^{-2}dxd\xi.$$

适合上述引理的典则关系是最重要的一类，称为局部锥形典则图象，也就是锥形典则映射的局部图象，所以我们给出以下的定义.

定义 9.4.7 由 T^*Y 到 T^*X 的锥形典则关系 Λ 若适合 $\Lambda: \to T^*Y$ 是局部微分同胚(从而 $\Lambda \to T^*X$ 也是局部微分同胚，而且 $n_X = n_Y = n$)，则称为局部锥形典则图象. 它局部地是一齐性典则变换的图象.

在局部典则图象上可以定义一个密度 μ，即从 T^*Y 或 T^*X 上将典则的密度 $\Lambda^n\omega_Y/n!$ 或 $\Lambda^n\omega_X/n!$ 拉回而得. 由于Λ定义了一个典则变换 $\chi: T^*Y \to T^*X$，故 $\chi^*\Lambda^n\omega_X/n! = \Lambda^n\chi^*\omega_X/n! = \Lambda^n\omega_Y/n!$，所以得出的$\mu$恒相同. 易见$\sqrt{\mu} \in S^{n/2}(\Lambda, \Omega_{\frac{1}{2}})$. 在$\Lambda$上也可以定义 Keller-Maslov 线丛 $\mathscr{L}$，即将 Λ' (这是 $\sigma_X + \sigma_Y$ 下的 Lagrange 子流形)的纤维移植到Λ的相应点上，很显然，乘以$\sqrt{\mu}$构成一个单全射 $S^m(\Lambda, \mathscr{L}) \to S^{m+\frac{n}{2}}(\Lambda, \Omega_{\frac{1}{2}} \otimes \mathscr{L})$，所以，对于局部典则图象 Λ，有同构

$$S^m(\Lambda, \mathscr{L})/S^{m-1}(\Lambda, \mathscr{L}) \to I^m(X \times Y, \Lambda')/I^{m-1}(X \times Y, \Lambda').$$

现在用积分表示在局部坐标系下把它显示地表示出来.

令$\varphi(x, y, \theta)$是在$(x_0, y_0, \theta_0) \in X \times Y \times (\mathbf{R}^N \backslash O)$的某一锥邻域中表示$\Lambda$(在$\lambda_0$之一锥邻域中)的非退化相函数由于现在$n_X = n_Y = n, m + (n_X + n_Y - 2N)/4 = m + (n - N)/2$，相应于$\Lambda$的 Fourier 积分分布$A$是

$$\langle A, u\rangle = (2\pi)^{-(n+N)/2} \iint e^{i\varphi(x,y,\theta)} a(x,y,\theta) u(x,y) dx dy d\theta, \quad u \in C_0^\infty. \tag{9.4.25}$$

$a \in S^{m+(n-N)/2}$之锥支集在(x_0, y_0, θ_0)的某个锥邻域内. A的主象征可以用$a\sqrt{d_{C_\varphi}}$通过微分同胚$C_\varphi \to \Lambda$移植到Λ上去. 若除以Λ上的典则的密度$d\xi dx$ $\left(\text{除因子} \dfrac{1}{n!} \text{外即} |\Lambda^n \omega_X|\right)$后，它相应于一函数

$$b(x,y,\theta) = a(x,y,\theta) |D(\varphi)|^{-\frac{1}{2}}.$$

$b(x, y, \theta) \in S^m$ (设$a = 0$于$\theta = 0$附近)，从而

$$\langle A, u\rangle = (2\pi)^{-(n+N)/2} \iint e^{i\varphi(x,y,\theta)} b(x,y,\theta) |D(\varphi)|^{\frac{1}{2}} \cdot u(x,y) dx dy d\theta, \quad u \in C_0^\infty, \tag{9.4.26}$$

而相应的 FIO 是

$$Au(x) = (2\pi)^{-(n+N)/2} \iint e^{i\varphi(x,y,\theta)} b(x,y,\theta) |D(\varphi)|^{\frac{1}{2}} u(y) dy d\theta, \tag{9.4.27}$$

这里$u \in C_0^\infty(Y)$. b应该通过微分同胚$C_\varphi \to \Lambda$移到Λ上而成为$S^m(\Lambda, \mathscr{L})$之元.

现在可以考虑 FIO 的运算了. 先从伴算子开始. 设u, v均为$\dfrac{1}{2}$阶密度且$\operatorname{supp} u \cap \operatorname{supp} v$为紧，则可以定义其 Hermite 内积$(u, v) = \int u\bar{v}$. 若$A \in I^m(X \times Y, \Lambda')$，我们定义$A^*$为

$$(Au, v) = (u, A^*v), \quad u \in \mathscr{D}(Y, \Omega_{\frac{1}{2}}), \quad v \in \mathscr{D}(X \times \Omega_{\frac{1}{2}}). \tag{9.4.28}$$

在§2中已经看到，A^*仍为一个 FIO，其相函数是$-\varphi(y, x, \theta)$，而振幅函数为$\overline{a(y, x, \theta)}$. 相应的锥形典则关系$\Lambda_t$是由微分同胚

$C_\varphi \ni (x, y, \theta) \longmapsto (y, x; -\varphi_y, \varphi_x) \in \Lambda_s$ 定义的．主象征由复共轭决定，我们说它是 $\mathscr{L}^{-1}$ 的截口，因为它的迁移函数是

$$\overline{e^{is(M_1, M_2; L_1, L_2)}} = [e^{is(M_1, M_2; L_1, L_2)}]^{-1}$$

是 $\mathscr{L}$ 的迁移函数的倒数．总之有

定理 9.4.8 若 Λ 是由 T^*Y 到 T^*X 的锥形典则关系，$A \in I^m(X \times Y, \Lambda')$，则 $A^* \in I^m(Y \times X, \Lambda_s')$，$\Lambda_s$ 是 Λ 在映射 s: $T^*Y \times T^*X \to T^*X \times T^*Y$ 下的拉回，即 $s^*\Lambda$．若 A 的主象征 $a \in S^{m+(n_X+n_Y)/4}(\Lambda, \Omega_{\frac{1}{2}} \otimes \mathscr{L}_\Lambda)$，则 $s^*\bar{a} \in S^{m+(n_X+n_Y)/4}(\Lambda_s, \Omega_{\frac{1}{2}} \otimes \mathscr{L}_{\Lambda_s})$ 是 A^* 的主象征．

其次讨论 FIO 的复合． 设有 $A_1 \in I^{m_1}(X \times Y, \Lambda_1')$，$A_2 \in I^{m_2}(Y \times Z, \Lambda_2')$，$X, Y, Z$ 分别是维数 n_X, n_Y, n_Z 的流形，锥形典则关系 Λ_1: $T^*Y \to T^*X$；Λ_2: $T^*Z \to T^*Y$，而且 A_1，A_2，都是适当的算子，这样 $A_1 \circ A_2$ 有可能定义． 我们想证明在一定的条件下，$A_1 \circ A_2 \in I^{m_1+m_2}(X \times Z, (\Lambda_1 \circ \Lambda_2)')$．首先讨论 $\Lambda_1 \circ \Lambda_2$． 乘积 $\Lambda_1 \times \Lambda_2 \subset T^*X \times T^*Y \times T^*Y \times T^*Z$．右方是一个辛流形，其辛构造由 $\sigma_X - \sigma_{Y1} + \sigma_{Y2} - \sigma_Z$ 决定，σ_{Yj} 表示 σ_Y 出现两次，分别作用在乘积的第 j 个 T^*Y 上． 记它的对角集为 Δ（即两个因子 T^*Y 中要取相同的元）． 在 §2 中已经讲过两个算子可以复合的条件是由波前集来表示的． 波前集的概念是一个微局部的概念，所以不论对 FIO 的整体理论或局部理论，A_1 和 A_2 可以复合的条件都是一样的，即 $\Lambda_1 \times \Lambda_2$ 与 Δ 在交点处横截．这时

$$\begin{aligned} \dim[(\Lambda_1 \times \Lambda_2) \cap \Delta] &= \dim(\Lambda_1 \times \Lambda_2) - \operatorname{codim}\Delta \\ &= \dim X + \dim Z. \end{aligned}$$

这时 $(\Lambda_1 \times \Lambda_2) \cap \Delta$ 在 $T^*X \times T^*Z$ 上的投影是维数为 $\dim X + \dim Z$ 的流形而 $\sigma_X - \sigma_Z$ 在其上的限制为 0．所以它是一个锥形典则关系，即复合 $\Lambda_1 \circ \Lambda_2$． 这一切都可参看 §2 定理 9.2.5． 总之我们有

定理 9.4.9 设 Λ_1，Λ_2 分别是由 T^*Y 到 T^*X 与 T^*Z 到 T^*Y 的局部锥形图象，设 $\Lambda_1 \times \Lambda_2$ 与 Δ 横截，则 $(\Lambda_1 \times \Lambda_2) \cap \Delta$ 到 $T^*X \times T^*Z$ 上的投影是典则图象 $\Lambda_1 \circ \Lambda_2$． 若进一步 $A_1 \in$

$I^{m_1}(X\times Y,\Lambda_1')$，$A_2\in I^{m_2}(Y\times Z,\Lambda_2')$ 均为适当的，则 $A_1\circ A_2\in I^{m_1+m_2}(X\times Z,(\Lambda_1\circ\Lambda_2)')$.

下面讨论 $A_1\circ A_2$ 的主象征．因为我们作的是微局部分析，所以不妨用局部坐标，而有

$$A_1(x,y)=(2\pi)^{-(n+N_1)/2}\int e^{i\varphi_1(x,y,\theta_1)}a_1(x,y,\theta_1)d\theta_1,$$

$$A_2(y,z)=(2\pi)^{-(n+N_2)/2}\int e^{i\varphi_2(y,z,\theta_2)}a_2(y,z,\theta_2)d\theta_2,$$

con supp$a_i(i=1,2)$ 都位于某适当的锥邻域内．由假设

$$\begin{array}{ccc} & (x,y,\theta_1)\in C_{\varphi_1} & \\ & p_1\swarrow \quad \searrow q_1 & \\ T^*X\backslash O\ni(x,\varphi_{1x}) & \xleftarrow[\Lambda_1]{} & (y,-\varphi_{1y})\in T^*Y\backslash O\end{array}$$

的每一个箭头都是微分同胚，而最下一行即局部锥形典则图象．主象征作为 Λ_1 上的 $\frac{1}{2}$ 阶密度是

$$\alpha_1=a_1(x(y,\eta),y,\theta_1(y,\eta))|D(\varphi_1)|^{-\frac{1}{2}}\sqrt{dyd\eta},$$

这里 (y,η) 是 Λ_1 上的局部坐标，它是由 $T^*Y=\{(y,\eta)\}$ 经微分同胚转移到 T^*X 上的，

$$D(\varphi_1)=\det\left(\frac{D(y,\eta,\varphi_{1\theta_1})}{D(x,y,\theta_1)}\right).$$

$(\eta,\varphi_{1\theta_1})$ 构成 $C_{\varphi_1}\subset X\times Y\times\mathbf{R}^{N_1}$ 的局部坐标，$(y,\eta)\longmapsto(x(y,\eta),y,\theta_1(y,\eta))$，即图中的 q_1^{-1}．对 $a_2(y,z,\theta_2)$ 也可这样作出 $\frac{1}{2}$ 阶密度 α_2

$$\alpha_2=a_2(y(z,\zeta),z,\theta_2(z,\zeta))|D(\varphi_2)|^{-\frac{1}{2}}\sqrt{dzd\zeta}.$$

复合 $A_1\circ A_2$ (前面已指出它是有意义的)的分布核是

$$(2\pi)^{-n-(N_1+N_2)/2}\iint e^{i[\varphi_1(x,y,\theta_1)+\varphi_2(y,z,\theta_2)]}a_1(x,y,\theta_1)\times a_2(y,z,\theta_2)dyd\theta_1d\theta_2.$$

若记 $\Phi=\varphi_1+\varphi_2$ 可以算出

$$D(\Phi)=|\theta|^{-2n}D(\varphi_1)D(\varphi_2),\quad |\theta|=|\theta_1|+|\theta_2|,$$

振幅函数是 $a_1(x,y,\theta_1)a_2(y,z,\theta_2)|\theta|^{-n}$，而主象征是 α_1 和 α_2 的"乘积" $\alpha_1\circ\alpha_2$ 定义如下：

$$\alpha_1\circ\alpha_2 = a_1(x(y,\eta),y,\theta_1(y,\eta))a_2(y(z,\zeta),z,\theta_2(z,\zeta)) \times |D(\varphi_1)D(\varphi_2)|^{-1/2}\sqrt{dydzd\eta d\zeta}.$$

其振幅函数的增长阶是 m_1+m_2，即 $S^{m_1+m_2}(X\times Z,\Lambda_1'\circ\Lambda_2')/S^{m_1+m_2-1}(X\times Z,\Lambda_1'\circ\Lambda_2')$ 之元。

最后，关于 L^2 有界性，我们有

定理9.4.10 若 $A\in I^0(X\times Y,\Lambda')$ 是适当的，Λ 是一局部锥形典则图象，则 $A:L^2_{loc}(Y,\Omega_{\frac{1}{2}})\to L^2_{loc}(X,\Omega_{\frac{1}{2}})$ 是有界的。

5. Schrödinger 方程. 至此，我们已经建立了 FIO 的整体理论，现在回到 §1 中提出的物理问题，并以 Schrödinger 方程为例看一看这个理论如何回答物理中提出的问题。

§2 第二个例子给出了一维的定态 Schrödinger 方程

$$-\frac{\hbar^2}{2m}\frac{d^2\psi}{dx^2}+(V(x)-E)\psi=0, \tag{9.4.29}$$

不过在那里用 τ^2 表示 $\frac{2m}{\hbar^2}\cdot V(x)$ 的图象见图 3，我们现在将它改为图7，在 §2 中用渐近方法求它的渐近解

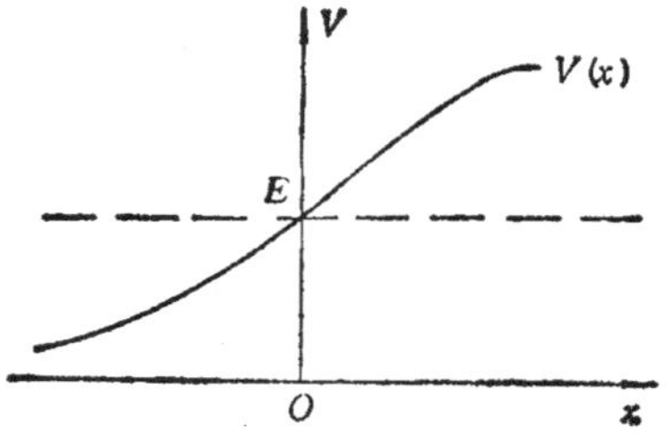

图 7

$$\psi(x,\tau)=e^{i\tau S(x)}a(x,\tau), \tag{9.4.30}$$

$a(x,\tau)$ 有渐近展开式

$$a(x,\tau)\backsim\sum_{j=0}^{\infty}\tau^{-j}a_j(x). \tag{9.4.31}$$

因此 $a(x,\tau)\in S^0(\mathbf{R}_x\times\mathbf{R}_\tau)$，$S(x)$ 应适合光程方程

$$[S'(x)]^2+(V(x)-E)=0, \tag{9.4.32}$$

而渐近展式中的 $a_j(x)$ 依次适合传输方程。

现在视 $\psi(x,\tau)$ 为 τ 的函数并求 Fourier 变换

$$u(t,x)=\int e^{-it\tau}\phi(x,\tau)d\tau=\int e^{i\tau[S(x)-t]}a(x,\tau)d\tau. \tag{9.4.33}$$

我们不妨设 $a=0$ 于 $\tau<0$ 处. 容易看到 u 适合

$$\frac{\partial^2 u}{\partial x^2}+(V(x)-E)\frac{\partial^2 u}{\partial t^2}=0. \tag{9.4.34}$$

由图 7 可知,当 $x<0$ 时,因 $V(x)<E$, 上述方程是双曲型的.

以上我们看到,我们是在 Fourier 积分分布 $I^0(\mathbf{R}^2,\Lambda)$ 中去求 (9.4.34) 之解的. 这里 $n=2$, 即 x 与 t, θ 变量(即这里的 τ)个数 $N=1$.

首先来计算 Lagrange 子流形 $\Lambda_\varphi\subset T^*\mathbf{R}^2\backslash 0$. 它应是二维子流形. 相函数是 $\varphi(x,t,\tau)=\tau[S(x)-t]$. 因此 $C_\varphi=\{(x,t)\ d_\tau\varphi=S(x)-t=0\}$,而 $\Lambda_\varphi=\{(x,\tau,\varphi_x,\varphi_t),\ S(x)-\tau=0\}=\{(x,S(x),\tau S'(x),-\tau)\}$ $(\tau\neq 0)$, 很明显,它是一个锥流形. 注意到相函数适合 (9.4.34) 的光程方程

$$\varphi_x^2+(V(x)-E)\varphi_t^2=0, \tag{9.4.35}$$

记 $\Lambda_\varphi=\{(x,t,\xi_x,\xi_t)\}$, 则这些分量应由 Hamilton 方程组

$$\frac{dx}{ds}=2\xi_x,\quad \frac{dt}{ds}=2(V(x)-E)\xi_t;$$

$$\frac{d\xi_x}{ds}=-V'(x)\xi_t^2,\quad \frac{d\xi_t}{ds}=0 \tag{9.4.36}$$

给出. 由最后一个方程得 $\xi_t=\text{const}$. 但因由光程方程有

$$\xi_x^2+(V(x)-E)\xi_t^2=0,$$

所以 $\xi_t\neq 0$, 否则 $\xi_x=0$ 而 Λ_φ 不应含有 $\xi_x=\xi_t=0$ 的点. 这样 Λ_φ 可以分成两个连通的分支,其中一个适合 $\xi_t>0$, 另一个适合 $\xi_t<0$. 但是我们只考虑后一分支.因为参数 $\tau=\sqrt{2m}/\hbar>0$, 所以在 $\Lambda_\varphi=\{(x,t;\xi_x,\xi_t),\xi\neq 0\}=\{(x,S(x),\tau S'(x),-\tau),\ \tau\neq 0\}$中 $\xi_t=-\tau<0$. 因此在 (9.4.36) 中 $\xi_t=-\tau<0$. 必要时作变量变换可以设(9.4.36) 的初值是 $x(0)=0$, $t(0)=0$, 至于 $\xi_x(0)$, 由

$$\xi_x^2 + (V(x) - E)\xi_t^2 = 0$$

有

$$\xi_x^2(0) = \tau^2(E - V(0)) = 0$$

(图 7) 总之有以下的次特征带方程

$$\begin{cases}\dfrac{dx}{ds} = 2\xi_x, \\ x(0) = 0,\end{cases} \quad \begin{cases}\dfrac{dt}{ds} = 2\tau[E - V(x)], \\ t(0) = 0,\end{cases} \quad \begin{cases}\dfrac{d\xi}{ds} = -\tau^2 V'(x), \\ \xi_x(0) = 0.\end{cases} \tag{9.4.37}$$

它有一个首次积分 $\xi_x^2 + (V(x) - E)\tau^2 = 0$，即

$$\xi_x = \pm\tau\sqrt{E - V(x)}.$$

因由图 7 可见在 $s = 0$ (即 $x = 0$) 附近 $V'(x) > 0$，所以 $\xi_x(s)$ 应该下降，从而当 $s < 0$ 时 $\xi_x > 0$，$s > 0$ 时 $\xi_x < 0$，于是有

$$\xi_x = \tau\sqrt{E - V(x)},\ s < 0;\ \xi_x = -\tau\sqrt{E - V(x)}, s > 0.$$

以下分成几种情况来看：

1° $s < 0$。这时 $\xi_x = \tau\sqrt{E - V(x)}$，从而

$$\frac{dx}{ds} = 2\tau\sqrt{E - V(x)},$$

$$\frac{dt}{ds} = 2\tau(E - V(x)),$$

即

$$\frac{dx}{dt} = 1/\sqrt{E - V(x)},$$

考虑到初值有

$$t = \int_0^x \sqrt{E - V(x)}\, dx.$$

这样得到 Λ_φ 的第一个区图

$$\Lambda_1 = \left\{\left(x, \int_0^x \sqrt{E - V(x)}dx; \tau\sqrt{E - V(x)}, -\tau\right),\right.$$
$$\left.\tau > 0, x < 0\right\}.$$

它的局部坐标是 (x, τ)，而相函数则是

$$\varphi_1(x,t,\tau)=\tau\left[\int_0^x\sqrt{E-V(x)}\,dx-t\right]. \qquad (9.4.38)$$

2° $s>0$。这时 $\xi_x=-\tau\sqrt{E-V(x)}$，而

$$t=-\int_0^x\sqrt{E-V(x)}dx.$$

由此可得 Λ_φ 的第二个区图以及相函数的表示：

$$\Lambda_2=\{(x,-\int_0^x\sqrt{E-V(x)}\,dx;\ -\tau\sqrt{E-V(x)},-\tau),$$

$$\tau>0,\ x<0\},$$

$$\varphi_2(x,t,\tau)=\tau\left[-\int_0^x\sqrt{E-V(x)}\,dx-t\right]. \qquad (9.4.39)$$

3° $s=0$ 附近。在 Λ_1, Λ_2 中都以 (x,τ) 为局部坐标，但现在要以 τ 与 $\eta=\xi_x$ 为局部坐标了。在 $s=0$ 附近 $V'(x)>0$，所以 $y=V(x)$ 有反函数 $x=\theta(y)$。又因

$$\frac{d\eta}{ds}=-\tau^2V'(x)\neq 0$$

（在 $s=0$ 附近），所以

$$\frac{dx}{d\eta}=-2\eta/\tau^2V'(x),\quad \frac{dt}{d\eta}=-2(E-V(x))/\tau V'(x).$$

由前式立即可解出 $V(x)=E-\eta^2/\tau^2$（注意 $V(0)=E$），或

$$x=\theta(E-\eta^2/\tau^2);$$

而

$$\frac{dt}{d\eta}=-2(E-V(x))\theta'(E-\eta^2/\tau^2)/\tau$$

$$=-2\eta^2\theta'(E-\eta^2/\tau^2)/\tau^3.$$

这里我们应用了 $V'(x)=1/\theta'(E-\eta^2/\tau^2)$。再注意到初值

$$t(0)=0,\ \eta(0)=\xi_x(0)=0,$$

即可得出

$$t=-\int_0^\eta 2\eta^2\tau^{-3}\theta'(E-\eta^2/\tau^2)d\eta=\int_0^\eta\frac{\eta}{\tau}\,d\theta$$

$$=\frac{\eta}{\tau}\,\theta(E-\eta^2/\tau^2)-\frac{1}{\tau}\int_0^\eta\theta(E-\eta^2/\tau^2)d\eta.$$

于是得到 Λ_φ 的第三个区图以及相函数的表示:

$$\Lambda_\theta = \left\{(\theta(E - \eta^2/\tau^2), \frac{\eta}{\tau}\theta(E - \eta^2/\tau^2) - \frac{1}{\tau}\int_0^\eta \theta(E - \eta^2/\tau^2)d\eta; \eta, -\tau), \tau > 0, \left|\frac{\eta}{\tau}\right| < \varepsilon\right\}.$$

这里 $\left|\frac{\eta}{\tau}\right| < \varepsilon$ 是为了保证反函数有定义. 这个区图中的局部坐标是 (η, τ), 而相函数是

$$\begin{aligned}\varphi_0(x,t,\eta,\tau) &= x\eta - t\tau - \left[\eta\theta(E - \eta^2/\tau^2) - \tau\left(\theta(E - \eta^2/\tau^2)\frac{\eta}{\tau} - \frac{1}{\tau}\int_0^\eta \theta(E - \eta^2/\tau^2))d\eta\right]\right. \\ &= x\eta - t\tau - \int_0^\eta \theta(E - \eta^2/\tau^2)d\eta. \end{aligned} \tag{9.4.40}$$

其次计算 Maslov 指数. 前面讲 Maslov 指数都是对一个辛空间 Lagrange-Grassmann 流形 $\Lambda(n)$ 而言的,现在要讨论一个 Lagrange 流形 $\Lambda \subset T^*X$ 的 Maslov 指数. 对每一点 $(x, \xi) \in T^*X$ 可以作出一个辛空间 $T_{(x,\xi)}(T^*X)$, 从而有它的 Lagrange-Grassmann 流形 $\Lambda(T_{(x,\xi)}(T^*X))$. 这样定义一个向量从 $\Lambda(T^*X)$. 在 X 上取一个坐标邻域 $(U, x_1, \cdots, x_n)$, 于是可以把 $\Lambda(T^*X)$ 在 U 上的部分同构于 $U \times \Lambda(n)$. 于是令 $\gamma:[0,1] \to \Lambda$ 是 Λ 上一条曲线, $\gamma(0) = \gamma(1) = \gamma_0$. 和定义 Keller-Maslov 线丛时一样,我们作 $M_1(\gamma_0)$ 为 $T_{x_0}X^*$ 的纤维的切空间, $M_2(\gamma_0)$ 为 Λ 在 γ_0 处的切空间, L_0 是 $T_{\gamma_0}(T^*X)$ 的一个 Lagrange 子空间, 且横截于 $M_j\ (j = 1, 2)$. 现在作 $\Lambda(T_{\gamma_0}(T^*X))$ 的万有覆盖 $\hat{\Lambda}(T_{\gamma_0}(T^*X))$, 并在其中选一个元 u 覆盖 L_0 如引理 9.3.20 那样. 这样 Λ 上的曲线可以被提升到 $\hat{\Lambda}(T^*X)$, 成为一个非闭的曲线 $\hat{\gamma}$. $\hat{\gamma}$ 在 Λ 上的投影可能穿过 Λ 的若干个区图,因此我们把 $\hat{\gamma}$ 分成若干段 $\hat{\gamma} = \bigcup_j \hat{\gamma}_j$, 每一段 $\hat{\gamma}_j$ 都位于一个区图 $U_j \times \Lambda(n)$ 中, 而且 $\hat{\gamma}_j$ 的终点即 $\hat{\gamma}_{j+1}$ 的起点. 由定理 9.3.21

$$\mu(\gamma_j) = m(u, \hat{\gamma}_j\text{ 的终点}) - m(u, \hat{\gamma}_j\text{ 的起点})$$

是有意义的，它的和就定义为γ在Λ上的 Maslov 指数。

在具体计算 Maslov 指数时我们先用(9.4.9)式：

$$N-\operatorname{rank}\varphi_{\theta\theta}=\tilde{N}-\operatorname{rank}\tilde{\varphi}_{\theta\theta}.$$

因为 $\operatorname{sgn}\varphi_{\theta\theta}\equiv\operatorname{rank}\varphi_{\theta\theta}(\bmod 2)$，所以由上式有

$$N-\operatorname{sgn}\varphi_{\theta\theta}\equiv\tilde{N}-\operatorname{sgn}\tilde{\varphi}_{\theta\theta}\pmod 2,$$

从而

$$\frac{1}{2}[(\operatorname{sgn}\varphi_{\theta\theta}-N)-(\operatorname{sgn}\tilde{\varphi}_{\theta\theta}-\tilde{N})]\in\mathbf{Z}.$$

在我们的例中，$\Lambda_1\cap\Lambda_2=\phi$，而 $\Lambda_0\cap\Lambda_j(j=1,2)$ 非空，所以可以在 $\Lambda_0\cap\Lambda_j$ 中计算出(9.4.10)的 σ_{jk}：

$$\sigma_{0j}=\frac{1}{2}[(\operatorname{sgn}\varphi_j''-N_j)-(\operatorname{sgn}\varphi_0''-N_0)].\qquad(9.4.41)$$

这里φ''是指对θ变量的 Hess 矩阵，N是θ变量的个数. 对Λ_j有 $N_j=1$ (即为 τ)，而且 φ_j 对 τ 是线性式，所以 $\varphi_j''=0$. 但对 Λ_0，$N_0=2$ (η 与 τ)，且

$$\varphi_0''=-\operatorname{Hess}_{(\eta,\tau)}H(\eta,\tau),H=\int_0^\eta\theta\left(E-\frac{\eta^2}{\tau^2}\right)d\eta.$$

经过计算

$$H_{\eta\eta}=-2\eta\tau^{-2}\theta'(E-\eta^2/\tau^2),$$

$$H_{\eta\tau}=2\eta^2\tau^{-3}\theta'(E-\eta^2/\tau^2),$$

$$\begin{aligned}H_{\tau\tau}&=\int_0^\eta-6\eta^2\tau^{-4}\theta'(E-\eta^2/\tau^2)d\eta\\&\quad+\int_0^\eta2\eta^2\tau^{-3}\theta''(E-\eta^2/\tau^2)2\eta^2\tau^{-3}d\eta\\&=-6\int_0^\eta\eta^2\tau^{-4}\theta'(E-\eta^2/\tau^2)d\eta\\&\quad-\int_0^\eta2\eta^3\tau^{-4}d\theta'(E-\eta^2/\tau^2)\\&=-2\eta^3\tau^{-4}\theta'(E-\eta^2/\tau^2).\end{aligned}$$

所以

$$\mathrm{Hess}_{(\eta,\tau)}H = 2\eta^2\tau^{-2}\theta'(E-\eta^2/\tau^2)\begin{pmatrix} -\dfrac{1}{\eta} & \dfrac{1}{\tau} \\ \dfrac{1}{\tau} & -\dfrac{\eta}{\tau^2} \end{pmatrix}$$

$\mathrm{Hess}_{(\eta,\tau)}H$ 有两个特征值 $\lambda_1=0$，$\lambda_2=-(1+\eta^2/\tau^2)\eta^{-1}$. 因此，由于在 Λ_1 中，$\eta=\tau\sqrt{E-V(x)}$ 而 $\tau>0$，故 $\mathrm{sgn}\,H=-1$，在 Λ_2 中 $\eta=-\tau\sqrt{E-V(x)}$ 而 $\tau>0$，故 $\mathrm{sgn}H=1$. 这样有

$$\sigma_{01}=0,\ \sigma_{02}=1. \tag{9.4.42}$$

令 $\sigma_0=0$，$\sigma_1=0$，$\sigma_2=-1$，立即有 $\sigma_{ij}=\sigma_i-\sigma_j$.

这样作出的 σ 的作用在于利用(9.4.7)求出 Keller-Maslov 线丛的迁移函数 i^{σ}，这就是 Hörmander 指数，也就是 Maslov 指数，所以我们得出相应于 Λ 的三个区图 $\Lambda_0,\Lambda_1,\Lambda_2$ 的 Maslov 指数为

$$\sigma_0=0,\ \sigma_1=0,\ \sigma_2=-1. \tag{9.4.43}$$

$\dfrac{\partial^2 u}{\partial x^2}+(V(x)-E)\dfrac{\partial^2 u}{\partial t^2}$ 的主象征的计算. 先局部地看(9.4.33). 因为 $a\in S^0$，而 $n=2$ (x 与 t)，$N=1$ (τ)，所以 $m+(n-2N)/4=m=0$，就是说 $u\in I^0(\mathbf{R}^2,\Lambda)$. 在将 u 对 x,t 作二阶导数后，积分号下出现 τ^2，因而

$$\frac{\partial^2 u}{\partial x^2}+(V(x)-E)\frac{\partial^2 u}{\partial t^2}\in I^2(\mathbf{R}^2,\Lambda).$$

但因相函数适合光程方程，a_0 适合传输方程，这将使 τ^2 与 τ 的系数均为 0，从而渐近方法应保证

$$\frac{\partial^2 u}{\partial x^2}+(V(x)-E)\frac{\partial^2 u}{\partial t^2}\in I^0(\mathbf{R}^2,\Lambda).$$

现在转到整体的考虑，在 Λ 的各部分 φ 之形状不同，N 与 n 也不同，因此应取 $a\in S^m$，m 也不同，但应保证 (9.4.7) 式成立，或化为

$$i^{\sigma'}\exp(\pi iN/4)a(x,\theta)\sqrt{d_C}=\exp(\pi i\tilde{N}/4)\tilde{a}(\tilde{x},\tilde{\theta})\sqrt{d_{\tilde{C}}}$$

$\sigma'=\dfrac{1}{2}(\sigma-N+\tilde{N})$. 若 $a\in S^m$，则 $a\sqrt{d_C}\in S^{m+\frac{N}{2}}$. 因为 n 与 N 以及 $\mathrm{sgn}\varphi''$ 不同，所以我们在 $\Lambda_{1,2}$ 上取振幅函数形如 $e^{-\pi i/4}a_{1,2}$，

$a_{1,2}(x,t,\tau)\in S^0$ 且当 $x\geqslant 0,\tau\leqslant 0$ 时 $a_{1,2}=0$，在 Λ_0 上则取振幅函数为 $e^{-\pi i/2}$. $a_0(x,t;\eta,\tau), a_0\in S^{-\frac{1}{2}}$，且在 $x=0$ 的某邻域外以及 $\tau\leqslant 0$ 时 $a_0=0$。总之我们应取

$$u=u_0+u_1+u_2,$$

$$u_j=(2\pi)^{-1}\int e^{i\varphi_j(x,t,\tau)-\pi i/4}a_j(x,t,\tau)d\tau,\ j=1,2,$$

$a_j\in S^0$ 且在 $x\geqslant 0$ 和 $\tau\leqslant 0$ 时 $a_j=0$,

$$u_0=(2\pi)^{-3/2}\iint e^{i\varphi_0(x,t,\eta,\tau)-\pi i/2}a_0(x,t,\tau,\eta)d\tau d\eta.$$

这里 $a_0\in S^{-\frac{1}{2}}$，在 $x=0$ 的某邻域外以及 $\tau\leqslant 0$ 处为 0. 积分号前的因子就是 $(2\pi)^{-N/2-n/4}$，积分号下的 $-\pi i/4$，$-\pi i/2$ 即 (9.4.9) 的 $-\dfrac{\pi N_j}{4}$. 以下分 Λ_0,Λ_j 讨论.

在 Λ_0 上因为 (η,τ) 是局部坐标，故 $t=f(\eta,\tau)$，$x=g(\eta,\tau)$. 除了相差一个 $I^{-1}(\mathbf{R}^2,\Lambda)$ 的元，可以令 $a_0=\alpha(x)a_0(\eta,\tau)$，$\alpha$ 是一个截断函数而在 $x=0$ 的某邻域上为 1，$a_0(\eta,\tau)\in S^{-\frac{1}{2}}$，而在 $\tau\leqslant 0$ 时为 0. 因为 $\chi(\tau)/\tau^{\frac{1}{2}}$ ($\chi\in C^\infty(\mathbf{R}^1)$，在 $\tau>1$ 时 $\chi=1$，$\chi<0$ 时 $\chi=0$) 也属于 $S^{-\frac{1}{2}}$，故又可设

$$a_0=\frac{\chi(\tau)}{\sqrt{\tau}}a_0'(\eta,\tau),\ a_0'\in S^0.$$

进一步设 $a_0(x,t,\eta,\tau)=\dfrac{\chi(\tau)}{\sqrt{\tau}}a_0$，$a_0$ 为一常数而相差一个 $-\dfrac{3}{2}$ 阶象征. 因此

$$u_0=(2\pi)^{-3/2}\iint e^{i\varphi_0(t,x,\eta,\tau)-\pi i/2}\frac{\chi(\tau)}{\sqrt{\tau}}a_0\alpha(x)d\eta d\tau\ \ (\mathrm{mod} I^{-1}).$$

在 Λ_0 上，$\varphi_0=x\eta-t\tau-\int_0^\eta\theta\left(E-\dfrac{\eta^2}{\tau^2}\right)d\eta$，所以 C_{φ_0} 由方程

$$\varphi_{0\eta}'=x-\theta(E-\eta^2/\tau^2)=x-\frac{\partial H}{\partial\eta}=0$$

以及

$$\varphi_{0\tau}'=-t-\frac{\partial H}{\partial\tau}=0$$

决定，如果在 $T^*\mathbf{R}^2 \cong \mathbf{R}^4$ 上以 $\lambda_1 = \eta$，$\lambda_2 = \tau$，$\varphi'_{0\eta}$，$\varphi'_{0\tau}$ 为新的坐标，则 $\delta(C_{\varphi_0})$ 应相应以下的 $\frac{1}{2}$ 阶密度

$$\left|\frac{D(\lambda_1,\lambda_2,\varphi'_{0\eta},\varphi'_{0\tau})}{D(x,t,\eta,\tau)}\right|^{-\frac{1}{2}}\sqrt{d\lambda_1 d\lambda_2} = \sqrt{d\eta d\tau}.$$

将 u_0 代入 $\frac{\partial^2 u_0}{\partial x^2} + (V(x) - E)\frac{\partial^2 u_0}{\partial t^2}$ 得到

$$(2\pi)^{-3/2}\iint e^{i\varphi_0(x,t,\tau,\eta)-\pi i/2}\frac{\chi(\tau)}{\sqrt{\tau}}a_0[-\alpha(x)[\eta^2 + (V(x) - E)\tau^2] + 2i\eta\alpha'(x) + \alpha''(x)\}d\eta d\tau.$$

因为在 Λ_0 上

$$\eta^2 + (V(x) - E)\tau^2 = (\varphi'_{0x})^2 + (V(x) - E)(\varphi'_{0t})^2 = 0,$$

所以在 Λ_0 上

$$\frac{\partial^2 u_0}{\partial x^2} + (V(x) - E)\frac{\partial^2 u_0}{\partial t^2}$$

的主象征是

$$S_0 = 2ia_0\alpha'(x)\chi(\tau)\frac{\eta}{\sqrt{\tau}}\sqrt{d\eta d\tau}. \tag{9.4.44}$$

在 $\Lambda_j(j = 1,2)$ 中，$t = f(x)$，所以除相差一项 $I^{-1}(\mathbf{R}^2,\Lambda)$ 之元以外可设 a_j 与 t 无关。而作必要的截断后

$$u_j = (2\pi)^{-1}\int e^{i\varphi_j(x,t,\tau)-\pi i/4}\chi(\tau)a_j(x)d\tau \pmod{I^{-1}},$$

这里 $\chi(\tau)$ 与 u_0 之式相同，$a_k \in C^\infty$ 在 $x \geqslant 0$ 时为 0。

$$\varphi_j = \tau[\pm\int_0^x \sqrt{E - V(x)}dx - t],$$

从而 C_{φ_j} 由

$$\varphi'_{j\tau} = \pm\int_0^x \sqrt{E - V(x)}dn - t = 0$$

定义。作变量变换 $\lambda_1 = \tau x$，$\lambda_2 = \tau$，则相应于 $\delta(C_{\varphi_j})$ 的 $\frac{1}{2}$ 密度是

$$\left|\frac{D(\lambda_1,\lambda_2,\varphi'_{j\tau})}{D(x,t,\tau)}\right|^{-\frac{1}{2}}\sqrt{d\lambda_1 d\lambda_2}=\frac{1}{\sqrt{\tau}}\sqrt{d(x\tau)d\tau}=\sqrt{dxd\tau}.$$

现在求 $\frac{\partial^2 u_j}{\partial x^2}+(V(x)-E)\frac{\partial^2 u_j}{\partial t^2}$。因为 $\frac{\partial^2\varphi_j}{\partial t^2}=0$，可知

$$\frac{\partial^2 u_j}{\partial x^2}+(V(x)-E)\frac{\partial^2 u_j}{\partial t^2}=(2\pi)^{-1}\int e^{i\varphi_j(x,t,\tau)-\pi i/4},$$

$$\Big\{-a_j(\varphi'_{jx})^2+(V(x)-E)(\varphi'_{jt})^2]+i\frac{\partial^2\varphi_j}{\partial x^2}a_j$$

$$+2i\frac{\partial\varphi_j}{\partial x}a'_j+a''_j\Big\}\chi(\tau)d\tau\ (\mathrm{mod}\ I^{-1}).$$

因此在 Λ_j 上 $\frac{\partial^2 u_j}{\partial x^2}+(V(x)-E)\frac{\partial^2 u_j}{\partial t^2}$ 的主象征是

$$\begin{aligned}s_j&=i\chi(\tau)\left[\frac{\partial^2\varphi_j}{\partial x^2}a_j(x)+2\frac{\partial\varphi_j}{\partial x}a'_j\right]\sqrt{dxd\tau}\\&=\pm i\chi(\tau)\tau[p'_x a_j(x)+2p(x)a'_j]\sqrt{dxd\tau},\\p&=\sqrt{E-V(x)}.\end{aligned}\qquad(9.4.45)$$

总之，$\frac{\partial^2 u}{\partial x^2}+(V(x)-E)\frac{\partial^2 u}{\partial t^2}$ 的主象征是

在 $\Lambda_0\cap\Lambda_1$ 上：$s_1+i^{\sigma_{10}}s_0=s_1+s_0$，

在 $\Lambda_0\cap\Lambda_2$ 上：$s_2+i^{\sigma_{20}}s_0=s_2-is_0$，

在 Λ_j 之互不相交的部分：s_j（$j=0,1,2$）.

最后计算 $u(x,t)$ 的主部，并由 Fourier 逆变换得出整体的渐近解。

直接计算，利用相函数应满足光程方程，我们已得知

$$\frac{\partial^2 u}{\partial x^2}+(V(x)-E)\frac{\partial^2 u}{\partial t^2}\in I^1(\mathrm{R}^2,\Lambda),$$

而且由此得出了它的主象征．为了使此式在 $I^0(\mathrm{R}^2\Lambda)$ 中，应令上面算出的主象征为 0。因此

1° 在 Λ_0 的不与 Λ_1,Λ_2 相交处，有 $\alpha(x)=1$，从而自动有 $s_0=0$。

2° 在 $\Lambda_0\cap\Lambda_1$ 上应有 $s_1+s_0=0$，即

$$i\chi(x)\tau[p'_x a_1(x)+2pa'_1(x)]\cdot\sqrt{dxd\tau}$$

$$= -2ia_0\alpha'(x)\chi(\tau)\frac{\eta}{\sqrt{\tau}}\sqrt{d\eta d\tau}.$$

但在 Λ_1 上 $\eta = \tau\sqrt{E-V(x)} = \tau p(x)$，所以

$$d\eta d\tau = \left|\det\left(\frac{D(\eta,\tau)}{D(x,\tau)}\right)\right| dxd\tau = |\tau p'(x)|dxd\tau$$

（注意 $p(x)$ 是下降的）．于是可得

$$p'(x)a_1(x) + 2p(x)a_1'(x) = -2a_0\alpha'(x)p(x)\sqrt{|p'(x)|} \quad (9.4.46)$$

在 $\Lambda_1\backslash\Lambda_0$ 上，$\alpha(x)=0$，上式成为 $s_1=0$，从而此方程适用于整个 Λ_1。

3° 在 $\Lambda_0\cap\Lambda_2$ 上应有 $s_2 - is_0 = 0$，即

$$-i\chi(x)\tau[p'(x)a_2(x)+2p(x)a_2'(x)]\sqrt{dxd\tau}$$
$$= i\cdot 2ia_0\alpha'(x)x(x)\frac{\eta}{\sqrt{\tau}}\sqrt{d\eta d\tau}.$$

但在 Λ_2 上 $\eta = -\tau p(x)$，从而

$$\sqrt{d\eta d\tau} = \sqrt{\tau}\sqrt{|p'|}\sqrt{dxd\tau},$$

于是

$$p'(x)a_2(x) + 2p(x)a_2'(x) = 2ia_0\,\alpha'(x)p(x)\sqrt{|p'(x)|}. \quad (9.4.47)$$

同样这个方程也适用于整个 Λ_2。

若令 $A(x) = a_2(x) + ia_1(x)$，则由上面两个方程有

$$p'A + 2pA' = 0, \text{ 或 } \frac{d}{dt}(pA^2) = 0.$$

故 $pA^2 = \text{const}$．但因在 $x=0$ 附近 $a_1=a_2=0$，所以 $A(x)=0$，而有 $a_2(x) = -ia_1(x)$。因此只要从 (9.4.46) 解出 $a_1(x)$ 即可。

(9.4.46) 是一个常微分方程，连同初始条件 $a_1(0)=0$，可以得到

$$a_1(x) = [E-V(x)]^{-1/4}\int_0^x -\frac{a_0}{\sqrt{2}}\alpha'(x)\sqrt{V_x'}\,dx.$$

记

$$K(x) = \frac{1}{\sqrt{2}(E-V(x))^{1/4}}\int_0^x \alpha'(x)\sqrt{V_x'}\,dx,$$

即有

$$
\begin{aligned}
a_1(x) &= -a_0K(x), \\
a_2(x) &= a_0e^{i\pi/2}K(x).
\end{aligned}
\tag{9.4.48}
$$

代入 u_0, u_1, u_2 的式子即有

$$
\begin{aligned}
u(x,t) =& (2\pi)^{-1}K(x)\int\{-a_0e^{i\tau[\int_0^x\sqrt{E-V(x)}dx-t]-\pi i/4} \\
&+ a_0e^{\pi i/2}e^{i\tau[-\int_0^x\sqrt{E-V(x)}-t]-\pi i/4}\}\chi(\tau)d\tau \\
&+ (2\pi)^{-3/2}\iint e^{i[x\eta-t\tau-\int_0^\eta\theta(E-\eta^2/\tau^2)d\eta]-\pi i/2}\chi(\tau)d(x) \\
&\cdot\frac{a_0}{\sqrt{\tau}}d\eta d\tau\ (\bmod\ I^{-1}(\mathbb{R}^2,\Lambda)).
\end{aligned}
\tag{9.4.49}
$$

它恰好是

$$
\begin{aligned}
\psi(x,\tau) \sim& (2\pi)^{-1}K(x)\{-a_0e^{i\tau\int_0^x\sqrt{E-V(x)}dx-\pi i/4} \\
&+ a_0e^{\pi i/2}e^{-i\tau\int_0^x\sqrt{E-V(x)}dx-\pi i/4}\}\chi(\tau) \\
&+ (2\pi)^{-3/2}\int e^{i[x\eta-\int_0^\eta\theta(E-\eta^2/\tau^2)d\eta]-\pi i/2}\chi(\tau)\alpha(x)\frac{a_0}{\sqrt{\tau}}
\end{aligned}
\tag{9.4.50}
$$

对 τ 的 Fourier 变换.

这样我们得出了上述问题的同样适用于焦散附近的整体渐近解. 微分方程的整体渐近解是一个重要的数学问题. 过去如 Birkboff 等人的渐近解法都是局部的, 而在焦散情况下有一些不能解释的现象. 对这个问题最早的工作应归于 Maslov[1], 他并且由此提出了与 FIO 理论很相近的典则算子理论 (见 Maslov 和 Fedoryuk [1], 特别是 Maslov [2], 这是他的新著.), 近年来 Leray [1] 的工作又向前推进了一步. 以上我们看到 FIO 的整体理论是怎样从数学上回答了这个问题, 而从这里又引出了多少重要而深刻的数学概念.

§5. 具有实主象征的主型 PsDO

1. Egorov 相似性定理与 PsDO 的微局部化简 FIO理论的

直接来源之一是求严格双曲算子的拟基本解．本节中，我们将考虑更广泛的一类问题，即主型算子问题． 在这里，PsDO 的微局部化简起了关键的作用．微局部化简的基本思想为：在微分方程的经典理论中我们可以作变量变换，即一个微分同胚 $x\longmapsto y=y(x)$，而将 $P(x,D_x)u=f$ 化为 $\tilde{P}(y,D_y)\tilde{u}=\tilde{f}$，$\tilde{u}(y)=u(x(y))$；并且认为这两个方程是等价的，现在移到 T^*X 中考虑 $p(x,\xi)$，可以作一个典则变换 $(x,\xi)\longmapsto(y,\eta)$ 将它化为 $\tilde{p}(y,\eta)$，这样仍认为 $P(x,D_x)u=f$ 与 $\tilde{P}(y,D_y)\tilde{u}=\tilde{f}$ 是等价的．于是在经典理论中我们只允许在底空间 X 作微分同胚，而在微局部理论中，则允许在余切丛 T^*X 上作变换 $x\longmapsto y=y(x)$，$\xi\longmapsto\eta=[{}^ty'(x)]^{-1}\xi$，这当然是一个典则变换，所以我们甚至允许作更一般的典则变换．这样作，由于活动的余地更大，所以 $P(x,D)$ 可以微局部地化为很简单的模型形式． 问题在于：在象征空间 $S^m(X\times\mathbb{R}^n)$（我们只看 PsDO）中的典则变换在算子空间 $L^m(X)$ 中相应于什么？答案是：相应于用 FIO 作相似变换（或称为共轭(conjugation)）． 实际上第八章 § 3 中讲的 Darboux 定理（定理 8.3.9；定理 8.3.12）都是化某一函数 $p(x,\xi)$ 为模型形式 η_1，所以相应于每一个辛几何的化为模型形式的定理都应有 FIO 理论中一个相应的定理．Egorov 定理就是其中最基本的一个． 这个结果最初以摘要形式发表在 Egorov [1] 中，证明全文可以参看 Egorov[2]． 关于辛几何中的标准形问题可以参看 Hörmander [5] 第三卷第二十一章．

在介绍著名的 Egorov 定理前，我们先定义椭圆 FIO：若 $A\in I^m(X\times Y,\Lambda')$在 $(T^*X\backslash0)\times(T^*Y\times0)$ 中某个开锥形集 $\Gamma_X^0\times\Gamma_Y^0$ 中主象征在 Λ' 上不为 0，则说 A 在那里是 m 阶椭圆 FIO；或者若 A（微）局部地表为

$$(2\pi)^{-(n+N)/2}\int e^{i\varphi(x,y,\theta)}a(x,y,\theta)d\theta,$$

则假设条件表为

$$|a(x,y,\theta)|\geqslant C|\theta|^{m+(n-N)/2}\ (|\theta|\text{充分大})\qquad(9.5.1)$$

（这里略去了 $\sqrt{dxdy}$）. 如果用 Λ' 上的坐标 (y,η)，则有

$$|a(x(y,\eta),y,\theta(y,\eta))| \Big/ \left|\frac{D(y,\eta,\varphi_\theta)}{D(x,y,\theta)}\right|^{\frac{1}{2}} \geqslant C|\eta|^m$$
$$(|\eta|\text{充分大}). \tag{9.5.2}$$

当 A 为椭圆 FIO 时，可以作出它的近似逆 B，事实上，这时 A^*A 与 AA^* 都是 $\Gamma_X^0 \times \Gamma_Y^0$ 中的 $2m$ 阶椭圆 PsDO，因而有拟基本解 $(A^*A)^{-1}$ 和 $(AA^*)^{-1}$. 令

$$B_l = (A^*A)^{-1}A^*, \quad B_r = A^*(AA^*)^{-1},$$

则容易看到，因为 A^*A 和 AA^* 都是 PsDO，故

$$B_lA \sim AB_r \sim I \bmod I^{-\infty} \text{ 于 } \Gamma_Y^0 \text{ 中}.$$

由 $B_lA \sim I$ 有 $B_lAB_r \sim B_r$，同理 $B_lAB_r \sim B_l$，所以 $B_l \sim B_r$. 记它的等价类为 B，则 B 是 A 的近似逆. 所有这一切均为 mod 一个微局部光滑化算子而言的.

现设 $X = Y$，若 FIO A 是零阶椭圆的，而且

$$AA^* \sim I \text{ （这时自然有 } A^*A \sim I\text{）}, \tag{9.5.3}$$

就说 A 是一个酉 FIO. 由有界性定理（例如定理 9.4.10）稍加修改可知

$$A: H^s_{\text{loc}}(X,\Omega_{\frac{1}{2}}) \to H^s_{\text{loc}}(X,\Omega_{\frac{1}{2}}), \quad s \in \mathbf{R},$$

是有界的. 酉 FIO 的概念也可以微局部化，这一点留待读者自行完成. 关于它的主象征应有

$$|a(x,y,\theta)| \Big/ \left|\frac{D(y,\eta,\varphi_\theta)}{D(x,y,\theta)}\right|^{\frac{1}{2}} = 1. \tag{9.5.4}$$

设 $P \in L^m(X)$. 因为由 (9.5.3) $A^* \sim A^{-1}$，可以认为 A^*PA 即是相似变换 $A^{-1}PA$. Egorov 定理是说，微局部地看一定可以找到椭圆的酉 FIO A 使 $A^*PA \sim D_{x_1}$. 这个定理形式上很象线性代数中矩阵——即 $\mathbf{R}^n$ 上的线性算子——化为对角形的定理. 例如酉矩阵 P 一定可以用酉矩阵 A 经相似变换（亦即共轭）化为对角形. 从这个角度来看，Egorov 定理是一种量子化的化对角形定理. 这个想法在现代的偏微分算子理论中是有很大潜力的，例如可以参看 Fefferman[1]. 我们提到"量子化"一词，是因为经典

力学中的物理量是用普通的函数表示的，而在量子力学中则用算子表示。这里的对应关系就是所谓量子化。这个想法则在日本佐藤学派的工作中有了发展。

现在给出并证明著名的 Egorov 定理。

定理 9.5.1（Egorov 相似性定理） 设 Λ 是一锥形典则变换 χ: $T^*Y\backslash 0 \to T^*X\backslash 0$ 的图象，$A \in I^m(X\times Y, \Lambda'; \Omega^{\frac{1}{2}}_{X\times Y})$，$B \in I^{-m}(Y\times X, (\Lambda^{-1})'; \Omega^{\frac{1}{2}}_{Y\times X})$ 均为适当的。若 $P\in L^\mu(X)$ 是一适当的 μ 阶 PsDO，则 $BPA \in L^\mu(Y)$ 也是适当的 PsDO 若记 p 为 P 的主象征，c 为 BA 的主象征，则 BPA 的主象征是 $c(p\circ x)$。

证. 因为所论及的算子都是适当的，所以定理中所涉及的算子的复合都是有意义的。由定理 9.2.5 和定理 9.4.9，两个 FIO 的复合相当于典则关系的复合，其阶数为各因子阶数之和。PsDO 作为一个 FIO 对应的典则变换是恒等变换．所以 $PA\in I^{m+\mu}(X\times Y, \Lambda', \Omega^{\frac{1}{2}}_{X\times Y})$。又因 B 对应的典则变换是 χ^{-1}，所以 $BPA\in I^m(Y, (\Lambda_0^{-1}\Lambda)')$，进而 $BPA\in L^m(Y)$ 仍是 m 阶 PsDO。由定理 9.4.9，PA 的主象征是 A 的主象征乘以 p 的主象征上升到 $T^*X\backslash 0$ 上(通过 $\{(x,\theta), \varphi_\theta=0\}\to(x,\varphi_x)\in T^*X\backslash 0$ 这一微分同胚)，亦即 A 的主象征乘以 $p\circ\chi$，后者定义在 $T^*Y\backslash 0$ 上。现在作 $R\in\Psi^\mu(Y)$ 以 $p\circ\chi$ 为主象征，则 $PA-AR\in I^{m+\mu-1}$。双方再作用以 B 即得 $BPA-BAR\in L^{\mu-1}$ 而定理得证。

注. 我们证明的实际上比定理前说的稍少一点。若取 A 为零阶椭圆 FIO，$B=A^*$，则因 $BA=A^*A\sim I$，所以 BA 的主象征是 $|a(x,y,\theta)|^2|D(\varphi)|^{-1}=1$。因此有 $A^*PA\in L^\mu(Y)$ 而且主象征即 $p\circ\chi$。

现在就可以给出适当的 PsDO $P(x,D)\in L^\mu(X)$ 的微局部化简了。这时我们先用一个 $1-\mu$ 阶椭圆 PsDO 与 P 复合，得出一个一阶 PsDO，因此我们以下恒设 P 是一阶的。

定理 9.5.2 设 $P\in L^1(X)$ 是一个适当的 PsDO，其主象征 p，是实值的一次正齐性的。令 $p(x_0,\xi_0)=0$，$(x_0,\xi_0)\in T^*X\backslash 0$，而

且 p 的 Hamilton 场 H_p 在 (x_0, ξ_0) 点与锥轴线性无关；令 χ: $T^*X\backslash 0 \to T^*\mathbb{R}\backslash 0$ 映 $(0,\varepsilon_n)$ 的某个锥邻域为 $(x_0, \xi_0) \in T^*X\backslash 0$ 的一个锥邻域，而且 $p\circ\chi = \xi_1$。于是对任意的 $\mu \in \mathbb{R}$ 恒可找到两个适当的 FIO $A \in I^{\mu}(X \times \mathbb{R}^n, \Lambda')$ 与 $B \in I^{-\mu}(R^n \times X, (\Lambda^{-1})')$ 使得

$$BPA - D_1 \equiv 0 \pmod{L^{-\infty}}$$

在 $(0,\varepsilon_n)$ 的某个锥邻域中成立，而且关于波前集有以下的结论：

1. $WF'(A)$，$WF'(B)$ 分别含于 $(x_0,\xi_0;0,\varepsilon_n)$ 与 $(0,\varepsilon_n;x_0,\xi_0)$ 的适当的锥邻域中；

2. $(x_0,\xi_0;x_0,\xi_0) \notin WF'(AB-I)$，$(0,\varepsilon_n;0,\varepsilon_n) \notin WF'(BA-I)$；

3. $(x_0, \xi_0; x_0, \xi_0) \notin WF'(AD_1B - P)$，$(0, \varepsilon_n; 0, \varepsilon_n) \notin WF'(BPA - D_1)$。

以上，$\varepsilon_n = (0,0,\cdots,1)$。

证. 关于主象征 p 与 H_p 不平行（即线性无关）的条件是很重要的，因为关于锥形典则变换的定理 8.3.12 要求它。由它得知确实存在定理条件中的 $\chi:(x,\xi) \longmapsto (y,\eta)$ 使 $p\circ\chi = \eta_1$。于是由定理 9.5.1 知对任意 $\mu \in \mathbb{R}$ 存在 $A_1 \in I^{\mu}(X\times\mathbb{R}^n;\Lambda')$ 使 $WF'(A_1)$ 位于 $(x_0,\xi_0;0,\varepsilon_n)$ 的某个锥邻域中，而且 A_1 在该锥邻域中是椭圆的。同样存在 $B_1 \in I^{-\mu}(\mathbb{R}^n \times X, (\Lambda')^{-1})$（例如取为 A 的近似逆，使得 $A_1B_1 \equiv B_1A_1 \equiv I \pmod{L^{-\infty}}$）在 $(0,\varepsilon_n;x_0, \xi_0)$ 的某个锥邻域中是椭圆的，且 $WF'(B_1)$ 含于该锥邻域，使得按定理 9.5.1 $B_1PA_1 = D_1 + Q$，$Q \in L^0$。

对于迄今得出的 A_1 和 B_1，关于波前集的论断 1，2 均成立，而余下的问题只在于我们有

$$B_1PA_1 = D_1 + Q \mod L^{-\infty}, \quad Q \in L^0 \tag{9.5.5}$$

而需要去掉 Q。这里的方法仍是求 PsDO 的拟基本解的方法．我们的目的是要再作出两个零阶的于相应锥邻域中为椭圆的 PsDO A_2 与 B_2 使 $A_2B_2 \equiv B_2A_2 \equiv I \pmod{L^{-\infty}}$，而且 $B_2(D_1+Q)A_2 - D_1 \equiv 0 \pmod{L^{-\infty}}$。令 Q 的主象征为 q^0，A_2 待求的主象征为

a^0，则我们的目的是 $(D_1+Q)A_2-A_2D_1\equiv 0\ (\bmod L^{-\infty})$ 或 $[D_1,A_2]+QA_2\equiv 0(\bmod L^{-\infty})$，对于主象征即为

$$i\{\eta_1,a^0\}+q^0a^0=0. \tag{9.5.6}$$

这是关于 a^0 的常微分方程，取其一解

$$a^0(y,\eta)=\exp\left(-i\int_0^{y_1}q^0(t,y',\eta)\,dt\right)\in S^0. \tag{9.5.7}$$

于是可以作出 $A^0\in L^0$，然后再递推地作 $A^j\in L^{-j}(\mathbf{R}^n)$ 使

$$[D_1,A^0+A^1+\cdots+A^j]$$
$$+Q(A^0+A^1+\cdots+A^j)\in L^{-j-1}.$$

为此又要解一个类似于(9.5.6)的常微分方程

$$i\{\eta_1,a^j\}+q^0a^j=r^{j-1}, \tag{9.5.8}$$

a^j 是待求的 A^j 的主象征，r^{j-1} 是 $a^0,\cdots,a^{j-1}$ 的已知表达式.作

$$A_2\sim A^0+A^1+\cdots+A^j+\cdots$$

令 $B_2=A_2^{-1}$ 即得 A_2 与 B_2。最后令 $B=B_2B_1$，$A=A_1A_2$，由(9.5.5)有

$$\begin{aligned}BPA&\equiv D_1 \bmod L^{-\infty},\\ P&\equiv AD_1B \bmod L^{-\infty}.\end{aligned} \tag{9.5.9}$$

它们都在相应的锥邻域中成立，因此关于波前集的论断 3 成立.将 A_1,B_1 改为 A,B 显然不影响关于波前集的论断 1,2。定理证毕.

PsDO 的微局部化简是一个十分有力的工具，现在我们简单叙述一下有关的进一步的重要结果，其证明请读者查阅有关的文献。

P 的主象征取复值的情况与上面的结果完全不同。这首先是因为 Char $P=p^{-1}(0)$ 的几何特性与 p 取实值时完全不同了.现在它是由 $\mathrm{Re}p=0$，$\mathrm{Im}p=0$ 所决定的余维数 2 的簇，因而可能不是一个流形。如果当 $p=0$ 时 $\{\mathrm{Re}p,\mathrm{Im}p\}=0$，则 P 可以微局部地化为 Cauchy-Riemann 算子 D_1+iD_2。如果当 $p=0$ 时 $\{\mathrm{Re}p,\mathrm{Im}p\}\neq 0$ (Lewy 算子 $D_1+iD_2+i(x_1+ix_2)D_3$ 就是一个例子)，则一个模型算子是 $D_1+ix_1D_2$。这一类算子 $D_1+ix_1^kD_2$ 是很有意义的。当 k 为偶时，它的性质与 Cauchy-Riemann 算

子相近;而当 k 为奇时则与 Lewy 算子相近. 这类算子首先是由溝畑茂[1]提出的. 关于这些问题的详尽的讨论可以参看 Hörmander[5] 第四卷第 26 章,那里有详尽的文献.

2. 具实主象征的 PsDO 的奇性传播定理. 解的奇性的研究是偏微分算子理论的根本问题之一. 对于椭圆算子 P, 若 $Pu\in C^\infty$, 自然有 $u\in C^\infty$. 这个性质称为亚椭圆性,而具有亚椭圆性的算子也就称为亚椭圆算子. 这可以算作是奇性传播问题的一个极端: 因为当 Pu 没有奇性时, u 也没有奇性,所以就无所谓奇性传播问题. 另一类算子如双曲算子, 经典理论中有大量的结果——关于有限传播速度的种种结论——说明解的奇性沿特征传播. 然而进一步的讨论必须在微局部的框架里进行. 只要看一个例子就明白这个理由了.例如考虑平面波 $u=f(\omega\cdot x)$(这里我们略去了时间 t,如上一节我们讨论定态 Schrödinger 方程时就指出过怎样略去 t), 在波前面 $\omega\cdot x=\text{const}$ 上,并没有任何奇性, 因为平面波是沿着波向量 $\omega=(\omega_1,\cdots\omega_n)$, $\omega\cdot x=\sum\limits_{j=1}^{n}x_j\cdot\omega_j$ 方向传播的, 所以说, 奇性传播应有一定的方向,很容易看出, ω 是与 x 对偶的变量,也就是 T^*X 中的纤维变量 ξ. 正因为这个原因, 上册第四章 §5 指出, 刻划波的传播应该在余切丛内进行,并且提出波前集的概念. 所以, 下面要讲的奇性传播定理都是关于波前集的, 这是关于奇性传播的研究进一步精确化的表现. 从物理上看,光的传播有光线的概念,在数学上, 我们要证明的可以说就是奇性沿次特征传播. 具体说, 设 A 是一个 PsDO, u 是 $Au=f$ 的 $\mathscr{D}'(X)$ 解. A 的特征集 $\mathrm{Char}A\subset T^*X\backslash 0$ 即适合 $p(x,\xi)=0$ 的 (x,ξ), $\xi\neq 0$ 之集, $p(x,\xi)$ 是 A 的主象征. 所谓次特征带即 Hamilton 场 H_p 在 T^*X 中的积分曲线.

$$H_p:\ \frac{dx}{dt}=\frac{\partial p}{\partial\xi},\ \frac{d\xi}{dt}=-\frac{\partial p}{\partial x}. \tag{9.5.10}$$

我们设想的结果是: 若 $(x_0,\xi_0)\in WF(u)\backslash WF(Au)$, 则过 (x_0,ξ_0) 的零次特征带: $\{x=x(t);\ \xi=\xi(t),\ t\in\mathbf{R}\}$ 是 (9.5.10) 的

积分曲线，而且 $\{p(x(t),\ \xi(t))=0\}\subset WF(u)\backslash WF(Au)$. 用 $p(x(t),\ \xi(t))=0$ 这样的条件是因为 $P(x,\xi)$是 (9.5.10) 的初积分，因此若 $(x_0,\xi_0)\in \text{Char}\ A$，则该次特征带原在 Char A内. 以下若无特殊声明，次特征带恒指零次特征带. 总之，在数学上我们想证明的结果就说成是 $WF(u)\backslash WF(Au)$ 在 Hamilton 流 (9.5.10) 下不变.

但是有两种情况使这个性质平凡地成立. 其一是 $(x_0,\ \xi_0)$ 为 H_p的奇点: $H_p(x_0,\xi_0)=0$. 这时，次特征带即

$$x(t)\equiv x_0,\ \ \xi(t)\equiv \xi_0(\forall t\in \mathbf{R}),$$

即缩为一点. 当然这时它恒在 $WF(u)\backslash WF(Au)$ 内. 另一情况是 $H_p(x_0,\ \xi_0)$ 与过该点的锥轴 $\xi\dfrac{\partial}{\partial\xi}$ 平行. 由于 p 对 ξ 是齐性的，所以在过该点的纤维 $\xi=\xi_0\tau,\ \tau\in \mathbf{R}$ 上二者也平行:

$$H_p=\lambda(\tau)\xi_0\frac{\partial}{\partial\xi}$$

若选用参数τ，易见 $x=x_0,\ \xi=\xi_0\exp\left(\int_0^\tau\lambda(\tau)d\tau\right)=\rho\xi_0$ 满足方程

$$\frac{dx}{d\tau}=0,\ \ \frac{d\xi}{d\tau}=\lambda(\tau)\xi_0.$$

但 $\rho=\exp\left(\int_0^\tau\lambda(\tau)d\tau\right)>0$，从而 $(x_0,\ \rho\xi_0)$ (即过 $(x_0,\ \xi_0)$ 的纤维)是 Hanilton 场的积分曲线，而因为 $WF(u)\backslash WF(Au)$ 是锥形集，这一积分曲线全含于其中. 因此在下面将要讨论的一类 PsDO 中将把这两种平凡的情况排除(合并起来说成是 H_p 与锥轴线性无关).

至此，我们可以提出本节的主要结果了.

定理 9.5.3 令X为一微分流形，$P\in L^m(X)$ 为一适当的 PsDO，其主象征 $p(x,\xi)$ 为实值的，对 ξ 为 m 次亚齐性的函数. 若 $u\in\mathscr{D}'(X)$ 使 $Pu=f$，则 $WF(u)\backslash WF(f)\subset\text{Char}P$，而且在 Hamilton 场 H_p 下不变.

证. 由上册第五章定理 5.4.9(p.296) 可知

$$WF(u)\subset WF(f)\cup \mathrm{Char}P,$$

所以只需证明 $WF(u)\backslash WF(f)$ 在 H_p 下不变．为此取 $(x_0,\xi_0)\in WF(u)\backslash WF(f)$，则当 $H_p(x_0,\xi_0)$ 与该点锥轴线性相关时，结论已经明白，故可再设 $H_p(x_0,\xi_0)$ 与该点锥轴线性无关，从而可以应用定理 9.5.2 将 P 微局部地化为 D_1（先需用一个椭圆 PsDO $A\in L^{1-m}$ 与 P 复合将 P 化为一阶，这样作不会影响 $p^{-1}(0)$ 与 H_p 之积分曲线），于是我们先讨论特例

$$D_1u=f,\ u\in\mathscr{D}'(X).\tag{9.5.11}$$

现在我们要应用 D_1 的拟基本解，

$$E^{\pm}(x,y)=\pm iH(x_1-y_1)\delta(x'-y'),$$

并且讨论它们作为 $\mathscr{D}'(\mathbf{R}^n\times\mathbf{R}^n)$ 的元之波前集．这里得到的结果，都将在本节第 4 段中详细证明（见 728—730 页），其基本的结果即下面的定理9.5.9．

$$WF'(E^{\pm})=C_1^{\pm}\cap\Delta^*$$

这里 Δ^* 是 $(T^*(\mathbf{R}^n)\backslash 0)\times(T^*(\mathbf{R}^n)\backslash 0)$ 的对角集

$$\Delta^*=\{(x,\xi;x,\xi),\ \xi\neq 0\}.$$

$C_1^{\pm}$ 是以下典列关系中 $x_1>y_1$ 与 $x_1<y_1$ 的部分：

$$C_1^{\pm}=\{(x,\xi;y,\eta),x'=y',\xi_1=\eta_1=0,\xi'=\eta'\neq 0\}.$$

现在回到方程 $D_1u=f$．先看 $v\in\mathscr{E}'(\mathbf{R}^n)$，并令 $D_1v=g$．于是 $v=E^+g=E^-g$，而有

$$\begin{aligned}WF(v)\subset&[WF(g)\cup C_1^+\circ WF(g)]\\&\cap[WF(g)\cup C_1^-\circ WF(g)]\end{aligned}\tag{9.5.12}$$

（详见第一卷第四章定理 4.5.16，242 页）．现回到方程 (9.5.11)．D_1 的次特征带是 $\{(x_0,\xi_0)+te_1\}$，e_1 是x_1 方向的单位向量．设 $(x_0,\xi_0)\in WF(u)\backslash WF(f)$，则当 $|t|$ 充分小时 $(x_0,\xi_0)+te_1\notin WF(f)$．取 $\varphi(x)\in C_0^\infty$ 使之在 x_0 附近 $\varphi\equiv 1$，而且在 Supp φ 中 $|x-x_0|\leqslant\delta$（δ 充分小）令 $v=\varphi u$，$D_1v=g=\varphi f+uD_1\varphi$．$WF(\varphi f)$ 中也不含 $(x_0,\xi_0)+te_1$ 形之点，但 $(x_0,\xi_0)\in WF(v)\backslash$

$WF(g)$，故由 (9.5.12)，$(x_0,\xi_0)+te_1\in WF(u)$. 详细的讨论可见 Duistermaat and Hormander [1], p. 230. 因此定理之特例得证.

在一般情况下，有 A 和 B 使 $D_1-BPA\in L^{-\infty}$ 令

$$\tilde{u}=Bu\in \mathscr{D}'(X),$$

因为

$$D_1\tilde{u}=(D_1-BPA)Bu+BP(AB-I)u+Bf,$$

由定理 9.5.2 关于波前集的论断 2 和 3 知 $(0,\varepsilon_n)\notin WF(D_1\tilde{u})$. 另一方面，由于 $(x_0,\xi_0)\in WF(u)$，$u=(I-AB)u+Av$，$(x_0,\xi_0)\notin WF((I-AB)u)(0,\varepsilon_n)\in WF(\tilde{u})$. 这个结论可以由上册第四章定理 4.5.16, p. 242 得出. 于是由上述特例，对充分小的 $|x_1|$，$(x_1,0,\varepsilon_n)\in WF(v)$. 再由 $WF(v)\subset\chi^{-1}WF(u)$ 可知 $WF(u)$ 含有上述曲线在 χ 下的象，但 $\{(x_1,0,\varepsilon_n).\ |x_1|$ 充分小$\}$是 D_1 的经过 $(0,\varepsilon_n)$ 的次特征带. 因为在典则变换 χ 下，Hamilton 场不变，所以这一段次特征带在 χ 下的象就是 H_p 的一小段次特征带. 证毕.

在应用上，时常需要考虑 Sobolev 空间 H^s 中奇性传播定理. 这时先需介绍 u 在 (x_0,ξ_0) 微局部地属于 H^s 的意义，记作 $u\in H^s(x_0,\xi_0)$.

定义 9.5.4 $u\in H^s(x_0,\xi_0)$ 或记作 $u\notin WF_s(x_0,\xi_0)$ 即指 u 可以表为 $u=u_1+u_2$，其中 $u_1\in H^s$，而 $(x_0,\xi_0)\notin WF(u_2)$.

定理 9.5.5 若 $u\in\mathscr{D}'(X)$，I 是定理 9.5.3 中算子 P 的一段连通的次特征带，而且 $I\cap WF_s(Pu)=\varnothing$，则或者 $I\subset WF_{s+m-1}(u)$，或者 $I\cap WF_{s+m-1}(u)=\varnothing$.

这个定理的证明并不困难，而可以完全仿照定理 9.5.3，但需应用 PsDO 及其拟基本解在 Sobolev 空间中的有界性. 但在下一章讲非线性微局部分析时，我们将用另一个方法证明这个定理.

3. 主型算子的存在性定理. 奇性传播定理不但本身是重要的，而且在解决线性偏微分算子的基本问题——解的存在问题上

也是基本的工具．现在我们划分出一类重要的算子——主型算子来，从它的定义中可以看到在前面的讨论中已将不符合此定义的算子作为平凡情况排除了．

定义 9.5.6 设 P 是微分流形 X 上的适当的 m 阶 PsDO：$P\in L^m(X)$，而且其主象征 $p_m(x,\xi)$ 取实值，对 ξ 为 m 次正齐性．若在 $\mathrm{Char}P\subset T^*X\backslash 0$ 上 H_{p_m} 与锥轴 $\xi\dfrac{\partial}{\partial\xi}$ 均线性无关，则称 P 为 X 上具有实主象征的主型算子．

我们来看一些例子．首先椭圆算子是主型的，因为 $\mathrm{Char}P$ 是空集．严格双曲算子也是主型的，因为它们都具单特征，即

$$p_m(x_0,\xi_0)=0,\ \xi_0\neq 0\Rightarrow d_\xi p_m(x_0,\xi_0)\neq 0.$$

若有

$$H_{p_m}(x_0,\xi_0)=\lambda\xi_0\frac{\partial}{\partial\xi},\ \xi_0\neq 0,\ x_0\in X$$

（自然有 $\lambda\neq 0$，否则 $d_\xi p_m(x_0,\xi_0)=0$），则由关于齐性函数的 Euler 恒等式

$$\lambda\xi_0^2=\xi_0 d_\xi p_m(x_0,\xi_0)=mp_m(x_0,\xi_0)=0,$$

而与 $\xi_0\neq 0$ 矛盾．

下面看一个著名的例子——Tricomi 算子 $P=y\partial_x^2+\partial_y^2$，在 $y>0$ 处它是椭圆型的，$y<0$ 处是严格双曲的，所以称为混合型的．它的主象征是 $-(y\xi_x^2+\xi_y^2)$．所以在 $y=0$ 处

$$p_2(x,0;\xi_x,\xi_y)=-\xi_y^2,$$

相应的 Hamilton 场是 $(0,-2\xi_y\partial_y;0,\xi_x^2\partial_{\xi_y})$，若要它与 $\xi_x\partial_{\xi_x}+\xi_y\partial_{\xi_y}$ 平行就要 $\xi_x=\xi_y=0$，而这是排除了的．所以 Tricomi 算子是主型算子，但它却在 $y=0$ 处有重特征：$(x,0;\xi_x,0)$ 是 $p_2(x,0;\xi_x,\xi_y)=0$ 的二重零点．

但是热算子不是主型算子，因为 $\partial_t-\partial_x^2$ 的主象征是 $p_2=\xi_x^2$，在特征点 $\{(x,y;0,\xi_y),\xi_y\neq 0\}$ 处，Hamilton 场为 0，它自然与锥轴线性相关．

由于通过辛形式 ω 能使 H_{p_m} 变为 dp_m，$\xi\partial_\xi$ 变为基本 1—

形式 $\sigma=\xi dx$，所以主型定义的条件可改述为 dp_m 与 ξdx 线性无关. 以下，由于我们主要解决存在问题，主型算子的定义还要稍加改变，见定义 9.5.8. 下面是关于存在性的主要结果.

定理 9.5.7 设 $P\in L^m(X)$ 是适当的，其主象征 $p(x,\xi)$ 取实值且对 ξ 为 m 次正齐性. 令 $K\Subset X$ 是一紧集使 p 的任一完全的次特征带都不会完全停留在 K 的上方. 则

$$N(K)=\{v\in\mathscr{E}'(K),P^*v=0\} \tag{9.5.13}$$

是 $C_0^\infty(K)$ 的有限维子空间而且正交于 $P\mathscr{D}'(X)$. 若 $f\in H^s_{loc}(X)$, $s\in\mathbf{R}$（或 $f\in C^\infty$）且 f 正交于 $N(K)$，则必可找到 $u\in H^{s+m-1}_{loc}(X)$（或 $u\in C^\infty$）使在 K 的某邻域中 $Pu=f$.

定理的叙述中提到完全的次特征带是指：Hamilton 方程组是自治方程组，故其积分曲线 $(x(t),\ \xi(t))$ 恒定义于 $\mathbf{R}$ 上，完全次特征带即 $\{(x(t),\ \xi(t)),\ t\in\mathbf{R}\}$. 定理中关于完全次特征带的条件与 H_p 与锥轴线性无关条件是有关系的. 因若 $H_p(x_0,\xi_0)$ 与 $\xi_0\dfrac{\partial}{\partial\xi}$ 平行，则过 (x_0,ξ_0) 的纤维 $\{(x_0,\rho\xi_0),\ \rho>0\}$ 就是一条完全停留于紧集 $K=\{x_0\}$ 上的完全次特征带.

定理的证明. 由上面的说明 H_p 与锥轴必线性无关，而对于具有实主象征的 PsDO，P^* 的主象征与 P 的主象征完全相同. 由此容易看到，$v\in N(K)\subset C^\infty$，因为若 $WF(v)$ 非空，则 $\pi WF(v)\subset \operatorname{supp} v\subset K$ 而完全次特征带必停留在 K 上. 由闭图象定理，$N(K)$ 中的 L^2 拓扑与 C^∞ 拓扑等价. 但这意味着 $N(K)$ 中在 L^2 意义下的单位球必为紧集，因此 $\dim N(K)<\infty$.

若将定理改述为完全次特征带不能永远停留在 K 的任意小紧邻域 K' 上，定理中的假设仍将成立. 为此，不妨设 $m=1$，并将完全次特征带看作余切球丛 $S^*(X)$ 上的曲线. 如果对 K 的任一紧邻域 K' 此完全次特征带均在 K' 上方，则此曲线必为 $S^*(K)$ 上的紧集，从而次特征带完全位于 K 上. 又因 $\dim N(K')$ 随 K' 减少，且只能取正整数值，故从某个充分接近 K 的 K' 起，$\dim N(K')=\dim N(K)$.

$N(K)$ 与 $P\mathscr{D}'(X)$ 正交是明显的.

用 $\|\cdot\|_t$ 表示支集在 X 之某一固定紧集内的广义函数的 H^t 范数(如果该范数存在的话)，因为由定理 9.5.5，$v\in\mathscr{E}'(K)$，$P^*v\in H^t\Rightarrow v\in H^{t+m-1}$. 再由闭图象定理知,必存在常数 $C>0$ 使

$$\|v\|_{t+m-1}\leqslant C(\|P^*v\|_t+\|v\|_{t+m-2})v\in C_0^\infty(K). \quad (9.5.14)$$

令 V 为 $N(K)$ 在 $H^{t+m-1}\cap\mathscr{E}'(K)$ 中的补空间,今证必有常数 $C_1>0$ 使

$$\|v\|_{t+m-1}\leqslant C_1\|P^*v\|_t \quad v\in V\cap C_0^\infty(K). \quad (9.5.15)$$

设若不然必有一串 $v_j\in V$ 使 $\|P^*v_j\|_t\to 0$, $\|v_j\|_{t+m-1}=1$. 由此可以设 v_j 在 H^{t+m-1} 中弱收敛. 但由此有 v_j 在 H^{t+m-2} 中强收敛于 $v\in V$，而由 (9.5.14) 有

$$1\leqslant C\|v\|_{t+m-2},\ P^*v=0,$$

这样得到 $V\cap N(K)$ 中一个非零元 v，这当然是不可能的.

若 $f\in H^s_{\mathrm{loc}}$ 正交于 $N(K)$，令 $t=1-m-s$，并用 (9.5.15) 有

$$|(f,v)|\leqslant C\|P^*v\|_t,\ v\in C_0^\infty(K).$$

由 Hahn-Banach 定理知,必存在 $u\in H^{-t}_{\mathrm{loc}}=H^{s+m-1}_{\mathrm{loc}}$ 使

$$(f,v)=(u,P^*v)\ v\in C_0^\infty(K), \quad (9.5.16)$$

因此知在 K 内有 $Pu=f$. 将此结果用于 K' 则知上式在 K' 内成立.

为证明 C^∞ 情况，记 $C^\infty(K)$ 为 $C^\infty(X)$ 对于在 K 上无限阶为 0 的函数空间的商空间,其上赋以商拓扑，$C^\infty(K)$ 的对偶空间即 $\mathscr{E}'(K)$.为证明 $P\cdot C^\infty(X)\to C^\infty(K)$ 的象正交于 $N(K)$,只需证明 $P^*\mathscr{E}'(K)$在 $\mathscr{E}'(X)$中弱闭即可,亦即证明 $P^*\mathscr{E}'(K)$与 $H^t\cap\mathscr{E}'(K_1)$ 中的单位球的交对任意 $t\in\mathbb{R}$ 与任意紧集 $K_1\Subset X$ 均为弱闭即可. 但由 $v\in\mathscr{E}'(K)$，$P^*v\in H^t$ 可得 $v\in H^{t+m-1}$. 再用 (9.5.15),将 v 分解为 $v=v_1+v_2, v_1\in N(K)$，$\|v_2\|_{t+m-1}\leqslant C$. 因为这些 $v_2\in\mathscr{E}'(K)$ 之集为弱紧且 $P^*v=P^*v_2$，即知定理得证.

由于这个定理的条件中对主型条件略有修改，因此在许多文献中使用了以下的定义.

定义 9.5.8 令 $P\in L^m$ 是适当的,其主象征 $p(x,\xi)$ 取实值且

对 ξ 为 m 次正齐性。若对 X 之任一紧集 K，p 的任一完全次特征带都不会永远停留在 K 上，则称 P 是 X 上的实主型算子。

4. 实主型算子的拟基本解. 应用 PsDO 的微局部化简可以求出具有实主象征的 PsDO 的双侧拟基本解。下面我们只对模型算子 D_{x_1} 作详细的讨论，对一般情况只给出结果。

D_{x_1} 的基本解即 $D_{x_1}E=\delta(x-y)$ 的解。记 $x=(x_1,x')$ $y=(y_1,y')$，我们将区别其前向与后向基本解，即支集分别位于 $x_1\geqslant y_1$ 与 $x_1\leqslant y_1$ 处的基本解。由于

$$\delta(x-y)=\delta(x_1-y_1)\otimes\delta(x'-y'),$$

所以容易看到其前向与后向基本解分别为

$$\begin{aligned}E^+(x,y)&=iH(x_1-y_1)\delta(x'-y'),\\E^-(x,y)&=-iH(y_1-x_1)\delta(x'-y').\end{aligned}\tag{9.5.17}$$

H 是 Heaviside 函数，而上面的积既可了解为直积又可了解为广义函数的乘积，因为它符合上册第四章定理 4.5.14(p. 238)的条件。下面我们着重讨论 $E^\pm(x,y)$ 作为 $\mathscr{D}'(\mathbb{R}^n\times\mathbb{R}^n)$ 之元的波前集。

我们的讨论分两个情况进行。对于 $E^+(x,y)$（或者对于 $E^-(x,y)$），当 $x_1>y_1$（或 $x_1<y_1$）时，

$$E^+(x,y)=(2\pi)^{-(n-1)}i\int e^{i(x'-y',\theta')}d\theta',\tag{9.5.18}$$

对 $E^-(x,y)$ 也有相似的结果。(9.5.18) 除一个常数因子外是 $\mathbb{R}^n\times\mathbb{R}^n$ 的子空间 $x'-y'=0$（余维数为 $n-1$）上的 Dirac 分布，记 $T(\mathbb{R}^n\times\mathbb{R}^n)$ 之元即切向量为

$$(\delta x,\delta y)=(\delta x_1,\delta x',\delta y_1,\delta y'),$$

则 $x'-y'=0$ 的切向量即上述各元中之适合 $\delta x'=\delta y'$ 者。所以 $x'-y'=0$ 的余法向量是 $T^*(\mathbb{R}^n\times\mathbb{R}^n)\backslash 0$ 之元 $(\xi_1,\xi',\eta_1,\eta')$，$\xi\neq 0$，$\eta\neq 0$ 中之适合

$$\xi_1\delta x_1+\xi'\delta x'+\eta_1\delta y_1+\eta'\delta x'=0$$

者，亦即 $\xi'=-\eta'$，$\xi_1=\eta_1=0$。由上册第四章 §5 例 3(p. 225) 知，波前集的这一部分是

$$C_1'^+=\{(x,\xi;y,\eta),\ x'=y',\ \xi_1=\eta_1=0,$$

$\xi' = -\eta' \neq 0,\ x_1 > y_1\}.$

再看 $x_1 = y_1$ 的情况。因为 E^+ 作为 $iH(x_1-y_1)$ 与 $\delta(x'-y')$ 之乘积，前者作为 $\mathscr{D}'(\mathbf{R}^n \times \mathbf{R}^n)$ 之元，波前集

$$WF(H(x_1 - y_1)) \subset \Lambda_1 = \{(x,\xi;y,\eta),$$
$$x_1 = y_1,\ \xi_1 = -\eta_1 \neq 0,\ \xi' = \eta' = 0\}.$$

类似地，$WF(\delta(x'-y')) \subset \Lambda_2 = \{(x,\xi;y,\eta),\ x'=y',\ \xi_1=\eta_1 = 0,\ \xi' = -\eta' \neq 0\}$. 由乘积波前集的公式（上册第四章 §5 定理 4.5.14, p.238)，因为

$$\Lambda_1 + \Lambda_2 = \{(x,\xi;x,-\xi),\ \xi \neq 0\},$$

所以

$$WF(E^+)|_{x_1=y_1} \subset \{(x,\xi;x,-\xi),\xi \neq 0\} \cup \{(x,\xi;y,\eta),$$
$$\xi_1 = -\eta_1 \neq 0, \xi' = \eta' = 0, x_1 = y_1\} \cup \{(x,\xi,x,\eta),$$
$$\xi_1 = \eta_1 = 0, \xi' = -\eta' \neq 0\}.$$

当 $x_1' \neq y'$ 时，$E^+ = 0$，所以上式可以化为

$$WF'(E^+)|_{x_1=y_1} \subset \{(x,\xi;x,\xi),\ \xi \neq 0\}. \tag{9.5.19}$$

但是另一方面

$$WF(E^+) \supset WF(D_{x_1}E^+) = WF(\delta(x-y))$$
$$= \{(x,\xi;x,-\xi),\xi \neq 0\}.$$

与 (9.5.19) 比较即有

$$WF'(E^+)|_{x_1=y_1} = \{(x,\xi;x,\xi),\ \xi \neq 0\}.$$

连同前面所得，有

$$WF'(E^+) = C_1^+ \cup \{(x,\xi;x,\xi),\zeta \neq 0\},$$

但后一项即 $(T^*\mathbf{R}^n\backslash 0) \times (T^*\mathbf{R}^n\backslash 0)$ 的对角集 Δ^*，所以

$$WF'(E^+) = C_1^+ \cup \Delta^*. \tag{9.5.20$_+$}$$

同理

$$WF'(E^-) = C_1^- \cup \Delta^*. \tag{9.5.20$_-$}$$

这里我们特别注意的是

$$C_1^+ \cup C_1^- = C_1 = \{(x,\xi;y,\eta),\ x' = y',$$
$$\xi_1 = \eta_1 = 0, \xi' = \eta' \neq 0\}.$$

如果视 x',y',ξ',η' 均为固定，它就是 D_1 的次特征带

$$\frac{dx_1}{dt}=1,\ \frac{dx'}{dt}=0,\ \frac{d\xi}{dt}=0,$$

$$x_1|_{t=0}=y_1,\ x'|_{t=0}=y',\ \xi|_{t=0}=(0,\eta')$$

的图象。因为 Hamilton 流是 $T^*\mathbb{R}^n\backslash 0\to T^*\mathbb{R}^n\backslash 0$ 的典则变换，所以 C_1 是一个典则关系称为**次特征关系**。

我们还要注意，

$$(E^+-E^-)(x,y)=(2\pi)^{-(n-1)}\int e^{i\langle x'-y',\theta\rangle}id\theta,$$

这是一个 Fourier 积分分布，其相函数是 $\varphi=\langle x'-y',\theta\rangle$。因此 $C_\varphi=\{(x,y,\theta),\ x'=y',\ \theta\neq 0\}$，相应的锥形 Lagrange 子流形是 $\{(x,\xi;y,\eta),\ x'=y',\ \xi_1=\eta_1=0,\ \xi'=-\eta'\neq 0\}$，即 C_1'。由于其振幅函数的增长阶为 0，θ 变量维数 $N=n-1$，(x,y) 之维数为 $2n$，故 Fourier 积分分布之阶 m 适合

$$m+(2n-2(n-1))/4=0$$

或 $m=-\frac{1}{2}$。所以

$$(E^+-E^-)(x,y)\in I^{-\frac{1}{2}}(\mathbb{R}^n\times\mathbb{R}^n,C_1').$$

如果作 $\chi\in C^\infty(\mathbb{R}^n\times\mathbb{R}^n)$，而且在对角集附近为 0，有

$$\chi E^\pm\in I^{-\frac{1}{2}}(\mathbb{R}^n\times\mathbb{R}^n,C_1'),$$

因为在 $\operatorname{supp}\chi$ 上 $E^+=0$ 或 $E^-=0$。

总结起来，有

定理 9.5.9 $\mathbb{R}^n$ 中的 D_1 的前向与后向基本解 $E^\pm$ 的波前集 $WF'(E^\pm)=C_1^\pm\cap\Delta^*$，这里 $C_1^\pm$ 是次特征关系(即次特征带图象)

$$C_1=\{(x,\xi;y,\eta),\ x'=y',\ \xi_1=\eta_1=0,\ \xi'=\eta'\neq 0\}$$

之前向 ($x_1>y_1$) 与后向 ($x_1<y_1$) 部分，Δ^* 是 $(T^*\mathbb{R}^n\backslash 0)\times(T^*\mathbb{R}^n\backslash 0)$ 的对角集。$(E^+-E^-)(x,y)\in I^{-\frac{1}{2}}(\mathbb{R}^n\times\mathbb{R}^n,C_1')$，$\chi E^\pm\in I^{-\frac{1}{2}}(\mathbb{R}^n\times\mathbb{R}^n,C_1')$，这里 $\chi\in C^\infty(\mathbb{R}^n\times\mathbb{R}^n)$ 在对角集附近为 0。

对于一般的实主型 PsDO $P\in L^m$，也可以定义其次特征关系 C

$$C = \{(x,\xi;y,\eta),(x,\xi),(y,\eta)\in \mathrm{Char}P,$$

$$(x,\xi) \text{ 与 } (y,\eta) \text{ 在同一次特征带上}\}.$$

若用一个椭圆 $1-m$ 阶适当的 PsDO 与 P 复合，对 P 的主象征只是乘上了一个非零函数，因而不影响其次特征带，所以这时不妨设 $m=1$，C 也是一个典则关系，而且在 $(T^*\mathbb{R}^n\backslash 0)\times(T^*\mathbb{R}^n\backslash 0)$ 中为闭. 作一个典则变换，可以在次特征关系附近将 P 化为 D_1. 但是还需要对 P 加上所谓“拟凸”条件才能对次特征带得到我们所需的性质，这种拟凸条件就是关于次特征带整体性态的一种条件.

关于前向与后向基本解也需要作一些说明，在 D_1 的特例下，是以 $x_1>y_1$ 或 $x_1<y_1$ 划分的，而 $x_1=y_1$ 在 C_1 上相应于

$$C_{1\Delta}=\{(x,\xi;x,\xi),\xi_1=0,\xi'\neq 0\}$$

是 $\mathrm{Char}P\times\mathrm{Char}P$ 的对角集 Δ_P. 现在，次特征关系 C 也将被 Δ_P 分为不相交的两部分 C^+ 与 C^-，而可以得到两个相应的拟基本解 E^+ 与 E^-. 只能得到拟基本解是因为在作微局部化简时会出现一个 $L^{-\infty}$ 余项.

总之，我们可以证明：若 $P\in L^m$ 是 X 中的实主型 PsDO 而且 X 对 P 为拟凸的，则必有 P 的拟基本解 $E^\pm$ 使

$$WF'(E^\pm)=\Delta^*\cup C^\pm,$$

Δ^* 是 $(T^*X\backslash 0)\times(T^*X\backslash 0)$ 的对角集. 任意波前集适合以上条件的拟基本解 mod C^∞ 必为 $E^\pm$，对任意 $s\in\mathbb{R}$，$E^\pm$: $H^s_{\mathrm{comp}}(X)\to H^{s+m-1}_{\mathrm{loc}}(X)$ 是连续的，而且 $E^+-E^-\in I^{\frac{1}{2}-m}(X\times X, C')$，且 E^+-E^- 在 C' 上是椭圆的.

这个重要结果的证明可以参看 Hörmander [5] 第四卷 第 26 章. 至此，我们讨论的中心是主型算子的可解性问题. 1946 年 Petrowsky 在一篇著名的总结文章[1]中写道：“一般说来，甚至对最简单的非解析方程，我们还不知道它是否有解. 研究这个问题是很重要的. ”自那时起有了许多重要的结果，首先是有了 Hans Lewy 的反例使这个问题更加鲜明、尖锐. 对具有实主象征的情况已经有很完满的结果，然而对一般情况，我们虽有很好的关于

局部可解的必要条件或充分条件，问题一直没有完全解决．关于这个问题除上述 Hörmander [5] 第四卷第 26 章外，最详尽的总结是 Hörmander [3]（还有 [4]），其中附有详细的文献．Egorov（Егоров）的专著[3]对此问题作了从基本知识开始的介绍．

第十章 非线性微局部分析

自60年代和70年代出现了 PsDO 理论和 FIO 理论以来，线性偏微分算子理论已经成熟，人们自然地想到把这一套理论用于处理非线性问题，因为在非线性偏微分方程理论的研究中，人们使用的最广泛的方法就是所谓线性化技巧．现在，在线性理论中既然已经有了十分有力的微局部分析的方法，人们自然也就希望建立非线性的微局部分析．非线性偏微分方程是一个极为广泛的领域，因为它们所反映和表现的物理和几何问题是如此的多种多样，所以至今谈不上有系统的非线性偏微分方程理论．比较完整、成熟的是非线性椭圆型方程．研究非线性椭圆型方程在许多时候是研究它们的线性化算子．但是古典的线性化方法所给出的线性算子的系数只有有限的光滑性，而现有的拟微分算子理论及其象征计算都是以 C^∞ 函数理论为基础的．为了克服这个困难，J. M. Bony [1] 在 1981 年建立了非线性方程的仿线性化以及相应的仿微分算子理论．它使我们得到一个与之相应的线性方程．对仿微分算子也有相应的象征计算．这个理论可以说是以有限光滑函数理论为基础的．本章的目的就是简单介绍这一非线性方程研究中的线性化理论．这一理论的最新发展可以参看 S Alinhac [2], J. M. Bony [5], J. Y. Chemin [4] 和 M. Sablé-Tougeron [1]诸文．

§ 1. Littlewood-Paley 分解

1. 记号． 我们首先引进 Hölder 空间 $C^\alpha(\mathbf{R}^n)$ 的定义．对于 $0<\alpha<1$，我们定义

$$C^\alpha(\mathbf{R}^n)=\left\{u\in L^\infty(\mathbf{R}^n);\ [u]_\alpha=\sup_{x,y}\frac{|u(x)-u(y)|}{|x-y|^\alpha}<\infty\right\},$$

(10.1.1)

$C^\alpha(\mathbf{R}^n)$ 上赋以范数 $\|u\|_{C^\alpha}=\|u\|_{L^\infty}+[u]_\alpha$ 后成一 Banach 空间。对于 $\alpha\in\mathbf{R}_+\backslash\mathbf{N}$，有 $\alpha=k+\beta$，$k=[\alpha]$，$0<\beta<1$，我们定义

$$C^\alpha(\mathbf{R}^n)=\{u\in C^k(\mathbf{R}^n);\\ D^\lambda u\in C^\beta(\mathbf{R}^n),\ |\lambda|\leqq k\},\tag{10.1.2}$$

这时我们赋 $C^\alpha(\mathbf{R}^n)$ 以范数

$$\|u\|_{C^\alpha}=\sum_{|\lambda|\leqslant k}\|D^\lambda u\|_{C^\beta}.\tag{10.1.3}$$

易见它与 $\|u\|'_{C^\alpha}=\sum_{\lambda|\leqslant\alpha}\|D^\lambda u\|_{L^\infty}+\sup_{x,y,|\lambda|=\alpha}\frac{|D^\lambda u(x)-D^\lambda u(y)|}{|x-y|^\beta}$

等价。$C^\alpha(\mathbf{R}^n)$ 是 Banach 空间。

但对 $\alpha=1$，C^α 并非通常的 $C^1(\mathbf{R}^n)$。这时的 Hölder 空间记作 C^1_*，称为 Zygmund 空间，其定义是

$$C^1_*=\{u(x)\in C^0(\mathbf{R}^n);\ \exists c>0,\ \text{使}\ \forall h,x\in\mathbf{R}^n\ \text{有}\\ |u(x+h)+u(x-h)-2u(x)|\leqslant c|h|\}.\tag{10.1.4}$$

C^1_* 中的范数是 $\|\cdot\|_{L^\infty}+$ 使上式成立的最小的 c。C^1_* 也是一个 Banach 空间。同样地可以对正整数 m 定义 Zygmund 空间 C^m_* 及其范数，它们都是 Banach 空间。以后在不发生混淆时，我们对 Zygmund 函数空间也记作 C^α。

若 $\Omega\subset\mathbf{R}^n$ 是一开集，如上册第三章一样，我们可自然地定义 $C^\alpha_{loc}(\Omega)$。Sobolev 空间 $H^s(\mathbf{R}^n)$ 的定义也如上册第三章一样。现在我们考虑这两类空间的 Littlewood-Paley 分解。

首先考虑 $\mathbf{R}^n_\xi$ 空间的一个环形覆盖，设 $K>1$ 是一常数，对 $p\in\mathbf{N}_+$，记

$$C_p=\{\xi\in\mathbf{R}^n;\ K^{-1}2^p\leqslant|\xi|\leqslant K2^{p+1}\}.\tag{10.1.5}$$

$\{C_p\}$ 再添上一个适当的球 $B(0,K)=\{\xi\in\mathbf{R}^n,\ |\xi|\leqslant K\}$（此球以后也记作 C_{-1}），构成 $\mathbf{R}^n_x$ 的余切空间 $\mathbf{R}^n_\xi$ 的覆盖。我们要利

用它去分解 $\mathscr{S}'$ 的元素. 因此,我们首先研究这一覆盖的性质,并作出相应于它的一的 C^∞ 分割.

引理 10.1.1 存在一个仅依赖于 K 的正整数 N_1, 使 $\{C_p\}_{p=-1}^\infty$, 中每一个环 C_p 至多与 N_1 个其它的 C_q 相遇.

这个引理表明 $\{C_p\}_{p=-1}^\infty$ 是 $\mathbb{R}_\xi^n$ 的一个一致局部有限的覆盖.

证. 固定 p, 并设 $C_p\cap C_q\neq\varnothing$. 有可能 $q\geqslant p$, 也有可能 $q\leqslant p$. 因为两种情况是类似的,所以我们只考虑 $q\leqslant p$ 的情况. 不妨先设 $p\neq -1$, 这时,令 $\xi\in C_p\cap C_q$, 则若 $q\neq -1$,

$$K^{-1}2^p\leqslant|\xi|\leqslant K2^{q+1},$$

从而 $2^{p-q}\leqslant 2K^2$, 即

$$p-q\leqslant[1+2\log_2 K].$$

所以不大于 p 而与 C_p 相交的 $q\neq -1$, 最多 $1+2\log_2 K$ 个, 取其整数部分, 并令.

$$\tilde{N}=[1+2\log_2 K]+1,$$

这种 q 最多 $\tilde{N}$ 个. 同理适合 $q\geqslant p$ 且 $C_p\cap C_q\neq\varnothing$ 的 C_q 也不超过 $\tilde{N}$ 个. 令 $N_1=2\tilde{N}$, 则在 $p\neq -1$ 时引理得证. $p=-1$ 时与 $C_{-1}=\{\xi\in\mathbb{R}^n,|\xi|\leqslant K\}$ 相交的 C_q 必适合 $K^{-1}2^q\leqslant|\xi|\leqslant K$ 或 $2^q\leqslant K^2$. 这样的 q 也最多只有 $\tilde{N}$ 个.

2. $C^\alpha(\mathbb{R}^n)$ 和 $H^s(\mathbb{R}^n)$ 的 Littlewood-Paley 分解. 现在作 $\mathbb{R}_\xi^n$ 上从属于覆盖 $\{C_p\}_{p=-1}^\infty$ 的一的 C^∞ 分割如下:

引理 10.1.2 存在 $\varphi,\psi\in C_0^\infty(\mathbb{R}^n)$,使 $\operatorname{supp}\psi\subset C_{-1}$,$\operatorname{supp}\varphi\subset C_0$ 而且对一切 $\xi\in\mathbb{R}^n$, 以及任意 N_0 有

$$\psi(\xi)+\sum_{p=0}^{\infty}\varphi(2^{-p}\xi)=1, \tag{10.1.6}$$

$$\psi(\xi)+\sum_{p=0}^{N_0-1}\varphi(2^{-p}\xi)=\psi(2^{-N_0}\xi). \tag{10.1.6'}$$

证. 首先作 $\theta\in C_0^\infty(\mathbb{R}^n)$ 使 $0\leqslant\theta\leqslant 1$,$\operatorname{supp}\theta\subset C_0$, 而且在 $1\leqslant|\xi|\leqslant 2$ 上, $\theta=1$. 令

$$s(\xi)=\sum_{p=-\infty}^{\infty}\theta(2^{-p}\xi),\ \xi\in\mathbb{R}^n\backslash 0,$$

因为对每一点 $\xi \neq c$，上述级数至多有有限项不为 0，所以它是收敛的。$s(\xi) \neq 0$，且 $s(\xi) \in C^{\infty}(\mathbf{R}^n \backslash 0)$。因此可以定义

$$\varphi(\xi) = \theta(\xi)/s(\xi),$$

φ 显然适合引理的要求，而且，若 $|\xi| \geqslant K$，$p \leqslant -1$，则

$$2^{-p}|\xi| = 2^{|p|}|\xi| \geqslant 2^{|p|}K \geqslant 2K,$$

因此 $2^{-p}\xi \notin C_0$ 而 $\theta(2^{-p}\xi) = 0$。由此得出，当 $|\xi| \geqslant K$ 时

$$\sum_{p=0}^{\infty} \varphi(2^{-p}\xi) = \sum_{p=-\infty}^{\infty} [\theta(2^{-p}\xi)/s(2^{-p}\xi)]$$

$$= \sum_{p=-\infty}^{\infty} \theta(2^{-p}\xi) \Big/ \sum_{p=-\infty}^{+\infty} \theta(2^{-p}\xi) = 1.$$

这里我们用到 $s(2^{-p}\xi) = \sum_{q=-\infty}^{\infty} \theta(2^{-(p+q)}\xi) = \sum_{p_1=-\infty}^{\infty} \theta(2^{-p_1}\xi) = s(\xi)$。余下的是要作 $\phi(\xi)$。令 $\phi(\xi) = 1 - \sum_{p=0}^{\infty} \varphi(2^{-p}\xi)$，则 $\phi \in C_0^{\infty}(\mathbf{R}^n)$，$\operatorname{supp}\phi \subset C_{-1}$，而且(10.1.6)成立，故

$$\phi(2^{-N_0}\xi) + \sum_{p=0}^{\infty} \varphi(2^{-p-N_0}\xi)$$

$$= 1 = \phi(\xi) + \sum_{p=0}^{N_0-1} \varphi(2^{-p}\xi) + \sum_{p=N_0}^{\infty} \varphi(2^{-p}\xi).$$

令 $p + N_0 = p'$，则得

$$\phi(2^{-N_0}\xi) + \sum_{p'=N_0}^{\infty} \varphi(2^{-p'}\xi)$$

$$= \phi(\xi) + \sum_{p=0}^{N_0-1} \varphi(2^{-p}\xi) + \sum_{p=N_0}^{\infty} \varphi(2^{-p}\xi).$$

双方消去 $\sum_{p'=N_0}^{\infty} \varphi(2^{-p'}\xi)$ 即得(10.1.6′)。

因为 $\varphi, \phi \in C_0^{\infty}(\mathbf{R}^n)$，所以 $\varphi, \phi \in S_{1,0}^0$（实际上 C_0^{∞} 函数属于 $S^{-\infty} = \bigcap_m S_{1,0}^m \subset S_{1,0}^0$）。以它们为象征可作出拟微分算子 $\varphi(D)$，$\phi(D)$，于是我们给出

定义 10.1.3 对于 $u\in\mathscr{S}'(\mathbf{R}^n)$，我们定义其 Littlewood-Paley 分解(或称环形分解)为 $\{u_p\}_{p=-1}^{\infty}$，这里

$$\begin{aligned} u_{-1}(x) &= \psi(D)u(x), \\ u_p(x) &= \varphi(2^{-p}D)u(x). \end{aligned} \tag{10.1.7}$$

它们都是有意义的，因为 $\hat{u}_{-1}(\xi)=\psi(\xi)\hat{u}(\xi)$，$\hat{u}_p(\xi)=\varphi(2^{-p}\xi)\hat{u}(\xi)$ 均为 $\mathscr{S}'(\mathbf{R}^n)$ 之元。它们分别称为 $u_{-1}(x)$ 与 $u_p(x)$ 之谱。

所以 Littlewood-Paley 分解(以下简记为 L-P 分解)就是将 $u(x)\in\mathscr{S}'$ 分为具有紧支的谱的成分 $\operatorname{supp}\hat{u}_{-1}\subset C_{-1}$，$\operatorname{supp}\hat{u}_p\subset C_p$。对于这种分解，我们有

定理 10.1.4 若 $u\in\mathscr{S}'(\mathbf{R}^n)$，则有在 $\mathscr{S}'$ 意义下收敛的级数表达式

$$u(x)=\sum_{p=-1}^{\infty}u_p(x). \tag{10.1.8}$$

证. 由于$\{C_p\}$是 $\mathbf{R}^n_\xi$ 的局部有限覆盖，对任意$f(\xi)\in\mathscr{S}(\mathbf{R}^n)$，有 $\hat{f}(\xi)=\left[\psi(\xi)+\sum\limits_{p=0}^{\infty}\varphi(2^{-p}\xi)\right]\hat{f}(\xi)=\hat{f}_{-1}(\xi)+\sum\limits_{p=0}^{\infty}\hat{f}_p(\xi)$，而且这个级数在 $\mathscr{S}(\mathbf{R}^n)$ 中收敛于 $\hat{f}(\xi)$，由 Parseval 等式

$$\begin{aligned} (u,f) &= (2\pi)^{-n}(\hat{u},\hat{f})=(2\pi)^{-n}\sum_{p=-1}^{\infty}(\hat{u},\hat{f}_p) \\ &= (2\pi)^{-n}\left(\psi(\xi)\hat{u}+\sum_{p=0}^{\infty}\varphi(2^{-p}\xi)\hat{u},\hat{f}\right) \\ &= (2\pi)^{-n}\left(\hat{u}_{-1}+\sum_{p=0}^{\infty}\hat{u}_p,\hat{f}\right) \\ &= \left(u_{-1}(x)+\sum_{p=0}^{\infty}u_p(x),f(x)\right). \end{aligned}$$

故(10.1.8)得证.

上面我们将 $u\in\mathscr{S}'$ 分解为具有紧支集谱的成分. $\hat{u}_p(\xi)$ 具有紧支集. $u_p(x)$ 则不一定，而只能由 Paley-Wiener-Schwartz 定理(上册第二章 §4)知 $u_p(x)$ 在∞附近的增长阶受一定的限制，

而且是 C^∞ 函数. 然而正是这一点使定理 10.1.4 成为很有用处的工具. 现在我们要把它应用在 $C^\alpha(\mathbf{R}^n)$ 与 $H^s(\mathbf{R}^n)$ (它们都是 $\mathscr{S}'(\mathbf{R}^n)$ 的子空间)上并得到更精确的结果. 这些结果将是本章的基础. 它们利用谱的分解刻划了这两类空间. 首先, 关于 $H^s(\mathbf{R}^n)$ 空间有

定理 10.1.5 令 $s>0$. 以下各命题是等价的.

(a) $u\in H^s(\mathbf{R}^n)$;

(b) $u=\sum_{p=-1}^{\infty} u_p$, 这里 $u\in C^\infty$ 且 $\operatorname{supp}\hat{u}_p\subset C_p$, 满足

$$\|u_p\|_{L^2}\leqslant c_p 2^{-ps},\ (c_p)\in l^2;$$

(c) $u=\sum_{p=-1}^{\infty} u_p$, 这里 $u\in C^\infty$ 且 $\operatorname{supp}\hat{u}_p\subset B(0, K_1 2^p)$, 满足 $\|u_p\|_{L^2}\leqslant c_p 2^{-ps}$, $(c_p)\in l^2$;

(d) $u=\sum_{p=-1}^{\infty} u_p$, 这里 $u_p\in C^\infty$ 且对一切 $\alpha\in\mathbf{N}^n$, $\|D^\alpha u_p\|_{L^2}\leqslant c_{p,\alpha}2^{-ps+p|\alpha|}$, 且 $(c_{p,\alpha})_p\in l^2$.

证. (a)$\Longleftrightarrow$(b). 证明这一部分时并不需设 $s>0$ 而 s 可以是任意实数. 设 $u\in H^s\subset\mathscr{S}'$, 作其 $L-P$ 分解. 先证 $\sum_{p=-1}^{\infty} u_p$ 的收敛性. 由引理 10.1.1, 当 $|p-q|\geqslant N_1$ 时 $C_p\cap C_q=\varnothing$. 现在记

$$S_q u=\sum_{k=0}^{\infty} u_{q+kN_1}.$$

由于 $\hat{u}_{q+kN_1}$ 之支集对不同的 k 是不相交的, 因此其和 $\widehat{S_q u}$ 是有意义的, 而且

$$\|S_q u\|_{H^s}^2=\int(1+|\xi|^2)^s|\widehat{S_q u}|^2 d\xi$$
$$=\sum_{k=0}^{\infty}\int(1+|\xi|^2)^s|\hat{u}_{q+kN_1}(\xi)|^2 d\xi$$

$$= \sum_{k=0}^{\infty} \|u_{q+kN_1}\|_{H^s}^2. \tag{10.1.9}$$

但是当 $s \geqslant 0$ 时，

$$\begin{aligned}\|u_p\|_{H^s}^2 &= \int (1 + |\xi|^2)^s |\hat{u}_p(\xi)|^2 d\xi \\ &= \int (1 + |\xi|^2)^s |\varphi(2^{-p}\xi)\hat{u}(\xi)|^2 d\xi \\ &= \int_{C_p} (1 + |\xi|^2)^s |\varphi(2^{-p}\xi)\hat{u}(\xi)|^2 d\xi \\ &\geqslant (1 + K^{-2}2^{2p})^s \int |\varphi(2^{-p}\xi)\hat{u}(\xi)|^2 d\xi \\ &\geqslant K_1 2^{2ps}\|u_p\|_{L^2}^2.\end{aligned}$$

$s < 0$ 时，则由于 C_p 上 $|\xi| \leqslant K2^{p+1}$，用上法又有

$$\|u_p\|_{H^s}^2 \geqslant (1 + K^2 2^{2(p+1)})^s \|u_p\|_{L^2} \geqslant K_1 2^{2ps}\|u_p\|_{L^2}^2.$$

同样，对一切 $s \in \mathbf{R}$ 也可以证明存在常数 K_2 使

$$\|u_p\|_{H^s}^2 \leqslant K_2 2^{2ps}\|u_p\|_{L^2}^2. \tag{10.1.10}$$

以此结果代入(10.1.9)即有

$$\sum_{k=0}^{\infty} K_1 2^{2(q+kN_1)s}\|u_{q+kN_1}\|_{L^2} \leqslant \|S_q u\|_{H^s}^2 \leqslant \|u\|_{H^s}^2.$$

因此，

$$\sum_{p=-1}^{\infty} K_1 2^{2ps}\|u_p\|_{L^2}^2 \leqslant \sum_{q=0}^{N_1-1} \|S_q u\|_{H^s}^2 \leqslant N_1\|u\|_{H^s}^2 < +\infty.$$

这就是说，若记 $c_p = 2^{ps}\|u_p\|_{L^2}$，有$(c_p) \in l^2$，而 $\|u_p\|_{L^2} = c_p 2^{-ps}$，$(c_p) \in l^2$。这就得到 (a) ⇒ (b)。

反过来，若(b)成立，由(10.1.10)有

$$\|u_p\|_{H^s}^2 \leqslant K_2 c_p^2，\ (c_p) \in l^2.$$

因此

$$\begin{aligned}\|u\|_{H^s}^2 &\leqslant \sum_{q=0}^{N_1-1} \|S_q u\|_{H^s}^2 = \sum_{q=0}^{N_1-1} \left(\sum_{k=0}^{\infty} \|u_{q+kN_1}\|_{H^s}^2\right) \\ &\leqslant K_2 \sum_{p=0}^{\infty} c_p^2 < \infty.\end{aligned}$$

这就是(a)。总之对一切 $s\in\mathbb{R}$，(a)$\Longleftrightarrow$(b)。

(b) $\Rightarrow$ (c) 是显然的，因为 $C_p\subset B(0, 2K2^p)$，令 $K_1=2K$ 即得。

(c) $\Rightarrow$ (d)。利用(c) 中的分解 $u=\sum\limits_{p=0}^{\infty}u_p$，因为 $u_p\in C^\infty$ 且 $\hat{u}_p$ 有紧支集，所以 $\forall\alpha\in\mathbf{N}^n$ 有

$$\begin{aligned}\|D^\alpha u_p\|_{L^2}=\|\widehat{D^\alpha u_p}\|_{L^2}&=\|\xi^\alpha\hat{u}_p(\xi)\|_{L^2}\\&\leqslant K_1^{|\alpha|}2^{p|\alpha|}\|\hat{u}_p\|_{L^2}=K_1^{|\alpha|}2^{p|\alpha|}\|u_p\|_{L^2}\\&\leqslant K_1^{|\alpha|}c_p2^{-ps+p|\alpha|}=c_{p,\alpha}2^{-ps+p|\alpha|},\end{aligned}$$

这里 $c_{p,\alpha}=K_1^{|\alpha|}c_p$。所以对于 p 而言 $(c_{p,\alpha})\in l^2$。

(c) $\Rightarrow$ (a)。这时我们要应用 $s>0$ 了。由 (c) 立即有 $u=\sum\limits_{p=-1}^{\infty}u_p\in L^2$。此外，因为 $\operatorname{supp}\hat{u}_p\subset B(0,K_12^p)$，记 $\Delta_k=\varphi(2^{-k}D)$，$v_k=\Delta_ku=\varphi(2^{-k}D)u=\Delta_k\sum\limits_{|p-k|\leqslant N_1}u_p$ （注意当 $|p-k|>N_1$ 时因 $C_p\cap C_k=\varnothing$，$\widehat{\Delta_k u_p}=\varphi(2^{-k}\xi)\varphi(2^{-p}\xi)\hat{u}(\xi)=0$）。我们有

$$\begin{aligned}\|v_k\|_{L^2}^2=\Big\|\sum_{p=k-N_1}^{\infty}\Delta_ku_p\Big\|_{L^2}^2&=\int\Big|\sum_{p=k-N_1}^{\infty}\Delta_ku_p(x)\Big|^2dx\\&\leqslant\int\Big(\sum_{p=k-N_1}^{\infty}2^{2ps}|\Delta_ku_p(x)|^2dx\Big)\Big(\sum_{p=k-N_1}^{\infty}2^{-2ps}\Big)dx\\&\leqslant C2^{-2ks}\sum_{p=-1}^{\infty}2^{2ps}\|\Delta_ku_p\|_{L^2}^2.\end{aligned}\tag{10.1.11}$$

这里我们本质地应用了 $s>0$ 才有 $\sum\limits_{p=k-N_1}^{\infty}2^{-2ps}\leqslant C2^{-2ks}$。如同由 (a) $\Rightarrow$ (b) 的证明一样，可以得到一个与 p 无关的常数 C 使得

$$\sum_{k=-1}^{\infty}\|\Delta_ku_p\|_{L^2}^2\leqslant C\|u_p\|_{L^2}^2.$$

所以，若记 $c_k=\sum\limits_{p=-1}^{\infty}2^{2ps}\|\Delta_ku_p\|_{L^2}^2$，有 $\sum\limits_{k=0}^{\infty}c_k^2\leqslant C\sum\limits_{p=-1}^{\infty}2^{2ps}$

$\|u_p\|_{L^2}^2 < \infty$，即 $(c_k) \in l^2$。 代入(10.1.11)，我们得到一个分解 $u = \sum v_k$，$v_k = \sum\limits_{|p-k|\leqslant N_1} u_p \in C^\infty$，supp $\hat{v}_k \subset C_k$ 且

$$\|v_k\|_{L^2} \leqslant C c_k 2^{-ks},\ (Cc_k) \in l^2,$$

即这个分解适合 (b)，因此 (c) ⇒ (b) ⇒ (a)。

余下的只需证明 (d) ⇒ (a)。 首先同样有 $u = \sum u_p \in L^2$。现在令 $|\alpha| = s_0 > s > 0$，以及 $\phi_k(\xi) = \phi(2^{-k}\xi)$，则当 $|\xi| \leqslant C_1 2^k$ 时有 $\phi_k(\xi) = 1$ 以及 supp $\phi_k \subset B(0, C_2 2^{k+1})$，因此

$$\text{supp } \phi_k(1-\phi_k) \subset \{\xi \in \mathbf{R}^n;\ C_1 2^k \leqslant |\xi| \leqslant C_2 2^{k+1}\}.$$

记 $\hat{u}_k(\xi) = \phi_k(\xi)\hat{u}_k(\xi) + (1-\phi_k(\xi))\hat{u}_k(\xi) = \hat{u}_k^1(\xi) + \hat{u}_k^2(\xi)$，则

$$\begin{aligned}\|u_k\|_{L^2}^2 = \|\hat{u}_k(\xi)\|_{L^2}^2 &= \int |\hat{u}_k^1(\xi) + \hat{u}_k^2(\xi)|^2 d\xi \\ &= \int |\hat{u}_k^1(\xi)|^2 d\xi + 2\int \phi_k(1-\phi_k)|\hat{u}_k(\xi)|^2 d\xi \\ &\quad + \int |\hat{u}_k^2(\xi)|^2 d\xi.\end{aligned}$$

因为 $0 \leqslant \phi \leqslant 1$，所以 $\int \phi_k(1-\phi_k)|\hat{u}_k(\xi)|^2 d\xi \geqslant 0$，从而

$$\|u_k^1\|_{L^2}^2 + \|u_k^2\|_{L^2}^2 \leqslant \|u_k\|_{L^2}^2 \leqslant c_k^2 2^{-2ks}.$$

同样地

$$\|u_k^1\|_{H^{s_0}}^2 + \|u_k^2\|_{H^{s_0}}^2 \leqslant \|u_k\|_{H^{s_0}}^2 \leqslant c_k^2 2^{-2k(s-s_0)}.$$

令 $u^1 = \sum\limits_k u_k^1$，$u^2 = \sum\limits_k u_k^2$，则因 $\{u_k\}$ 适合(c)，所以 $u^1 \in H^s$。对于 u^2，应用前面的记号 $\Delta_p = \varphi(2^{-p}D)$ 有

$$\begin{aligned}\|\Delta_p u^2\|_{L^2}^2 &= \Big\|\sum_{k\leqslant p+N_0} \Delta_p u_k^2\Big\|_{L^2}^2 = \int\Big|\sum_{k\leqslant p+N_0} \Delta_p u_k^2\Big|^2 dx \\ &\leqslant \Big(\sum_{k\leqslant p+N_0} 2^{-2k(s-s_0)}\Big)\Big(\int \sum_{k\leqslant p+N_0} 2^{2k(s-s_0)}|\Delta_p u_k^2|^2 dx\Big) \\ &= \sum_{k\leqslant p+N_0} 2^{-2k(s-s_0)} \cdot \sum_{k\leqslant p+N_0} 2^{2k(s-s_0)}\|\Delta_p u_k^2\|_{L^2}^2 \\ &\leqslant \frac{1-2^{-2(p+N_0+1)(s-s_0)}}{1-2^{-(s-s_0)}}\, 2^{-2ps_0} \sum_{k\leqslant p+N_0} 2^{2k(s-s_0)}\|\Delta_p u_k^2\|_{H^{s_0}}^2.\end{aligned}$$

由于 $s_0 > s > 0$，我们有

$$2^{-2ps_0}(1-2^{-2(p+N_0+1)(s-s_0)})/(1-2^{-(s-s_0)})$$
$$\leqslant C2^{-2ps_0}2^{-2(p+N_0+1)(s-s_0)} \leqslant C2^{-2ps},$$

这里的 C 与 p 无关．令 $c_p^2 = \sum\limits_{k<p+N_0} 2^{2k(s-s_0)}\|\Delta_p u_k^2\|_{H^{s_0}}^2$，则

$$\sum_p c_p^2 = \sum_k 2^{2k(s-s_0)} \sum_p \|\Delta_p u_k^2\|_{H^{s_0}}^2$$
$$\leqslant \sum_k 2^{2k(s-s_0)}\|u_k^2\|_{H^{s_0}}^2 < \infty.$$

所以 $(c_p) \in l^2$，由上式得 $u^2 = \sum\limits_p \Delta_p u^2 \in H^s$．定理证毕．

下面的定理将给出 C^α 函数用 L-P 分解后的微局部刻划．为此先证明一个引理．

引理 10.1.6 若 $a \in L^\infty(\mathbb{R}^n)$，$\mathrm{supp}\ \hat{a} \subset B(0, R)$，则 $a \in C^\infty(\mathbb{R}^n)$，而且对一切 $\alpha \in \mathbb{N}^n$，存在常数 $C(n,\alpha)$ 使

$$\|D^\alpha a\|_{L^\infty} \leqslant C(n,\alpha)R^{|\alpha|}\|a\|_{L^\infty}. \tag{10.1.12}$$

证. 设 $\varphi \in C_0^\infty(\mathbb{R}^n)$，$\mathrm{supp}\ \varphi \subset B(0,2)$ 且当 $|\xi| \leqslant 1$ 时 $\varphi = 1$．令 $\varphi_R(\xi) = \varphi(\xi/R)$，记 $\psi_R(x)$ 为 $\varphi_R(\xi)$ 的 Fourier 逆变换，则 $\psi_R(x) = R^n\psi(Rx)$．因为 $\hat{a}(\xi) = \varphi_R(\xi)\hat{a}(\xi)$，故

$$a(x) = (\psi_R * a)(x) \in C^\infty(\mathbb{R}^n),$$

而且 $D^\alpha a(x) = (D^\alpha\psi_R) * a(x)$．但 $D^\alpha\psi_R(x) = R^{n+|\alpha|}(D^\alpha\psi)\cdot(Rx)$，因此

$$\|D^\alpha\psi_R\|_{L^1} = R^{|\alpha|}\|D^\alpha\psi\|_{L^1},$$

由此即得

$$\|D^\alpha a\|_{L^\infty} \leqslant \|D^\alpha\psi_R\|_{L^1}\|a\|_{L^\infty} \leqslant C(n,\alpha)R^{|\alpha|}\|a\|_{L^\infty}.$$

对于 C^α 函数空间可以得到与定理 10.1.5 相应的结果．

定理 10.1.7 设 $\alpha > 0$，且 $\alpha = l + \beta$，$l \in \mathbb{N}$，$0 < \beta \leqslant 1$，则以下各命题等价：

(a) $u \in C^\alpha$；

(b) $u = \sum\limits_{p=-1}^{\infty} u_p$，$u_p \in C^\infty$ 且满足 $\mathrm{supp}\ \hat{u}_p \subset C_p$，$\|u_p\|_{L^\infty} \leqslant$

$C2^{-p\alpha}$;

(c) $u=\sum_{p=-1}^{\infty}u_p$, $u_p\in C^\infty$ 且满足 supp $\hat{u}_p\subset B(0, K_12^p)$, $\|u_p\|_{L^\infty}\leqslant C2^{-p\alpha}$;

(d) $u=\sum_{p=-1}^{\infty}u_p$, $u_p\in C^{l+1}$ 且对一切 $\lambda\in\mathbf{N}^n$, $|\lambda|\leqslant l+1$ 有 $\|D^\lambda u_p\|_{L^\infty}\leqslant C_\alpha 2^{-p\alpha+p|\lambda|}$.

证. (a) ⇒ (b). 取 $u=\sum_{p=-1}^{\infty}u_p$ 即为 u 的 L-P 分解,于是 $u_p=\varphi(2^{-p}D)u$, $u_{-1}=\psi(D)u$ (以下用 φ_{-1} 表示 ψ), 且 supp $\hat{u}_p\subset C_p$. 若 $\tilde{\varphi}$ 是 φ 的 Fourier 逆变换,则对 $\varphi_p(\xi)=\varphi(2^{-p}\xi)$ 其 Fourier 逆变换 $\tilde{\varphi}_p$ 应适合 $\tilde{\varphi}_p(x)=2^{np}\tilde{\varphi}(2^px)$. 此外, 由于当 $|\xi|\leqslant K^{-1}$ 时 $\varphi(\xi)=0$, 所以对一切 $\lambda\in\mathbf{N}^n$,

$$\int x^\lambda\tilde{\varphi}(x)dx=D_\xi^\lambda\int e^{-ix\xi}\tilde{\varphi}(x)dx\,|_{\xi=0}=D_\xi^\lambda\varphi(0)=0.$$

注意到

$$u_{-1}=\tilde{\varphi}_{-1}*u,\quad u_p=\tilde{\varphi}_p*u.$$

因为 $\psi=\varphi_{-1}\in C_0^\infty$, 所以

$$\tilde{\varphi}_{-1}(x)=(2\pi)^{-n}\int e^{ix\xi}\psi(\xi)d\xi\in L^1(\mathbf{R}^n).$$

用 Hausdorff-Young 不等式即有

$$\|u_{-1}\|_{L^\infty}\leqslant C\|u\|_{L^\infty}. \tag{10.1.13}$$

为了作 $u_p, p>-1$ 的估计,对于 f 应用 Taylor 公式

$$\begin{aligned}f(x)=&\sum_{|\lambda|<l}\frac{1}{\lambda!}\partial^\lambda f(y)(x-y)^\lambda\\&+l\int_0^1(1-t)^{l-1}\sum_{|\lambda|=l}\partial^\lambda f(y+t(x-y))\\&\cdot\frac{1}{\lambda!}(x-y)^\lambda dt\\=&\sum_{|\lambda|<l}\frac{1}{\lambda!}\partial^\lambda f(y)(x-y)^\lambda\end{aligned}$$

$$+\frac{1}{\lambda!}(x-y)^\lambda l\int_0^1(1-t)^{l-1}$$

$$\cdot\sum_{|\lambda|=l}[\partial^\lambda f(y+t(x-y))-\partial^\lambda f(y)]dt,$$

可得

$$|f(x)-\sum_{|\lambda|\leqslant l}\frac{1}{\lambda!}f^\lambda(y)(x-y)^\lambda|\leqslant C_l|x-y|^{l+\beta}\|f\|_{C^{l+\beta}}.$$

把这个公式用到 $u(x)\in C^\alpha$ 来计算 $u_p=\tilde{\varphi}_p*u$，并且注意到

$$\int x^\lambda\tilde{\varphi}(x)dx=0,$$

对任意重指标 $\lambda\in\mathbb{N}^n$ 均成立，故有

$$u_p(x)=\int\tilde{\varphi}_p(x-y)u(y)dy$$

$$=\int\tilde{\varphi}_p(x-y)\Big[u(y)-\sum_{|\lambda|\leqslant l}\frac{1}{\lambda!}(x-y)^\lambda\partial^\lambda u(x)\Big]dy,$$

$$\|u_p(x)\|_{L^\infty}\leqslant C\|u\|_{C^\alpha}\int|\tilde{\varphi}_p(x-y)||x-y|^\alpha dy$$

$$=C\|u\|_{C^\alpha}2^{-p\alpha}\int|\tilde{\varphi}(x)||x|^\alpha dx$$

$$\leqslant C_\alpha\|u\|_{C^\alpha}2^{-p\alpha}.$$

因此 (b) 得证.

(b) ⇒ (c) 是显然的.

(c) ⇒ (d) 可由引理 10.1.6 导出.

(d) ⇒ (a) 求和以后可知 $u\in C^l(\mathbb{R}^n)$，对于 $|\lambda|=l$,

$$|\partial^\lambda u_p(x)-\partial^\lambda u_p(y)|\leqslant M2^{p(1-\beta)}|x-y|.$$

对一切 p,x,y 均成立. 若 $x\neq y$,选 p_0 使 $2^{p_0}\leqslant\frac{1}{|x-y|}\leqslant 2^{p_0+1}$,

因此

$$\partial^\lambda u(x)-\partial^\lambda u(y)=\sum_{p\leqslant p_0}[\partial^\lambda u_p(x)-\partial^\lambda u_p(y)]$$

$$+\sum_{p>p_0}[\partial^\lambda u_p(x)-\partial^\lambda u_p(y)]$$

而对第一项有

$$\sum_{p<p_0}|\partial^\lambda u_p(x)-\partial^\lambda u_p(y)|\leqslant M|x-y|\sum_{p<p_0}2^{p(1-\beta)}$$
$$\leqslant M|x-y|2\cdot 2^{p_0(1-\beta)}$$
$$\leqslant 2M|x-y|^\beta.$$

对于第二项则有

$$\left|\sum_{p>p_0}[\partial^\lambda u_p(x)-\partial^\lambda u_p(y)]\right|\leqslant\sum_{p>p_0}|\partial^\lambda u_p(x)|$$
$$+\sum_{p>p_0}|\partial^\lambda u_p(y)|\leqslant 2M\sum_{p>p_0}2^{-p\beta}$$
$$\leqslant 4M2^{-p_0\beta}\leqslant 8M|x-y|^\beta.$$

总之对 $|\lambda|=l$ 我们证明了

$$|\partial^\lambda u(x)-\partial^\lambda u(y)|\leqslant C|x-y|^\beta$$

(当 $x=y$ 时它自然成立). 因此 $u\in C^\alpha(\mathbf{R}^n)$ 而(a)得证.

注 1. 在定理 10.1.4 中我们对一般的 $u\in\mathscr{S}'$, 证明了它的 L-P 分解所成的级数在 $\mathscr{S}'$ 意义下收敛. 定理 10.1.5 和 10.1.7 则对 $\mathscr{S}'$ 的子空间 $H^s(\mathbf{R}^n)$ 与 $C^\alpha(\mathbf{R}^n)$ 进一步指出,级数 $\sum_{p=-1}^{\infty}u_p$ 分别在 H^s 与 $C^{[\alpha]}$ 中收敛.

2. 定理 10.1.5 中 (a)$\Longleftrightarrow$(b) 的部分对一切 $s\in\mathbf{R}$ 均成立, 而不要求 $s>0$. 对于 C^α, 我们也可以适当地定义 $C^{-|\alpha|}$ 使 (a)$\Longleftrightarrow$(b). 为此,我们给出

定义 10.1.8 设 $\alpha\in\mathbf{R}$, 若对分布 $u\in\mathscr{S}'(\mathbf{R}^n)$可以作出以下的分解 $u=\sum_{p=-1}^{\infty}u_p$ 使它在 $\mathscr{S}'$ 意义下收敛, 且 $\operatorname{supp}\hat{u}_p\subset C_p$, $\|u_p\|_{L^\infty}\leqslant C2^{-p\alpha}$, 则称 $u\in C^\alpha$.

这样,定理 10.1.7 中可以得到,对一切 $\alpha\in\mathbf{R}$ (a)$\Longleftrightarrow$(b).

这样扩大了的 C^α 空间是很有用的,因为我们有

定理 10.1.9 设 $P(D)\in S^m_{1,0}$ 即象征 $P(\xi)\in S^m_{1,0}$ 的 PsDO, 则 $P:C^\alpha\to C^{\alpha-m}$.

证. 不失一般性可以设 $P(\xi)$ 当 $|\xi|\geqslant A$ 时是 m 次正齐性

的.取 N_0 充分大使得 $K^{-1}2^{N_0}\geqslant A$. 取 $u\in C^{\alpha}$, 并令 $v_p=Pu_p$, 则 $\hat{v}_p(\xi)=P(\xi)\hat{u}_p(\xi)$, $P(\xi)$ 是 $P(D)$的主象征,适合 $\operatorname{supp}\hat{v}_p(\xi)\subset C_p$, 设$\Phi\in C_0^{\infty}(\mathbb{R}^n)$ 适合: 在 C_0上 $\Phi=1$, supp $\Phi(\xi)$ 是一个比 C_0 稍大的环,则 $\hat{u}_p(\xi)=\Phi(2^{-p}\xi)\hat{u}_p(\xi)$, $\hat{v}_p(\xi)=P_m(\xi)\Phi(2^{-p}\xi)\hat{u}_p(\xi)$. 令 $\Psi(\xi)=P_m(\xi)\Phi(\xi)$ 是 $h(x)$ 的 Fourier 变换, 则 $\Psi_p(\xi)=P_m(\xi)\Phi(2^{-p}\xi)=2^{mp}P_m(2^{-p}\xi)\Phi(2^{-p}\xi)$ 是 $2^{(m+n)p}h(2^px)$ 的 Fourier 变换,而

$$\begin{aligned}v_p(x)&=2^{(m+n)p}(h(2^p\cdot)*u_p)(x)\\&=2^{mp}\int h(t)u_p(x-2^{-p}t)dt.\end{aligned}$$

由于 $h(x)=(2\pi)^{-n}\int e^{ix\xi}\Psi(\xi)d\xi\in L^1(\Psi(\xi)\in C_0^{\infty}(\mathbb{R}^n))$, 故由 Hausdorff-Young 不等式

$$\|v_p\|_{L^{\infty}}\leqslant C2^{mp}\|u_p\|_{L^{\infty}}\leqslant C2^{-p(\alpha-m)}.$$

故由 C^{α} ($\alpha\in\mathbb{R}$ 不一定为正)的定义

$$v=\sum v_p=P(D)u\in C^{\alpha-m}.$$

L-P 分解提供了微局部地讨论 Sobolev 空间的重要方法.许多重要的结果都可得到另外的证法. 下面是特别重要的 Sobolev 嵌入定理(上册第三章 § 3 定理 3.3.6, p.159) 的推广形式.

定理 10.1.10 对任意 $s\in\mathbb{R}$, $H^s\subset C^{s-\frac{n}{2}}$.

证. 设 $u\in H^s$, $u=\sum_{p=-1}^{\infty}u_p$ 是其 L-P 分解. 取 $\Phi(\xi)$ 如定理 10.1.9 的证明,且设 $\hat{h}=\Phi$, 则

$$\begin{aligned}\hat{u}_p(\xi)&=\Phi(2^{-p}\xi)\hat{u}_p(\xi),\\u_p(x)&=2^{np}[h(2^p\cdot)*u_p](x)\\&=2^{np}\int u_p(t)h[2^p(x-t)]dt,\end{aligned}$$

所以由 Schwarz 不等式

$$\begin{aligned}\|u_p\|_{L^{\infty}}&\leqslant\|u_p\|_{L^2}\cdot\|2^{np}h(2^px)\|_{L^2}\\&=\|u_p\|_{L^2}\left(\int|2^{np}h(2^px)|^2dx\right)^{\frac{1}{2}}\end{aligned}$$

$$= 2^{\frac{1}{2}np}\|u_p\|_{L^2}\|h\|_{L^2}.$$

$h\in L^2$ 是很容易证明的。由于 $u\in H^s$，故由定理 10.1.5 的(b)，

$$\|u_p\|_{L^\infty}\leqslant 2^{-p\left(s-\frac{n}{2}\right)}\cdot c_p\cdot\|h\|_{L^2}.$$

但 $(c_p\|h\|_{L^2})\in l^2$，故 $\sup_p\{c_p\|h\|_{L^2}\}<\infty$。所以由定理 10.1.7 知 $u\in C^{s-\frac{n}{2}}$。

这个推广形式的优点在于 s 不必为正，更不论 $s-\frac{n}{2}$。但当 $s>\frac{n}{2}$ 时这个结果不是最好的。

3. 微局部的讨论. 函数空间的局部化如 H^s_{loc}，C^α_{loc} 的作法都是标准的，而局部化到一点 x_0 则是指：若有 x_0 的邻域 V_{x_0} 使得对一切 $\varphi\in C_0^\infty(V_{x_0})$ 均有 $\varphi u\in H^s$ (或 C^α)，则称 $u\in H^s_{x_0}$ (或$C^\alpha_{x_0}$)。但是以下我们时常需要将函数空间在余切丛 $T^*\mathbb{R}^n\backslash 0=\mathbb{R}^n_x\times(\mathbb{R}^n_\xi\backslash 0)$ 中局部化，亦即微局部化。它的定义是

定义 10.1.11 设 $(x_0,\xi_0)\in T^*\mathbb{R}^n\backslash 0$。称 $u\in H^s_{(x_0,\xi_0)}$ (或 $u\in C^\alpha_{(x_0,\xi_0)}$) 是指存在 x_0 在 $\mathbb{R}^n_x$ 中的邻域 V_{x_0} 与 ξ_0 在 $\mathbb{R}^n_\xi\backslash 0$ 中的锥邻域 Γ，使得对一切 $\varphi\in C_0^\infty(V_{x_0})$ 与 $\psi\in C^\infty(\Gamma)$ 对 ξ 为零次正齐性，且 con supp $\psi\subset\Gamma$ 均有

$$\psi(D)(\varphi u)\in H^s\ (\text{或}\ C^\alpha). \tag{10.1.14}$$

$C^\alpha_{(x_0,\xi_0)}$，$H^s_{(x_0,\xi_0)}$ 可以说成是微局部 C^α 或 Sobolev 空间。对于它们有

定理 10.1.12 $u\in H^s_{(x_0,\xi_0)}$ (或 $C^\alpha_{(x_0,\xi_0)}$) 当且仅当存在 x_0 的邻域 V_{x_0}，以及在 V_{x_0} 上的分解式

$$u=u_1+u_2, \tag{10.1.15}$$

其中 $u_1\in H^s(\mathbb{R}^n)$ (或 $C^\alpha(\mathbb{R}^n)$)，而 $(x_0,\xi_0)\notin WF(u_2)$。

证. 按 $H^s_{(x_0,\xi_0)}$ 与 $C^\alpha_{(x_0,\xi_0)}$ 的定义，可以找到 x_0 的邻域 $\tilde V_{x_0}\subset V_{x_0}$ 以及 ξ_0 的锥邻域 $\tilde\Gamma\subset\Gamma$ 使定义中的 $\varphi(x)$ 与 $\varphi(\xi)$ 适合 $\varphi|\tilde V_{x_0}=1$，$\psi|_{\tilde\Gamma}=1$，而且 $\psi(D)(\varphi u)\in H^s(\mathbb{R}_n)$ (或 $C^\alpha(R^n)$)。但是

$$u = \psi(D)(\varphi u) + (1-\psi(D))(\varphi u) + (1-\varphi)u.$$

第一项属于 $H^s(\mathbf{R}^n)$（或 $C^\alpha(\mathbf{R}^n)$）记作 u_1，由波前集的定义第二项属于 $C^\infty_{(x_0,\xi_0)}$。第三项则显然属于 $C^\infty_{x_0}$ 将第二、三项之和记作 u_2，则 $(x_0,\xi_0)\notin WF(u_2)$ 且(10.1.15)成立。

反过来，若(10.1.15)成立，取 V_{x_0} 和 Γ 使

$$(V_{x_0}\times\Gamma)\cap WF(u_2) = \varnothing,$$

则对一切 $\varphi\in C_0^\infty(V_{x_0})$ 和 $\psi\in C^\infty(\Gamma)$ 对 ξ 为零次正齐性且 con supp $\psi\subset\Gamma$ 都有

$$\psi(D)(\varphi u) = \psi(D)(\varphi u_1) + \psi(D)(\varphi u_2).$$

但第一项属于 $H^s(\mathbf{R}^n)$（或 $C^\alpha(\mathbf{R}^n)$）第二项属于 $H^s(\mathbf{R}^n)\cap C^\infty(\mathbf{R}^n)$（或 $C^\infty(\mathbf{R}^n)$）。定理得证。

现在用 L-P 分解来刻划 $C^\alpha_{(x_0,\xi_0)}$ 与 $H^s_{(x_0,\xi_0)}$。我们有

定理 10.1.13 设 $\alpha,\alpha'\in\mathbf{R}$，当 $\alpha'>\alpha$ 时下面的命题等价：

(a) $u\in C^\alpha_{x_0}\cap C^{\alpha'}_{(x_0,\xi_0)}$，

(b) 存在 $\varphi\in C_0^\infty$ 使在 x_0 的某邻域 V_{x_0} 上 $\varphi=1$ 而且在 ξ_0 的某一锥邻域 Γ 中

$$\varphi u = v_{-1} + \sum_{p=0}^\infty (v'_p + v''_p)$$

适合

$$v_{-1}\in C^\infty,$$
$$\|v'_p\|_{L^\infty}\leqslant C2^{-p\alpha},\quad \operatorname{supp}\hat{v}'_p\subset C_p\cap C\Gamma,$$
$$\|v''_p\|_{L^\infty}\leqslant C2^{-p\alpha'},\quad \operatorname{supp}\hat{v}''_p\subset C_p.$$

证. (a)⇒(b)，令 $\varphi\in C_0^\infty(V_{x_0})$，$\psi(\xi)\in C^\infty(\Gamma)$对 ξ 为零次正齐性，con supp $\psi\subset\Gamma$ 且在 ξ_0 的一个较小的锥邻域 $\Gamma_1\subset\Gamma$ 上 $\psi=1$，由 $u\in C^\alpha_{x_0}\cap C^{\alpha'}_{(x_0,\xi_0)}$ 即有 $\psi(D)(\varphi u)\in C^{\alpha'}$，$(1-\psi(D))(\varphi u)\in C^\alpha$。对这两个函数分别作 L-P 分解。

$$\psi(D)(\varphi u) = v''_{-1} + \sum_{p=0}^\infty v''_p$$

满足 supp $\hat{v}''_p\subset C_p$ 和 $\|v''_p\|_{L^\infty}\leqslant C2^{-p\alpha'}$，还有

$$(1-\phi(D))(\varphi u)=v'_{-1}+\sum_{p=0}^{\infty}v'_p,$$

这里 $\|v'_p\|_{L^\infty}\leqslant C2^{-p\alpha}$. 由于 $\hat{v}'_p=\varphi(2^{-p}\xi)(1-\phi(\xi))(\widehat{\varphi u})(\xi)$ 而 $\operatorname{supp}\varphi(2^{-p}\xi)\subset C_p$, $\operatorname{supp}(1-\phi(\xi))\subset C\Gamma_1$, 这样 $\operatorname{supp}\hat{v}'_p\subset C_p\cap C\Gamma_1$ 于是(b)成立.

反之,设(b)成立. 因 $\alpha'>\alpha$, 若记 $u_p=v'_p+v''_p$, 则 u_p 适合 $\|u_p\|_{L^\infty}\leqslant C2^{-p\alpha}$ 以及 $\operatorname{supp}\hat{u}_p\subset C_p$, 由此导出 $\varphi u\in C^\alpha$, 即 $u\in C^\alpha_{x_0}$. 另一方面,将 φu 写为

$$\varphi u=u_1+u_2=\left(v'_{-1}+\sum_{p=0}^{\infty}v''_p\right)+\sum_{p=0}^{\infty}v'_p,$$

则 $u_1\in C^{\alpha'}$. 此外,由于 $\Gamma\cap WF(u_2)=\varnothing$, 所以 $u_2\in C^\infty$.因此,由定理 10.1.12 有 $\varphi u\in C^{\alpha'}_{(x_0,\xi_0)}$ 即 $u\in C^{\alpha'}_{(x_0,\xi_0)}$.

完全类似地,对于 Sobolev 空间 $H^s_{(x_0,\xi_0)}$ 我们有

定理 10.1.14 设 $s'>s$, 则下述两个命题等价.

(a) $u\in H^s_{x_0}\cap H^{s'}_{(x_0,\xi_0)}$,

(b) 存在 $\varphi\in C_0^\infty$ 使在 x_0 的某个邻域 V_{x_0} 上 $\varphi=1$, 同时存在 ξ_0 的一个锥邻域 Γ, 使 u 可以写为

$$\varphi u=u_{-1}+\sum_{p=0}^{\infty}(u'_p+u''_p),$$

而且 $u_{-1}\in C^\infty$,

$$\|v'_p\|_{L^2}\leqslant c'_p2^{-ps},\qquad \operatorname{supp}\hat{v}'_p\subset C_p\cap C\Gamma,$$
$$\|v''_p\|_{L^2}\leqslant c''_p2^{-ps'},\qquad \operatorname{supp}\hat{v}''_p\subset C_p,$$

这里(c'_p),$(c''_p)\in l^2$.

这个定理的证明与定理 10.1.13 完全一样,所以在此略去.

4. 函数空间的代数. 我们已经在引言中指出,我们的目的是研究非线性偏微分方程解的特性. 因此,需要在那些在非线性映射下不变的函数空间中工作. 最重要的非线性映射是乘积. 所以我们要求这些空间不但有线性空间构造,还有对通常乘积的代数的构造. 当然我们还是考虑前面提到的几个空间.

定理 10.1.15

(a) 若 $s > \frac{n}{2}$，则 H^s 是一个代数。

(b) 若 $0 < \alpha' \leqslant 2\alpha$，则 $C^{\alpha}_{x_0} \cap C^{\alpha'}_{(x_0,\xi_0)}$ 是一个代数。

(c) 若 $s > \frac{n}{2}$，$s' \leqslant 2s - \frac{n}{2}$，则 $H^s_{x_0} \cap H^{s'}_{(x_0,\xi_0)}$ 是一个代数。

为简单起见，我们只证明微局部的情况(b)，其余两种情况的证明是类似的。我们的基本工具仍是 L-P 分解。在 L-P 分解中指定了一族环形 C_p，在讨论微局部空间时又指定了一个锥邻域 Γ，在下面的讨论中需要适当改变它们。其作法是作一个半径

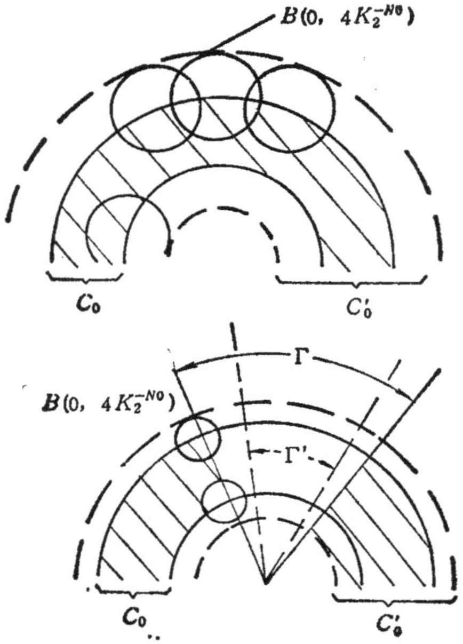

图 8

充分小的球 $B(0,4K2^{-N_0})$，当 N_0 充分大时，它是很小的球。于是令

$$C_0' = C_0 + B(0,4K2^{-N_0}),$$

这是一个比 C_0 稍大的环，又令 $\Gamma'\subset\Gamma$，使得

$$[C_0\cap C\Gamma+B(0,4K2^{-N_0})]\cap\Gamma'=\varnothing,$$

亦即

$$C_0\cap C\Gamma+B(0,4K2^{-N_0})\subset C_0'\cap C\Gamma'.$$

由图可知道它们的意义。

现在来看 u 和 v 的乘积，因为它们的 L-P 分解是 $u=\sum u_p$，$v=\sum v_q$。形式上看可以定义

$$uv=\sum_{p,q}u_pv_q. \tag{10.1.16}$$

但是如何解释这个级数将遇到困难．这里的基本思想是 supp $\hat{u}_p\subset C_p$，supp $\hat{v}_q\subset C_q$，当 p 与 q 距离相当大例如 $|p-q|\geqslant N_0$ 时，$C_p\cap C_q=\varnothing$，这时 $\sum u_pu_q$ 中相应项的正则性依赖于 u 和 v 的微局部正则性，而当 p 与 q 比较接近时情况则不相同．产生这一情况的原因在于 $\widehat{u_pv_q}=\hat{u}_p*\hat{v}_q$ 而其支集的情况与 p, q 之距离有关．因此，我们定义

$$S_qu=\sum_{-1\leqslant p\leqslant q-N_0}u_p, \tag{10.1.17}$$

它是 C^∞ 函数 u_p 的有限和，因此是 C^∞ 函数，以及

$$T_uv=\sum_q(S_qu)v_q, \tag{10.1.18}$$

$$R(u,v)=\sum_{|p-q|<N_0}u_pv_q. \tag{10.1.19}$$

T_uv，$R(u,v)$ 的性质将由下面的引理决定．

引理 10.1.16

(a) 若 $\alpha+\beta>0$，则 R: $C^\alpha\times C^\beta\ni(u,v)\longmapsto R(u,v)\in C^{\alpha+\beta}$.

(b) 若 $s+t>\frac{n}{2}$，则 R: $H^s\times H^t\ni(u,v)\longmapsto R(u,v)\in H^{s+t-\frac{n}{2}}$.

证．(a) 取 j 使 $-N_0<j<N_0$ 并令

$$R_j(u,v)=\sum_{q=j}^{\infty}u_{q-j}v_q,$$

则

$$\begin{aligned}\operatorname{supp}(\widehat{u_{q-j}v_q}) &= \operatorname{supp}(\hat{u}_{q-j} * \hat{v}_q)\\ &\subset \operatorname{supp}\hat{u}_{q-j} + \operatorname{supp}\hat{v}_q \subset B(0,K2^{q-j+1}) + B(0,K2^{q+1})\\ &\subset B(0,K'2^q).\end{aligned}$$

$$\begin{aligned}\|u_{q-j}v_q\|_{L^\infty} &\leqslant \|u_{q-j}\|_{L^\infty}\|v_q\|_{L^\infty}\\ &\leqslant C2^{-(q-j)\alpha}2^{-q\beta} \leqslant C_1 2^{-q(\alpha+\beta)}\end{aligned}$$

($2^{j\alpha}$ 是一与 q 无关的常数，故并入 C 中)。由定理 10.1.7 的(a)$\Longleftrightarrow$(c) 知 $R_j(u,v)\in C^{\alpha+\beta}$. 最后 $R(u,v)=\sum\limits_{j=-N_0+1}^{N_0-1}R_j(u,v)\in C^{\alpha+\beta}$.

(b) 应用与(a)相同的记号，现在只需估计

$$\|u_{q-j}v_q\|_{L^2}\leqslant \|u_{q-j}\|_{L^\infty}\|v_q\|_{L^2}.$$

由 Sobolev 嵌入定理(定理10.1.10)，对任意 $s\in\mathbf{R}$, $H^s\subset C^{s-n/2}$, 因此 $\|u_{q-j}\|_{L^\infty}\leqslant C2^{-(q-j)(s-n/2)}$. 由定理 10.1.5, $\|v_q\|_{L^2}\leqslant c_q 2^{-qt}$, $(c_q)\in l^2$, 所以

$$\|u_{q-j}v_q\|_{L^2}\leqslant C_1 c_q 2^{-q\left(s+t-\frac{n}{2}\right)}.$$

由于 $s+t-\frac{n}{2}>0$, $(C_1c_q)\in l^2$, 由定理 10.1.5 (a)$\Longleftrightarrow$(c)$\left(\text{当 } s+t-\frac{n}{2}>0 \text{ 时成立}\right)$知 $R_j(u,v)\in H^{s+t-n/2}$. 同样 $R(u,v)=\sum\limits_{j=-N_0+1}^{N_0-1}R_j(u,v)\in H^{s+t-\frac{n}{2}}$.

这个引理说明 $R(u,v)$ 的正则性取决于 u, v 的局部正则性. 但 T_uv 则不同. 它在对 u 很弱的条件下保持 v 的微局部正则性不变，其原因仍在谱的支集的形状.

引理 10.1.17

(a) 若 $u\in L^\infty$, 则

$$T_u:\ C^\beta_{x_0}\cap C^{\beta'}_{(x_0,\xi_0)}\ni v\longmapsto T_uv\in C^\beta_{x_0}\cap C^{\beta'}_{(x_0,\xi_0)};$$

(b) 若 $u\in L^\infty$, 则

$$T_u:\ H^s_{x_0}\cap H^{s'}_{(x_0,\xi_0)}\ni v\longmapsto T_uv\in H^s_{x_0}\cap H^{s'}_{(x_0,\xi_0)}.$$

证. 我们来证(a). (b)的证明是一样的.

我们有

$$T_u v=\sum_q (S_q u)(v'_q+v''_q)=\sum_q (f'_q+f''_q).$$

因为 $\widehat{S_q u}=\sum_{-1\leqslant p\leqslant q-N_0}\hat{u}_p$,所以 $\mathrm{supp}\ \widehat{S_q u}\subset\bigcup_{-1\leqslant p\leqslant q-N_0}\mathrm{supp}\ \hat{u}_p\subset B(0,K2^{q-N_0+1})$, $\mathrm{supp}\ \hat{v}'_q\subset C_q\cap C\Gamma$, 因此由前面的图 8, 当 N_0 充分大时有

$$\mathrm{supp}\ \hat{f}'_q=\mathrm{supp}(\widehat{S_q u}*\hat{v}'_q)\subset B(0,K2^{q-N_0+1})+C_q\cap C\Gamma\subset C'_q\cap C\Gamma',$$

而且

$$\|f'_q\|_{L^\infty}\leqslant\|S_q u\|_{L^\infty}\|v_q\|_{L^\infty}\leqslant C\|u\|_{L^\infty}2^{-q\beta}.$$

同样地有 $\mathrm{supp}\ f''_q\subset C'_q$ 以及

$$\|f''_q\|_{L^\infty}\leqslant\|S_q u\|_{L^\infty}\|v''_q\|_{L^\infty}\leqslant C\|u\|_{L^\infty}2^{-q\beta'}.$$

因此由定理 10.1.13 知 $T_u v\in C^\beta_{x_0}\cap C^{\beta'}_{(x_0,\xi_0)}$.

当然,在这里我们为简单起见都假设函数已经局部化了,例如 u 实际上表示 $\varphi u,\varphi\in C_0^\infty(V_{x_0})$.

定理 10.1.15 的证明. 由于 $\alpha'\leqslant 2\alpha$, $u,v\in C^\alpha_{x_0}$, 由引理 10.1.16 $R(u,v)\in C^{2\alpha}_{x_0}\subset C^{\alpha'}_{(x_0,\xi_0)}$, 此外, 由于 $\alpha>0$, 因此 $u,v\in C^\alpha$, 从而 $u,v\in L^\infty$ (注意, u 和 v 都已局部化, 否则得不到 $C^\alpha\subset L^\infty$). 所以由引理 10.1.17 有

$$T_u v+T_v u\in C^\alpha_{x_0}\cap C^{\alpha'}_{(x_0,\xi_0)}.$$

于是定理得证.

回到引理 10.1.17 的证明. 由于 $\mathrm{supp}\ f'_q$, $\mathrm{supp}\ f''_q$ 都包含在某个环形内,所以事实上我们还可以得到下面的推论.

推论 10.1.18

(a) 若 $\alpha<0,u\in C^\alpha_{x_0}$, $v\in C^\beta_{x_0}\cap C^{\beta'}_{(x_0,\xi_0)}$, 则 $T_u v\in C^{\alpha+\beta}_{x_0}\cap C^{\alpha+\beta'}_{(x_0,\xi_0)}$;

(b) 若 $s<0$, $u\in H^s_{x_0}$, $v\in H^t_{x_0}\cap H^{t'}_{(x_0,\xi_0)}$, 则 $T_u v\in H^{s+t}_{x_0}\cap H^{s+t'}_{(x_0,\xi_0)}$.

它可以由下面的事实导出：

$$\|S_q u\|_{L^\infty} \leqslant C \sum_{p=-1}^{q-N_0} 2^{-p\alpha} \leqslant C 2^{-q\alpha}.$$

$$\|S_q u\|_{L^2} \leqslant \sum_{p=-1}^{q-N_0} c_p 2^{-ps} \leqslant \left(\sum_{p=-1}^{q-N_0} c_p^2\right)^{\frac{1}{2}} \left(\sum_{p=-1}^{q-N_0} 2^{-2ps}\right)^{\frac{1}{2}}$$
$$\leqslant C 2^{-qs}.$$

下面以一个简单的应用结束本节.

考虑半线性方程

$$P_m(x,D)u + F(x,u,\nabla u,\cdots,\nabla^{m-1}u) = 0, \quad (10.1.20)$$

这里 P_m 是 $\mathbb{R}^n$ 上的具有 C^∞ 系数的 m 阶线性偏微分算子，而 F 则是关于 $\{\nabla^j u\}_{j=0,1,\cdots,m-1}$ 的具有 C^∞ 系数的多项式.

定理 10.1.19 若 $u \in H^s$ 是方程(10.1.20)的一个解，且 $s > m - 1 + \frac{n}{2}$, $(x_0,\xi_0) \in \mathbb{R}^n \times (\mathbb{R}^n \backslash 0)$. 若 $P_m(x_0,\xi_0) \neq 0$，则

$$u \in H^{m+2\alpha+n/2}_{(x_0,\xi_0)} \left(\text{这里 } s = m - 1 + \frac{n}{2} + \alpha\right).$$

证. 因为对一切 $|\lambda| \leqslant m - 1$, $D^\lambda u \in H^{\alpha+\frac{n}{2}}$，而由定理 10.1 15, $H^{\alpha+\frac{n}{2}}$ 是一个代数，所以 $f(x) = F(x, u, \nabla u, \cdots, \nabla^{m-1}u) \in H^{\alpha+\frac{n}{2}}$. $P_m(x,D)$在 (x_0,ξ_0) 处微局部地是椭圆的，因此 u 作为 $P_m(x, D)u = f \in H^{\alpha+\frac{n}{2}}$ 的解应有 $u \in H^{m+\alpha+\frac{n}{2}}_{(x_0,\xi_0)}$. 对这样的 u 再重复上面的推理，$D^\lambda u \in H^{1+\alpha+\frac{n}{2}}_{(x_0,\xi_0)}$ $(\forall\lambda, |\lambda| \leqslant m - 1)$. 今取 $\alpha' = \min(2\alpha, \alpha + 1)$，则对一切 $|\lambda| \leqslant m - 1$, $D^\lambda u \in H^{\alpha+\frac{n}{2}} \cap H^{\alpha'+\frac{n}{2}}_{(x_0,\xi_0)}$，它又是一个代数. 因此 $f \in H^{\alpha'+\frac{n}{2}}_{(x_0,\xi_0)}$，从而又可得出 $u \in H^{m+\alpha'+\frac{n}{2}}_{(x_0,\xi_0)}$.如果还有 $\alpha' < 2\alpha$，则又可以重复这一过程. 这样一直可以作到 $u \in H^{m+2\alpha+\frac{n}{2}}_{(x_0,\xi_0)}$ 为止. 因为定理 10.1.15 只告诉我

们当 $s' \leqslant 2s - \frac{n}{2}$ 时 $H^s_{x_0} \cap H^{s'}_{(x_0,\xi_0)}$ 是一代数，现在 $f \in H^{\frac{n}{2}+\alpha}_{x_0} \cap H^{\frac{n}{2}+\alpha'}_{(x_0,\xi_0)}$，若 $\alpha' > 2\alpha$ 上面的过程中止. 再用椭圆算子的微局部可逆性，至多可以做到 $u \in H^{m+2\alpha+\frac{n}{2}}_{(x_0,\xi_0)}$.

完全同样，我们有

定理 10.1.20 设 $u \in C^\rho_{x_0}$，$\rho > m - 1$ 是方程(10.1.20)的一个解，则在 $P_m(x_0,\xi_0) \neq 0$ 时可以得到

$$u \in C^{m+2\alpha}_{(x_0,\xi_0)}, \quad \text{这里 } \rho = m - 1 + \alpha.$$

本节讲的 L-P 分解(环形分解)是一个基本的工具. 它还可以用到余法分布 $H^{s,s'}(\mathbf{R}^n_+)$ 以及 Besov 空间上. 参见 R. Coifman 和 Y. Meyer[1]，Chen Shuxing[2] 和 M. Sablé-Tougeron[1] 关于余法分布和 Besov 空间可以参看 Hörmander[5] 第十八章 §2 和附录.

§2. 仿微分算子

1. 仿乘积. 设 $a(x) \in L^\infty$ 具有紧支集，我们知道，以 $a(x)$ 为乘子的函数空间(即使 $a(x): L \to L$, $L \ni f(x) \longmapsto a(x) f(x) \in L$ 为一连续映射的线性空间 L)是很少的. 然而乘法运算是最常见的非线性运算. 所以有必要定义空间 L 上的仿乘积作为乘法运算的推广而使 $a(x)$ 成为仿乘积的乘子.

定义 10.2.1 设 $a(x) \in L^\infty$ 有紧支集，则 $a \in \mathscr{S}'$. 今定义仿乘积算子 T_a: $\mathscr{S}' \to \mathscr{S}'$, $u(x) \to T_a u$ 如下: 设 $\{a_p\}$, $\{u_p\}$ 分别是 a 和 u 的 L-P 分解，则

$$T_a u = \sum (S_q a) u_q, \tag{10.2.1}$$

$$S_q a = \sum_{-1 \leqslant p \leqslant q - N_0} a_p. \tag{10.2.2}$$

注意，作 L-P 分解要依赖于环形分解 C_p(它取决于常数 K)与

$\{C_p\}$中的一的分割$\{\varphi_p\}$(实际上由一个函数φ生成),(10.2.1)又依赖于 N_0 的选取. 所以,定义 10.2.1 并非典则的,以后我们要分析 T_a 与(K,φ,N_0) 的关系

定理 10.2.2 若 $a\in L^\infty$ 具有紧支集,则对一切 s, $\alpha\in \mathbf{R}^1$, T_a: $H^s\to H^s$, T_a: $C^\alpha\to C^\alpha$ 是连续的而且其算子范数适合

$$\|T_a\|_{\mathscr{L}(H^s,H^s)}\leqslant C_s\|a\|_{L^\infty}, \tag{10.2.3}$$

$$\|T_a\|_{\mathscr{L}(C^\alpha,C^\alpha)}\leqslant C_\alpha\|a\|_{L^\infty}. \tag{10.2.4}$$

证. 我们只证 T_a: $C^\alpha\to C^\alpha$ 的情况 H^s的情况证法完全相同. 因为 $a\in L^\infty$ 具有紧支集,所以 $a\in\mathscr{S}'$, 而 $T_a:\mathscr{S}'\to\mathscr{S}'$ 有意义. 现进一步证明 $T:C^\alpha\to C^\alpha$, 于是令 $u\in C^\alpha$, 作其 L-P 分解$\{u_p\}$. 在(10.1.6')中将 N_0 改为 N_0-q 有

$$\psi(2^{q-N_0}\xi)=\psi(\xi)+\sum_{p=0}^{N_0-q-1}\varphi(2^{-p}\xi),$$

所以 $\widehat{S_q a}(\xi)=\left[\psi(\xi)+\sum\limits_{p=0}^{N_0-q-1}\varphi(2^{-p}\xi)\right]\hat{a}(\xi)=\psi(2^{q-N_0}\xi)\hat{a}(\xi)$ (见(10.1.17)但那里的 N_0 现在写成 N_0-1), 所以

$$\begin{aligned}\operatorname{supp}\widehat{(S_q a)u_q}&=\operatorname{supp}(\widehat{S_q a}*\hat{u}_q)\\&\subset\operatorname{supp}\widehat{S_q a}+\operatorname{supp}\hat{u}_q\subset B(0,K2^{N_0-q})+C_q\subset C'_q.\end{aligned}$$

令 $h\in\mathscr{S}$, 而且 $\hat{h}(\xi)=\psi(\xi)$, 则

$$(S_q a)(x)=2^{(q-N_0)n}[h(2^{q-N_0})*a](x).$$

因此

$$\|(S_q a)(x)\|_{L^\infty}\leqslant\|a\|_{L^\infty}\|h\|_{L^1}$$

$$\begin{aligned}\|(S_q a)u_q\|_{L^\infty}&\leqslant\|h\|_{L^1}\|a\|_{L^\infty}\|u_q\|_{L^\infty}\\&\leqslant M2^{-q\alpha}.\end{aligned}$$

这样已经知道 T_a 映 $C^\alpha\to C^\alpha$, 余下的是要考虑 T_a 的算子范数.

若 $x-y\neq 0$, 则必存在 p, 使得 $2^{p_0}\leqslant|x-y|^{-1}\leqslant 2^{p_0+1}$. 于是

$$T_a u(x)-T_a u(y)=\sum_{q\leqslant p_0}[(S_q a)u_q(x)-(S_q a)u_q(y)]$$

$$+\sum_{q>p_0}[(S_qa)u_q(x)-(S_qa)u_q(y)].$$

因此当 $0<\alpha<1$ 时，由定理 10.1.7 中 (d) ⇒ (a) 的证明有

$$\sum_{q\leqslant p_0}|(S_qa)u_q(x)-(S_qa)u_q(y)|\leqslant M|x-y|\sum_{q\leqslant p_0}2^{q(1-\alpha)}$$

$$\leqslant M'|x-y|2^{p_0(1-\alpha)}\leqslant M_1|x-y|^\alpha,$$

$$\sum_{q>p_0}|(S_qa)u_q(x)-(S_qa)u_q(y)|\leqslant M\sum_{q>p_0}2^{-q\alpha}$$

$$\leqslant M_2|x-y|^\alpha,$$

这里 M_1, M_2 都表示 $C\|h\|_{L^1}\|a\|_{L^\infty}\|u\|_{C^\alpha}$。所以

$$\|T_au\|_{C^\alpha}\leqslant C\|h\|_{L^1}\|a\|_{L^\infty}\|u\|_{C^\alpha}.$$

当 $\alpha\geqslant 1$ 时利用 Taylor 展开式也可以得到同样的结果，只是常数 C 由定理 10.1.7 (d)⟹(a) 的证明依赖于$[\alpha]$，同样的方法可以处理 T_a 作为 $H^s\to H^s$ 的算子。于是定理得证。

现在讨论 T_a 依赖于 K,φ,N_0 的程度。为此先要证明

定理10.2.3 设 $\rho>0$，$a\in C^\rho$，$u\in C^\alpha$。(K,φ,N_0) 确定一环形分解 C_p 及算子 T_a，设 (K',φ') 确定另一环形分解 $C'_p, A_q\in C^\infty$ 在一致收敛意义下满足 $a=\lim\limits_{q\to\infty}A_q$: $\|a-A_q\|_{L^\infty}\leqslant K2^{-q\rho}$，$\operatorname{supp}\hat{A}_q\subset B(0,C2^q)$. 最后设 u 有另一个分解 $u=\sum v_q$，满足

$$\operatorname{supp}\hat{v}_q\subset C'_q,\ \|\hat{v}_q\|_{L^\infty}\leqslant K_22^{-q\alpha},$$

则对于任意 N'_0 有

$$T_au-\sum_q A_{q-N'_0}v_q\in C^{\alpha+\rho},\tag{10.2.5}$$

$$\|T_au-\sum_q A_{q-N'_0}v_q\|_{C^{\alpha+\rho}}\leqslant CK_1K_2.\tag{10.2.6}$$

证. 由 T_au 的定义

$$T_au-\sum_q A_{q-N'_0}v_q=\sum_{p\leqslant q-N_0}a_pu_q-\sum_{p\leqslant q-N_0}a_pv_q$$

$$+\sum_{p\leqslant q-N_0}a_pv_q-\sum_q A_{q-N'_0}v_q$$

$$-\sum_p a_p\Big[\sum_{q>p+N_0}(u_q-v_q)\Big]$$

$$+\sum_q\Big[\sum_{p\leqslant q-N_0}a_p-A_{q-N_0'}\Big]v_q$$

$$=\sum_p a_p\tilde{v}_p+\sum_q f_q.$$

不失一般性，设 $K'\geqslant K$，则有

$$\operatorname{supp}\widehat{\tilde{v}_p}\subset C'_{p+N_0},\quad \|\tilde{v}_p\|_{L^\infty}\leqslant C2^{-p\alpha}.$$

如果有必要，取一个更大的 N_0 可使

$$\operatorname{supp}\widehat{a_p\tilde{v}_p}\subset C''_{p+N_0},\quad \|a_p\tilde{v}_p\|_{L^\infty}\leqslant 2^{-p(\alpha+\rho)}.$$

再看 f_q。当 N_0 充分大时有 $\operatorname{supp}\hat{f}_q\subset C'_q$，以及

$$\|f_q\|_{L^\infty}\leqslant\Big\|\sum_{p\leqslant q-N_0}a_p-A_{q-N_0'}\Big\|_{L^\infty}\|v_q\|_{L^\infty}$$

$$\leqslant\Big(\Big\|a-\sum_{p\leqslant q-N_0}a_p\Big\|_{L^\infty}+\|a-A_{q-N_0'}\|_{L^\infty}\Big)\|v_q\|_{L^\infty}$$

$$\leqslant C2^{-q(\alpha+\rho)}.$$

这样可知 $T_au-\sum_q A_{q-N_0'}v_q\in C^{\alpha+\rho}$。关于范数的估计 (10.2.6)是显然的。定理证毕。

同样，对空间 H^s 有：若 u 的另一分解 $u=\sum_q v_q$ 适合

$$\|v_q\|_{L^2}\leqslant c_q2^{-qs},\quad (c_q)\in l^2,$$

则 $T_au-\sum A_{q-N_0'}v_q\in H^{s+\rho}$ 且

$$\Big\|T_au-\sum_q A_{q-N_0'}v_q\Big\|_{H^{s+\rho}}\leqslant CK_1\|(c_q)\|_{l^2}.$$

在上面的证明中，有限和的估计总是十分容易的，因此我们都不去作它，以后也作类似的处理。现在我们就用这个定理直接推出

推论 10.2.4 设 T'_a 是由环形分解 (N_0',K',φ') 给出的仿乘积算子，则当 $a\in C^\rho$，$\rho>0$ 时 $T_a-T'_a\in\mathscr{L}(C^\alpha,C^{\alpha+\rho})$ 或 $T_a-T'_a\in\mathscr{L}(H^s,H^{s+\rho})$ 对一切 $\alpha,s\in R^1$ 成立，而且

$$\|T_a-T'_a\|_{\mathscr{L}(C^\alpha,C^{\alpha+\rho})}\leqslant C_\alpha\|a\|_\rho,\tag{10.2.7}$$

$$\|T_a-T'_a\|_{\mathscr{L}(H^s,H^{s+\rho})}\leqslant C_s\|a\|_\rho.\tag{10.2.8}$$

这个推论可以直接应用定理 10.2.3 于 $A_q = \sum_{p<q-N_0'} a'_p$ 而得。$\{a'_p\}$是 a 相当于 K', φ' 的 L-P 分解。

由此可见

$$T_a \equiv T_{a'} (\mathrm{mod} \mathscr{L}(C^\alpha, C^{\alpha+\rho}) \text{ 或 } \mathrm{mod} \mathscr{L}(H^s, H^{s+\rho})).$$

以下我们称 $\mathscr{L}(C^\alpha, C^{\alpha+\rho})$, $\mathscr{L}(H^s, H^{s+\rho})$ 的算子为 ρ 正则化算子，并记其集合为 $S^{-\rho}$,则仿乘积算子 mod $S^{-\rho}$（即相差一个 ρ 正则化算子)由 a 唯一决定. 这里的情况和拟微分算子理论中可以略去一个∞正则化算子(即 $S^{-\infty}$ 算子)是相应的，事实上以后我们会看到仿微分算子(仿乘积算子是它的最简单的情况)与拟微分算子最明显的区别就在于此.

仿乘积算子有一个很明确的算子演算，即可以定义其复合与伴算子. 关于它的复合很容易想到，应该与通常乘积的复合即函数的积是相应的.

定理 10.2.5 设 $a, b \in C^\rho$, $\rho > 0$ 且都具有紧支集则

$$T_a \circ T_b - T_{ab} \in S^{-\rho},$$

且其范数不大于 $C\|a\|_\rho \|b\|_\rho$.

证. 我们只对 C^α 空间情况给出证明.对 H^s，证明是一样的.

设 $u \in C^\alpha$, $\{a_p\}$, $\{b_p\}$, $\{u_p\}$ 分别是 a, b, u 的 L-P 分解,则我们已有 $T_b u \in C^\alpha$，而且

$$T_a T_b u = \sum_{p_1 \leqslant q-N_0} \sum_{p_2 \leqslant q-N_0} a_{p_2} b_{p_1} u_q + R(T_b u).$$

这是由定理 10.2.3 得出的. 因为若令

$$A_q = \sum_{p_2 \leqslant q-N_0} a_{p_2}\quad T_b u = \sum v_q,$$

当有 supp $\hat{A}_q \subset B(0, C2^q)$ 以及 supp $\hat{v}_q \subset C'_q$ 以及 $\|a - A_q\| \leqslant C\|a\|_\rho 2^{-q\rho}$ 和 $\|v_q\|_{L^\infty} \leqslant C\|T_b u\|_\rho 2^{-q\alpha}$ 它们适合定理 10.2.3 的条件,所以 $R \in S^{-\rho}$. 现在令

$$c_q = \sum_{p_1 \leqslant q-N_0} \sum_{p_2 \leqslant q-N_0} a_{p_2} b_{p_1}$$

则 $\operatorname{supp} \hat{C}_q \subset B(0, C2^q)$，以及 $ab - c_q = \sum_{p_1 > q-N_0 \text{ 或 } p_2 > q-N_0} a_{p_2} b_{p_1}$

但 $\|a_{p_2} b_{p_1}\|_{L^\infty} \leqslant \|a_{p_2}\|_{L^\infty} \|b_{p_1}\|_{L^\infty} \leqslant C\|a\|_\rho \|b\|_\rho 2^{-\rho(p_1+p_2)}$。因此

$$\|ab - c_q\|_{L^\infty} \leqslant \sum_{p_1+p_2 \geqslant q-N_0} C2^{-\rho(p_1+p_2)} \leqslant C'2^{-\rho q}.$$

而 $u = \sum u_q$ 满足 $\operatorname{supp} \hat{u}_q \subset C_q$，$\|u_q\|_{L^\infty} \leqslant C2^{-q\alpha}$，因此，再一次应用定理 10.2.3，有

$$\left\| T_{ab} u - \sum_q c_q u_q \right\|_{C^{\alpha+\rho}} \leqslant C\|a\|_\rho \|b\|_\rho \|u\|_\alpha$$

这就导出

$$\|T_{ab} u - T_a \circ T_b u\|_{C^{\alpha+\rho}} \leqslant C\|a\|_\rho \|b\|_\rho \|u\|_\alpha.$$

定理证毕。

H^s 是一个 Hillert 空间，所以对其上的算子 T_a: $H^s \to H^s$ 可以定义伴算子 T_a^*: 对此我们有

定理 10.2.6 设 $a \in C^\rho$，$\rho > 0$，具有紧支集，则 T_a^* 也是仿乘积算子，而且 $T_a^* - T_{\bar{a}} \in S^{-\rho}$，且

$$\|T_a^* - T_{\bar{a}}\|_{\mathscr{L}(H^s, H^{s+\rho})} \leqslant C\|a\|_\rho. \tag{10.2.9}$$

证. 首先由定义，取 $u \in C_0^\infty \subset H^s$，$v \in C_0^\infty \subset H^{-s-\rho}$，有

$$(T_a^* u, v) = (u, T_a v) = \sum_q \sum_{p \leqslant r-N_0} \int u_q \bar{a}_p \bar{v}_r dx,$$

$$(T_{\bar{a}} u, v) = \sum_r \sum_{p \leqslant q-N_0} \int \bar{a}_p u_q \bar{v}_r dx.$$

因此存在一个相当大的正整数 N_1 使得

$$(T_a^* u, v) - (T_{\bar{a}} u, v) = \sum_{|q-r| \leqslant N_1} \left(\sum_{p \leqslant r-N_0} \int u_q \bar{a}_p \bar{v}_r dx \right.$$

$$\left. - \sum_{p \leqslant q-N_0} \int \bar{a}_p u_q \bar{v}_r dx \right).$$

这时 $\sum_{p \leqslant r-N_0} a_p v_r$ 的谱含于一个环 C'_r 中，而 u_q 的谱含于环 C_q 中，C_q 则只能与有限多个 C'_r 相交，从而存在 N_1 使 $|q-r| > N_1$ 时，C_q 与 C'_r 不相交。但对这样的项

$$\int u_q(x)(\overline{a_p v_r})(x) dx = \int e^{i0x} u_q(x)(\overline{a_p v_r})(x) dx$$

$$= \widehat{u_q(\overline{a_p v_r})}(0) = (\hat{u}_q * \widehat{\overline{a_p v_r}})(0)$$

$$= \int \hat{u}_q(-\eta)\widehat{\overline{a_p\ v_r}}(\eta)d\eta = 0,$$

因为也有 supp $\widehat{u_q}(-\eta)\subset C_q$. 同理，当 $|q-r|>N_1$ 时 $(T_a u, v)$ 中的相应项也会消失，所以

$$(T_a^* u,\ v) = \sum_q \sum_{q-N_1\leqslant r\leqslant q+N_1} \sum_{p\leqslant r-N_0} \int \bar{a}_p u_q \bar{v}_r dx,$$

$$(T_a u, v) = \sum_q \sum_{q-N_1\leqslant r\leqslant q+N_1} \sum_{p\leqslant q-N_0} \int \bar{a}_p u_q \bar{v}_r dx.$$

将两项对 r 的求和均分为 $q-N_1\leqslant r<q$ 与 $q\leqslant r\leqslant q+N_1$ 两部分再相减，则余下的项或者适合 $r-N_0<p\leqslant q-N_0$ 或者适合 $q-N_0<p\leqslant r-N_0$，所以必有正整数 N_2 使

$$|(T_a^* u,v)-(T_a u,v)| < \sum_q \sum_{q-N_1\leqslant r\leqslant q+N_1} \sum_{q-N_2\leqslant p\leqslant q+N_2}$$

$$\int |a_p||u_q||v_r|dx.$$

令 $p=q+j_1$, $r=q+j_2$ 则上式不大于

$$\sum_{|j_1|\leqslant N_2} \sum_{|j_2|\leqslant N_1} \sum_q \|a_{q+j_1}\|_{L^\infty}\|u_q\|_{L^2}\|v_{q+j_2}\|_{L^2}.$$

对固定的 j_1 与 j_2 上式每一项不大于

$$C\sum_q \|a\|_\rho 2^{-q\rho} c_q 2^{-qs} d_q 2^{q(s+\rho)},$$

C 依赖于 $j_1, j_2, (c_q)\in l^2, (d_q)\in l^2$ 且

$$\|(c_q)\|_{l^2}\leqslant C\|u\|_{H^s},\ \|(d_q)\|_{l^2}\leqslant C\|v\|_{H^{-s-\rho}},$$

代入上式再对 j_1, j_2 求有限和并注意到 $|\sum c_q d_q|\leqslant C\|u\|_{H^s}\|v\|_{H^{-s-\rho}}$ 即有 $|(T_a^* u,v)-(T_a u,v)|\leqslant C\|a\|_{L^\infty}\|u\|_{H^s}\|v\|_{H^{-s-\rho}}$.

以上我们是对 $u, v\in C_0^\infty$ 证明的，但因 C_0^∞ 在 $H^s, H^{-s-\rho}$ 中均稠密，所以这个不等式对 $u\in H^s$, $v\in H^{-s-\rho}$ 也成立，而由此不等式即可得定理之证.

2. S^m 类算子. 上面对具有紧支集的有限光滑的函数 $a\in C^\rho$，定义了仿乘积. 但是一个偏微分算子 $l(x,D)$ 的作用，微局部地与

乘积相同，因为在 PsDO 理论中 $l(x,D)u=(2\pi)^{-n}\int e^{ix\xi}l(x,\xi)\hat{u}(\xi)d\xi$，而上面仿乘积计算实质上也是化为谱的计算．因此，很自然地应该考虑 $T_{l(x,\xi)}$ 的定义。

定义 10.2.7

(a) 对 $m\in\mathbb{R}$，$\rho>0$ 记

$l_\rho^m=\{l(x,\xi)$； l 对 ξ 是 m 次正齐性且属于 $C^\infty(\mathbb{R}^n\backslash 0)$，对 x 则对 ξ 一致地属于 C^ρ，且有紧支集$\}$．

(b) 对于 $l\in l_\rho^m$，记 $S_q(l(x,\xi))=\psi(2^{-q}D)l(x,\xi)$，则 $S_q(l(x,\xi))\in S_{1,0}^m$，因而对于 $u\in\mathscr{S}'$ 可定义

$$(T_lu)(x)=\sum_q S_{q-N_0}(l(x,D))u_q(x).$$

若 $l(x,\xi)=\sum l_j(x,\xi)$ 是一个有限和，我们记 $T_l=\sum_j T_{l_j}$。

这里要注意 $S_q(l(x,\xi))=(2\pi)^{-n}\int e^{ix\eta}\psi(2^{-q}\eta)\hat{l}_x(\eta,\xi)d\eta$ 是仿照 PsDO 来定义的，$\hat{l}_x$ 表示 $l(x,\xi)$ 对 x 的部分 Fourier 变换．很容易证明 $S_q(l(x,\xi))$ 对 ξ 求导时其增长阶为 $S_{1,0}^m$，但对 x 求导时，其增长阶仍与 $S_{1,0}^m$ 相同． 正是在这个意义上我们在上述定义中用到 $S_{q-N_0}(l(x,D))$ 即以 $S_{q-N_0}(l(x,\xi))$ 为象征的通常的 PsDO．一个最重要的特例是 $l(x,\xi)=a(x)h(\xi)$，$a(x)\in C^\rho$ 且对 ρ 有紧支集，$h(\xi)$ 对 ξ 属于 $C^\infty(\mathbb{R}^n\backslash 0)$ 且为 m 次正齐性．这时 $S_q(a(x)h(\xi))=(2\pi)^{-n}\int e^{ix\eta}\psi(2^{-q}\eta)\hat{a}(\eta)d\eta\cdot h(\xi)$，应用 (10.1.6′)和(10.2.2)有

因此
$$S_{q-N_0}(l(x,D))=S_q(a)h(D),$$
$$(T_lu)(x)=\sum S_q(a)(h(D)u)_q,$$
$$(h(D)u)_q=(2\pi)^{-n}\int e^{ix\xi}\varphi(2^{-q}\xi)h(\xi)\hat{u}(\xi)d\xi$$
$$=h(D)u_q.$$

因此，这时

$$(T_lu)(x)=T_a\circ h(D)u. \tag{10.2.10}$$

因此，为了讨论 T_l，我们考虑如何将 $l(x,\xi)$ 写成 $\sum_j a_j(x)h_j(\xi)$。这就要用到 l_ρ^m 的球面调和分解。

所谓球面调和分解的定义是：设 Δ 是球面 S^{n-1} 上的Laplace-Beltrami 算子 ($\Delta = d\delta + \delta d$)，$\lambda_j$ 是它的特征值，$\tilde{h}_j$ 是相应的特征函数，即有 $\Delta\tilde{h}_j = \lambda_j\tilde{h}_j$。则 $\{\tilde{h}_j\}$ 是一就范正交系，而且在 $L^2(S^{n-1})$ 中是完全的，且 λ_j 有以下的渐近性质：存在常数 $M>0$ 使 $\lambda_j \sim Cj^M$。令 $l(x,\xi)$对 x 有紧支集，对 ξ 属于 $C^\infty(\mathbf{R}^n\backslash 0)$且为 m 次正齐性，而且对一切 α，$D_\xi^\alpha l(x,\xi)$对 x (对 ξ 一致地)属于 C^ρ，$\rho>0$ $\rho\notin\mathbf{N}$。因为 $l(x,\omega)\in L^2(S^{n-1})$，$\omega\in S^{n-1}$，所以有 Fourier 展开式

$$l(x,\omega)=\sum_\nu a_\nu(x)\tilde{h}_\nu(\omega), \tag{10.2.11}$$

$$a_\nu(x)=\int_{S^{n-1}} l(x,\omega)\overline{\tilde{h}_\nu(\omega)}d\omega. \tag{10.2.12}$$

因为 Laplace-Beltrami 算子是自伴的，所以

$$\lambda_\nu^k[a_\nu(x)-a_\nu(y)]=\int_{S^{n-1}}[l(x,\omega)-l(y,\omega)]\overline{\Delta_\omega^k\tilde{h}_\nu(\omega)}d\omega$$

$$=\int_{S^{n-1}}[\Delta_\omega^k l(x,\omega)-\Delta_\omega^k l(y,\omega)]\overline{\tilde{h}_\nu(\omega)}d\omega.$$

因为已设 $D_\xi^\alpha l(x,\xi)$ 对 x 一致属于 C^ρ，所以 $a_\nu(x)\in C^\rho$，而且

$$|\lambda_\nu|^k\|a_\nu\|_{C^\rho}\leqslant\left(\int_{S^{n-1}}\|\Delta_\omega^k l(x,\omega)\|_{C^\rho}^2d\omega\right)^{\frac{1}{2}}. \tag{10.2.13}$$

当 $\xi\neq 0$ 时对 $\tilde{h}_\nu(\omega)$ 作m次齐性拓展，即令 $h_\nu(\xi)=|\xi|^m\cdot h_\nu(\xi/|\xi|)$，$\xi/|\xi|\in S^{n-1}$，则因 $l(x,\xi)$ 对 ξ 为m次正齐性，所以

$$l(x,\xi)=|\xi|^m l(x,\omega)=\sum_\nu a_\nu(x)|\xi|^m\tilde{h}_\nu(\omega)$$

$$=\sum_\nu a_\nu(x)h_\nu(\xi). \tag{10.2.14}$$

最后由(10.2.13)有

$$\|a_\nu\|_{C^\rho}\leqslant C_k\nu^{-kM},\ \forall k,$$

即 a_ν 对 ν 为急减。此外，若N为一整数，则由 Sobolev 嵌入定理，

可选一偶数 $\rho \geqslant \frac{n}{2} + N$ 而有

$$\|h_\nu\|_{C^N(S^{n-1})} \leqslant C\|h_\nu\|_{H^\rho(S^{n-1})}$$
$$\leqslant C\sum_{j=0}^{\rho/2}\|\Delta^j h_\nu\|_{L^2(S^{n-1})} \leqslant C\sum_{j=0}^{\rho/2}|\lambda_\nu|^j.$$

所以 $\|h_\nu\|_{C^N(S^{n-1})} \leqslant C_N \nu^{\frac{M}{2}(N+\frac{n}{2}+1)}$，即是说 $\|h_\nu\|_{C^N}$ 对 ν 是缓增的。总之我们有

引理 10.2.8 $l \in l_\rho^m$ 存在如下的球面调和分解

$$l(x,\xi) = \sum_\nu a_\nu(x) h_\nu(\xi). \tag{10.2.14}$$

这里 $a_\nu \in C^\rho$ 且对 ν 一致地具有紧支集，$\|a_\nu\|_{C^\rho} \leqslant 1$ 对 ν 是急减的；$\|h_\nu(\xi)\|_{C^N(S^{n-1})}$ 对 ν 是缓增的（$\forall N$）。

以上引理较详细的证明可以参看 R. Coifman 和 Y. Meyer [1]。

现在因为 $(h(D)u)_q = h(D)u_q$，所以我们有

$$T_l u = \sum_j T_{a_j} \circ h_j(D) u. \tag{10.2.15}$$

因为 T_{a_j} 的算子范数对 j 是急减的，而 $h_j(D)u$ 的范数则对 j 是缓增的，所以上面的级数是收敛的。T_l 的基本性质是

定理 10.2.9 对于 $l \in l_\rho^m$，T_l: $H^s \to H^{s-m}$（或 $C^\alpha \to C^{\alpha-m}$）对一切 $s, \alpha \in \mathbb{R}$ 均为有界线性算子。

证. 因为

$$T_l u = \sum_j \sum_q S_q(a_j) h_j(D) u_q$$

而 $\operatorname{supp} \widehat{h_j(D)u_q} \subset C_q$，$\operatorname{supp} \widehat{S_q(a_j)} \subset B(0, K2^{q-N_0})$。因此，取 N_0 充分大以后有

$$\operatorname{supp} \widehat{S_q(a_j) h_j(D) u_q} = \operatorname{supp} \widehat{S_q(a_j)} * \widehat{h_j(D) u_q}$$
$$\subset C_q + B(0, K2^{q-N_0}) \subset C'_q.$$

$S_q(l(x,D))u_q$ 的谱也含于 C'_q 中。对于 $u \in H^s$ 有，

$$S_q(l(x,D))u_q(x) = (2\pi)^{-n}\int e^{ix\xi} S_q(l(x,\xi))\hat{u}_q(\xi)d\xi$$

$$= \sum_j S_q(a_j)h_j(D)u_q,$$

因此

$$\|S_q(l(x, D))u_q(x)\|_{L^2} \leqslant \sum_j \|S_q(a_j)h_j(D)u_q\|_{L^2}$$

$$\leqslant \sum_j \|S_q(a_j)\|_{L^\infty}\|h_j(D)u_q\|_{L^2}.$$

但我们已知(见定理 10.2.2 的证明)

$\|S_q(a_j)\|_{L^\infty} \leqslant C\|a_j\|_{L^\infty} \leqslant C$ (与 j 无关).

$$\|h_j(D)u_q\|_{L^2} = \|h_j(\xi)\hat{u}_q(\xi)\|_{L^2} = \|\tilde{h}_j(\xi/|\xi|)|\xi|^m\hat{u}_q(\xi)\|_{L^2}$$

$$\leqslant \|\tilde{h}_j\|_{C^1(S^{n-1})}K2^{(q+1)m}\|u_q\|_{L^2}$$

$$\leqslant \|\tilde{h}_j\|_{C^1(S^{n-1})}c_q 2^{-q(s-m)}, \quad (c_q) \in l^2.$$

因此

$$\|S_q(l(x, D))u_q\|_{L^2} \leqslant c_q 2^{-q(s-m)},$$

$(c_q) \in l^2$ 且 $\|(c_q)\|_{l^2} \leqslant C\|u\|_{H^s}$. 故由定理 10.1.5 的 (b)$\Longleftrightarrow$(a) 知 $T_l u \in H^{s-m}$, 而且 $\|T_l\|_{\mathscr{L}(H^s, H^{s-m})} \leqslant C$.

用类似方法也可证明 T_l: $C^\alpha \to C^{\alpha-m}$ 是有界线性算子.

与前面的 T_a 一样, T_l 也依赖于环形分解 K, φ 以及 N_0 的选取. 若给出另一组 K', φ', N_0' 作出 T_l',则有

$$T_l - T_{l'} = \sum_j (T_{a_j} - T'_{a_j})\circ h_j(D).$$

由于 $a_j \in C^\rho$, $\rho > 0$ 且有紧支集以及 $\|a_j\|_{C^\rho} \leqslant 1$, 我们已经证明了 $T_{a_j} - T'_{a_j} \in S^{-\rho}$, 且其算子范数 $\|T_{a_j} - T'_{a_j}\|_{s,-\rho} \leqslant C\|a_j\|_{C^\rho} \leqslant C$; 而 $h_j(D)$ 是从 H^s 到 H^{s-m} 的一族对 j 急减的算子. 所以我们有 $T_l - T_{l'} \in S^{m-\rho}$. 所以在 $\mathrm{mod} S^{m-\rho}$ 意义下 T_l 由 $l(x,\xi)$ 唯一决定. T_l 的运算也可以由 $l(x,\xi)$ 的运算决定. 这就是说 T_l 也有一个象征计算,这是与 PsDO 相类的.

定理 10.2.10 设 $h(\xi) \in C^\infty(\mathbf{R}^n\backslash 0)$ 是 m 次正齐性的, $a \in C^\rho$, $\rho > 0$, $\rho \notin \mathbf{N}$, a 具有紧支集. 则 $R = h(D)\cdot T_a - \sum_{|\alpha|\leqslant[\rho]} \frac{1}{\alpha!} T_{D^\alpha a}\circ h^\alpha(D) \in S^{-\rho+m}$, 这里 $h^\alpha(\xi) = \partial_\xi^\alpha h(\xi)$. 而且对于适当的 M

有 $\|R\|_{s-\rho+m} \leqslant C\|a\|_\rho\|h\|_{C^M(S^{n-1})}$。

证. $S_q(a)u_q$ 的谱已包含于环 C'_q 内，作一个较大的环 $C''_q\supset C'_q$ 以及 $\varphi_0\in C_0^\infty(C''_0)$ 使得在 C'_0 上 $\varphi_0=1$，在 $\xi=0$ 附近 $\varphi_0=0$。令 $\tilde{h}(\xi)=h(\xi)\varphi_0(\xi)$，则当 $\xi\in C'_q$ 时

$$h(\xi)=2^{mq}\tilde{h}(2^{-q}\xi).$$

令 $\hat{r}(\xi)=\tilde{h}(\xi)$，则因 $\tilde{h}(\xi)\in\mathscr{S}$，故 $r\in\mathscr{S}$。令 $M>n+\rho/2$，则

$$\|(1+|x|^\rho)r(x)\|_{L^1(\mathbb{R}^n)}\leqslant C\|h\|_{C^{2M}(S^{n-1})}. \tag{10.2.16}$$

事实上

$$\int(1+|x|^\rho)|r(x)|dx\leqslant\int\frac{(1+|x|)^{2M}}{(1+|x|)^{n+\delta}}|r(x)|dx$$

(δ 是适当正数)

$$\leqslant C\max[(1+|x|)^{2M}|r(x)|].$$

但是

$$(1+|x|)^{2M}|r(x)|=\left|(2\pi)^{-n}\int e^{ix\xi}(1+|D|)^{2M}\tilde{h}(\xi)d\xi\right|$$

$$\leqslant C\|h\|_{C^{2M}(S^{n-1})}\int_{C''_0}|\xi|^m d\xi$$

$$=C\|h\|_{C^{2M}(S^{n-1})},$$

从而(10.2.16)得证。

现设 $u\in H^s$ 并估计 R_u，我们有

$$R_u=\sum_q 2^{mq}\left[\tilde{h}(2^{-q}D)S_q(a)-\sum_{|\alpha|\leqslant[\rho]}\frac{1}{\alpha!}S_q(D^\alpha a)\tilde{h}^\alpha(2^{-q}D)\right]u_q.$$

这里 $\tilde{h}^\alpha(\xi)=\partial_\xi^\alpha\tilde{h}(\xi)$ 是 $(-ix)^\alpha r(x)$ 的 Fourier 变换，所以 R_u 也可以用卷积形式表为

$$R_u=\sum_q 2^{mq}\int r(t)\Big[S_q(a)(x-2^{-q}t)-\sum_{|\alpha|\leqslant[\rho]}\frac{1}{\alpha!}S_q(D^\alpha a)(x)(-i2^{-q}t)^\alpha\Big]u_q(x-2^{-q}t)dt$$

$$= \sum_q f_q.$$

很容易看到，supp $\hat{f}_q \subset C'_q$。现在估计 $\|f_q\|_{L^2}$。 为此注意到对 于 $A \in C^\rho$（现在 $\rho = [\rho] + \beta$，$0 < \beta < 1$）和 $h \in \mathbb{R}^n$，

$$\left| A(x+h) - \sum_{|\alpha| \leq [\rho]} \frac{1}{\alpha!} \partial_x^\alpha A(x) h^\alpha \right|$$

$$\leq \int_0^1 \sum_{|\alpha| = [\rho]} |\partial_x^\alpha A(x+\tau h)$$

$$- \partial_x^\alpha A(x)| \, |h|^{|\alpha|} (1-\tau)^{[\rho]-1} / ([\rho]-1)! \, d\tau$$

$$\leq C \|A\|_{C^\rho} |h|^{[\rho]} |h|^\beta \leq C \|A\|_{C^\rho} |h|^\rho.$$

现在令 $A = S_q(a)$，则

$$|f_q(x)| \leq 2^{mq} \int |r(t)| \, \|S_q(a)\|_{C^\rho} 2^{-q\rho} |t|^\rho |u_q(x - 2^{-q}t)| \, dt$$

$$\leq C 2^{q(m-\rho)} \|a\|_{C^\rho} \int |t|^\rho |r(t)| \, |u_q(x - 2^{-q}t)| \, dt.$$

所以由 Hausdorff-Young 不等式

$$\|f_q\|_{L^2} \leq C 2^{q(m-\rho)} \|a\|_{C^\rho} \| |t|^\rho r(t) \|_{L^1} \|u_q\|_{L^2}$$

$$\leq C 2^{q(m-\rho-s)} \|a\|_{C^\rho} \|h\|_{C^{2M}(S^{n-1})} \|u\|_{H^s} c_q$$

$$= d_q 2^{q(m-\rho-s)}.$$

这里 $d_q = C \|a\|_{C^\rho} \|h\|_{C^{2M}(S^{n-1})} \|u\|_{H^s} c_q \in l^2$ 且

$$\|(d_q)\|_{l^2} \leq C \|a\|_{C^\rho} \|h\|_{C^{2M}(S^{n-1})} \|u\|_{H^s}.$$

所以由定理 10.1.5 的(b)$\Longleftrightarrow$(a)，$Ru \in H^{s+\rho-m}$ 而且

$$\|R\|_{s-\rho+m} \leq C \|a\|_{C^\rho} \|h\|_{C^{2M}(S^{n-1})}.$$

对于 $u \in C^\alpha$，则可以得到

$$\|f_q\|_{L^\infty} \leq C 2^{q(m-\rho)} \|a\|_{C^\rho} \|u_q\|_{L^\infty} \| |t|^\rho r(t) \|_{L^1},$$

因此也有同样的结论．定理证毕．

现在考虑两个算子的复合．

定理 10.2.11 若 $l_j(x,\xi) \in l_\rho^{m_j}(j = 1,2)$，令

$$l(x,\xi) = \sum_{|\alpha| \leq [\rho]} \frac{1}{\alpha!} \partial_\xi^\alpha l_1(x,\xi) D_x^\alpha l_2(x,\xi)$$

$$= (l_1 \# l_2)(x,\xi), \tag{10.2.17}$$

则有 $T_{l_1}\circ T_{l_2}-T_l\in S^{m_1+m_2-\rho}$。这里 T_l 的定义是显然的。

证. 作球面调和分解 $l_1(x,\xi)=\sum_j a_j(x)h_j(\xi)$，$l_2(x,\xi)=\sum_k b_k(x)\tilde{h}_k(\xi)$，则

$$T_{l_1}\circ T_{l_2}=\sum_{j,k}T_{a_j}\circ h_j(D)\circ T_{b_k}\circ\tilde{h}_k(D)=\sum_{j,k}A_{j,k}.$$

由定理 10.2.10 有

$$A_{jk}=T_{a_j}\Big(\sum_{|\alpha|\leqslant[\rho]}\frac{1}{\alpha!}T_{D^\alpha b_k}h_j^\alpha(D)\tilde{h}_k(D)\Big)+T_{a_j}R_{jk}\tilde{h}_k(D).$$

这里 $T_{a_j}R_{jk}\tilde{h}_k(D)\in S^{m_1+m_2-\rho}$，而且

$$\begin{aligned}&\|T_{a_j}R_{jk}\tilde{h}_k(D)\|_{S^{m_1+m_2-\rho}}\\&\leqslant C\|a_j\|_{C^\rho}\|b_k\|_{C^\rho}\|h_j\|_{C^{2M}(S^{n-1})}\|\tilde{h}_k\|_{C^{2M}(S^{n-1})}.\end{aligned}$$

由定理 10.2.5 又有

$$\begin{aligned}T_{a_j}T_{D^\alpha b_k}h_j^\alpha(D)\tilde{h}_k(D)=&T_{a_jD^\alpha b_k}h_j^\alpha(D)\tilde{h}_k(D)\\&+R_{jk}^\alpha h_j^\alpha(D)\tilde{h}_k(D).\end{aligned}$$

这里 $R_{jk}^\alpha\in S^{-(\rho-|\alpha|)}$，以及

$$\|R_{jk}^\alpha\|_{S^{-(\rho-|\alpha|)}}\leqslant C\|a_j\|_{C^\rho}\|D^\alpha b_k\|_{C^{\rho-|\alpha|}}.$$

因此 $R_{jk}^\alpha h_j^\alpha(D)\tilde{h}_k(D)\in S^{m_1+m_2-\rho}$ 且

$$\|R_{jk}^\alpha h_j^\alpha(D)\tilde{h}_k(D)\|\leqslant C\|a_j\|_{C^\rho}\|b_k\|_{C^\rho}\|h_j\|_{C^{2M}(S^{n-1})}\|\tilde{h}_k\|_{C^{2M}(S^{n-1})}.$$

由此定理得证，且

$$\begin{aligned}&\|T_{l_1}\circ T_{l_2}-T_{l_1\# l_2}\|_{S^{m_1+m_2-\rho}}\\&\leqslant C\sum_{j,k}\|a_j\|_{C^\rho}\|b_k\|_{C^\rho}\|h_j\|_{C^{2M}(S^{n-1})}\|\tilde{h}_k\|_{C^{2M}(S^{2n-1})}.\end{aligned}$$

定理 10.2.12 设 $l(x,\xi)\in l_\rho^m$。记

$$l^*(x,\xi)=\sum_{|\alpha|\leqslant[\rho]}\frac{1}{\alpha!}\partial_\xi^\alpha D_x^\alpha\bar{l}(x,\xi),\tag{10.2.18}$$

则 $T_l^*=T_{l^*}\bmod S^{m-\rho}$，$T_l^*:H^s\to H^{s-m}$。

证. 作球面调和分解 $l(x,\xi)=\sum_j a_j(x)h_j(\xi)$。对

$$u\in C_0^\infty\subset H^s,\quad v\in C_0^\infty\subset H^{m-s-\rho},$$

$$(T_l^* u, v) = (u, T_l v) = \sum_j (u, T_{a_j} \circ h_j(D) v)$$

$$= \sum_j (T_{a_j}^* u, h_j(D) v)$$

$$= \sum_j [(T_{\bar{a}_j} u, h_j(D) v) + (R_j u, h_j(D) v)].$$

这里 $R_j \in S^{-\rho}$，$\|R_j u\|_{H^{s+\rho}} \leqslant C \|a_j\|_{C^\rho} \|u\|_{H^s}$. 因此

$$|(R_j u, h_j(D) v)| \leqslant C \|a_j\|_{C^\rho} \|u\|_{H^s} \|h_j(D) v\|_{H^{-s-\rho}}$$
$$\leqslant C \|a_j\|_{C^\rho} \|h_j\|_{C^{2M}(S^{n-1})} \|u\|_{H^s} \|v\|_{H^{m-s-\rho}}.$$

同时还有

$$(T_{\bar{a}_j} u, h_j(D) v) = (\bar{h}_j(D) T_{\bar{a}_j} u, v)$$
$$= \sum_{|\alpha| \leqslant [\rho]} \frac{1}{\alpha!} (T_{\bar{a}_j} \circ \bar{h}_j^\alpha(D) u, v)$$
$$+ (R_j' u, v).$$

由定理 10.2.10 有

$$|(R_j' u, v)| \leqslant C \|a_j\|_{C^\rho} \|h_j\|_{C^{2M}(S^{n-1})} \|u\|_{H^s} \|v\|_{H^{m-s-\rho}},$$

级数 $\sum_j \|a_j\|_{C^\rho} \|h_j\|_{C^{2M}(S^{n-1})}$ 则因 $\|a_j\|_{C^\rho}$ 对 j 急减，$\|h_j\|_{C^{2M}(S^{n-1})}$ 对 j 缓增，故而收敛. 这样最后有

$$|((T_l^* - T_{l^*}) u, v)| \leqslant C \|u\|_{H^s} \|v\|_{H^{m-s-\rho}}.$$

上式是对 $u, v \in C_0^\infty$ 证明的，但因 C_0^∞ 在 H^s 与 $H^{m-s-\rho}$ 中均稠密，所以上式对 $u \in H^s$，$v \in H^{m-s-\rho}$ 也成立. 这样证明了

$$T_l^* = T_{l^*} (\mathrm{mod} S^{-\rho+m}),$$

且 T_l^*: $H^s \to H^{s-m}$.

以上两个定理表明 T_l 与 PsDO 是很相似的，而最大的差别在于用有限展开式与 $S^{-\rho}$ 正则性代替了渐近展开式与 $S^{-\infty}$ 正则性. 事实上还有

定理 10.2.13 设 $l \in l_\rho^m$，$\rho > m$，则对所有 $s > m - \rho$

$$l(x, D) - T_l \in \mathscr{L}(H^s, H^{s'}),$$

这里 $l(x, D)$ 是具有非光滑象征 $l(x, \xi)$ 的 PsDO，$s' < \min\{\rho, s + \rho - m\}$.

证. 用球面调和分解后不妨设 $l(x, \xi)=a(x)h(\xi)$. 对于 $u\in H^s$，令 $v=h(D)u\in H^{s-m}$ 有

$$T_l u = T_a\circ h(D)u = T_a v,$$

$$\begin{aligned}\|v\|_{s-m}^2 &= \int (1+|\xi|^2)^{s-m}|\hat{v}(\xi)|^2 d\xi \\ &= \int (1+|\xi|^2)^{s-m}|h(\xi)\hat{u}(\xi)|^2 d\xi \\ &= \int (1+|\xi|^2)^{s-m}|\xi|^{2m}|h(\xi/|\xi|)\hat{u}(\xi)|^2 d\xi \\ &\leqslant C^2\int (1+|\xi|^2)^s\|h\|_{C^0(S^{n-1})}^2|\hat{u}(\xi)|^2 d\xi \\ &= C^2\|h\|_{C^0(S^{n-1})}^2\|u\|_{H^s}^2.\end{aligned}$$

因此 $T_l u - l(x,D)u = T_a v - a(x)(2\pi)^{-n}\int e^{ix\xi}h(\xi)\hat{u}(\xi)d\xi = T_a v - \sum_{p,q} a_p v_q = T_v a + R(a,v)$，这里

$$R(a,v) = \sum_{|p-q|<N_0} a_p v_q = \sum_{j=-N_0+1}^{N_0-1} R_j(a,v),$$

$$R_j(a,v) = \sum_q a_{q-j}v_q = \sum_q f_q.$$

容易看到 supp $\hat{f}_q\subset B(0,C2^q)$，而且

$$\begin{aligned}\|f_q\|_{L^2} &\leqslant \|a_{q-j}\|_{L^\infty}\|v_q\|_{L^2} \leqslant C\|a\|_{C^\rho}2^{-\rho(q-j)} \\ &\quad\cdot \|v\|_{H^{s-m}}2^{-q(s-m)}c_q \\ &\leqslant C\|a\|_{C^\rho}\|h\|_{C^0(S^{n-1})}\|u\|_{H^s}2^{-q(s+\rho-m)}c_q,\end{aligned}$$

这里 $(c_q)\in l^2$.因此当 $s+\rho-m>0$ 时，$R(a, v)\in H^{s-m+\rho}$ 以及 $\|R(a,v)\|_{H^{s-m+\rho}}\leqslant C\|a\|_{C^\rho}\|h\|_{C^0(S^{n-1})}\|u\|_{H^s}$.

对于 $T_v a$ 则有

$$T_v a = \sum_q S_q(v)a_q = \sum_q f'_q.$$

这里 supp $\hat{f}'_q\subset C'_q$，以及

$$\begin{aligned}\|f'_q\|_{L^2} &\leqslant \|a_q\|_{L^\infty}\|S_q(v)\|_{L^2} \\ &\leqslant C\|a\|_{C^\rho}\|v\|_{H^{s-m}}2^{-q\rho}\sum_{-1\leqslant p\leqslant q-N_0} 2^{-(s-m)p}c_p.\end{aligned}$$

若 $s-m>0$，则 $\sum\limits_{-1\leqslant p\leqslant q-N_0} 2^{-(s-m)p}c_p \leqslant C$，从而对任意 $\varepsilon>0$ 有 $T_v a\in H^{\rho-\varepsilon}$；若 $s-m<0$，则

$$\sum_{-1\leqslant p\leqslant q-N_0} 2^{-(s-m)p}c_p \leqslant C2^{-q(s-m)}.$$

因此对任意 $\varepsilon>0$，$T_v a\in H^{s+\rho-m-\varepsilon}$；若 $s-m=0$，则 $f_q=V_{q-N_0}a_q$。这里 $\hat{V}_{q-N_0}(\xi)=\psi(2^{-q+N_0}\xi)\theta(\xi)$。令 $\psi(\xi)$ 是 $\tilde{\Phi}(x)$ 的 Fourier 变换，则有

$$V_{q-N_0}(x)=v*2^{n(q-N_0)}\tilde{\Phi}(2^{q-N_0})(x),$$

因此由 Hausdorff-Young 不等式

$$\begin{aligned}\|f_q\|_{L^2}&\leqslant\|a_q\|_{L^\infty}\|V_{q-N_0}\|_{L^2}\\&\leqslant 2^{-\rho q}\|a\|_{C^\rho}\|\tilde{\Phi}\|_{L^1}\|v\|_{L^2}\leqslant C2^{-q\varepsilon}2^{-\rho(q-\varepsilon)}.\end{aligned}$$

因此 $T_v a\in H^{\rho-\varepsilon}$ 对任意 $\varepsilon>0$ 成立。定理证毕。

为以后应用方便，我们将这一定理的几种特殊情况列为以下的推论。

推论 10.2.14

(a) 若 $l\in l^m_\infty$，则 $l(x,D)-T_l$ 是 $S^{-\infty}$ 算子，从而对任意 $s,s'\in\mathbb{R}$，$l(x,D)-T_l$: $H^s\to H^{s'}$。

(b) 若 $\rho>m$，则 $l(x,D)$: $L^2\to L^2$。

(c) 若 $\rho=m$，则对任意 $\varepsilon>0$，$l(x,D)-T_l\in\mathscr{L}(H^\varepsilon, L^2)$。

证. (a),(b)是显然的，(c) 可由定理 10.2.13 中令 $s=\varepsilon>m-\rho=0$，$s'=0<\min\{s,\rho\}$ 而得

推论 10.2.15 设 $l\in l^m_\rho$，$u\in H^s_{\mathrm{comp}}$，$U\subset\mathbb{R}^n\times(\mathbb{R}^n\backslash 0)$ 是一个开锥形集。

(a) 若在 U 上 $l(x,\xi)=0$，则 $T_l u\in H^{s-m+\rho}(U)$。

(b) 若 $u\in H^{s'}(U)$，则 $T_l u\in H^t(U)$，$t=\min\{s+\rho-m, s'-m\}$。

证. 设 $k(x,\xi)\in C^\infty(\mathbb{R}^n\times(\mathbb{R}^n\backslash 0))$ 对 ξ 是零次正齐性的，且在 U 外 $k=0$。我们先讨论 $k(x\ D)T_l u$ 的正则性：

$$k(x,D)T_l u = T_k T_l u + Ru.$$

由于 $k(x,\xi)\in l^0_\infty$，所以由上述推论 $R\in S^{-\infty}$. 此外

$$T_k T_l u = \sum_{|\alpha|\leqslant[\rho]} \frac{1}{\alpha!} T_{\partial_\xi^\alpha k\cdot D_x^\alpha l} u + R'u = R'u$$

(因为 supp k 与 supp l 不相交故 $\partial_\xi^\alpha k\cdot D_x^\alpha l=0$), $R'\in S^{\rho-m}$，故 $k(x,D)T_l u\in H^{s-m+\rho}$ 而 (a) 得证.

为证 (b). 设 $k(x,\xi)$ 和(a)中一样，再令 $k_j(x,\xi)(j=1,2)$ 均为对 ξ 为零次正齐性的 C^∞ 函数，且对 x 有紧支集，而且当 $x\in$ supp u 时 $k_1(x,\xi)+k_2(x,\xi)=1$，supp $k_1\subset U$ 以及当 $(x,\xi)\in$ supp $k(x,\xi)$ 时 $k_1=1$. 于是

$$\begin{aligned} k(x,D)T_l u &= T_k T_l k_1(x,D)u + T_k T_l k_2(x,D)u + Ru \\ &= T_k T_l k_1(x,D)u + T_k T_l T_{k_2} u + R'u. \end{aligned}$$

$R,R'\in S^{-\infty}$. 此外

$$T_l T_{k_2} - T_{\sum\limits_{|\alpha|\leqslant[\rho]} \frac{1}{\alpha!}\partial_\xi^\alpha l\cdot D_x^\alpha k_2} \in S^{-\rho+m},$$

而且 $k_2=0$ 于 supp k 上. 所以由 (a) 有 $T_k T_l T_{k_2} u\in H^{s-m+\rho}$.

另一方面 $k_1(x,D)u\in H^{s'}$，因此 $T_k T_l k_1(x,D)u\in H^{s'-m}$. 这就证明了 $k(x,D)T_l u\in H^t$，从而 $T_1 u\in H^t(U)$. (b)证毕.

上面几个结果说明了 T_l 的运算与 $l(x,\xi)$ 的运算之间的关系和 PsDO 及其象征的相应关系一样而主要的区别在于无穷可微性代之以 C^ρ 可微性以及相应的渐近展开式代之以有限展开式. 实际上 T_l 也是一个 PsDO，即有

定理 10.2.16 若 $l\in l^m_\rho$，$\rho>0$ 且 $\rho\notin\mathbb{N}$，则 $T_l\in L^m_{1,1}$ 且

$$\sigma(T_l) = \sum_q S_q(l(x,\xi))\varphi(2^{-q}\xi). \qquad (10.2.19)$$

证. 我们要验证 $\sigma(T_l)\in S^m_{1,1}$. 为此应用球面调和分解，不妨设 $l(x,\xi)=a(x)h(\xi)$，$a\in C^\rho$ 且对 x 有紧支集. 这样(10.2.19)所定义的 $\sigma(T_l)$ 成为

$$\sigma(T_l) = \sum_l S_q(a)h(\xi)\varphi(2^{-q}\xi),$$

显然是 C^∞ 函数且对 ξ 有紧支集于 C_q 内. 我们有

$$\partial_\xi^\alpha \partial_x^\beta \sigma(T_l) = \sum_q \partial_x^\beta S_q(a) \cdot \partial_\xi^\alpha (h(\xi)\varphi(2^{-q}\xi)).$$

由于 $a \in C_0^\rho \subset L^\infty$，故有

$$\|\partial_x^\beta S_q(a)(x)\|_{L^\infty} \leqslant C(n,\beta) 2^{q|\beta|} \|a\|_{L^\infty}. \tag{10.2.20}$$

另一方面，再作 $\tilde{\varphi}(\xi) \in C_0^\infty(\mathbf{R}^n)$ 使 $\operatorname{supp} \tilde{\varphi} \subset C_0'$ 而在 $\operatorname{supp} \varphi$ 上 $\tilde{\varphi}(\xi) = 1$. $0 \leqslant \tilde{\varphi} \leqslant 1$，这样

$$\begin{aligned}\Big| |\partial_\xi^\alpha h(\xi)\varphi(2^{-q}\xi)| &\leqslant C_\alpha \sum_{\alpha_1+\alpha_2=\alpha} \Big| h^{\alpha_1}(\xi) 2^{-q|\alpha_2|} \varphi^{\alpha_2}(2^{-q}\xi) \Big| \\ &\leqslant C_\alpha \|h\|_{C^M(S^{n-1})} 2^{-q|\alpha_2|} |\xi|^{m-|\alpha_1|} \tilde{\varphi}(2^{-q}\xi) \\ &\leqslant C_\alpha 2^{q(m-|\alpha|)} \tilde{\varphi}(2^{-q}\xi).\end{aligned} \tag{10.2.21}$$

由于在 $\operatorname{supp} \tilde{\varphi}(2^{-q}\xi)$ 上 $K'^{-1}2^q \leqslant |\xi| \leqslant K'2^{q+1}$，故 $2^q \sim |\xi|$. 合并(10.2.20)和(10.2.21)知当 $|\xi| \geqslant K'2^{N_0-1}$ 时有

$$\begin{aligned}|\partial_x^\beta \partial_\xi^\alpha \sigma(T_l)| &\leqslant C_{\alpha\beta} |\xi|^{m-|\alpha|-|\beta|} \sum_{q \geqslant N_0} \tilde{\varphi}(2^{-q}\xi) \\ &\leqslant C_{\alpha\beta} |\xi|^{m-|\alpha|-|\beta|}.\end{aligned}$$

所以 $\sigma(T_l) \in S_{1,1}^m$. $T_l u$ 可以写成 $(2\pi)^{-n} \int e^{ix\xi} \sigma(T_l) \hat{u}(\xi) d\xi$ 是显然的. 定理证毕.

我们在上册第五章即已指出 $S_{\rho,\delta}^m$ 当 ρ, δ 不满足某些关系时是"坏类". 例如要想利用渐近展开作象征计算就需要 $\rho > \delta$，所以 $S_{1,1}^m$ 是一个"坏类". 而且对一般的 $L \in L_{1,1}^m$ 仅当 $s - m > 0$ 时 $L \in \mathscr{L}(H^s, H^{s-m})$ (应用 L-P 分解很容易证明). 但我们的 T_l 虽然属于"坏类" $L_{1,1}^m$，却有有限展开，因此有相应的象征运算. 此外，对一切 $s > 0$ (不一定 $s - m > 0$)，都有 $T_l \in \mathscr{L}(H^s, H^{s-m})$. 所以 T_l 又构成"坏类"中一个好的子类. 上册第五章指出 $S_{1,1}^m$ 是很有用处的，即是指此而言. 此外 $S_{\frac{1}{2},\frac{1}{2}}^m$ 也是很有用的类.

为了着重从 PsDO 的角度来讨论 T_l，我们再用奇异积分算子来定义它.

给定 $0 < \varepsilon_1 < \varepsilon_2$ 充分小，并设 $\chi \in C^\infty((\mathbf{R}^n \times \mathbf{R}^n) \backslash (0,0))$ 是零次正齐性函数，满足

$$\chi(\theta,\eta)=1,\quad 若|\theta|\leqslant\varepsilon_1|\eta|,$$
$$\chi(\theta,\eta)=0,\quad 若|\theta|\geqslant\varepsilon_2|\eta|. \tag{10.2.22}$$

又设 $s(\xi)\in C^\infty(\mathbb{R}^n)$ 在 $|\xi|\leqslant\frac{1}{2}$ 时 $s=0$，$|\xi|\geqslant 1$ 时 $s=1$，于是对 $l\in l_\rho^m$，记 $\hat{l}_x(\theta,\xi)$ 为 $l(x,\xi)$ 对于 x 的部分 Fourier 变换并定义

$$\widehat{(\tilde{T}_l u)}(\xi)=(2\pi)^{-n}\int\chi(\xi-\eta,\eta)\hat{l}_x(\xi-\eta,\eta)s(\eta)\hat{u}(\eta)d\eta. \tag{10.2.23}$$

这样定义的算子 $\tilde{T}_l$ 与前面定义的 T_l 是相似的，它也是一个 $L_{1,1}^m$ 类算子，其象征为

$$\sigma(\tilde{T}_l)=(2\pi)^{-n}\int e^{ix\eta}\chi(\eta,\xi)\hat{l}_x(\eta,\xi)s(\xi)d\eta.$$

对 $l(x,\xi)$ 作球面调和分解，可以设 $l(x,\xi)=a(x)h(\xi)$，于是(10.2.23)成为

$$\widehat{(\tilde{T}_l u)}(\xi)=(2\pi)^{-n}\int\chi(\xi-\eta,\eta)\hat{a}(\xi-\eta)\cdot[\widehat{h(D)s(D)u}](\eta)d\eta.$$

因此，我们不妨只讨论

$$\widehat{(\tilde{T}_a u)}(\xi)=(2\pi)^{-n}\int\chi(\xi-\eta,\eta)\hat{a}(\xi-\eta)\hat{u}(\eta)d\eta. \tag{10.2.24}$$

定理 10.2.17 若 $a\in C^\rho$，$\rho>0$ 具有紧支集，则算子 $T_a-\tilde{T}_a\in S^{-\rho}$，而且其算子范数不大于 $C\|a\|_{C^\rho}$。

证. 对(10.2.24)中的 a 和 u 作 L-P 分解，有

$$\widehat{(\tilde{T}_a u)}(\xi)=(2\pi)^{-n}\sum_{p,q}\int\chi(\xi-\eta,\eta)\hat{a}_p(\xi-\eta)\hat{u}_q(\eta)d\eta.$$

现取 N_0 充分大使 $2^{-N_0+1}K^2\leqslant\varepsilon_1$，则在 supp $\hat{a}_p(\xi-\eta)\hat{u}_q(\eta)$ 上，当 $p\leqslant q-N_0$ 时，因 supp $\hat{a}_p(\xi-\eta)\subset B(0,K2^p)\subset B(0,K2^{q-N_0+1})$，supp $\hat{u}_q(\eta)\subset C_q$，因此有 $|\xi-\eta|\leqslant K2^{q-N_0+1}=K^2 2^{-N_0+1}K^{-1}\cdot 2^q\leqslant\varepsilon_1|\eta|$，所以 $\chi(\xi-\eta,\eta)=1$。同样地若适当取 N_1 使 $\varepsilon_2\leqslant K^{-2}2^{-N_1+1}$，则当 $p\geqslant q-N_1$ 时也可得知在 supp $\hat{a}_p(\xi-\eta)\hat{u}_q(\eta)$ 上 $\chi(\xi-\eta,\eta)=0$。这里 $N_0>N_1>0$。因此

$$(\tilde{T}_l u)(\xi)=\sum_{-1\leqslant p\leqslant q-N_0} a_p u_q+\sum_{q-N_0<p<q-N_1}(2\pi)^{-2n}$$

$$\cdot\int e^{ix(\theta+\eta)}\chi(\theta,\eta)\hat{a}_p(\theta)\hat{u}_q(\eta)d\theta d\eta$$

$$=T_a u+Ru.$$

以下讨论 Ru，并证明 R 是 ρ 正则化算子. R 的积分区域不超过 $K^{-1}\leqslant 2^{-p}|\theta|\leqslant 2K$，$K^{-1}\leqslant 2^{-q}|\eta|\leqslant 2K$，因为 $\hat{a}_p(\theta)\hat{u}_q(\eta)$ 的支集含于其内，故可作出一个 $r(s,t)\in\mathscr{S}(\mathbf{R}^{2n})$，使 $\hat{r}(2^{-p}\theta,2^{-q}\eta)=\chi(\theta,\eta)m(\theta,\eta)$. 而 $m\in C_0^\infty(\mathbf{R}^{2n})$ 且在 $\{(\theta,\eta);\ K^{-1}\leqslant 2^{-p}|\theta|\leqslant 2K,\ K^{-1}\leqslant 2^{-q}|\eta|\leqslant 2K\}$ 上 $m=1$. 于是

$$(Ru)(x)=\sum_{q-N_0<p<q-N_1}(2\pi)^{-2n}\int e^{ix(\theta+\eta)}$$

$$\cdot\hat{r}(2^{-p}\theta,2^{-q}\eta)\hat{a}_p(\theta)\hat{u}_q(\eta)d\theta d\eta$$

$$=\sum_q\Big(\sum_{q-N_0<p<q-N_1} f_{pq}\Big)=\sum_q f_q.$$

$$f_{pq}=\int r(s,t)a_p(x-2^{-q}s)u_q(x-2^{-q}t)dsdt.$$

显然 $\operatorname{supp}\hat{f}_q\subset C'_q$，而对于 $u\in H^s$，由 Hausdorff-Young 不等式

$$\|f_q\|_{L^2}\leqslant\sum_{q-N_0<p<q-N_1}\|f_{pq}\|_{L^2}$$

$$\leqslant C\sum_{q-N_0<p<q-N_1}\|a_p\|_{L^\infty}\|u_q\|_{L^2}$$

$$\leqslant C\|a\|_{C^\rho}2^{-q\rho}c_q 2^{-qs},(c_q)\in l^2.$$

因此有 $Ru\in H^{s+\rho}$. 若 $u\in C^\alpha$，则

$$\|f_q\|_{L^\infty}\leqslant\sum_{q-N_0<p<q-N_1}\|f_{pq}\|_{L^\infty}$$

$$\leqslant C\sum_{q-N_0<p<q-N_1}\|a_p\|_{L^\infty}\|u_q\|_{L^\infty}$$

$$\leqslant C2^{-q\rho-2q\alpha}\|u\|_{C^\alpha}\|a\|_{C^\rho}.$$

因此有 $Ru\in C^{\alpha+\rho}$. 定理证毕.

从这个定义也可看到，改变 χ 和 s 只对 $\tilde{T}_l$ 加了一个 $\rho-m$ 正则化算子. 这是因为 T_l 的定义与 χ, s 无关，而改变 χ, s 后

$\widetilde{T}_l - T_l \in s^{-\rho}$ 仍成立,所以 $\widetilde{T}_l \mod s^{-\rho+m}$ 由 $l(x, \xi)$ 唯一决定,且 $\widetilde{T}_l \in \mathscr{L}(H^s, H^{s-m})$ 或 $\in \mathscr{L}(C^\alpha, C^{\alpha-m})$. 若令 $\chi(\eta, \xi) = \sum_q \psi_{q-N_0}(\eta)\varphi_q(\xi)$, 则 $\widetilde{T}_l = T_l$.

用积分形式(10.2.23)定义 T_l 与 T_a 有时比较方便. 例如可以更直接地应用 PsDO 的各种技巧,并且扩大函数 l 的类而取消对 ξ 齐性的限制等等.

3. 仿微分算子. 现在可以研究仿微分算子了. 先讨论其象征的类.

定义 10.2.18

(a) 设 $\Omega \subset \mathbb{R}^n$ 是开集, 对 $m \in \mathbb{R}^1$, $\rho > 0$, 定义 $\sum_\rho^m(\Omega)$ 为定义在 $\Omega \times (\mathbb{R}^n \backslash 0)$ 上的形如

$$l(x,\xi) = l_m(x,\xi) + l_{m-1}(x,\xi) + \cdots + l_{m-[\rho]}(x,\xi) \tag{10.2.25}$$

的函数之空间, $l_{m-k}(x, \xi)$ 对 ξ 属于 $C^\infty(\mathbb{R}^n\backslash 0)$ 且为 $m-k$ 次正齐性的,对于 x 则(对 ξ 一致地)属于 $C_{\mathrm{loc}}^{\rho-k}$.

(b) 若 $l_j \in \sum_\rho^{m_j}(\Omega)(j = 1,2)$ 定义 $l_1 \# l_2 \in \sum_\rho^{m_1+m_2}(\Omega)$ 为

$$l_1 \# l_2 = \sum\sum\sum_{|\alpha|+k_1+k_2 \leqslant [\rho]} \frac{1}{\alpha!} \partial_\xi^\alpha l_{m_1-k_1}^1 \cdot D_x^\alpha l_{m_2-k_2}^2. \tag{10.2.26}$$

(c) 若 $l \in \sum_\rho^m(\Omega)$, 定义 $l^* \in \sum_\rho^m(\Omega)$ 为

$$l^* = \sum_{|\alpha|+k \leqslant [\rho]} \frac{1}{\alpha!} \partial_\xi^\alpha D_x^\alpha \bar{l}_{m-k}. \tag{10.2.27}$$

$\sum_\rho^m(\Omega)$ 就是我们要讨论的象征类,而其相应的算子类则定义为

定义 10.2.19 设 $\Omega \subset \mathbb{R}^n$ 是开集, $L: \mathscr{D}'(\Omega) \to \mathscr{D}'(\Omega)$ 为一适当支的算子. L 称为 Ω 上的 m 阶 ρ 类仿微分算子是指存在 $l \in \sum_\rho^m(\Omega)$ 使得对任一紧集 $K \Subset \Omega$ 以及任一在 K 附近恒为 1 的 $C_0^\infty(\Omega)$ 函数 χ, 都有

$$L - \chi T_{\chi l}: H_{\mathrm{comp}}^s(K) \to H_{\mathrm{comp}}^{s-m+\rho}$$

是连续映射 ($\forall s \in \mathbb{R}^1$). 这样的算子集合记作 $\mathrm{Op}(\sum_\rho^m(\Omega))$. l 称为 L 的象征,记作 $\sigma(L)$.

若 $L - \chi T_{\chi l}$: $C_0^{\alpha}(K) \to C_0^{\alpha-m+\rho}$, 则记 $L \in \widetilde{\mathrm{Op}}(\sum_\rho^m(\Omega))$.
显然,若 $L \in \mathrm{Op}(\sum_\rho^m(\Omega))$, 则对任意的 $s \in \mathbf{R}$ 均有

$$L: H_{\mathrm{loc}}^s(\Omega) \to H_{\mathrm{loc}}^{s-m}(\Omega).$$

下面的定理是关于仿微分算子的基本定理.

定理 10.2.20 设 $\Omega \subset \mathbf{R}^n$ 是开集, $m \in \mathbf{R}$, $\rho > 0$. 则

(a) $L \in \mathrm{Op}(\sum_\rho^m(\Omega))$ 有唯一象征 $\sigma(L) \in \sum_\rho^m(\Omega)$, 而且

$$\sigma: \mathrm{Op}(\textstyle\sum_\rho^m(\Omega)) \to \sum_\rho^m(\Omega)$$

是满射,其核 $\ker \sigma$ 由映 $H_{\mathrm{loc}}^s(\Omega)$ 到 $H_{\mathrm{loc}}^{s-m}(\Omega)$ 的算子构成.

(b) 若 $L_j \in \mathrm{Op}(\sum_\rho^{m_j}(\Omega))(j = 1,2)$, 则有

$$\begin{aligned} &L_1 \circ L_2 \in \mathrm{Op}(\textstyle\sum_\rho^{m_1+m_2}(\Omega)), \\ &\sigma(L_1 \circ L_2) = \sigma(L_1) \# \sigma(L_2). \end{aligned} \tag{10.2.28}$$

(c) 若 $L \in \mathrm{Op}(\sum_\rho^m(\Omega))$, 则 $L^* \in \mathrm{Op}(\sum_\rho^m(\Omega))$, 且

$$\sigma(L^*) = \sigma(L)^*. \tag{10.2.29}$$

(d) 若 $L \in L_{1,0}^m$, $\sigma_\psi(L) \sim \sum\limits_j l_{m-j}(x,\xi)$ 是一适当支 PsDO (σ_ψ 表示 L 作为一个 PsDO 的象征),则对于任意的 ρ 均有

$$L \in \mathrm{Op}(\textstyle\sum_\rho^m(\Omega)) \text{ 且 } \sigma(L) = \sum\limits_{0 \leqslant j \leqslant [\rho]} l_{m-j}.$$

证. (a)的证明放在最后,先从(b)的证明开始. 事实上只需证明 $\sigma(L_1) \# \sigma(L_2) = l_1 \# l_2 = \sigma(L_1 \circ L_2)$, 这样自然有 $L_1 \circ L_2 \in \mathrm{Op}(\sum_\rho^{m_1+m_2}(\Omega))$.

任给紧集 $K \Subset \Omega$ 以及 $u \in H_0^s(K)$, 取 $\chi \in C_0^\infty(\Omega)$ 使得在 K 附近 $\chi(x) = 1$, 则

$$\begin{aligned} L_1 \circ L_2 u &= L_1(\chi T_{\chi l_2} u + R_2 u) \\ &= \chi T_{\chi l_1} \circ \chi T_{\chi l_2} u + \chi T_{\chi l_1} \circ R_2 u + R_1 \circ \chi T_{\chi l_2} u \\ &\quad + R_1 \circ R_2 u. \end{aligned}$$

这里 R_j 为 $\rho - m_j$ 正则化算子: R_j: $H_{\mathrm{comp}}^s(K) \to H_{\mathrm{comp}}^{s-m_j+\rho}$ $(j = 1,2)$.

将上一段关于 T_l 的讨论用于 $\chi T_{\chi l_1}$, 有

$$\chi T_{\chi l_1} \circ R_2: H_{\mathrm{comp}}^s(K) \to H_{\mathrm{comp}}^{s-m_1-m_2+\rho}(K),$$

$$R_1\circ \chi T_{\chi l_2}:\ H^s_{comp}(K)\to H^{s-m_1-m_2+\rho}_{comp},$$
$$R_1\circ R_2:\ H^s_{comp}(K)\to H^{s-m_1-m_2+2\rho}_{comp},$$
合并以上各项得 $R\ :H^s_{comp}(K)\to H^{s-m_1-m_2+\rho}_{comp}$，即有
$$L_1\circ L_2=\chi T_{\chi l_1}\circ\chi T_{\chi l_2}u+Ru. \tag{10.2.30}$$
再看 $\chi T_{\chi l}$. $\chi\in C_0^\infty\subset l^0_\infty$ 所以由推论 10.2.14 (a)，$\chi-T_\chi\in S^{-\infty}$，由“#”的定义 $\chi\#\chi l_2=\chi^2 l_2$，所以
$$\begin{aligned}\chi T_{\chi l_1}\circ\chi T_{\chi l_2}u&=\chi T_{\chi l_1}\circ T_{\chi^2 l_2}u+R_\infty u\\&=\chi T_{\chi l_1\#\chi^2 l_2}u+R_3u.\end{aligned}\tag{10.2.31}$$
这里由定理 10.2.11，$R_3:H^s_{comp}(K)\to H^{s-m_1-m_2+\rho}_{comp}$.

现在证明
$$\chi T_{\chi l_1\#(\chi^2 l_2)}=\chi T_{\chi(l_1\#l_2)}+R_4, \tag{10.2.32}$$
$$R_4:\ H^s_{comp}(K)\to H^{s-m_1-m_2+\rho}_{comp}(K).$$
然后合并以上结果即有
$$L_1\circ L_2u=\chi T_{\chi(l_1\#l_2)}u+(R+R_3+R_4)u.$$

为此，首先注意到由“#“的定义，$\chi(l_1\#l_2)=(\chi l_1\#l_2)$. 作 $\chi_1\in C_0^\infty(\Omega)$ 使得在 supp χ 附近 $\chi_1\equiv1$，则在 supp u 的一邻域上 $\chi l_2-\chi_1 l_2=0$. 故由推论 10.2.15 有
$$T_{\chi l_2}-T_{\chi_1 l_2}:\ H^s_{comp}(K)\to H^{s-m_2+\rho}_{comp},$$
从而
$$\begin{aligned}T_{\chi l_1\#\chi l_2}u&=T_{\chi l_1}\circ T_{\chi l_2}u+R_1u\\&=T_{\chi l_1}\circ T_{\chi_1 l_2}u+R_2u\\&=T_{\chi l_1\#\chi_1 l_2}u+R_3u,\end{aligned}$$
$R_3:\ H^s_{comp}(K)\to H^{s-m_1-m_2+\rho}_{comp}$. 直接由定义可以算出 $\chi l_1\#\chi_1 l_2=\chi l_1\# l_2=\chi(l_1\#l_2)$，所以有
$$\begin{aligned}T_{\chi l_1\#\chi^2 l_2}u&=T_{\chi l_1\#\chi_1\chi l_2}u+Ru=T_{\chi l_1\#\chi l_2}u+Ru\\&=T_{\chi l_1\#\chi_1 l_2}u+Ru=T_{\chi(l_1\#l_2)}u+Ru.\end{aligned}$$
这里三个 R 不全相同，但都是 $H^s_{comp}(K)\to H^{s-m_1-m_2+\rho}_{comp}$. 由此(10.2.32)得证，从而(b)证毕。

(c) 的证明与(b)类似，只是要用定理 10.2.12 和推论 10.2.15.

(d) 设 $L\in L^m_{1,0}$ 则 $\sigma_\phi(L)\sim\sum_{j=0}^{\infty}l_{m-j}$. 对任意 $\rho>0$, 记 $l(x,\xi)=\sum_{j=0}^{[\rho]}l_{m-j}(x,\xi)$, 设 K,χ,u 的意义和(b)一样,有

$$\chi T_{\chi l}u=\chi^2\sum_{j=0}^{[\rho]}l_{m-j}(x,D)u+\chi[T_{\chi l}-\chi l(x,D)]u.$$

因为 $l\in l^m_\infty$, 故 $T_{\chi l}-\chi l(x,D)$ 是∞正则化算子. 又由于当 $\chi\in K$ 时 $(1-\chi^2)l(x,\xi)=0$, $u\in H^s_0(K)$, 所以

$$(1-\chi^2)l(x,D)u\in H^{+\infty}.$$

因此我们有

$$\begin{aligned}Lu-\chi T_{\chi l}u&=Lu-l(x,D)u+Ru\\&=\sum_{j=[\rho]+1}^{\infty}l_{m-j}(x,D)u+Ru,\end{aligned}$$

$R\in S^{-\infty}$. 由于 $\sum_{j=[\rho]+1}^{\infty}l_{m-j}(x,D)\in L^{m-([\rho]+1)}_{1,0}$, 因此

$$L-\chi T_{\chi l},\ H^s_{\text{comp}}(K)\to H^{s-m+([\rho]+1)}_{\text{comp}}.$$

(a) 我们先证明 σ 是满射,即任给 $l\in\sum^m_\rho(\Omega)$, 要求作出一个 $L\in\mathrm{Op}(\sum^m_\rho(\Omega))$ 使 l 是它的一个象征. 作 Ω 的一个局部有限覆盖$\{\Omega_j\}$. 这里 $\bar{\Omega}_j\Subset\Omega$ 均为紧集, $\{\varphi_j\}$ 是从属于 $\{\Omega_j\}$ 的一的 C^∞ 分割. 令 $\chi_j\in C^\infty_0(\Omega_j)$ 且在 $\operatorname{supp}\varphi_j$ 附近 $\chi_j=1$. 于是我们定义

$$Lu=\sum_j\chi_jT_{\chi_jl}(\varphi_ju).$$

显然这样定义的 L 是 $\mathscr{D}'(\Omega)\to\mathscr{D}'(\Omega)$ 的线性算子. 今证 L 是适当支的.

任给紧集 $K\Subset\Omega$, 令 $K'=\bigcup_{j\in I_K}\operatorname{supp}\chi_j$, $I_K=\{j,K\cap\Omega_j\neq\phi\}$. 因为$\{\Omega_j\}$是局部有限的, I_K 必为有限集, 因此 K' 仍是 Ω 的紧子集. 若 $\operatorname{supp}u\subset K$, 则当 $j\notin I_K$ 时 $\varphi_ju=0$, 从而

$$Lu=\sum_{j\in I_K}\chi_jT_{\chi_jl}(\varphi_ju),$$

于是 supp $Lu\subset K'$.

另一方面，若 supp $u\cap K'=\phi$，则任给 $j\in I_K$ 有 $\varphi_j u=0$. 因此 $Lu=\sum_{j\in I_K}\chi_j T_{\chi_j l}(\varphi_j u)$，supp $Lu\subset\sum_{j\in I_K}$ supp $\chi_j\subset CK$. 这样证明了L是适当支的. 再证 l 是L的一个象征.

任给紧集 $K\Subset\Omega$，作 $\chi\in C_0^\infty(\Omega)$ 使在K的某一邻域中 $\chi=1$，若 supp $u\subset K$，则

$$Lu-\chi T_{\chi l}u=\sum_{j\in I_K}\chi_j T_{\chi_j l}(\varphi_j u)-\chi T_{\chi l}u.$$

由 I_K 的定义，知当 $\chi\in K$ 时 $\sum_{j\in I_K}\varphi_j=1$，所以 $\chi T_{\chi l}u=\sum_{j\in I_K}\chi T_{\chi l}(\varphi_j u)$. 所以有

$$Lu-\chi T_{\chi l}u=\left[\sum_{j\in I_K}\chi_j T_{\chi_j l}-\chi T_{\chi l}\right](\varphi_j u)$$

$$=\left[\sum_{j\in I_K}(\chi_j-\chi)T_{\chi_j l}-\chi T_{\chi l-\chi_j l}\right](\varphi_j u).$$

因为在 supp φ_j 上 $\chi l-\chi_j l=0$，因此由推论 10.2.15 知

$$T_{\chi l-\chi_j l}\circ\varphi_j:\ H^s_{\mathrm{comp}}(K)\to H^{s-m+\rho}_{\mathrm{comp}}.$$

再由 I_K 是有限集知

$$\sum_{j\in I_K}\chi T_{\chi l-\chi_j l}\circ\varphi_j:\ H^s_{\mathrm{comp}}(K)\to H^{s-m+\rho}_{\mathrm{comp}}.$$

另一方面，$\chi_j-\chi\in C_0^\infty$，因此 $(\chi_j-\chi)-T_{\chi_j-\chi}$ 是一个无穷正则化算子，这就导出

$$Lu-\chi T_{\chi l}u=\sum_{j\in I_K}T_{\chi_j-\chi}\circ T_{\chi_j l}(\varphi_j u)+Ru$$

$$=\sum_{j\in I_K}T_{(\chi_j-\chi)\chi_j l}(\varphi_j u)+Ru.$$

再一次利用在 supp φ_j 上 $\chi_j-\chi=0$ 即知 l 是L的一个象征. 除象征的唯一性外，定理至此证毕.

证明象征的唯一性即证明若一个仿微分算子$L\in \mathrm{Op}(\sum_\rho^m(\Omega))$映$H^s\to H^{s-m+\rho}$则其象征必为0。这一事实是下述命题的简单推论。

定理 10.2.21 设 $L\in \mathrm{Op}(\sum_\rho^m(\Omega))$，$l=l_m+\cdots+l_{m-[\rho]}$为其一个象征，若有$s\in\mathbf{R}$和$\varepsilon>0$使$L$映$H^s$到$H^{s-m+\varepsilon}$，则有

$$l_m=0.$$

在证明这个定理之前先证明关于象征计算的另一命题。它是椭圆 PsDO 必有拟逆这一事实在仿微分算子理论中的对应物。

定理 10.2.22 设 $l\in\sum_\rho^m(\Omega)$，$k\in\sum_\rho^{m'}(\Omega)$ 且在 supp k 的一个邻域上 $l(x,\xi)\neq 0$，则必存在 $h,h'\in\sum_\rho^{m'-m}(\Omega)$，使得

$$l\# h=h'\# l=k.$$

证. 先证h的存在性。设

$$l(x,\xi)=l_m(x,\xi)+\cdots+l_{m-[\rho]}(x,\xi),$$
$$k(x,\xi)=k_{m'}(x,\xi)+\cdots+k_{m'-[\rho]}(x,\xi).$$

设得求的 $h(x,\xi)=h_{m'-m}(x,\xi)+\cdots+h_{m'-m-[\rho]}(x,\xi)$，其中$h_{m'-m-j}(x,\xi)$ 均为未知的。我们依次来求出它们。首先令

$$h_{m'-m}(x,\xi)=k_{m'}(x,\xi)/l_m(x,\xi).$$

由于在 supp k 上 $l_m(x,\xi)\neq 0$,在补充定义 supp k 以外 $h_{m'-m}(x,\xi)=0$ 后知上式是有意义的且对ξ是 $m'-m$ 次正齐性的。现在归纳地设 $h_{m'-m},\cdots,h_{m'-m-j_0+1}$ 均已作出，我们来作 $h_{m'-m-j_0}$。我们知道当 $j_2<j_0$ 时

$$\partial_\xi^\alpha l_{m-j_1}D_x^\alpha h_{m'-m-j_2}$$

对ξ是 $m'-j_1-j_2-|\alpha|$ 次正齐性的。令

$$l_m h_{m'-m-j_0}=k_{m'-j_0}-\sum_{\substack{|\alpha|+j_1+j_2=j_0\\ j_2<j_0}}\frac{1}{\alpha!}\cdot\partial_\xi^\alpha l_{m-j_1}D_x^\alpha h_{m'-m-j_2}.$$

这样作出的 $h_{m'-m-j_0}$ 即合所求。h'的作法相同。

定理 10.2.21 的证明. 设有一点(x_0,ξ_0)使 $l_m(x_0,\xi_0)\neq 0$，于是作一个零阶 PsDO K使其主象征 $k_0(x_0,\xi_0)\neq 0$ 而且 supp $\sigma_\psi(K)\subset\{(x,\xi);\ l_m(x,\xi)\neq 0\}$。由定理 10.2.22 有 $h\in\sum_\rho^{-m}(\Omega)$

使 $l\#h = k_0 + \cdots + k_{-[\rho]}$，从而由前面的结论存在

$$H \in \mathrm{Op}(\Sigma_\rho^{-m}(\Omega))$$

使得

$$K = L \circ H + R.$$

这里 $R \in S^{-\rho}$. 于是K映 $H^{s-m} \to H^{s-m+s}$. 但因K是零阶拟微分算子且主象征非 0，因此这是不可能的，从而 $l_m(x,\xi) = 0$ 而定理证毕.

对于空间 C^α 中的算子 $\widetilde{\mathrm{O}}\mathrm{p}(\Sigma_\rho^m(\Omega))$ 也有类似于定理 10.2.20 的结论成立,我们在此不再重复.

下面我们把有关象征计算的其它一些有用的结论归纳在几个推论中.

推论 10.2.23

(a) 对于 $d > 0$ 有 $\mathrm{Op}(\Sigma_\rho^m(\Omega)) \subset \mathrm{Op}(\Sigma_{\rho+d}^{m+d}(\Omega))$.

(b) 设 $L \in \mathrm{Op}(\Sigma_\rho^m(\Omega))$，$\rho > 1$，若 $\sigma_m(L) = 0$，则

$$L \in \mathrm{Op}(\Sigma_{\rho-1}^{m-1}(\Omega)).$$

(c) 设 $L_j \in \mathrm{Op}(\Sigma_\rho^{m_j}(\Omega))(j = 1,2)$，若 $\rho > 1$，则

$$[L_1, L_2] \in \mathrm{Op}(\Sigma_{\rho-1}^{m_1+m_2-1}(\Omega)),$$

$$\sigma_{m_1+m_2-1}([L_1, L_2]) = \frac{1}{i}\{\sigma_{m_1}(L_1), \sigma_{m_2}(L_2)\}.$$

若 $0 < \rho \leqslant 1$，则 $[L_1, L_2] \in \mathrm{Op}(\Sigma_\rho^{m_1+m_2-1}(\Omega))$，但其象征为 0.

(d) 设 $U \subset \Omega \times (\mathbb{R}^n \backslash 0)$ 是一个开锥形集. 设

$$L \in \mathrm{Op}(\Sigma_\rho^m(\Omega)),\ u \in H_{\mathrm{loc}}^s(\Omega) \cap H^t(U),$$

则有 $Lu \in H^r(U)$，这里

$$r = \min\{t - m,\ s + \rho - m\}.$$

若 $\sigma(L)$ 在U上为 0，则 $Lu \in H^{t+\rho-m}(U)$.

(d) 的结论还可以用下面的不等式来描述：即对任意的象征在U的一个紧锥形集外为 0 的零阶 PsDO M，都存在一个同样类型的零阶 PsDO M_1 以及一个函数 $\Psi \in C_0^\infty(\Omega)$，使得

$$\|MLu\|_r \leqslant C\{\|M_1 u\|_t + \|\Psi u\|_s\}. \qquad (10.2.33)$$

这个推论是很简单的，现不给证明.

此外，关于仿乘积我们也有

推论 10.2.24

(a) 设 $a\in C^{\rho}_{loc}(\Omega),\rho>0,u\in C^{\sigma}_{loc}(\Omega)$ 假设 $A\in\tilde{O}p(\sum^{0}_{\rho}(\Omega))$ 使得 $\sigma(A)=a$，则有：

若 $\sigma>0$，$au=Au+Ua$，$(\bmod C^{\rho+\sigma}_{loc})$；

若 $-\rho<\sigma\leqslant 0$，$au=Au$，$(\bmod C^{\rho+\sigma}_{loc})$；

这里 $U\in\tilde{O}p(\sum^{0}_{\sigma}(\Omega))$，$\sigma(U)=u$。

(b) 设 $a\in H^{s}_{loc}(\Omega)$，$s>\frac{n}{2}$，$u\in H^{t}_{loc}(\Omega)$。令

$$A\in Op(\textstyle\sum^{0}_{s-n/2}(\Omega)),$$

且 $\sigma(A)=a$，则有

若 $t>\frac{n}{2}$，则 $au=Au+Ua$，$(\bmod H^{s+t-n/2}_{loc})$；

若 $-s+\frac{n}{2}<t\leqslant\frac{n}{2}$，则 $au=Au$ $(\bmod H^{s+t-n/2}_{loc})$。

这里 $U\in Op(\sum^{0}_{t-n/2}(\Omega))$，$\sigma(U)=u$。

这是 Sobolev 嵌入定理 10.1.10，引理 10.1.16 和推论 10.1.18 的直接结论。

因为后面我们要用到依赖于参数的算子族，所以它们的一致有界性将是一个重要的概念。现在我们给出其定义。

定义 10.2.25 算子族 $\{L_\lambda\}\subset Op(\sum^{m}_{\rho}(\Omega))$ 称为有界的，若它们满足下列三个条件：

(a) 适当支条件一致成立：即对任意紧集 $K\Subset\Omega$，必有另一个适用于族中参数 λ 之一切值的紧集 $K_1\Subset\Omega$，使得 $\operatorname{supp} u\subset K\Rightarrow\operatorname{supp} L_\lambda u\subset K_1(\forall\lambda)$；以及 $\operatorname{supp} u\cap K_1=\varnothing\Rightarrow\operatorname{supp} L_\lambda u\cap K=\varnothing$。

(b) 象征族具有一致的上界：即若 $l_\lambda=\sum\limits_{j\leqslant[\rho]}l_{\lambda,m-j}$ 是 L_λ 的象征，则对任意 $\alpha\in\mathbf{N}^n$，$D^{\alpha}_{\xi}l_{\lambda,m-j}$ 是 $C^{\rho-j}_{loc}(\Omega\times S^{n-1})$ 的有界集（对 λ 而不是对 α 有界）。

(c) 对任一紧集 $K\Subset\Omega$ 和 $\chi\in C^{\infty}_{0}(\Omega)$（在 K 的某邻域上 $\chi=1$），都有

$$\|L_\lambda - \chi T_{\chi l}\|_{\mathscr{L}(H^s_{\mathrm{comp}}(K), H^{s-m+\rho}_{\mathrm{comp}})} \leqslant C. \qquad (10.2.34)$$

这里 C 与 λ 无关.

显然，若 $\{L_\lambda\}$ 是 $\mathrm{Op}(\sum_\rho^m(\Omega))$ 的一族有界算子，$\{L'_\lambda\}$ 是 $\mathrm{Op}(\sum_\rho^{m'}(\Omega))$ 的另一族有界算子,则 $\{L_\lambda \circ L'_\lambda\}$ 是 $\mathrm{Op}(\sum_\rho^{m+m'}(\Omega))$ 的一族有界算子.

最后我们以一个简单的引理来结束这一节，它的证明是很简单的。

引理 10.2.26 设 $\chi \in C_0^\infty(\Omega)$，$\Delta$ 是 $\mathbf{R}^n$ 上的 Laplace 算子,则以 $\alpha > 0$ 为参数的算子族 $\{\chi(1 - \alpha\Delta)^{-1}\chi\}$ 对所有的 $\rho > 0$ 是 $\mathrm{Op}(\sum_\rho^0(\Omega))$ 中的一个有界算子族，而算子族 $\{\alpha\chi(1 - \alpha\Delta\}^{-1}\chi\}$ 则是 $\mathrm{Op}(\sum_\rho^{-2}(\Omega))$ 内的有界算子族.

§3. 非线性偏微分方程的仿线性化

1. 仿线性化定理. 现在我们在前面预备知识的基础上研究非线性偏微分方程的线性化理论. 先从最简单的情况——复合函数开始.

定理 10.3.1 设 $F \in C^\infty(\mathbf{R}^1)$，$F(0) = 0$. 若 $f \in H^s(\mathbf{R}^n)$，$s > \frac{n}{2}$ 是实值函数(或 $f \in C^\sigma(\mathbf{R}^n)$，$\sigma > 0$ 是实值函数),则复合函数 $F(f) \in H^s(\mathbf{R}^n)$ (或 $F(f) \in C^\sigma(\mathbf{R}^n)$).

证. 记 $\sigma = s - \frac{n}{2} > 0$，$f = \sum_{p=-1}^{\infty} f_p$ 是 f 的 L-P 分解，$\sum_p(f) = f_{-1} + \cdots + f_p$，则由定理 10.1.5，10.1.7 和 Sobolev 嵌入定理 10.1.10 有

$$\|f - \textstyle\sum_p(f)\|_{L^\infty} \leqslant C_2^{-p}\|f\|_{C^\sigma}.$$

因此 $\sum_p(f)$在 $\mathbf{R}^n$ 上一致收敛于 f,而在经典的意义下有

$$F(f) = \sum_{p=-1}^{\infty}[F(\textstyle\sum_p(f)) - F(\sum_{p-1}(f))].$$

这里我们规定 $\sum_{-2}(f) = 0$，故 $F(\sum_{-2}(f)) = 0$. 但由中值定理:

$$F(\textstyle\sum_p(f)) - F(\sum_{p-1}(f)) = F(\sum_{p-1}(f) + f_p)$$
$$- F(\textstyle\sum_{p-1}(f)) = f_p\int_0^1 F'(\sum_{p-1}(f)$$
$$+ tf_p)dt = m_pf_p. \qquad (10.3.1)$$
$$m_p(x) = \int_0^1 F'(\textstyle\sum_{p-1}(f) + tf_p)dt,$$
$$p = -1, 0, \cdots, \infty, \qquad (10.3.1')$$

$m_p(x)$ 当然依赖于 f，但我们仍称下式为第一线性化公式：

$$F(f) = \sum_{p=-1}^{\infty} m_p(x)f_p$$
$$= \sum_{p=-1}^{\infty} m_p(x)\varphi(2^{-p}D)f$$
$$= Lf. \qquad (10.3.2)$$

这里 $L = \sum\limits_{p=-1}^{\infty} m_p(x)\varphi(2^{-p}D)$，而 $p = -1$ 时 $\varphi(2^{-p}D)$ 理解为 $\phi(D)$. 由于 $f \in H^s$，$s > \frac{n}{2}$；或 $f \in C^\sigma$，$\sigma > 0$，因此若算子 $L \in L^0_{1,1}$，则因为它在 H^s，$s > \frac{n}{2}$（或 C^σ，$\sigma > 0$）上是有界算子（见定理 10.2.16 后的说明），那么定理得到证明，但这一事实可以由下面的引理得到验证（也可由定理 10.3.3 直接证明 L 是有界线性算子）.

引理 10.3.2 设 $F \in C^\infty(\mathbb{R}^1)$，$g_p \in C^\infty(\mathbb{R}^n)$ 为实值函数，且对任意 $\alpha \in \mathbb{N}^n$ 存在常数 $C_\alpha > 0$ 使得

$$\|\partial^\alpha g_p\|_{L^\infty} \leqslant C_\alpha 2^{p|\alpha|}, \qquad (10.3.3)$$

则存在 $C'_\alpha > 0$ 使得 $\|\partial^\alpha F(g_p)\| \leqslant C'_\alpha 2^{p|\alpha|}$.

证. 由链法则有 $\partial^\alpha F(g_p) = \sum\limits_{\alpha=\alpha_1+\cdots+\alpha_q} F^{(q)}(g_p)\partial^{\alpha_1}g_p\cdots\partial^{\alpha_q}g_p$.

因为由(10.3.3)，$|g_p|$ 之值域是有界集，从而 $F^{(q)}(t)$ 当 t 在 $|g_p|$ 的值域上变化时也是有界的：

$$\|F^{(q)}(g_p)\|_{L^\infty} \leqslant C_q.$$

所以

$$\|\partial^\alpha F(g_p)\|_{L^\infty} \leqslant \Big(\sum_{\alpha=\alpha_1+\cdots+\alpha_q} C_q C_{\alpha_1}\cdots C_{\alpha_q}\Big)2^{p|\alpha|}$$
$$= C'_\alpha 2^{p|\alpha|}.$$

引理得证.

定理 10.3.1 证明的完成. 对任意的 $\alpha\in\mathbf{N}^n$, 由引理 10.1.6,因为 $\operatorname{supp}[\widehat{\sum_{p-1}(f)} + tf_p]\subset B(0,C2^p)$ 中,故当 $0\leqslant t\leqslant 1$ 时可得

$$\|\partial^\alpha m_p\|_{L^\infty}\leqslant C_\alpha 2^{p|\alpha|},\ C_\alpha \text{ 与 } p \text{ 无关}. \tag{10.3.4}$$

现在算子 L_1 的象征是

$$\sigma(L_1)(x,\xi) = \sum_{p=-1}^{\infty} m_p(x)\varphi(2^{-p}\xi)$$

($p=-1$ 时 $\varphi(2^{-p}\xi)$ 理解为 $\psi(\xi)$)

作 $\chi_p(\xi)\in C_0^\infty(C'_p)$ 使得 $0\leqslant\chi_p\leqslant 1$ 且在 C_p 上 $\chi_p\equiv 1$, 则

$$|\partial_x^\alpha\partial_\xi^\beta\sigma(L)(x,\xi)| = \sum|\partial_x^\alpha m_p(x)\partial_\xi^\beta\varphi(2^{-p}\xi)|$$
$$\leqslant\sum C_\alpha 2^{p|\alpha|-p|\beta|}|\varphi_\xi^\beta(2^{-p}\xi)|$$
$$\leqslant C_{\alpha\beta}\sum 2^{p|\alpha|-p|\beta|}\chi_p(\xi)\ (\text{在 } C'_p \text{ 上} |\xi|\sim 2^p)$$
$$\leqslant C'_{\alpha\beta}\sum|\xi|^{|\alpha|-|\beta|}\chi_p(\xi)$$
$$\leqslant C''_{\alpha\beta}(1+|\xi|)^{|\alpha|-|\beta|}.$$

这里我们需要用到以下事实将证明作必要的修改: 若 $|\alpha|-|\beta|<0$, 则 $|\beta|>0$, 从而在 $\xi=0$ 的某个邻域中 $\varphi(2^{-p}\xi)=\text{const}$, 于是 $\partial_\xi^\beta\varphi(2^{-p}\xi)=0$. 因此可知 $L_1\in L_{1,1}^0$ 而定理证毕.

我们再直接证明 L 的有界性如下:

定理 10.3.3 设 $\{C_\alpha\}$, $\alpha\in\mathbf{N}^n$ 是一个常数序列, $\{m_p(x)\}\subset C^\infty(\mathbf{R}^n)$ 是一个满足 (10.3.4) 的函数序列, 则算子 $L(x,D)=\sum_{p=-1}^{\infty} m_p(x)\varphi(2^{-p}D)$ 可由 $\mathscr{S}(\mathbf{R}^n)\to\mathscr{S}(\mathbf{R}^n)$ 拓展为 $H^s\to H^s$, $s>0$ 和 $C^\sigma\to C^\sigma$, $\sigma>0$ 的有界算子.

证. L: $\mathscr{S}\to\mathscr{S}$ 是很容易证明的只要注意到 $\partial_\xi^\alpha\varphi(2^{-p}\xi)$ 对 p 一致地是 ξ 的缓增函数即可知道. 同样,若 $u\in H^s$, Lu 也是有

意义的。事实上

$$L(x,D)u=\sum_{p=-1}^{\infty} m_p(x)u_p(x)=\sum_{p=-1}^{\infty} v_p(x)$$

是在 H^s 意义下收敛的。现在对任给的 $\alpha\in\mathbf{N}^n$ 有

$$\|\partial^\alpha v_p\|_{L^2}=\left\|\sum_{\alpha=\alpha_1+\alpha_2}\frac{\alpha!}{\alpha_1!\alpha_2!}\partial_x^{\alpha_1}m_p\partial_x^{\alpha_2}u_p\right\|_{L^2}$$

$$\leqslant C\sum_{\alpha=\alpha_1+\alpha_2}\|\partial^{\alpha_1}m_p\|_{L^\infty}\|\partial^{\alpha_2}u_p\|_{L^2}$$

$$\leqslant C\sum C_{\alpha_1}2^{p|\alpha_1|}C_{\alpha_2 p}2^{p(|\alpha_2|-s)}$$

$$\leqslant\sum C_{\alpha p}2^{-p(s-|\alpha|)},\quad (C_{\alpha p})_p\in l^2.$$

故由定理 10.1.5 知，当 $s>0$ 时 $L(x,D)u\in H^s$，而且由

$$\|(C_{\alpha p})_p\|_{l^2}\leqslant C\|u\|_{H^s}$$

即得定理之证。$u\in C^\sigma$ 证明类似。

注 1. 定理 10.2.16 后提到任意 $L\in L_{1,1}^m$ $H^s\to H^{s-m}$ 为有界，其证明与此大体相同。

注 2. 这个证明当然适用于定理 10.3.1 的情况，因为 $m_p(x)\in C^\infty$ 是很容易证明的。

由于线性化公式中的算子 $L\in L_{1,1}^0$ 而对后者不能进行象征计算，所以我们希望将它进一步改进得到一个仿乘积算子。这就是下面的第二线性化公式或称仿线性化定理。在这之前，我们先指出，也可以把(10.3.2)改写为

$$F(f)=F(f_{-1})+\sum_{p=0}^{\infty}m_p(x)\varphi(2^{-p}D)f$$

$$=F(f_{-1})+Lf. \tag{10.3.2$'$}$$

前面我们已证明了 $F(f)\in C^\sigma$，可以完全和前面一样证明 $L=\sum_{p=0}^{\infty}m_p(x)\varphi(2^{-p}D)$：$H^s\to H^s$（或 $C^\sigma\to C^\sigma$）为有界算子，所以也有 $F(f_{-1})\in H^s$（或 $F(f_{-1})\in C^\sigma$）。

定理 10.3.4 设 $F\in C^\infty(\mathbf{R}^1)$ $F(0)=0$，f 是一实值函数。

(a) 若 $f\in H^s(\mathbf{R}^n)$, $s>\frac{n}{2}$, 则存在 $g\in H^{2s-\frac{n}{2}}(\mathbf{R}^n)$ 使

$$F(f)=T_{F'(f)}f+g. \tag{10.3.5}$$

(b) 若 $f\in C^\sigma(\mathbf{R}^n)$, $\sigma>0$, 则存在 $g\in C^{2\sigma}(\mathbf{R}^n)$ 使

$$F(f)=T_{F'(f)}f+g. \tag{10.3.5}$$

证. 将定理 10.3.1 用于 $F'(f)-F'(0)$, 知 $F'(f)-F'(0)\in C^\sigma\left(s-\frac{n}{2}\text{也记作}\sigma\right)$. 因为常数 $F'(0)\in C^\sigma$, 故 $F'(f)\in C^\sigma$. 如要应用第二节的定理于 $T_{F'(f)}$, 则需要 $F'(f)(x)$ 对 x 具有紧支集. 但现在 $f\in H^s$, $s-\frac{n}{2}=\sigma>0$, 或 $f\in C^\sigma$,所以恒有 $f\in L^\infty$, 而可令 $\|f\|_{L^\infty}<M$. 作函数 $\chi(t)\in C_0^\infty$ 使 $f(t)=0$, $|t|\geqslant M+1$; $f(t)=1$, $|t|\leqslant M$, 则 $(\chi F)(f)=F(f)$, 而且 $\chi F\in C_0^\infty$. 所以恒可设 $F(f)\in C_0^\infty(\mathbf{R}^1)$ 而 $T_{F'(f)}$ 是有意义的,而且 $T_{F'(f)}\in L_{1,1}^0$. 再由第一线性化公式

$$F(f)=Lf,$$

$L\in L_{1,1}^0$. 我们只需研究 L 与 $T_{F'(f)}$ 之差即可得到定理的证明. 这就引导我们去证明下面更精确的命题.

定理 10.3.5 用前面的记号, 当 $\sigma>0\left(\text{或 }\sigma=s-\frac{n}{2}>0\right)$ 时,必存在 $R\in L_{1,1}^{-\sigma}$ 使得

$$L-T_{F'(f)}=R. \tag{10.3.6}$$

证. 由于 $\sigma(L)=\sum\limits_{p=-1}^{\infty}m_p(x)\varphi(2^{-p}\xi)$, $\sigma(T_{F'(f)})=\sum\limits_p s_p(F'(f))\varphi(2^{-p}\xi)=\sum\limits_{p>N_0}\Sigma_{p-N_0}(F'(f))\varphi(2^{-p}\xi)$. 故若记 $R=L-T_{F'(L)}$ 有

$$\sigma(R)=\sum_{p>N_0}\left[m_p(x)-\Sigma_{p-N_0}(F'(f))(x)\right]\varphi(2^{-p}\xi)$$
$$+\sum_{p<N_0}m_p(x)\varphi(2^{-p}\xi). \tag{10.3.7}$$

因为 $\sum\limits_{p<N_0} m_p(x)\varphi(2^{-p}\xi)$ 对 x 属于 C^∞，对 ξ 属于 C_0^∞，所以这一项属于 $S^{-\infty}$，相应的算子是无穷正则化的，因此，只需验证对任意 $\alpha\in\mathbf{N}^n$ 和 $p\geqslant N_0$

$$\left\|\partial_x^\alpha\left(m_p(x)-\sum\nolimits_{p-N_0}(F'(f))(x)\right)\right\|_{L^\infty}\leqslant C_\alpha 2^{p(|\alpha|-\sigma)}$$

即可．为此，我们再用 Taylor 公式进一步展开 $m_p(x)$：

$$\begin{aligned}m_p(x)&=\int_0^1 F'(\textstyle\sum_{p-1}(f)+tf_p)dt\\&=F'(\textstyle\sum_{p-1}(f))+f_p\displaystyle\int_0^1 F''(\textstyle\sum_{p-1}(f)+tf_p)(1-t)dt\\&=F'(\textstyle\sum_{p-1}(f))+\widetilde{m}_p(x)\cdot f_p(x).\end{aligned}\tag{10.3.8}$$

$\widetilde{m}_p(x)$ 和 $m_p(x)$ 有类似性质，故由引理 10.3.2 有

$$\|\partial_x^\alpha\widetilde{m}_p(x)\|_{L^\infty}\leqslant C_\alpha 2^{p|\alpha|}.$$

再由链法则即知

$$\|\partial^\alpha(\widetilde{m}_pf_p)\|_{L^\infty}\leqslant C_\alpha 2^{p(|\alpha|-\sigma)}.\tag{10.3.9}$$

将(10.3.8)代入(10.3.7)即知只要验证

$$\|\partial_x^\alpha[F'(\textstyle\sum_{p-1}(f))-\sum_{p-N_0}(F'(f))]\|_L\leqslant C_\alpha 2^{p(|\alpha|-\sigma)}\tag{10.3.10}$$

即可．现在分两种情况来证明．

首先令 $0\leqslant|\alpha|<\sigma$．因为 $F'(f)\in C^\sigma$，所以

$$\begin{aligned}&\partial_x^\alpha[F'(\textstyle\sum_{p-1}(f))-F'(f)]\\&\quad=\displaystyle\sum_{\alpha=\alpha_1+\cdots+\alpha_q}[F^{(q+1)}(\textstyle\sum_{p-1}(f))\partial^{\alpha_1}(\sum_{p-1}(f))\\&\qquad\cdots\partial^{\alpha_q}(\textstyle\sum_{p-1}(f))-F^{(q+1)}(f)\partial^{\alpha_1}f\cdots\partial^{\alpha_q}f].\end{aligned}\tag{10.3.11}$$

由于

$$\begin{aligned}&\|F^{(q+1)}(\textstyle\sum_{p-1}(f))-F^{(q+1)}(f)\|_{L^\infty}\\&\quad\leqslant\displaystyle\max_{\mathbf{R}^1}|F^{(q+2)}|\,\|\textstyle\sum_{p-1}(f)-f\|_{L^\infty}\leqslant C_{q,p}2^{-p\sigma}\end{aligned}$$

(这里我们又一次用到 $F\in C_0^\infty(\mathbf{R}^1)$ 以及定理 10.1.5：

$$\begin{aligned}&\|f-\textstyle\sum_{p-1}(f)\|_{L^\infty}=\|f_p+f_{p+1}+\cdots\|_{L^\infty}\\&\quad\leqslant\displaystyle\sum_{k=0}^\infty\|F_{p+k}\|_{L^\infty}\leqslant C\sum_{k=0}^\infty 2^{-(p+k)\sigma}\leqslant C2^{-p\sigma},\end{aligned}$$

这当然本质地用到了 $\sigma>0$)，以及

$$\|\partial^\alpha(\sum_{p-1}(f)-f)\|_{L^\infty}\leqslant 2^{p(|\alpha|-\sigma)},$$

$$\|F^{(q+1)}(\sum_{p-1}(f))\|_{L^\infty}\leqslant C,\ \|F^{(q+1)}(f)\|_{L^\infty}\leqslant C,$$

$$\|\partial^{\alpha_j}\sum_{p-1}(f)\|_{L^\infty}\leqslant C,\ \|\partial^{\alpha_j}f\|_{L^\infty}\leqslant C,$$

C 与 p 无关，将这些结果代入(10.3.11)，即知当 $|\alpha|<\sigma$ 时

$$\|\partial^\alpha[F'(\sum_{p-1}(f))-F'(f)]\|_{L^\infty}\leqslant C2^{p(|\alpha|-\sigma)}. \tag{10.3.12}$$

另一方面，由于 $F'(f)\in C^\sigma$，$\partial^\alpha F'(f)\in C^{\sigma-|\alpha|}$，所以

$$\|\partial^\alpha F'(f)-\partial^\alpha\sum_{p-N_0}(F'(f))\|\leqslant C_\alpha 2^{p(|\alpha|-\sigma)}. \tag{10.3.13}$$

将(10.3.12)与(10.3.13)合并即知当 $0\leqslant|\alpha|<\sigma$ 时(10.3.10)成立.

若 $|\alpha|\geqslant\sigma$，由于 $F'(f)\in C^\sigma$，我们一方面有

$$\|\partial^\alpha\sum_{p-N_0}(F'(f))\|_{L^\infty}\leqslant C2^{p(|\alpha|-\sigma)},$$

同时由引理 10.3.2 和 $\sum(|\alpha_j|-\sigma)\leqslant\sum|\alpha_j|-\sigma$ 有

$$\|\partial^\alpha F'(\sum_{p-1}(f))\|_{L^\infty}\leqslant C2^{p(|\alpha|-\sigma)}.$$

这里我们也应用了 $\sigma>0$. 所以当 $|\alpha|\geqslant\sigma$ 时(10.3.10)也成立.

至此我们证得了定理 10.3.5，从而也证得了定理 10.3.4.

最后我们把仿线性化定理推广到多元函数的复合函数上去.

定理 10.3.6 设 $F(x,y)\in C^\infty(\mathbf{R}^n\times\mathbf{R}^N)$，$F(x,0)=0$. 若实值函数 $u_1,\cdots,u_N\in C_0^\sigma(\mathbf{R}^n)$，$\sigma>0$，则存在 $g\in C^{2\sigma}(\mathbf{R}^n)$ 使

$$F(x,u_1,\cdots,u_N)-\sum_{j=1}^N T_{F_j}u_j=g, \tag{10.3.14}$$

这里 $F_j=\partial F/\partial y_j(x,u_1(x),\cdots,u_N(x))$. 类似的结论对 H^s，$s-\frac{n}{2}>\sigma>0$ 也成立，这时 $g\in H^{s+\sigma}$.

这个定理的证明与定理 10.3.4 完全相似. 令

$$u_{N+1}(x)=x_1,\cdots,u_{N+n}(x)=x_n,$$

而 $u(x)=(u_1,\cdots,u_{N+n})$ 为 $n+N$ 维向量. 但这时 $u_{N+j}(x)\in C^\infty$ 而不属于 C^σ，因为它们在 $\mathbf{R}^n$ 上并不有界. 但是由于设 $u_1,\cdots,u_N$ 有紧支集，故有某个紧集 K，使在 K 外 $u_j=0$ $(j=1,\cdots,N)$，从而也有 $F=0$. 因此可以作函数 $v_i\in C_0^\infty$ $(i=1,\cdots,n)$ 使得在 K 的某个领域中 $v_i=x_i$. 于是这个定理就完全化成与定

理 10.3.4 平行的定理。再注意到 $T_{\partial F/\partial v_j} v_j \in C^{2\sigma}$ 或 $H^{2s-\frac{n}{2}}$,则定理完全得证。

我们时常要用到定理 10.3.6 的局部形式:

定理 10.3.6′ 设 $\Omega \subset \mathbf{R}^n$ 为一开集,$u_1, \cdots, u_N \in C^\sigma_{loc}$, $\sigma > 0$ $\left(\text{或} \in H^s_{loc},\ s - \dfrac{n}{2} = \sigma > 0\right)$ 为实值函数。$F(x, y)$, $x \in \mathbf{R}^n$, $y \in \mathbf{R}^N$ 定义在 $\{(x; u_1(x), \cdots, u_N(x));\ x \in \Omega\}$ 附近且为 C^∞ 函数,则有以 $\dfrac{\partial F}{\partial u_j}$ 为象征的 $A_j \in \widetilde{\mathrm{Op}}(\Sigma^0_\rho(\Omega))$ 使 $F(x, u(x)) - \sum_{j=1}^{A} A_j u_j \in C^{2\sigma}_{loc}(\Omega)$(或 $\in H^{2s-\frac{n}{2}-\varepsilon}$, ε 是任意正数)。

事实上,设紧集 $K \Subset \Omega$, 作 $\chi \in C_0^\infty(\Omega)$ 使得在K的某邻域中 $F(x, u(x)) = F(x, \chi u(x))$, 而 $A_j u_j - T_{\chi \frac{\partial F}{\partial u_j}(x, \chi u)} \chi u_j \in C^{2\sigma}$ 于K附近,再应用定理 10.3.6 即得。不过这里我们没有设 $F(x, 0) = 0$。 这是因为 $F(x, y) = [F(x, y) - F(x, 0)] + F(x, 0) = F_1(x, y) + F(x, 0)$。 $F_1(x, y)$ 适合 $F_1(x, 0) = 0$,而且 $\dfrac{\partial F}{\partial u_j} = \dfrac{\partial F_1}{\partial u_j}$。 $F_1(x, 0) \in C^\infty$ 因而自然属于 C^σ_{loc}。 然后对 F_1 应用此定理即可。

这个定理还有微局部形式:

定理 10.3.6″ 对 u 和 F 的假设同上,若再令 $u_j \in C^{\sigma'}_{(x_0, \xi_0)}$(或 $H^{s'}_{(x_0, \xi_0)}$),则 $F(x, u) \in C^\rho_{(x_0, \xi_0)}$, $\rho = \min(\sigma', 2\sigma)$(或 $\in H^\gamma_{(x_0, x_0)}$, γ 是适合 $\gamma \leqslant s'$ 与 $\gamma < 2s - \dfrac{n}{2}$ 的任意实数)。

2. 仿微分方程。 现在考虑如下的 m 阶非线性偏微分方程

$$F[u] = F(x, u, \cdots, \partial^\beta u, \cdots)_{|\beta| \leqslant m} = 0. \qquad (10.3.15)$$

这里 $F \in C^\infty(\Omega \times \mathbf{R}^N)$ 是一实值函数, Ω 是 $\mathbf{R}^n$ 的开子集N是适合 $\beta \in \mathbf{N}^n$, $|\beta| \leqslant m$ 的 β 之个数。 假设F对u的某些高阶导数是线性的,即设F可以写为

$$F[u]=\sum_{k_0<k\le m}\sum_{|\alpha|=k}A_\alpha(x,u(x),\cdots,\partial^\beta u(x),\cdots)_{|\beta|\le p(k)}\partial^\alpha u(x)$$
$$+A_{k_0}(x,u(x),\cdots,\partial^\beta u(x),\cdots)_{|\beta|\le k_0}. \qquad (10.3.16)$$

这里 $p(k)<k$，而且规定：若 A_α 仅依赖于 x，则 $p(k)=-\infty$。令

$$d=\max\left(k_0,\frac{k+p(k)}{2}\right), \qquad (10.3.17)$$

则当 F 是完全非线性时，$d=m$。当 F 是拟线性时 $k_0=m-1$，$p(m)=m-1$，$k=m$，从而 $d=m-\frac{1}{2}$。当方程为半线性时，$k_0=m-1$，$k=m$，$p(m)=0$，从而 $d=m-1$。当方程仅对 u 本身为非线性时 $k_0=0$，$p(k)=-\infty$，从而 $d=0$。对于线性方程则规定 $d=-\infty$。

当 $u\in C^\rho_{loc}(\Omega)$，$\rho>\max(h_0,p(x))$ 时，由定理 10.3.6′ A_α 和 A_k 都有意义，而对于乘积，由推论 10.2.24 需要以下条件，可以使它们 $\mathrm{mod}C^{\rho_1}_{loc}$（或 $\mathrm{mod}H^{s_1}_{loc}$），$\rho_1$ 和 s_1 是适当的数，有以下意义：

(a) 若 $u\in C^\rho_{loc}(\Omega)$，应规定 $\rho>d$，

(b) 若 $u\in H^s_{loc}(\Omega)$，应规定 $s>\frac{n}{2}+\max(k_0,p(k))$ 和 $s>\frac{n}{4}+d$。

定理和定义 10.3.7 设 $u\in C^\rho_{loc}(\Omega)$ 是实值函数，$\rho>\max(k_0,p(x))$。令

$$p(x,\xi)=\sum_{|\beta|>2d-\rho}F_\beta(x,u(x),\cdots)(i\xi)^\beta, \qquad (10.3.18)$$

$F_\beta=\frac{\partial F}{\partial u_\beta}$，则 $p(x,\xi)\in\sum^m_{\rho+m-2d}(\Omega)$，并称为 F 的**象征**，$|\beta|=m$ 的部分称为**主象征**。

证. 由于 $\rho>\max(k_0,p(x))$，$m\ge\max(h_0,k)$，所以 $\rho+m>2d$，因此 (10.3.18) 中一定含 $|\beta|=m$ 的项。于是主象征是有意义的。实际上 $p(x\xi)$ 中只有以下两种形式的项：

$$A_\beta(x,u(x),\cdots)(i\xi)^\beta,\ |\beta|>2d-\rho,$$

$$\frac{\partial A_\alpha}{\partial u_\beta}(x,u(x),\cdots)\partial^\alpha u(i\xi)^\beta,\ |\beta|>2d-\rho,$$

$$|\beta|\leqslant p(|\alpha|),$$

第一类的项应属于 $C_{loc}^{\rho-p(|\beta|)}(\Omega)$. 因为它是由 $A_\alpha\partial^\alpha u$ 对 $\partial^\alpha u$ 求导而来，所以 $|\beta|=|\alpha|=k$，而 A_β 中含的 $\partial^\gamma u$ 适合 $\gamma\leqslant p(k)=p(\beta)$，$\partial^\gamma u\in C_{loc}^{\rho-p|\beta|}(\Omega)$，所以 $A_\beta\in C_{loc}^{\rho-p(|\beta|)}(\Omega)$. 它对 ξ 是 $|\beta|$ 次正齐性函数，故它属于 $\sum^m_{\rho-p(|\beta|)}(\Omega)$. 由定义 $\sum^m_{\rho_1}(\Omega)$ 应为 ξ 的 $|m|-k$ 次正齐性函数之和，现在它仅有一项，齐性次数为 $|\beta|$，故相应于 $k=m-|\beta|$. 这一项对 x 应属于 $C_{loc}^{\rho_1-k}$，现在它对 x 属于 $C_{loc}^{\rho-p(|\beta|)}$，所以 $\rho_1-k=\rho-p(|\beta|)$，而 $\rho_1=\rho-p(|\beta|)+k=\rho-p(|\beta|)+m-|\beta|\geqslant\rho+m-2d$. 因此这一类项属于 $\sum^m_{\rho+m-2d}(\Omega)$.

第二类项由 $A_\alpha(x,u,\cdots,\partial^\beta u,\cdots)\partial^\alpha u$ 对 A_α 内的 $\partial^\beta u$ 求导而来，$\frac{\partial A_\alpha}{\partial u_\beta}\in C_{loc}^{\rho-p(|\alpha|)}$，$\partial^\alpha u\in C_{loc}^{\rho-|\alpha|}$. 因为在这种项内 $|\beta|\leqslant p(|\alpha|)$，所以 $\rho-|\alpha|\geqslant\rho-|\alpha|+(|\beta|-p(|\alpha|))\geqslant\beta+|\beta|-2d>0$. 因此 $C_{loc}^{\rho-|\alpha|}$成为一个代数，又由定义 $p(|\alpha|)<|\alpha|$，所以 $\rho-p(|\alpha|)>\rho-|\alpha|$，而 $C_{loc}^{\rho-p(|\alpha|)}\subset C_{loc}^{\rho-|\alpha|}$，因此 $\frac{\partial A_\alpha}{\partial u_\beta}\partial^\alpha u\in C_{loc}^{\rho-|\alpha|}$. 第二类项对 ξ 也是 $|\beta|$ 次正齐性的，所以可以认为它也是 $\sum^m_\sigma(\Omega)$ 之元. 这里的 σ 与上面第一类项同样的理由可取为

$$\sigma=\rho+|\beta|-2d+m-|\beta|=\rho+m-2d>0.$$

合并起来即得 $p(x,\xi)\in\sum^m_{\rho+m-2d}(\Omega)$. 证毕.

上面得到的象征更准确地应说是相应于 $u(x)$ 的象征，于是我们对一个 C^∞ 方程和足够光滑的 $u(x)$ 已得了象征 $p(x,\xi)$ 和主象征 $p_m(x,\xi)=\sum\limits_{|\beta|=m}\frac{\partial F}{\partial u_\beta}(i\xi)^\beta$. 下面的定理是关于非线性微局部分析的主要定理，它建立了非线性方程和仿线性方程间的联系.

定理 10.3.8 设 $u\in C_{loc}^\rho(\Omega)$，$\rho>\max(k_0,p(k))$，$u$ 取实

值，$P\in \mathrm{Op}(\sum^{m}_{\rho+m-2d}(\Omega))$ 以上述 $\sigma(p)=p(x,\xi)$ 为象征.

(a) 若 $\rho>d$，u 是方程(10.3.15)之解. 则 $Pu\in C^{2\rho-2d}_{\mathrm{loc}}$.

(b) 若 $s\geqslant\frac{n}{2}+\rho$，$\rho>d-\frac{n}{4}$，$u\in H^{s}_{\mathrm{loc}}(\Omega)$ 是方程(10.3.15)的解，则 $Pu\in H^{s+\rho-2d}_{\mathrm{loc}}(\Omega)$.

证. 不妨考虑 F 仅为(10.3.16)的一项

$$F[u]=A_\alpha(x,\cdots,\partial^\beta u,\cdots)_{|\beta|\leqslant p(k)}\partial^\alpha u,\quad |\alpha|=k$$

(A_{k_0} 的证明更为容易所以略去). 下面分几种情况来考虑.

(1) $k\leqslant 2d-\rho$. 在 (a) 的假设下 $\rho-k\geqslant 2\rho-2d>0$. 由于 $\partial^\alpha u\in C^{\rho-k}_{\mathrm{loc}}\subset C^{2\rho-2d}_{\mathrm{loc}}$，$A_\alpha(x,\ u,\ \cdots)\in C^{\rho-p(k)}_{\mathrm{loc}}(\Omega)\subset C^{\rho-k}_{\mathrm{loc}}\subset C^{2\rho-2d}_{\mathrm{loc}}(\Omega)$，而 $C^{2\rho-2d}_{\mathrm{loc}}$ 成为一个代数，所以 $F[u]\in C^{2\rho-2d}_{\mathrm{loc}}(\Omega)$.

在(b)的假设下，$\partial^\alpha u\in H^{s-k}_{\mathrm{loc}}(\Omega)$，$A_\alpha(x,u,\cdots)\in H^{s-p(k)}_{\mathrm{loc}}(\Omega)$. 由推论 10.2.24，$A_\alpha\partial^\alpha u\in H^{t}_{\mathrm{loc}}(\Omega)$，$t\leqslant s-k$，$t<s-k+s-p(k)-n/2$，但 $s-k\geqslant s+\rho-2d$，$s-k+s-p(k)-\frac{n}{2}\geqslant s+\rho-2d$. 因此 $F(x,u,\cdots)\in H^{s+\rho-2d}_{\mathrm{loc}}$ 与定理的结论比较，相应于这种情况的项的 P 应取为 0.

(2) $k>2d-\rho$ 且 $\rho-k\leqslant 0$ $\left(s-k\leqslant\frac{n}{2}\right)$. 令 R_α 是以 $\sigma(R_\alpha)=A_\alpha(x,u(x),\cdots)$ 为象征的零阶仿微分算子. 在 (a) 之下，由推论 10.2.24

$$A_\alpha\partial^\alpha u-R_\alpha\partial^\alpha u=v\in C^{\sigma}_{\mathrm{loc}}(\Omega),$$

这里 $\sigma=\rho-p(k)+\rho-k\geqslant 2\rho-2d>0$.

在 (b) 之下则有 $v\in H^{s-k+s-p(k)-\frac{n}{2}}_{\mathrm{loc}}(\Omega)$. 因为 $s-k+s-p(k)-\frac{n}{2}>s+p-2d>0$. 于是以 $A_\alpha(i\xi)^\alpha$ 为象征作出的仿微分算子 P 在 $\tilde{\mathrm{O}}\mathrm{p}(\sum^{m}_{\rho-p(k)}(\Omega))$ 或 $\mathrm{Op}(\sum^{m}_{\rho-p(k)}(\Omega))$ 中，但因

$$\rho-p(k)\geqslant\rho+m-2d(2d\geqslant\max(k+p(k))$$
$$\geqslant m+p(k)),$$

所以 $P\in\tilde{\mathrm{O}}\mathrm{p}(\sum^{m}_{\rho+m-2d}(\Omega))$. 易见相应于这种情况的 P 就是 $R_\alpha\partial^\alpha$.

(3) $k > 2d - \rho$ 且 $\rho - k > 0$ $\left(或\ s - k > \frac{n}{2}\right)$. 同样

$$A_\alpha(x, u(x), \cdots) \in C^{\rho - p(k)},\ \partial^\alpha u \in C^{\rho - k}.$$

以它们为象征作仿微分算子 R_α 与 S_α，则由推论 10.2.24，

$$A_\alpha \partial^\alpha u = R_\alpha \partial^\alpha u + S_\alpha A_\alpha(x, u(x), \cdots) + w_1. \quad (10.3.19)$$

这里，在(a)之下 $w_1 \in C^\sigma_{loc}(\Omega)$，$\sigma = \rho - p(k) + \rho - k \geqslant 2\rho - 2d$；在(b)之下 $w_1 \in H^t_{loc}(\Omega)$，$t = s - p(x) + s - k - \frac{n}{2} \geqslant s + \rho - 2d > 0$。

再以 $\frac{\partial A_\alpha}{\partial u_\beta}$ 为象征作仿微分算子 $T_{\alpha\beta}$，则由定理 10.3.6′ 有

$$A_\alpha(x, u(x), \cdots) = \sum_{|\beta| \leqslant p(k)} T_{\alpha\beta} \partial^\beta u + w_2. \quad (10.3.20)$$

这里在(a)之下，$w_2 \in C^\sigma_{loc}(\Omega)$，$\sigma = 2(\rho - p(k)) \geqslant 2\rho - 2d$；在(b)之下，$w_2 \in H^t_{loc}(\Omega)$，$t = 2(s - p(k)) - \frac{n}{2} \geqslant s + \rho - 2d > 0$。

以(10.3.20)代入(10.3.19)，我们有

$$A_\alpha \partial^\alpha u = R_\alpha \partial^\alpha u + \sum_\beta S_\alpha T_{\alpha\beta} \partial^\beta u + w_1 + S_\alpha w_2.$$

由于 $\partial^\beta u \in C^{\rho - |\beta|}_{loc}(\Omega)$，而 S_α 与 $T_{\alpha\beta}$ 均为零阶仿微分算子，因此 $S_\alpha T_{\alpha\beta} \partial^\beta u \in C^{\rho - |\beta|}_{loc}(\Omega)$. 若 $|\beta| \leqslant 2d - \rho$，这一项属于 $C^{2\rho - 2d}_{loc}$ (或属于 $H^{s+\rho-2d}_{loc}(\Omega)$)，记它为 w_3，故得

$$\begin{aligned} A_\alpha \partial^\alpha u &= R_\alpha \partial^\alpha u + \sum_{|\beta| > 2d - \rho} S_\alpha T_{\alpha\beta} \partial^\beta u + w_1 + S_\alpha w_2 + w_3 \\ &= R_\alpha \partial^\alpha u + \sum_{|\beta| > 2d - \rho} S_\alpha T_{\alpha\beta} \partial^\beta u + w, \end{aligned} \quad (10.3.21)$$

这里 $w \in C^{2\rho - 2d}_{loc}(\Omega)$ (或 $w \in H^{s+\rho-2d}_{loc}(\Omega)$)。以

$$A_\alpha (i\xi)^\alpha + \sum_{\beta > 2d - \rho} \frac{\partial A_\alpha}{\partial u^\beta} \partial^\alpha u (i\xi)^\beta$$

为象征作仿微分算子 $P \in \tilde{\mathrm{O}}\mathrm{p}\ (\Sigma^m_{\rho + m - 2d}(\Omega))$ (这个象征即

$$\sum_{|\beta|>2d-\rho} \frac{\partial F(x,u(x),\cdots)}{\partial u_\beta}(i\xi)^\beta,$$

有

$$A_\alpha \partial^\alpha u = Pu + w,\ w \in C^{2\rho-2d}_{\text{loc}}(\Omega)\ (\text{或}\ w \in H^{s+\rho-2d}_{\text{loc}}(\Omega)),$$

于是定理得证.

3. 评注. 对于一个非线性偏微分方程，经过前面的仿线性化过程，得出了一个线性方程.这当然给我们研究非线性方程提供了一个有力的工具. 这一点将在下面看到. 我们要指出的是，即使对于线性方程，这里的仿微分计算也是很有用的.

设 $\sum_{|\alpha|=m} a_\alpha(x)\partial^\alpha u = 0$ 是一个线性偏微分方程. 设 $a_\alpha(x) \in C^\lambda_{\text{loc}}(\Omega)$, Ω 是 $\mathbb{R}^n$ 的一个开集.此外，设定点 $(x_0,\xi_0) \in \Omega \times (\mathbb{R}^n\backslash 0)$ 是方程的非特征点，即 $\sum_{|\alpha|=m} a_\alpha(x_0)(i\xi_0)^\alpha \neq 0$. 若

$$a_\alpha(x) \in C^\mu_{(x_0,\xi_0)},$$

方程的解 $u \in C^\rho_{\text{loc}}(\Omega)$，由关于 u 在 (x_0,ξ_0) 的微局部正则性定理可知，若 $\rho > m$，则有 $u \in C^\tau_{(x_0,\xi_0)}$. 这里 $\tau = \min\{m+\mu, \rho+\lambda, m+2\lambda\}$;若 $m-\lambda<\rho<m$，则有 $u \in C^{\rho+\lambda}_{(x_0,\xi_0)}$.

事实上，若 $\rho > m$，设 A_α 和 B_α 分别是以 $a_\alpha(x)$ 和 $\partial^\alpha u(x)$ 为象征的仿微分算子，则有

$$\sum_{|\alpha|=m} A_\alpha \partial^\alpha u + \sum_{|\alpha|=m} B_\alpha a_\alpha + v = 0,$$

这里 $v \in C^{\rho+\lambda-m}_{\text{loc}}(\Omega)$ 而 $B_\alpha a_\alpha \in C^\lambda_{\text{loc}}(\Omega) \cap C^\sigma_{(x_0,\xi_0)}$, $\sigma = \min\{\mu, \lambda+\rho-m\}$. 因此

$$\sum_{|\alpha|=m} A_\alpha \partial^\alpha u = w,$$

这里 $w \in C^\lambda_{\text{loc}}(\Omega) \cap C^\sigma_{(x_0,\xi_0)}$. 但是仿微分算子

$$\sum_{|\alpha|=m} A_\alpha \partial^\alpha \in \widetilde{\text{Op}}\Big(\sum\nolimits^m_\lambda(\Omega)\Big).$$

由于 $\sum_{|\alpha|=m} A_\alpha \partial^\alpha$ 在 (x_0,ξ_0) 是微局部椭圆的，

$$u \in C^\tau_{(x_0,\xi_0)},\ \tau = \min\{m+\mu, \rho+\lambda, m+2\lambda\}.$$

若 $u \in C^{\rho}_{loc}(\Omega)$ 且 $m-\lambda<\rho<m$，则由推论 10.2.24，有

$$\sum_{|\alpha|=m} A_\alpha \partial^\alpha u + v_1 = 0,\ v_1 \in C^{\rho+\lambda-m}_{loc}(\Omega).$$

因此 $u \in C^{\rho+\lambda}_{(x_0,\xi_0)}$。

定理 10.3.8 在应用到微分方程的一些具体问题上时，也有一些具体的改进．首先，在应用到亚椭圆性的研究时，我们需要假设 $u \in C^{\rho}_{loc}(\Omega)$，而我们能够建立的先验估计又是在空间 H^s 上的，因此我们必需改进定理 10.3.8 以便建立空间 $C^\rho \cap H^s$ 上的定理．下面给出这方面的一个结果，其证明可以参看 C.J.Xu[1]，[4]．

定理 10.3.9 设 $u \in C^\rho(\Omega) \cap H^s(\Omega)$，$\rho > \max\{h_0, p(k)\}$，$s>0$，$u$ 是方程(10.3.15)的一个实解．令

$$P \in \mathrm{Op}(\textstyle\sum^m_{\rho+m-2d}(\Omega)),\ \sigma(P) = p(x,z)$$

由定理 10.3.7 给出，则有

$$Pu \in C^{2\rho-2d}_{loc}(\Omega) \cap H^{s+\rho-2d}_{loc}(\Omega).$$

我们知道，仿微分算子 P 只是非线性方程(10.3.15)的第一次逼近，而 $Pu=f$ 右方的 f 仍是 u 的一个非线性函数，因而可以再次用仿微分技巧处理下去，正如可以作到任意高阶的 Taylor 展开式而使余项有任意高的正则性．这样得到的当然是一个重线性算子．我们这里也仅仅指出其结果，其证明和应用读者可以参看 J. Y. Chemin [1],[2],[3],[4]．

首先给出一些记号．这里使用的环形分解与 §1 一样．

令 $\{N_\mu\}_{\mu\in\mathbb{N}}$ 是一个上升的整数列．我们可以对 μ 归纳地定义一族重线性算子 $\{M^{j,\mu}_q\}_{q\in\mathbb{N},0\leqslant j\leqslant\mu-1}$ 如下，其中 a 和 u 是两个函数

$$M^{0,1}_q(a) = S_{q+N_1}(a),$$

$$M^{0,\mu+1}_q(a) = S_{q+N_\mu}(a),$$

$$M^{j,\mu+1}_q(a) = S_{q+N_\mu}(a)\Big(\sum_{p\geqslant q}\sum_{\gamma=0}^{j-1} u_p^{j-\gamma} M^{\gamma,\mu}_p(a,u)\Big).$$

定义 10.3.10 设 $\mu\in\mathbb{N}$，定义 μ 阶逼近算子为

$$M^{j,\mu}(a,u) = \sum_{q\geqslant 0}\sum_{\gamma=0}^{j-1} u_q^{j-\gamma} M^{\gamma,\mu}_q(a,u), \qquad (10.3.22)$$

这里 $1 \leqslant j \leqslant \mu$.

于是我们有下面的精确的逼近定理.

定理 10.3.11 存在一个严格上升的整数列 $\{N_\mu\}$ 使得:

(a) 若 $u \in C^\rho$, $\rho > 0$, u 是一个实值函数 $f \in C^\infty(\mathbf{R}^n \times \mathbf{R})$, $f(x,0) = 0$, 则

$$\|f(x,u) - \sum_{j=1}^{\mu} M^{j,\mu}(f^{(j)}(u), u)\|_{C^{(\mu+1)\rho}} \leqslant C\|u\|_{C^\rho}.$$

这里 C 只依赖于 n 和 $f^{(j)}(1 \leqslant j \leqslant \mu)$的上界,而 $M^{j,\mu}$ 则是与$\{N_\mu\}$相应的由定义 10.3.10 给出的算子.

(b) 若 $u \in H^{\rho+\frac{n}{2}}$, $\rho > 0$, f 与(a)中一样,则

$$\|f(x,u) - \sum_{j=1}^{\mu} M^{j,\mu}(f^{(j)}(u), u)\|_{H^{\frac{n}{2}+(\mu+1)\rho}} \leqslant C\|u\|_{H^{\frac{n}{2}+\rho}},$$

这里的 $M^{j,\mu}$ 和C 同(a)中的一样.

首先,当 $\mu = 1$ 时

$$M^{1,1}(a,u) = \sum_{q \geqslant 0} u_q M_q^{0,1}(a,u) = \sum_{q \geqslant 0} u_q S_{q+N_1}(a),$$

于是存在 $R \in C^{2\rho}$ 使得

$$\begin{aligned} f(u) &= M^{1,1}(f'(u), u) + R \\ &= \sum_{q \geqslant 0} S_{q+N_1}(f'(u))u_q + R \\ &= \sum_{q \geqslant 0} S_{q-N_0}(f'(u))u_q \\ &\quad + \sum_{q \geqslant 0} [S_{q+N_1}(f'(u) - S_{q-N_0}(f'(u))]u_q + R. \end{aligned}$$

因此,这个定理推广了定理 10.3.4. 关于多元函数和关于偏微分方程的定理 10.3.6 和定理 10.3.8 的类似的结果是显然的.

在研究非线性偏微分方程的边值问题时,我们需在 H^s 的一个推广,即空间 $H^{s,s'}(\mathscr{R}_+^n)$ 上工作. 这空间与 §5 讲的余法分布有关. 因此有所谓切向仿线性化定理. 请参看 M. Sablé-Tougeron [1].

§ 4. 非线性方程的解的正则性

1. 微局部椭圆正则性. 我们现在研究非线性偏微分方程(10.3.15)

$$F[u]=F(x,u(x),\cdots,\partial^{\beta}u(x),\cdots)$$
$$=\sum_{k_0<k\leqslant m}\sum_{|\alpha|=k}A_{\alpha}(x,u(x),\cdots,\partial^{\beta}u(x),\cdots)_{|\beta|\leqslant\rho(k)}\partial^{\alpha}u$$
$$+A_{k_0}(x,u(x),\cdots,\partial^{\beta}u(x),\cdots)_{|\beta|\leqslant k_0}=0 \quad (10.4.1)$$

(关于 F 的假设均与§3相同)之解的正则性.

定义 10.4.1 设 $u\in C^{\rho}_{loc}(\Omega)$ 是一实值函数，$\rho>\max(k_0, p(k))$ $p_m(x,\xi)$ 是§3定义的 F 关于 u 的主象征(即线性化算子的主象征). 若点 $(x_0,\xi_0)\in\Omega\times(\mathbf{R}^n\backslash 0)$ 适合 $p_m(x_0,\xi_0)=0$, 则称 (x_0,ξ_0) 是 F 关于 u 的特征点,非特征点称为微局部椭圆点,当 p_m 足够光滑时其 Hamilton 场的特征曲线称为 F 关于 u 的次特征带.

关于非线性方程解的微局部正则性，我们有下面的基本的定理.

定理 10.4.2 设 $u\in C^{\rho}_{loc}(\Omega)$，$\rho>d$ (或 $u\in H^{s}_{loc}(\Omega)$，$s>\frac{n}{4}+d$，$s>\frac{n}{2}+\max(k_0, p(k))$) 是方程(10.4.1)的一个实解，$(x_0,\xi_0)\in\Omega\times(\mathbf{R}^n\backslash 0)$ 是关于 u 的非特征点：$p_m(x_0,\xi_0)\neq 0$，则 $u\in C^{2\rho+m-2d}_{(x_0,\xi_0)}$ (或 $u\in H^{2s+m-2d-\frac{n}{2}}_{(x_0,\xi_0)}$).

证. 由于定理 10.3.8 的条件满足,因此存在一个函数

$$f\in C^{2\rho-2d}_{loc}(\Omega)(\text{或 } H^{s+\rho-2d}_{loc}(\Omega))$$

使

$$Pu=f.$$

这里 $P\in \mathrm{Op}(\sum^{m}_{m+\rho-2d}(\Omega))$，而且其主象征即 p_m，在 (x_0,ξ_0) 处不为 0. 因此存在(x_0,ξ_0)的一个锥邻域 V 使得在 V 中 $p_m\neq 0$. 设 K 是一个经典的零阶 PsDO，其主象征在 (x_0,ξ_0) 的较小的锥邻域 $V_1\Subset V$ 中不为 0，但其全象征 $k(x,\xi)$ 在 V 外恒为 0. 由定

理 10.2.22，必存在 $q(x,\xi)\in\sum^{-m}_{\rho+m-2d}(\Omega)$ 使得 $q\#p=k$. 设 $Q\in$ $\mathrm{Op}(\sum^{-m}_{\rho+m-2d}(\Omega))$ 以 $q(x,\xi)$ 为象征，则必存在一个正则化算子 $R\in S^{-(\rho+m-2d)}$ 使得 $Q\circ P=K+R$. 双方作用到 u 上有

$$Ku=Qf-Ru\in C^{2\rho+m-2d}_{\mathrm{loc}}(\Omega)\ (\text{或}\ H^{s+\rho+m-2d}_{\mathrm{loc}}(\Omega)),$$

于是定理得证。

对于一般的方程，解的微局部正则性就只能到此为止。我们不能把所得的解再代入 f 以提高 f 的光滑性，然后再重复使用这个定理(这正是微局部分析的一个重要方法)，这是因为我们的仿线性化定理只是局部的而不是微局部的. 这个定理也适用于一些相对“弱”的解，因为我们实际上并不需要 u 有经典的 m 阶导数，而只要求每一项 $A_\alpha(x,u(x),\cdots)\partial^\alpha u$ 和 $A_{k_0}(x,u(x),\cdots)$ 单独地属于 $C^{2\rho-2d}_{\mathrm{loc}}(\Omega)$ 即可. 当然有许多弱解并不适合这个条件. 对于某些方程(如激波方程)，这个定理并不适用于其弱解，但是非线性微局部分析对激波这类重要的物理现象也是有用的.

2. 局部亚椭圆正则性. 为简单起见，我们只考虑二阶方程

$$F(x,u,\nabla u,\nabla^2u)=0. \tag{10.4.2}$$

这里 $F\in C^\infty(\Omega\times\mathbf{R}^N)$, $N=\frac{1}{2}(n+1)(n+2)$ 是 u 的不高于 2 阶的导数之个数. 对于实值函数 $u\in C^\rho_{\mathrm{loc}}(\Omega)$, $\rho>2$, 由定理 10.3.7 给出的象征所确定的线性化算子是

$$L(x,D)=\sum_{j,k=1}^{n}a_{jk}(x)\partial_j\partial_k+\sum_j b_j(x)\partial_j+c(x). \tag{10.4.3}$$

这里

$$a_{jk}(x)=a_{kj}(x)=\frac{\partial F}{\partial u_{jk}}(x,u,\nabla u,\nabla^2u),\ j,k=1,\cdots,n,$$

$$b_j(x)=\frac{\partial F}{\partial u_j}(x,u,\nabla u,\nabla^2u),\quad j=1,\cdots,n,$$

$$c(x)=\frac{\partial F}{\partial u}(x,u,\nabla u,\nabla^2u).$$

它们都是 $C^{\rho-2}_{\mathrm{loc}}(\Omega)$ 中的元.

定义 10.4.3 称 (10.4.2)关于 u 的线性化算子 L (10.4.3) 是

次椭圆的，若对任意 $x\in\Omega$ 有 $(a_{jk}(x))\geqslant 0$，且对 Ω 的任意紧子集 K，存在常数 $\varepsilon>0$，$C>0$ 使得对任意 $\varphi\in C_0^\infty(K)$，下面的次椭圆估计式成立：

$$\|\varphi\|_{H^\varepsilon}^2\leqslant C\{|\langle L\varphi,\varphi\rangle+\|\varphi\|_{H^0}^2\}. \qquad (10.4.4)$$

我们将证明下面的主要定理。

定理 10.4.4 设 $u\in C_{\text{loc}}^\rho(\Omega)$，$\rho\geqslant 4$ 是方程（10.4.2）的实解。若方程关于 u 的线性化算子 L 是次椭圆的，则 $u\in C^\infty(\Omega)$。

若 L 可写为自伴形式：

$$L=\sum_{j,k=1}^n\partial^j(a_{jk}(x)\partial_k)$$
$$+\sum_{j=1}^n\left(b_j(x)-\frac{\partial a_{jk}(x)}{\partial x_k}\right)\partial_j+c(x),$$

而次椭圆指数 ε 又与 K 无关，则定理只需设 $\rho>4-2\varepsilon$。一个算子为次椭圆的充分条件很多。首先，若 L 是椭圆的，则它是次椭圆的且 $\varepsilon=1$，这时我们又得到了经典的结果。若 L 是蜕缩椭圆的，则有所谓 Hörmander 条件以及 Oleinik-Radkevic 条件。此外，和定理10.3.8中的指标 d 一样，若方程是拟线性的，则只要求 $\rho\geqslant 3$。

定理 10.4.4 的证明将归结为一系列其它的定理。我们有相应于线性化算子 L 的仿微分算子 $P\in\mathrm{Op}(\sum_{\rho-2}^2(\Omega))$，其中

$$P=\sum_{k=1}^{2n}\partial_k G_k+G_0+P_0, \qquad (10.4.5)$$

这里 $G_k\in\mathrm{Op}(\sum_{\rho-2}^1(\Omega))(k=1,2,\cdots,n)$，$G_0\in\mathrm{Op}(\sum_{\rho-3}^1(\Omega))$，它们的象征是

$$g_0(x,\xi)=\sum_{j=1}^n\left(b_j(x)-\sum_{k=1}^n\frac{\partial a_{jk}(x)}{\partial x_k}\right)(i\xi_j),$$

$$g_j(x,\xi)=\sum_{k=1}^n a_{jk}(x)(i\xi_k),\ j=1,\cdots,n, \qquad (10.4.6)$$

$$g_{n+l}(x,\xi)=\sum_{j,k=1}^n|\xi|^{-1}\frac{\partial a_{jk}(x)}{\partial x_l}\xi_j\xi_k,\quad l=1,\cdots,n.$$

由于 $u\in C^{\rho}_{\text{loc}}(\Omega)=C^{\rho}_{\text{loc}}(\Omega)\cap H^{1}_{\text{loc}}(\Omega)$，由定理 10.3.9 有

$$Pu=f\in C^{\rho}_{\text{loc}}(\Omega)\cap H^{1}_{\text{loc}}(\Omega). \tag{10.4.7}$$

这是一个线性方程，我们现在象处理线性方程那样来作它的能量估计。

定理 10.4.5 设 P 是算子(10.4.5)。若 $(a_{jk}(x))\geqslant 0$，则任给 Ω 的紧子集 K 和 $s\in\mathbb{R}$，必存在常数 $C>0$，使得对所有 $v\in C_0^{\infty}(K)$ 有

$$\sum_{j=1}^{2n}\|G_jv\|^2_{H^s}+\|G_0v\|^2_{H^{s-\frac{1}{2}}}\leqslant C[\|Pv\|^2_{H^s}+\|v\|^2_{H^{s+\sigma}}] \tag{10.4.8}$$

对一切 $\sigma>0$ 成立。

象对线性算子一样，我们需要有关非负函数的一个引理，其证明见 O. A. Oleinik, E. D. Radkevich [1].

引理 10.4.6 设在 Ω 上 $(a_{jk}(x))\geqslant 0$，其中 $a_{jk}\in C^{\rho}_{\text{loc}}(\Omega)$，$\rho\geqslant 2$，则对 Ω 的任意紧子集 K，存在仅依赖于 K 以及 $\sup\limits_K|\partial^2 a_{jk}|$ 的常数 M，使得

$$\left|\sum_{j,k=1}^{n}\frac{\partial a_{jk}(x)}{\partial x_\alpha}v_{jk}\right|^2\leqslant M\sum_{j,k,s=1}^{n}a_{jk}(x)v_{ks}v_{js} \tag{10.4.9}$$

对所有 $v_{jk}\in C_0^{\infty}(K)$ 成立。此外，对所有 $(x,\xi)\in\Omega\times\mathbb{R}^n$ 有

$$\left|\sum_{k=1}^{n}a_{kj}\xi_k\right|^2\leqslant 2a_{jj}(x)\sum_{k,l=1}^{n}a_{kl}(x)\xi_k\xi_l. \tag{10.4.10}$$

定理 10.4.5 的证明. 分四步进行

(a) 首先估计 $\sum\limits_{k=1}^{n}\|G_kv\|^2_{H^0}$. 由引理 10.4.6，对所有的 $v\in C_0^{\infty}(K)$，由(10.4.10)

$$\sum_{j=1}^{n}|a_{kj}\partial_j v|^2\leqslant C\sum_{j,k=1}^{n}a_{kj}(x)\partial_k v\overline{\partial_j v}.$$

积分上式即得

$$\sum_{k=1}^{n}\|g_k(x,D)v\|^2_{H^0}\leqslant C\sum_{j,k=1}^{n}(a_{kj}\partial_k v,\partial_j v).$$

因为 $a_{kj}\in C^{\rho-2}_{\text{loc}}(\Omega)$，$\rho-2\geqslant 2$，故由推论 10.2.14，对任意 $\sigma>0$，

$$g_j(x,D)-G_j:\ H^\sigma\to L^2,$$

$$\sum_{k=1}^n \partial_k G_k-\sum_{j,k=1}^n \partial_k a_{kj}\partial_j:\ H^\sigma\to L^2$$

都是连续映射．因此

$$\sum_{j=1}^n \|G_j v\|_{H^0}^2\leqslant C\left\{\left|\sum_{j=1}^n (G_j v,\partial_j v)\right|+\|v\|_{H^\sigma}^2\right\}.$$

此外，由于 $g_0\in\sum_{\rho-3}^1(\Omega)$ 并且有实系数，我们有

$$\left|\sum_{j=1}^n (G_j v,\partial_j v)\right|\leqslant C\{|(Pv,v)|+\|v\|_{H^\sigma}^2\}.$$

因此有

$$\sum_{j=1}^n \|G_j v\|_{H^0}^2\leqslant C\{|(Pv,v)|+\|v\|_{H^\rho}^2\}.\qquad(10.4.11)$$

为了估计其余的项，我们需要估计交换子 $[P,E^t]$．为此先证明

引理 10.4.7 设 E^t 是以 $(1+|\xi|)^t$ 为象征的适当支拟微分算子，则存在拟微分算子 $E_j^t\in L_{1,0}^t$ $(j=1,\cdots,2n)$ 以及 $R_0=\mathrm{Op}(\sum_{\rho-4}^t(\Omega))$ 使得

$$[P,E^t]=\sum_{j=1}^{2n} E_j^t G_j+R_0.\qquad(10.4.12)$$

证． 这个结论可以直接由 §2 的象征计算得出．

定理 10.4.5 证明的继续． 我们再来作第二步：

(b) 现在估计 $\sum_{j=n+1}^{2n}\|G_j v\|_{H^0}^2$．设 L_j 是以

$$l_j(x,\xi)=\sum_{k,l=1}^n \frac{\partial}{\partial x_j}a_{kl}(x)(i\xi_k)(i\xi_l)$$

为象征的仿微分算子．由引理 10.4.6 有

$$\sum_{j=1}^n |l_j(x,D)v|^2\leqslant M\sum_{k,j,s=1}^n a_{kj}\partial_{ks}^2 v\,\overline{\partial_{js}^2 v}.$$

和(a)中一样，由此我们得到了

$$\sum_{j=1}^n \|L_j v\|_{H^0}^2\leqslant C\left\{\left|\sum_{s=1}^n (P\partial_s v,\partial_s v)\right|+\|v\|_{H^{1+\sigma}}^2\right\}.$$

另一方面，$G_{n+j}=L_j\circ E^{-1}+R_0\,(j=1,\cdots,n)$，这里 $R_0\in\mathrm{Op}(\Sigma^0_{\rho-4}(\Omega))$。因此，对于 $\tilde{v}\in C_0^\infty(\Omega)$，令 $v=E^{-1}\tilde{v}$，并记 $E^0=(1-\Delta)^{\frac{1}{2}}E^{-1}$，由引理 10.4.7 有

$$\left\|\sum_{j=1}^{n}G_{n+j}\tilde{v}\right\|_{H^0}^2\leqslant C\{|(PE^0\tilde{v},E^0\tilde{v})|+\|\tilde{v}\|_{H^\sigma}^2\}$$

$$\leqslant C\left\{|(E^0P\tilde{v},E^0\tilde{v})|+\|\tilde{v}\|_{H^\sigma}^2\right.$$

$$\left.+\left|\sum_{j=1}^{n}(E^0G_j\tilde{v},E^0\tilde{v})\right|\right\}. \qquad (10.4.13)$$

结合估计式(10.4.11)即得

$$\sum_{j=1}^{2n}\|G_jv\|_{H^0}^2\leqslant C\{|(Pv,v)|$$

$$+|(E^0Pv,E^0v)|+\|v\|_{H^\sigma}^2\}. \qquad (10.4.14)$$

(c) 第三步估计 $\|G_0v\|_{H^{-\frac{1}{2}}}$. 现在有

$$(Pv,E^{-\frac{1}{2}*}E^{-\frac{1}{2}}G_0v)=-\sum_{j,k=1}^{n}(A_{kj}\partial_kv,\partial_jE^{-\frac{1}{2}*}E^{-\frac{1}{2}}G_0v)$$

$$+\|E^{-\frac{1}{2}}G_0v\|_{H^0}^2+(P_0v,E^{-\frac{1}{2}*}E^{-\frac{1}{2}}G_0v).$$

记 $R_0=E^{-\frac{1}{2}*}E^{-\frac{1}{2}}G_0\in\mathrm{Op}(\Sigma^0_{\rho-3}(\Omega))$，即有

$$\|G_0v\|_{H^{-\frac{1}{2}}}^2\leqslant|(Pv,R_0v)|+\|v\|_{H^0}^2$$

$$+\left|\sum_{j,k=1}^{n}(A_{kj}\partial_kv,\partial_jR_0v)\right|.$$

由于 $(a_{kj}(x))\geqslant 0$，任给 (x,ξ) 和 $(x,\eta)\in\Omega\times\mathbf{R}^n$ 有

$$\sum_{j,k=1}^{n}a_{kj}(x)\xi_k\eta_j\leqslant\frac{1}{2}\sum_{j,k=1}^{n}a_{kj}(x)(\xi_k\xi_j+\eta_k\eta_j).$$

再由推论 10.2.14 就有

$$\left|\sum_{j,k=1}^{n}(A_{kj}\partial_kv,\partial_jR_0v)\right|\leqslant C\left\{\left|\sum_{j,k=1}^{n}(A_{kj}\partial_kv,\partial_jv)\right|\right.$$

$$\left.+\left|\sum_{j,k=1}^{n}(A_{kj}\partial_kR_0v,\partial_jR_0v)\right|+\|v\|_{H^\sigma}^2\right\}.$$

最后，由引理 10.4.7 和(b)我们得到

$$\sum_{j=1}^{2n} \|G_j v\|_{H^0}^2 + \|G_0 v\|_{H^{-\frac{1}{2}}}^2 \leqslant C\{|(Pv,v)|$$
$$+ |(Pv,R_0 v)| + |(R_0 Pv, R_0 v)|$$
$$+ |(E^0 Pv, E^0 v)| + \|v\|_{H^\sigma}^2\}. \qquad (10.4.15)$$

(d) 最后，对于 $s \in \mathbf{R}$，有

$$\sum_{j=1}^{2n} \|G_j v\|_{H^s}^2 + \|G_0 v\|_{H^{s-\frac{1}{2}}}^2$$
$$\leqslant C\left\{\sum_{j=1}^{n} \|G_j E^s v\|_{H^0}^2 + \|G_0 E^s v\|_{H^{-\frac{1}{2}}}^2 + \|v\|_{H^s}^2\right\}$$
$$\leqslant C\{|(PE_s v, E_s v)| + |(PE_s v, R_0 E_s v)|$$
$$+ |(R_0 PE_s v, R_0 E_s v)| + |(E^0 PE_s v, E^0 E^s v)|$$
$$+ \|v\|_{H^{s+\sigma}}^2\} \leqslant C\{\|Pv\|_{H^s}^2 + \mu\|[P, E^s]v\|_{H^0}^2$$
$$+ C(\mu)\|v\|_{H^{s+\sigma}}^2\}$$
$$\leqslant C\left\{\|Pv\|_{H^s}^2 + \mu \sum_{j=1}^{2n} \|G_j v\|_{H^s}^2 + C(\mu)\|v\|_{H^{s+\sigma}}^2\right\}.$$

这里 μ 可以取得充分小，于是我们有

$$\sum_{j=1}^{2n} \|G_j v\|_{H^s}^2 + \|G_0 v\|_{H^{s-\frac{1}{2}}}^2$$
$$\leqslant C\{\|Pv\|_{H^s}^2 + \|v\|_{H^{s+\sigma}}^2\}.$$

至此定理 10.4.5 证毕。

为了证明定理 10.4.4，我们还需要两个结果：

定理 10.4.8 设算子 L (10.4.3) 是次椭圆的， P 是相应的仿微分算子，则对 Ω 的任意紧子集 K 和 $s \in \mathbf{R}$，均存在常数 $\varepsilon > 0$， $C > 0$ 使对任意 $v \in C_0^\infty(K)$ 有

$$\|v\|_{H^{s+\varepsilon}}^2 \leqslant C\{\|Pv\|_{H^s}^2 + \|v\|_{H^s}^2\}. \qquad (10.4.16)$$

证. 由次椭圆性的定义(10.4.4)，推论 10.2.14 和引理 10.4.7，有

$$\|v\|_{H^{s+\varepsilon}}^2 \leqslant C\{\|E^s v\|_{H^0}^2 + \|v\|_{H^s}^2\}$$
$$\leqslant C\{\|LE^s v\|_{H^0}^2 + \|v\|_{H^s}^2\}$$

$$\leqslant C\{\|PE^s v\|_{H^0}^2 + \|v\|_{H^{s+\sigma}}^2\}$$

$$\leqslant C\left\{\|Pv\|_{H^s}^2 + \sum_{j=1}^{2n}\|G_j v\|_{H^s}^2 + \|v\|_{H^{s+\sigma}}^2\right\}$$

$$\leqslant C\{\|Pv\|_{H^s}^2 + \|v\|_{H^{s+\sigma}}^2\}.$$

取 $\sigma = \frac{\varepsilon}{2} > 0$ 则有：对所有的 $v \in C_0^\infty(K)$

$$\|v\|_{H^{s+\varepsilon}}^2 \leqslant C\{\|Pv\|_{H^s}^2 + \|v\|_{H^s}^2\}.$$

此外，由于 P: $H^{s+2} \to H^s$ 是连续的，以及 $C_0^\infty(K)$ 在 $H_{\text{comp}}^{s+2}(K)$ 中稠密，所以(10.4.16)对所有的 $v \in H_{\text{comp}}^{s+2}(K)$ 也成立。定理证毕。

然后，我们再来证明：

定理 10.4.9 在定理 10.4.4 的假设下，设 P 为仿微分算子(10.4.5)，$\varphi \in C_0^\infty(\Omega)$，$\text{supp}\,\varphi \subset K$，则存在 $\varphi_1, \varphi_2 \in C_0^\infty(\Omega)$，$\varepsilon > 0$ 和 $C > 0$ 使得对于解 $u \in H_{\text{loc}}^s(\Omega)$ 有

$$\|\varphi u\|_{H^{s+\varepsilon}}^2 \leqslant C\{\|\varphi_1 Pu\|_{H^s}^2 + \|\varphi_2 u\|_{H^s}^2\}. \qquad (10.4.17)$$

证. 设 $\varphi_1 \in C_0^\infty(\Omega)$ 且在 K 上 $\varphi_1 \equiv 1$. 对于 $0 < \delta < 1$，令

$$u_\delta(x) = T_\delta u(x) = \varphi_1(x)(1 - \delta\Delta)^{-1}\varphi(x)u(x).$$

由引理 10.2.26，T_δ 对于参数 δ 是有界算子族，而且当 $\delta \to 0$ 时，在 $\mathscr{D}'(\Omega)$ 中 $u_\delta \to \varphi u$，以及

$$\|T_\delta u\|_{H^s} \leqslant C\|\varphi u\|_{H^s}, \qquad (10.4.18)$$

这里 C 与 δ 无关. 因此，由定理 10.4.8 有

$$\begin{aligned}\|u_\delta\|_{H^{s+\varepsilon}}^2 &\leqslant C\{\|PT_\delta u\|_{H^s}^2 + \|T_\delta u\|_{H^s}^2\} \\ &\leqslant C\{\|T_\delta Pu\|_{H^s}^2 + \|[P, T_\delta]u\|_{H^s}^2 \\ &\quad + \|T_\delta u\|_{H^s}^2\}.\end{aligned} \qquad (10.4.19)$$

现在估计 $\|[D, T_\delta]u\|_{H^s}^2$. 由简单的象征计算

$$[P, T_\delta] = \sum_{j=1}^{n} G_j T_{\delta j} + \sum_{j=1}^{n} T_0 G_{n+j} T_\delta + \widetilde{T}_\delta,$$

这里 T_0 是零阶算子，$\widetilde{T}_\delta$ 是有界算子族，而 $T_{\delta j}$ 的象征是 $\varphi_1(x)(1 + \delta|\xi|^2)^{-1}D_{x_j}\varphi(x)$，因此与 T_δ 类似，是一个有界算子族，特别是有 $\widetilde{T}_\delta u \to \tilde{\varphi} u$ 于 $\mathscr{D}'(\Omega)$ 中. 因此我们证明了

$$\|[P,T_\delta]u\|_{H^s}^2 \leqslant C\left\{\sum_{j=1}^{n}\|G_jT_{\delta j}u\|_{H^s}^2\right.$$

$$\left.+\sum_{j=1}^{n}\|G_{n+j}T_\delta u\|_{H^s}^2+\|\tilde{\varphi}u\|_{H^s}^2\right\}. \qquad (10.4.20)$$

由于 $T_{\delta j}u\in H_{\text{comp}}^{s+2}$，由定理10.4.5和引理 10.4.7，

$$\sum_{j=1}^{2n}\|G_jT_{\delta_k}u\|_{H^s}^2 \leqslant C\left\{\sum_{j=1}^{2n}\|G_jE^sT_{\delta_k}u\|_{H^\sigma}^2+\|T_{\delta_k}u\|_{H^s}^2\right\}$$

$$\leqslant C\left\{\|\tilde{\varphi}_1Pu\|_{H^s}^2+\mu\sum_{j=1}^{2n}\|G_jT_{\delta_k}u\|_{H^s}^2\right.$$

$$+C(\mu)\|T_{\delta_k}u\|_{H^s}^2$$

$$\left.+|(E_s[P,T_{\delta_k}]u,\ E^sT_{\delta_k}u)|\right\},$$

这里 $T_{\delta_k}=T_\delta$ 当 $k=n+1,\cdots,2n$ 时.因此又需要估计 $[D,T_{\delta_k}]$。但是现在有

$$|(E_s[P,T_{\delta_k}]u,\ E^sT_{\delta_k}u)| \leqslant C\left\{\left|\sum_{j=1}^{n}(E_sG_jT_{\delta_k,j}u,E^sT_{\delta_k}u)\right|\right.$$

$$+\left|\sum_{j=1}^{n}(E_sT_0G_{n+j}T_{\delta_k}u,E^sT_{\delta_k}u)\right|$$

$$\left.+|(E_s\tilde{T}_\delta u,E^sT_{\delta_k}u)|\right\}$$

$$\leqslant C\left\{\mu\sum_{j=1}^{2n}\|G_jT_{\delta_k}u\|_{H^s}^2+\|\tilde{T}'_\delta u\|_{H^s}^2\right\},$$

这里 $\tilde{T}'_\delta$ 与 $\tilde{T}_\delta$ 类似。这样最后证明了

$$\|T_\delta u\|_{H^{s+\varepsilon}}^2 \leqslant C\{\|\varphi Pu\|_{H^s}^2+\|\tilde{\varphi}_1Pu\|_{H^s}^2$$

$$+\|\tilde{\varphi}u\|_{H^s}^2+\|\tilde{\varphi}'u\|_{H^s}^2\}$$

$$\leqslant C\{\|\varphi_1Pu\|_{H^s}^2+\|\varphi_2u\|_{H^s}^2\}.$$

由于右方不依赖于 δ，故令 $\delta\to 0$ 即得定理之证。

定理 10.4.4 证明的完成. 由定理 10.4.4 的假设 $u\in C_{\text{loc}}^\rho(\Omega)$，$\rho\geqslant 4$，但这时 $C_{\text{loc}}^\rho(\Omega)\subset H_{\text{loc}}^4(\Omega)$，所以 $u\in C_{\text{loc}}^\rho(\Omega)\cap H_{\text{loc}}^4(\Omega)$。由定理 10.4.9 就导出 $u\in H_{\text{loc}}^{4+\varepsilon}(\Omega)$。限制在$K$的某个邻域上并反复

利用定理 10.4.9 即知对任意正整数N都有 $u \in H^{1+N\varepsilon}_{loc}(\Omega)$，就是 $u \in C^\infty(\Omega)$。定理 10.4.4 证毕。

3. 评注. 关于微局部椭圆正则性，若是讨论一般的算子，定理 10.4.2 的结论是不可改进的，因为我们不能反复地作下去。但是对一阶非线性方程，我们有好得多的结果.事实上，利用 §3 评注中所指出的高阶逼近的方法，J. Y. Chemin 在[4]中证明了下面的定理.

定理 10.4.10 设 $0<\sigma<1$ 使对任意 $m\in\mathbb{N}$ 均有 $\sigma\neq\dfrac{m}{m+2}$. Ω 是 $\mathbb{R}^n$ 的开集. $u\in C^{1+\sigma}_{loc}(\Omega)$ 是方程

$$F(x,u,\partial_j u)_{1\le j\le n}=0$$

的实解. 这里 $F\in C^\infty(\Omega\times\mathbb{R}^{n+1})$. 设 $(x_0,\xi_0)\in\Omega\times(\mathbb{R}^n\backslash 0)$ 是线性化方程的椭圆点，即 $\displaystyle\sum_{j=1}^n \frac{\partial F}{\partial u_j}(x_0,u(x_0),\partial_j u(x_0))(i\xi_j^0)\neq 0$，

则 $u\in C^{1+2\sigma+k_0\sigma}_{(x_0,\xi_0)}$，$k_0=\left[\dfrac{2\sigma}{1-\sigma}\right]$. 因此，若 $u\in C^2_{loc,*}(\Omega)$ (即 §1 中提到的 Zygmund 函数空间)，则 $u\in C^\infty_{(x_0,\xi_0)}$.

与定理 10.4.2 的结果比较，这里的微局部正则性要高 $k_0\sigma$ 阶. 这是非线性函数的高阶逼近给我们带来的好处.

关于局部的亚椭圆正则性，我们在这里仅指出几个充分条件. 首先考虑所谓的 Oleinik-Radkevic[1] 条件.

这里 $g_0(x,\xi),\cdots,g_{2n}(x,\xi)$ 的定义如(10.4.6)，而依赖于一个实函数 $u\in C^\rho_{loc}(\Omega)$，$\rho\geq 4$. 因此，这些函数关于 x 都是属于 $C^{\rho-3}_{loc}(\Omega)$ 的. 现在令 $\alpha=(\alpha_1,\cdots,\alpha_k)$ 为一多重指标，其中 $\alpha_j=0,1,\cdots,2n$. 记 $|\alpha|=k$，若 $\rho-3\geq|\alpha|$，我们可以定义以下的重迭的 Poisson 括号

$$g_\alpha(x,\xi)=(-i)^{k-1}\{g_{\alpha_1},\cdots,\{g_{\alpha_{k-1}},g_{\alpha_k}\},\cdots\},$$

$g_\alpha(x,\xi)$ 关于 ξ 是一次正齐性 C^∞ 函数(于 $\xi\neq 0$ 处)，而关于 x 则属于 $C^{\rho-k-2}_{loc}(\Omega)$. 现在我们有

定理 10.4.11 设 $u\in C^\rho_{loc}(\Omega)$ 是方程 (10.4.2) 的一个实解，

且存在正整数 p 使得 $\rho \geqslant p+3$. 若方程(10.4.2)关于 u 的线性化算子(10.4.3)满足以下条件:

(a) 对所有 $x\in\Omega$ 有 $(a_{jk}(x))\geqslant 0$,

(b) 对 Ω 的任意紧子集 K 存在常数 $C>0$ 使得对于所有的 $(x,\xi)\in\Omega\times\mathbb{R}^n$, $|\xi|\geqslant R>0$ 都有

$$\sum_{|\alpha|\leqslant p}|g_\alpha(x,\xi)|^2\geqslant C|\xi|^2.$$

则线性化算子 L 是次椭圆的,从而 $u\in C^\infty(\Omega)$.

如果方程(10.4.2)为以下的拟线性形式:

$$\sum_{j=1}^{m}X_j^2u+X_0u+f(x,u)=0,$$

这里 $X_j=\sum_{k=1}^{n}a_{kj}(x,u(x))\partial_k(j=0,1,\cdots,m)$, 而 a_{kj} 和 f 都是实变量的实值 C^∞ 函数. 若将前面的 $g_j(x,\xi)$ 换成 $X_j(x,\xi)=\sum_{k=1}^{n}a_{kj}(x,u(x))(i\xi_k)$, $g_\alpha(x,\xi)$ 换成 $X_j(x,\xi)$ 的重迭 Poisson 括号, 则定理 10.4.11 在假设 $u\in C^\rho_{loc}(\Omega)$, $\rho\geqslant\max\{2,p\}$ 的条件下仍然成立. 这就是所谓 Hörmander 条件. 定理 10.4.11 的证明见 C. J. Xu [1],[4].

在定理 10.4.4 中我们事先要求 u 至少属于 C^4. 这在完全非线性方程以及真正蜕缩的方程情况下已经难于再有很大的改进了. C. Zuily [1] 中对一类蜕缩的 Monge-Ampère 方程证明了存在有属于 $C^{2+\varepsilon}$ 但不属于 C^3 的解. 在定理 10.4.11 中则要求 u 有更高的光滑性, 这是因为在假设条件中需要算子的系数有足够高的可微性,从而保证有可能计算重迭的 Poisson 括号. 这一条件则是可以改进的: 在 C. J. Xu[2] 中在 $\mathbb{R}^2$ 上引进了所谓 Fefferman-Phong 条件 (这是一种几何类型的次椭圆条件), 在那里只需假设 $u\in C^4$.

上面这些定理的次椭圆性条件都是给在关于某个解 u 的线性化算子上的,因此是依赖于 u 的. 但是在 C. Zuily [1] 中, 对形如

$\det(u_{ij}(x))=\phi(x)$ 的 Monge-Ampère 方程，C. Zuily 给出了关于函数 ϕ 的条件使它的线性化算子满足定理 10.4.11 的条件。这就表明，在一定的条件下，即使对于一个完全非线性的方程，定理 10.4.11 的条件也是可以与 u 无关的。当然，对半线性方程，这一点是显然的。

此外，关于非线性边值问题的研究可以参看 Sablé-Tougeron [1] 和 C. J. Xu and C. Zuily [1]，而关于高阶方程的研究可见 C. J. Xu [3]。

§ 5. 非线性方程解的奇异性的传播

1. 完全非线性方程解的奇异性的传播. 保持 § 3 的记号，本节的主要结果如下：

定理 10.5.1 设 u 是 § 3 中方程(10.3 16)即

$$F[u]=\sum_{k_0<k\leqslant m}\sum_{|\alpha|=k}A_\alpha(x,u,\cdots,\partial^\beta u,\cdots)_{|\beta|\leqslant p(k)}\partial^\alpha u(x)$$

$$+A_{k_0}(x,u,\cdots,\partial^\beta u,\cdots)_{|\beta|\leqslant k_0}=0 \qquad (10.5.1)$$

的一个属于 $H^s_{loc}(\Omega)$ 的实解，$s>\frac{n}{2}+\max(k_0,p(k))$ 和 $s>\frac{n}{4}+d=\frac{n}{4}+\max\left(k_0,\frac{k+p(k)}{2}\right)$. 此外，假设主象征(特征多项式) $p_m(x,\xi)$ 是实的而且属于 C^2 $\left(\text{若 } s>\frac{n}{2}+p(m)+2,\right.$ 它自然满足$\Big)$. 设 (x_0,ξ_0) 是 p_m 的一个特征点，而且微局部地有 $u\in H^t_{(x_0,\xi_0)}$，$t\leqslant 2s-\frac{n}{2}+m-2d-1$，$\Gamma$ 是通过 (x_0,ξ_0) 的 p_m 的次特征带. 这时，我们有 $u\in H^t_\Gamma$.

显然，我们必须设 $s-\frac{n}{2}+m-2d-1>0$，否则，定理是平凡的。令 $\rho=s-\frac{n}{2}$，则由定理 10.3.8，u 是下述的仿微分方

程的一个解：

$$Pu = f, \tag{10.5.2}$$

这里 $P\in \mathrm{Op}(\sum^m_{\rho+m-2d})$，$f\in H^{s+\rho-2d}_{\mathrm{loc}}(\Omega)$。因此，定理 10.5.1 将是下面定理的直接推论。

定理 10.5.2 设 $P\in \mathrm{Op}(\sum^m_\sigma)$，$\sigma>1$，其主象征 $p_m(x,\xi)\in C^2$ 且取实值；s，$t\in\mathrm{R}$，$t\leqslant s+\sigma-1$。设 $u\in H^s_{\mathrm{loc}}(\Omega)$ 使得 $Pu\in H^{t-m+1}_{\mathrm{loc}}(\Omega)$，$(x_0,\xi_0)$ 是 $p_m(x,\xi)$ 的特征点，而且微局部地有 $u\in H^t_{(x_0,\xi_0)}$，则在 p_m 过 (x_0,ξ_0) 的次特征带 Γ 上，微局部地有 $u\in H^t_\Gamma$。

注. 这里假设 $p_m\in C^2$ 仅只是为了保证过 (x_0,ξ_0) 的次特征带(即 Hamilton 场 H_{p_m} 的积分曲线)的唯一性。若只假设 $P\in O_p(\sum^m_\sigma)$，$\sigma>1$，但再加上 H_{p_m} 积分曲线的唯一性，上面的定理仍然成立。

由于我们仅只考虑一条次特征，因此可以用一个 $1-m$ 阶的椭圆型拟微分算子与 P 复合而将问题转化为 $m=1$ 的情况。这样作只不过相当于将 Γ 重新参数化。因此，下面我们记 p_m 为 p_1，而用 H 表示 p_1 的 Hamilton 场。Γ 是 H 的从点 (y,η) 到点 (x_0,ξ_0) 的积分曲线。我们当然也应假设 H 与锥轴方向 $\sum_j \xi_j\partial_{\xi_j}$ 不平行，否则定理也是平凡的(参见第九章中关于线性问题的相应论述，见定理 9.5.3 前的说明)，因为 $u\in H^t_{(x_0,\xi_0)}$ 当且仅当 $u\in H^t_{(x_0,\tau\xi_0)}$，$\tau>0$。此外，对 Γ 进行有限次分割后，我们可以假设 Γ 充分短。我们首先证明

引理 10.5.3

(i) 存在 Γ 的一个锥邻域 W 以及一个函数 $\Psi\in C^\infty(W)$ 对 ξ 为零次正齐性，而且在 W 上 $H\Psi\geqslant 1$。

(ii) 设 V 是 (x_0,ξ_0) 的一个锥邻域，W 是 Γ 的一个锥邻域，则存在 Γ 的另一锥邻域 U 使 $\Gamma\subset U\subset W$ 以及对 ξ 为零次正齐性的函数 $\varphi\in C^\infty_0(U)$ 使得当 $(x,\xi)\in\Gamma$ 时 $\varphi(x,\xi)>0$。而且在 $U\backslash V$ 上 $H\varphi\geqslant 0$。

证. (i) 由于H不是锥轴方向的，所以可以在 $T^*\Omega\backslash 0$ 中作出过 (x_0,ξ_0) 的锥形超曲面 S 使之在(x_0,ξ_0)的一个邻域内横截于H. 现在设 g 是定义在Γ的一个锥邻域上的零次正齐性函数，而且在Γ的一个锥邻域上有 $g(x,\xi)\geqslant\frac{3}{2}$. 现在求解一个一阶偏微分方程的 Cauchy 问题

$$\begin{aligned} H\tilde{\varphi} &= g, \\ \tilde{\varphi}|_s &= 0. \end{aligned} \tag{10.5.3}$$

由特征线法知道存在一个零次正齐性解 $\tilde{\varphi}\in C^1$，而由正则化定理又知可以作出零次正齐性的函数 $\Psi\in C^\infty$ 使得 $\|H(\tilde{\varphi}-\Psi)\|_{C^0}<\frac{1}{2}$. 由此可知，在$\Gamma$的某个锥邻域$W$内有 $H\Psi\geqslant 1$.

(ii) 由于我们要构造的是零次正齐性函数，因此，只要在包含Γ而又横截于锥轴方向 $\sum_j \xi_j\partial_{\xi_j}$ 的某一个余维数为 1 的子流形Σ上作出 φ，再对锥轴方向作零次正齐性拓展即可. 若Γ充分短，即可取Σ使之包含于一个局部坐标邻域中. 这样，问题即可转化为如下的形式:

设 $V\subset W\subset\mathbb{R}^{2n-1}$，$H$ 是W上的一个向量场，Γ是H的积分曲线，它连接V内的 $\tilde{z}$ 与 z_0 点且全在V内. 现在要求作出 $\varphi\in C_0^\infty(U)$ 使在Γ上 $\varphi(z)>0$，而在 $U\backslash V$中 $H\varphi\geqslant 0$.

现在我们将 Hamilton 场的积分曲线的概念略加推广，而称一个分段 C^1 的映射 $t\longmapsto Z(t)$ 为H的 ε 积分曲线，如果它满足

$$\left\|\frac{dZ(t)}{dt}-H(Z(t))\right\|<\varepsilon. \tag{10.5.4}$$

对于 $z\in W$，我们定义

$$T(z)=\sup\{t;\ \text{存在一条}H\text{的}\ \varepsilon\ \text{积分曲线}\ Z(t)\ \text{使}\ |Z(0)-\tilde{z}|<\varepsilon,\ Z(t)=z\}.$$

若此集为空，则规定 $T(z)=0$. 现令U是Γ的一个 ε_1 邻域，$\varepsilon_1>0$ 充分小. 再取 $\varepsilon>0$ 充分小，则由 ε 积分曲线的定义和H的连续性，我们有:

(a) $T(z)$ 是一个有界可测函数，在 Γ 上 $T(z)>0$.

(b) $\{z\in U,\ T(z)>0\}$包含在U的一个紧子集内.

(c) 存在充分小的 $\alpha>0$，使得若 $z\neq z', z, z'\in U$，$|z-z'|\leqslant\alpha$，$z-z'$ 与 $H(z)$ 的夹角也小于α，则有 $T(z')>T(z)$. 实际上用由 z 到 z' 的直线段延长到 z 的 ε 积分曲线，即可得到到达 z' 的一条 ε 积分曲线.

设$\chi(z)\in C_0^\infty(\mathrm{R}^{2n-1})$，$\chi(z)\geqslant 0$ 且其支集是原点的一个充分小邻域. 令 $\varphi_1=T*\chi$，则 $\varphi_1\in C_0^\infty(V)$而且在$\Gamma$上 $\varphi_1>0$. 现在若 $|z'-z|\leqslant\alpha/2$. $z'-z$ 与 $H(z)$ 的夹角又小于 $\alpha/2$，则

$$\varphi_1(z')-\varphi_1(z)=\int[T(z'-\zeta)-T(z-\zeta)]\chi(\zeta)d\zeta. \tag{10.5.5}$$

利用H的连续性，若χ的支集充分小，则对 $\zeta\in\operatorname{supp}\chi$，$(z'-\zeta)-(z-\zeta)=z'-z$ 与 $H(z-\zeta)$ 的夹角也小于α，因此 $T(z'-\zeta)-T(z-\zeta)>0$，这就证明了 $\varphi_1(z')-\varphi_1(z)>0$. 当 z' 和 z 在H的积分曲线上时，令 $z'\to z$ 即知在U上有 $H\varphi_1(z)\geqslant 0$.

读者可能会注意到，ii) 中 φ 的构造比 i) 中 Ψ 的构造要复杂得多. 这是因为在 ii) 中我们要求 $\varphi\in C_0^\infty(U)$. 因此不能采用正则化序列的方法，否则不能保证φ之支集仍在U内. 此外，我们在这里仅仅用到了过 $\tilde{z}$ 的积分曲线的唯一性和H的连续性.

引理 10.5.4 U和V与引理 10.5.3 中的相同，则存在一族函数 $k_\delta\in C^\infty$，$\delta>0$，它们对ξ是零次正齐性的，且支集均含于U的某一紧锥邻域内，使得在V之外有

$$Hk_\delta\geqslant\frac{1}{\delta}k_\delta. \tag{10.5.6}$$

证. 利用引理 10.5.3 中作出的Ψ与 φ，再令

$$k_\delta=\varphi e^{\Psi/\delta}$$

即可.

以 k_δ 为象征的Ω上的零阶适当支的拟微分算子 K_δ 以后记作 K_δ.

设 $U\subset T^*\mathbf{R}^n\backslash 0=\mathbf{R}^n\times(\mathbf{R}^n\backslash 0)$ 是一个锥形开集，对于 $u\in H^s_U$，我们可以作其半范

$$\|u\|_{s,U}=\|Mu\|_s, \tag{10.5.7}$$

这里M是一个零阶拟微分算子，其象征在U的某一紧锥形子集外为0。

下面的能量估计将在本节中起基本的作用。

命题 10.5.5 存在 $\varepsilon>0$，使得 $\forall s\in\mathbf{R}$，$\forall$ 紧子集 $F\Subset\Omega$，$\exists$映射 $C:(0,\delta_0(s))\to\mathbf{R}^+$，当 $\delta\to 0$ 时，$C(\delta)\to 0$，同时存在(10.5.7)类型的半范

$$\|\cdot\|_{s,V},\ \|\cdot\|_{s-1,U},\ \|\cdot\|_{s-\varepsilon,U},$$

适合以下的不等式：对一切 $u\in C_0^\infty(F)$ 有

$$\begin{aligned}\|K_\delta u\|_s\leqslant C(\delta)\|K_\delta Pu\|_s+M(s)\{\|u\|_{s,V}\\+\|Pu\|_{s-1,U}+\|u\|_{s-\varepsilon,U}+\|u\|_{s-\sigma+1}\}.\end{aligned} \tag{10.5.8}$$

这里M是一映射 $M:(0,\delta_0(\varepsilon))\to\mathbf{R}^+$。以上 $\delta_0(\varepsilon)$ 待定。

暂设这一命题已经得证，我们应用它来证明定理 10.5.2：

定理 10.5.2 的证明. 显然(10.5.8)对 $u\in H^{s+1-\sigma}_{\mathrm{comp}}(\Omega)\cap H^{s+1}_\Gamma$ 也成立。另一方面，为了证明定理 10.5.2 只需证明：若

$$u\in H^{s+1-\sigma}_{\mathrm{loc}}(\Omega)\cap H^{s-\varepsilon}_\sigma\cap H^s_V$$

以及 $Pu\in H^s_V$，则 $u\in H^s_\Gamma$。不过 $u\in H^{s-\varepsilon}_U$ 一般不成立，但是一定存在某个 s' 使 $u\in H^{s'-\varepsilon}_U$ 成立，在对 s' 证明了定理 10.5.2 以后，再重复此一过程即可。

设 u 满足上面的假设，作 $\chi\in C_0^\infty(\Omega)$，而且在$\Gamma$的某个紧邻域对底空间$\Omega$的投影上 $\chi=1$。令

$$u_\alpha=T_\alpha u=\chi(1-\alpha\Delta)^{-1}\chi u.$$

算子 T_α 是一2 阶的，若 $\varepsilon\leqslant 1$，则对 u_α 可以应用能量估计(10.5.8)。T_α 是 $\sum^0_\sigma$ 中的一族有界算子且当 $\alpha\to 0$ 时有 $u_\alpha\to\chi^2u$（在 $H^{s+1-\sigma}$ 中）。因此，为了证明定理 10.5.2，我们仅需证明 $K_\delta u_\alpha$ 当 α 变化时成为 H^s 内的有界族即可。现在由能量估计(10.5.8)有

$$\begin{aligned}\|K_\delta u_\alpha\|_s\leqslant c(\delta)\|K_\delta PT_\alpha u\|_s+M(\delta)\{\|T_\alpha u\|_{s,V}\\+\|PT_\alpha u\|_{s-1,U}+\|T_\alpha u\|_{s-\varepsilon,U}\end{aligned}$$

$$+\|T_\alpha u\|_{s+1-\sigma}\}. \qquad (10.5.9)$$

对其右方各项可以分别估计如下： 由于 $T_\alpha \in \mathrm{Op}(\sum_\sigma^0)$，我们有

$$\|T_\alpha u\|_{s+1-\sigma} \leqslant C\|u\|_{s+1-\sigma},$$
$$\|T_\alpha u\|_{s-\varepsilon,U} \leqslant C\|u\|'_{s-\varepsilon,\sigma},$$
$$\|T_\alpha u\|_{\varepsilon,V} \leqslant C\|u\|'_{s,V}.$$

这里$\|\cdot\|'$是指可能需用另一个半范来作估计，而以上的 C 均与 α 无关.

关于右方第三项 $\|PT_\alpha u\|_{s-1,U}$ 有

$$\|PT_\alpha u\|_{s-1,U} \leqslant \|T_\alpha Pu\|_{s-1,U} + \|[T_\alpha, P]u\|_{s-1,U}.$$

交换子 $[T_\alpha, P]$ 是 $\sum_{\sigma-1}^0$ 内的有界算子族，故有

$$\|[T_\alpha, P]u\|_{s-1,U} \leqslant C\{\|u\|'_{s-1,U} + \|u\|_{s-\sigma,U}\}.$$

同样

$$\|T_\alpha Pu\|_{s-1,U} \leqslant C\|Pu\|'_{s-1,U}.$$

由关于 u 的假设，我们已经证得(10.5.9)右方的

$$M(\delta)\{\|T_\alpha u\|_{s,V} + \|PT_\alpha u\|_{s-1,V} + \|T_\alpha u\|_{s-\varepsilon,U}$$
$$+\|T_\alpha u\|_{s+1-\sigma}\} \leqslant M_1(\delta). \qquad (10.5.10)$$

最后估计(10.5.9)右方的第一项. 我们有

$$\|K_\delta PT_\alpha u\|_s \leqslant \|K_\delta T_\alpha Pu\|_s + \|K_\delta[P, T_\alpha]u\|_s. \qquad (10.5.11)$$

但是

$$\|K_\delta T_\alpha Pu\|_s \leqslant C\|Pu\|'_{s,U} \leqslant \widetilde{C}, \qquad (10.5.12)$$

因此，只需估计 $\|K_\delta[P, T_\alpha]u\|_s$. 但算子 $(1-\alpha\Delta)T_\alpha$ 是一个零阶有界算子族，其象征在 k_δ 的支集上为 1，因此

$$K_\delta[P, T_\alpha]u = K_\delta[P, T_\alpha](1-\alpha\Delta)T_\alpha u + S_\alpha u.$$

这里 $S_\alpha \in \mathrm{Op}(\sum_{\sigma-1}^0)$ 形成一个有界算子族，且其象征为 0，因此

$$\|K_\delta[P, T_\alpha]u\|_s \leqslant \|K_\delta[P, T_\alpha](1-\alpha\Delta)T_\alpha u\|_s$$
$$+ C\|u\|_{s+1-\sigma}.$$

然而

$$[P, T_\alpha](1-\alpha\Delta) = PT_\alpha(1-\alpha\Delta) - T_\alpha(1-\alpha\Delta)P$$
$$-\alpha T_\alpha[P, \Delta] = S'_\alpha - \alpha T_\alpha[P, \Delta].$$

因为在 k_δ 的支集上 $T_\alpha(1-\alpha\Delta)$ 的象征为 1，因此

$$K_\delta S'_\alpha \in \mathrm{Op}(\Sigma^0_{\sigma-1})$$
形成一个有界算子族，且其象征为 0，因此

$$\|K_\delta[P,T_\alpha]u\|_s \leqslant \|\alpha K_\delta T_\alpha[P,\Delta]u_\alpha\|_s + C\|u\|_{s+1-\sigma}. \quad (10.5.13)$$

令 $Q_\alpha = \alpha T_\alpha[P,\Delta]$. 因为 αT_α 成为 -2 阶算子的一个有界族，所以 Q_α 是 $\mathrm{Op}(\Sigma^0_{\sigma-1})$ 中的一个有界算子族. 现在

$$\|K_\delta Q_\alpha u_\alpha\|_s \leqslant \|Q_\alpha K_\delta u_\alpha\|_s + \|[K_\delta,Q_\alpha]u_\alpha\|_s.$$

若 $\sigma > 2$, $[K_\delta,Q_\alpha]$ 是 $\mathrm{Op}(\Sigma^{-1}_{\sigma-2})$ 中的有界算子族，因而上式最后一项适合

$$\|[K_\delta,Q_\alpha]u_\alpha\|_s \leqslant C\{\|u\|'_{s-1,U} + \|u\|_{s+1-\sigma}\}. \quad (10.5.14)$$

若 $1<\sigma\leqslant 2$, 则 $[K_\delta,Q_\alpha]$ 是 $\mathrm{Op}(\Sigma^0_{\sigma-1})$ 中的一个有界算子族，其象征为 0，因此

$$\|[K_\delta,Q_\alpha]u_\alpha\|_s \leqslant C\|u\|_{s+1-\sigma}. \quad (10.5.15)$$

最后我们有

$$\|Q_\alpha K_\delta u_\alpha\|_s \leqslant C_0\|K_\delta u_\alpha\|_s + C\|u\|_{s+1-\sigma}.$$

C_0 既不依赖于 α 也不依赖于 δ. 总之，我们得到了下面的估计：

$$\|K_\delta u_\alpha\|_s \leqslant C_0 c(\delta)\|K_\delta u_\alpha\|_s + M_1(\delta).$$

这里 $M_1(\delta)$ 与 α 无关. 现在取 δ_0 充分小恒可使当 $\delta\leqslant\delta_0$ 时 $C_0c(\delta) < \frac{1}{2}$. 这就证明了

$$\|K_{\delta_0}u_\alpha\|_s \leqslant M_1.$$

令 $\alpha\to 0$ 即有 $K_{\delta_0}u\in H^s$, 因此就证明了 $u\in H^s_\Gamma$.

可见问题归结为求证命题 10.5.5. 为此，我们需要再证一个引理.

引理 10.5.6 为使命题 10.5.5 成立，只需证明，对一切紧子集 $F\Subset\Omega$, 存在 $\varepsilon>0$ 和函数 $c(\delta), M(\delta)$（与命题 10.5.5 中的一样），使得对一切 $u\in C_0^\infty(F)$, 有

$$\|K_\delta u\|_0 \leqslant c(\delta)\|K_\delta Pu\|_0 + M(\delta)\{\|u\|_{0,V} + \|u\|_{-\varepsilon}\}. \quad (10.5.16)$$

证. 设 E 是 Ω 上的一个适当支的拟微分算子，其象征在 U 的

一个紧锥形子集外为 0，而在 supp k_δ 的某一邻域上为

$$(1+|\xi|^2)^{s/2}.$$

于是

$$\|K_\delta u\|_s \leqslant \|K_\delta Eu\|_0 + C(\|u\|_{s-1,U} + \|u\|_{-M}). \quad (10.5.17)$$

$$\|K_\delta Eu\|_0 \leqslant c(\delta)\|K_\delta PEu\|_0 + M(\delta)\{\|Eu\|_{0,V} + \|Eu\|_{-\varepsilon}\}. \quad (10.5.18)$$

但是

$$\|Eu\|_{0,V} \leqslant C(\|u\|'_{s,V} + \|u\|_{-M}), \quad (10.5.19)$$

$$\|Eu\|_{-\varepsilon} \leqslant C\|u\|_{s-\varepsilon,U}, \quad (10.5.20)$$

$$\|K_\delta PEu\|_0 \leqslant \|EK_\delta Pu\|_0 + \|[E,P]K_\delta u\|_0 + \|[K_\delta,[E,P]]u\|_0 + \|[K_\delta,E]Pu\|_0. \quad (10.5.21)$$

现在 $[E,P]\in \mathrm{Op}(\sum^s_{\sigma-1})$，若 $\sigma>2$，则我们有$[K_\delta,[E,P]]\in \mathrm{Op}(\sum^{s-1}_{\sigma-2})$。若 $1<\sigma\leqslant 2$，则 $[K_\delta,[E,P]]\in \mathrm{Op}(\sum^s_{\sigma-1})$ 而其象征则等于 0，因此有

$$\|EK_\delta Pu\|_0 \leqslant C_0\|K_\delta Pu\|_s,$$

$$\|[E,P]K_\delta u\|_0 \leqslant C_0'\|K_\delta u\|_s.$$

这里 C_0 和 C_0' 均与 δ 无关. 此外

$$\|[K_\delta,[E,P]]u\|_0 \leqslant C(\|u\|_{s-1,U} + \|u\|_{s-\sigma+1}),$$

$$\|[K_\delta,E]Pu\|_0 \leqslant C(\|Pu\|_{s-1,U} + \|u\|_{s+1-\sigma}).$$

把这四个不等式代入(10.5.21)，再连同(10.5.19)，(10.5.20)代入(10.5.18)然后代入(10.5.17)即得

$$\|K_\delta u\|_s \leqslant C_0'c(\delta)\|K_\delta u\|_s + C_0c(\delta)\|K_\delta Pu\|_s + \widetilde{M}_1(\delta)\{\|u\|_{s,V} + \|Pu\|_{s-1,U} + \|u\|_{s-\varepsilon,U} + \|u\|_{s+1-\sigma}\}.$$

取 δ_s 充分小以至当 $\delta\leqslant\delta_s$ 时 $C_0'c(\delta)\leqslant\dfrac{1}{2}$，于是令 $C'(\delta)=2C_0c(\delta)$，$M_1(\delta)=2\widetilde{M}_1(\delta)$ 即得引理的证明.

因此，为了证明命题 10.5.5，必须证明(10.5.16). 令 P 的伴算子是 P^*，则 $P-P^*\in \mathrm{Op}(\sum^0_{\sigma-1})$. 因此，

$$|\mathrm{Im}(PK_\delta u, K_\delta u)| = \frac{1}{2}|((P-P^*)K_\delta u, K_\delta u)|$$

$$\leqslant C\|K_\delta u\|_0^2 + M(\delta)\|u\|_{(1-\sigma)/2}^2.$$

另一方面，

$$\operatorname{Im}(PK_\delta u, K_\delta u) = \operatorname{Im}(K_\delta Pu, K_\delta u)$$
$$+ \operatorname{Re}\frac{1}{i}(K_\delta^*[P, K_\delta]u, u).$$

由引理 10.5.4，我们有

$$\frac{1}{i}K_\delta^*[P, K_\delta] = \frac{1}{\delta}K_\delta^* S_0 K_\delta + S_1 + S_2,$$

这里 $S_0, S_1, S_2 \in \mathrm{Op}(\sum_{\sigma-1}^0)$，而且在 $\operatorname{supp} K_\delta$ 上有 $\sigma(S_0) = H\Psi \geqslant 1$. 此外 $\sigma(S_1)(x,\xi) \geqslant 0$，$\operatorname{supp}\sigma(S_2) \subset V$. 最后我们得到了

$$\frac{C_0}{\delta}\|K_\delta u\|_0^2 + \operatorname{Re}(S_1 u, u) \leqslant C\|K_\delta u\|_0^2$$
$$+ \|K_\delta Pu\|_0^2 + M(\delta)\{\|u\|_{0,V}^2 + \|u\|_{(1-\sigma)/2}^2\}.$$

现在取 δ 充分小，使 $\frac{C_0}{\delta} - C > 0$，则得 $C(\delta) = \frac{\delta}{C_0 - \delta C}$ 满足引理中的条件，从而引理 10.5.6 的最后证明归结为下面的强 Gårding 不等式(在其中令 $m = 0$，$\tau = \sigma - 1$).

定理 10.5.7 (强 Gårding 不等式) 设 $S \in \mathrm{Op}(\sum_\tau^m)$，$\tau > 0$，且 S 的主象征 $S(x,\xi) \geqslant 0$，则存在 $\mu > 0$ 使得对 Ω 的任一紧子集 $F \Subset \Omega$，以及任意的 $u \in C_0^\infty(F)$

$$\operatorname{Re}(Su, u) \geqslant -C_F\|u\|_{\frac{m}{2}-\frac{\mu}{2}}^2.$$

上册第五章中我们也讲了一个强 Gårding 不等式(定理 5.5.18)，其形式与这里讲的相同. 但现在算子 S 的主象征 $S_m(x,\xi)$ 关于 x 仅属于 C^τ 而不是 C^∞，因此定理的证明要有所不同. 我们将不在这里证明，而请读者参看 J. M. Bony[1]，该文中的证明要用到 A. Cordoba 和 C. Fefferman, Wave packet and Fourier integral operator, *Comm. P. D. E.*, 1978 一文的结果与方法.

2. 半线性方程解的奇异性的相互作用. 前面我们研究了完全非线性方程解的奇异性的传播问题. 在那里，若一个解 $u \in H_{loc}^s$,

则我们能够了解它的奇异性直到 H^t_Γ，这里 $t\leqslant 2s-\frac{n}{2}+m-2d-1$。现在将要研究更大的 t 的情况。

假设 $\Omega^-\subset\Omega$ 是 $\mathbf{R}^n$ 的二个开集，我们将研究下列半线性方程的实解 u：

$$P(x,\partial)u=F(x,u,\cdots,\partial^\beta u,\cdots)_{|\beta|\leqslant m-1}. \qquad (10.5.22)$$

这里我们假设

(H_1). P 是实系数的 m 阶拟微分算子，从而(10.5.22)确为半线性方程。P 的实特征都假设是单的，而函数 F 则是 C^∞ 实值函数。

(H_2). 若 $(x_0,\xi_0)\in\Omega\times\mathbf{R}^n\backslash 0, p_m(x_0,\xi_0)=0$ 从 (x_0,ξ_0) 出发的两个半次特征（即参数 $t>0$ 与 $t<0$——设在 $t=0$ 时得到 (x_0,ξ_0) 点——的两枝)之一在离开 Ω 之前一定与 Ω^- 相遇。

这类算子的典型例子是 P 为 $\mathbf{R}^{n-1}_x\times\mathbf{R}_t$ 上的严格双曲算子。$\Omega=\mathbf{R}^{n+1}$，$\Omega^-=\{(x,t),t<0\}$。

联合定理 10.4.2 与定理 10.5.1 我们立即有

定理 10.5.8 设 $s=\frac{n}{2}+m+\theta$，$\theta>0$，$u\in H^{s-1}(\Omega)$ 是方程(10.5.22)的实解，而且 $u\in H^s(\Omega^-)$，则 $u\in H^s(\Omega)$。

此外，不难验证，上面的定理以及定理 10.5.1 对于下列方程组也同样成立：

$$\begin{pmatrix}P & & 0\\ & \ddots & \\ 0 & & P\end{pmatrix}\begin{pmatrix}u_1\\ \vdots\\ u_N\end{pmatrix}+B\begin{pmatrix}u_1\\ \vdots\\ u_N\end{pmatrix}=\begin{pmatrix}L_1F_1(x,\cdots,\partial^\beta u,\cdots)\\ \vdots\\ L_NF_N(x,\cdots,\partial^\beta u,\cdots)\end{pmatrix}. \qquad (10.5.23)$$

这里的 P 与(10.5.22)中的 P 相同，B 是一个 $m-1$ 阶拟微分算子方阵，$L_j(j=1,\cdots,N)$ 都是零阶拟微分算子，$F_j(j=1,\cdots,N)$ 都是 C^∞ 函数，其变元中含有 u 的至多为 $m-1$ 阶导数。

事实上，我们可以将这个方程组转化为以下的仿微分方程组

$$PU+CU=R. \qquad (10.5.24)$$

这里 $U=(u_1,\cdots,u_N)^t$，$C\in\mathrm{Op}(\sum_\theta^{m-1}(\Omega))$ 是 $N\times N$ 仿微分算

子方阵，$R\in H^{s-m+\theta}$ 是 N 维向量。这时，前面的能量积分(10.5.8)，从而定理 10.5.1 都可以得到。

为了研究更高阶的奇异性的传播，我们引进下面的余法分布的概念。

定义 10.5.9 设 Σ 是 $\mathbf{R}^n$ 的一个闭集，$s\in\mathbf{R}$，$k\in\mathbf{N}\cup\{\infty\}$。令

$$H^s(\Sigma,k)=\{u\in H^s,Z_1Z_2\cdots Z_lu\in H^s_?,\ l\leqslant k,$$
$$Z_1,\cdots,Z_l\ \text{是任意切于}\Sigma\text{的向量场}\},\qquad(10.5.25)$$

$H^s(\Sigma,k)$ 称为关于Σ的 k 阶余法分布。

余法分布的概念实质上讲的仍然是奇异性问题。(10.5.25)表明，若 $u\in H^s(\Sigma,k)$，则切向导数在一定程度(若阶数 $\leqslant k$)上保持 u 的光滑性，也就是说，奇异性在Σ的法方向上。但是在微局部分析中奇异性是用余切丛中的向量(因而是余法向量)来表示的，所以有了余法分布的名称。$u\in H^s(\Sigma,k)$就表示，u 沿Σ的法方向有某种奇异性。

为了使这个定义有意义，需要Σ有切向量，因此下面总假设Σ是有限多个光滑子流形之并，从而切向量的概念不产生问题。对于这个分布空间，我们立即有

命题 10.5.10

(i) $\forall L\in L^0_{1,0}$，L：$H^s(\Sigma,k)\to H^s(\Sigma,k)$。

(ii) 若 $s>\dfrac{n}{2}$，$u_1,\cdots,u_p\in H^s(\Sigma,k)$，$F(z_1,\cdots,z_p)$ 是其变元的 C^∞ 函数，则 $F(u_1,\cdots,u_p)\in H^s(\Sigma,k)$。

证. (i) 对于 k 应用归纳法。当 $k=0$ 时，因为 $H^s(\Sigma,0)=H^s$，所以命题自然成立。现设对于 $k-1$ 命题成立，下面证明对 k 命题也成立，即设对一切切于Σ的向量场 $Z_1,\cdots,Z_l$，$l\leqslant k-1$已知 $Z_1Z_2\cdots Z_lLu\in H^s$，再取另一个切于$\Sigma$的向量场$Z_0$，求证 $Z_1Z_2\cdots Z_lZ_0Lu\in H^s$。容易看到

$$Z_1Z_2\cdots Z_lZ_0Lu=Z_1\cdots Z_lLZ_0u$$
$$+Z_1\cdots Z_l[Z_0,Z_l]u.$$

由于 $u\in H^s(\Sigma,k)$，因此 $Z_0u\in H^s(\Sigma,k-1)$，而由归纳假设，上式第一项属于 H^s. 对于第二项，由于$[Z_0,L]$是零阶微分算子：$[Z_0,L]\in L^0_{1,0}$，多次使用交换子方法，可以换成形如 $[Z_1,\mathscr{L}]Z_1\cdots Z_ju$ 的各项之和，因而也属于 H^s.

(ii) 首先由于 $s>\frac{n}{2}$，我们有 $F(u_1,\cdots,u_p)\in H^s$，利用复合函数求导的法则即可得到命题之证.

$u\in H^s(\Sigma,k)$实际上是一个局部和微局部性质. 因为一个切于Σ的向量场的象征仅在Σ的余法丛上为 0，因此，若 $u\in H^s(\Sigma,k)$，则在Σ之外，$u\in H^{s+k}$，在Σ的光滑点，在余法丛之外，u 微局部地属于 H^{s+k}.

例如，如果Σ是 $x_n=0$，记 $x=(x',x_n)$，$\xi=(\xi',\xi_n)$ Σ的余法丛是 $(x',0;0,\xi_n)$，而Σ的切向量由 $\partial_{x'}$，$x_n\partial_{x_n}$，生成，其象征分别是 ξ'，$x_n\xi_n$，它们都在Σ的余法丛上为 0，这时显然有

$$u\in H^s(\Sigma,k)\Longleftrightarrow \forall\alpha\in\mathbf{N}^n,|\alpha|\leqslant k,\partial_{x'}^{\alpha'}(x_n\partial_{x_n})^{\alpha_n}u\in H^s.$$

我们在 § 3 的评注中介绍过一种空间 $H^{s,s'}(\mathbf{R}^n_+)$，它的定义是

$$u\in\mathscr{S}',\ \int(1+|\xi|^2)(1+|\xi'|^2)^{s'}|\hat{u}(\xi)|^2d\xi<+\infty,$$

很明显，取Σ为 $x_n=0$，$H^{s,s'}(\mathbf{R}^n_+)$ 中之元均在 $H^s(\Sigma,k)$ 中，这里 $k\leqslant s'$. 余法分布是 Lagrange 分布的特例，它们都是偏微分算子理论中的重要概念，请参看 Hörmander [5]，第三卷第十八章 § 2 和第四卷第二十五章 § 1（在后一节中 Hörmander 利用 Lagrange 分布直接给出了 FIO 的整体理论，是一种非常简洁而又深刻的讲法）.

回到我们的本题，我们首先证明

定理 10.5.11 设Σ是 P 的特征曲面，$u\in H^s(\Omega)$，$s=\frac{n}{2}+m+\theta$，$\theta>0$ 是方程(10.5.22)的一个实解. 设当 u 限制在 Ω^- 上时属于 $H^s(\Sigma,k)$，则在Ω上也有 $u\in H^s(\Sigma,k)$.

证. 将Σ分割成小块，可设Σ由一个光滑函数 $\varphi(x)$ 来定义：Σ：$\varphi(x)=0$. 因此，在Σ上，$p_m(x,\varphi'(x))=0$. 经一个 C^∞ 变

量变换将$\sum$变为 $x_1=0$，则算子 P 变成了如下的形状

$$Pu = A_1 x_1 \partial_{x_1} u + A_2 \partial_{x_2} u + \cdots + A_n \partial_{x_n} u + A_0,$$

这里 $A_j(j=0,1,\cdots,n)$ 都是 $m-1$ 阶算子. 此外，对于交换子交换子也有

$$[P, x_1 \partial_{x_1}] = B_1 x_1 \partial_{x_1} + \cdots + B_n \partial_{x_n} + B_0,$$

$B_j(j=0,1,\cdots,n)$ 也都是 $m-1$ 阶算子. 交换子 $[P, \partial_{x_j}]$，$j \neq 1$，也有相同的形状. 因此

$$P(x_1 \partial_{x_1} u) = x_1 \partial_{x_1} F(x, u, \cdots, \partial^\beta u, \cdots) + [P, x_1 \partial_{x_1}] u,$$

$$P(\partial_{x_j} u) = \partial_{x_j} F(x, u, \cdots, \partial^\beta u, \cdots) + [P, \partial_{x_j}] u,$$

$$j \geqslant 2.$$

$$x_1 \partial_{x_1} F(x, u, \cdots, \partial^\beta u, \cdots) = G(x, u, x_1 \partial_{x_1} u, \cdots, \partial^\beta u, \partial^\beta x_1 \partial_{x_1} u, \cdots),$$

G 是其变元的 C^∞ 函数.

设 $V_1 = (u, x_1 \partial_{x_1} u, \partial_{x_2} u, \cdots, \partial_{x_n} u)^t$，则 V_1 满足方程组

$$PV_1 + BV_1 = G_1(x, V_1, \cdots, \partial^\beta V_1, \cdots)_{|\beta| \leqslant m-1}.$$

现在 $V_1 \in H^{s-1}(\Omega)$，而由于 u 在 Ω^- 中属于 $H^s(\sum, 1)$ 有 $V_1 \in H^s(\Omega^-)$. 由定理 10.5.8 和其后的注就证明了 $V_1 \in H^s(\Omega)$. 亦即 $u \in H^s(\sum, 1)$. 再重复这一过程而考虑 $V_l = ((x_1 \partial_{x_1})^{\alpha_1} \cdots \alpha_{x_n}^{\alpha_n} u, |\alpha| \leqslant l)$，它也满足 V_1 所满足的类似的方程. 至此，定理最后得证.

上面我们研究的是 u 在 Ω^- 中仅仅一个特征曲面上有奇异性的情况，并且证明了奇异性沿此特征曲面传播. 若 u 在 Ω^- 中的几个特征曲面上都有奇异性，则在线性方程情况下我们知道，如果这些特征曲面在 Ω^- 内两两横截地相交，则 u 的奇异性将沿着各自原来的特征曲面传播. 但是在非线性问题中这个性质不再成立，而出现了所谓奇异性的相互作用. J. Rauch 和 M. Reed [1] 中给出了如下的非常简单的反例：

在 $\mathbb{R}^2$ 上考虑方程组

$$\frac{\partial u}{\partial t} + \frac{\partial u}{\partial x} = 0, \quad \frac{\partial v}{\partial t} - \frac{\partial v}{\partial x} = 0, \quad \frac{\partial w}{\partial t} = u \cdot v.$$

令

$$u(x,t)=\begin{cases}1, & 若\ x+t>0,\\ 0, & 若\ x+t\leqslant 0;\end{cases}$$

$$v(x,t)=\begin{cases}1, & 若\ t-x>0\\ 0, & 若\ t-x\leqslant 0,\end{cases}$$

$$w(x,t)=\sup(0,t-|x|).$$

则 $U=(u,v,w)$ 是一个解，在 $\Omega^-=\{t<0\}$ 中 U 只有两条间断线 $x\pm t=0$，在 $\Omega^+=\{t>0\}$ 上则除这两条间断线外，在半射线 $x=0, t>0$ 上，U 的导数 $\left(\frac{\partial w}{\partial x}\right)$ 出现了间断. 但这个间断比原有的间断（u, v, w 本身有第一类间断点）较弱 $\left(\frac{\partial w}{\partial x}\ 有第一类间断点\right)$. 新的异常的（abnormal）奇异性就是原来的奇异性相互作用的结果. 下面来看一般情况.

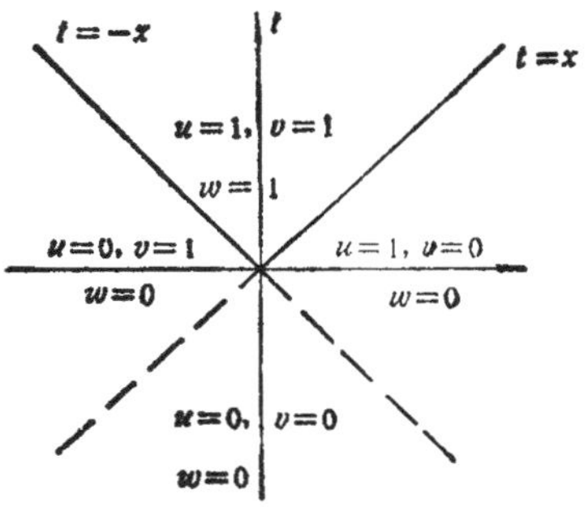

图 9

设 Σ_1, Σ_2 是 P 的两个特征面，令 $\Delta=\Sigma_1\cap\Sigma_2$ 而 P 再没有其它特征曲面经过 Δ 了（P 为二阶双曲型算子就是这个情况）. 令 $\Sigma=\Sigma_1\cup\Sigma_2$，我们首先证明

定理 10.5.12 设 $u\in H^s$, $s=\frac{n}{2}+m+\theta$, $\theta>0$ 是方程(10.5.22)的一个实解，若 u 限制在 Ω^- 中属于 $H^s(\Sigma,k)$，则在 Ω 中也有 $u\in H^s(\Sigma,k)$.

证. 有兴趣的当然是 $\Delta\cap\Omega^-=\emptyset$ 的情况. 和定理 10.5.11 一样，我们可以局部地设 Σ_1, Σ_2 由 C^∞ 函数 $\varphi_1(x)$ 和 $\varphi_2(x)$ 来定义. 由于 Σ_1 和 Σ_2 横截，经过一个光滑的变量变换可使 Σ_1 和 Σ_2 分别成为 $x_1=0$ 和 $x_2=0$. 这时算子 P 变成了如下形状：

$$P=K\partial_{x_1}\partial_{x_2}+\sum_{j=1}^{n}A_jZ_ju+A_0u. \tag{10.5.26}$$

这里 $Z_j = x_j \partial_{x_j}(j = 1,2)$，$Z_j = \partial_{x_j}(j > 2)$，$A_j$ 是 $m-1$ 阶拟微分算子 $(j = 0, 1, \cdots, n)$，K 是 $m-2$ 阶拟微分算子．由假设，再没有其它特征曲面经过 Δ，因此，在 $\Delta = \{x_1 = x_2 = 0\}$ 上，若 $\xi_3 = \cdots = \xi_n = 0$，即在$\Delta$的余法丛上，$K$的主象征 $k(x, \xi) \neq 0$．因此，由拟微分算子的计算，存在一个 $2-m$ 阶拟微分算子H使

$$HK = I + \sum_{j=1}^{n} R_j Z_j + R_0.$$

这里 $R_j(j = 0,1,\cdots,n)$ 都是 -1 阶算子．现在

$$P(Z_j u) = Z_j F(x,u,\cdots,\partial^\beta u,\cdots) + [P, Z_j]u, \quad (10.5.27)$$

$$[P, Z_j]u = \sum_{j=1}^{n} C_j Z_j u + C_0 u + D\partial_{x_1}\partial_{x_2} u. \quad (10.5.28)$$

这里 $C_j(j = 0,1,\cdots,n)$ 都是 $m-1$ 阶算子，而D的阶数是 $m-2$。将H作用到(10.5.26)上，给出

$$\partial_{x_1}\partial_{x_2} u = HPu - \sum_{j=1}^{n} HA_j Z_j u - HA_0 u$$

双方再用D作用，有

$$D\partial_{x_1}\partial_{x_2} u = DHF(x,u,\cdots,\partial^\beta u,\cdots) + \sum_{j=1}^{n} E_j Z_j u + E_0 u,$$

这里 $E_j(j = 0, 1, \cdots, n)$ 都是 $m-1$ 阶算子，而 DH 是零阶算子。以此式代入(10.5.28)，再代入(10.5.27)，即知，若最后记 $V_1 = (u, Z_1 u, \cdots, Z_n u)$，则可得到方程组

$$PV_1 + BV_1 = LG_1(x, V_1, \cdots, \partial^\beta V_1, \cdots). \quad (10.5.29)$$

这正是(10.5.24)类型的方程组．因此，如定理 10.5.11 一样，我们证得了 $u \in H^s(\Sigma, 1)$ 重复这一过程，即得定理之证．在以上的证明中我们利用了 $Z_1, \cdots, Z_n$ 是切于Σ的向量场的空间的基底，这一点是容易验证的。

上面的定理表明，在只有两个波(按 Huygens 原理，波前是间断面，而弱间断必为特征曲面，请参照前面关于余法分布概念的

解释和上册第四章关于波前集概念的解释，p. 222）的情况下，半线性方程和线性方程是一样的，下面讨论在什么时候出现波的相互作用.

设 Δ 是余维数 2 的子流形，且有三个特征曲面 Σ_1, Σ_2 和 Σ_3 通过 Δ，且只有这三个（当 P 为一个三阶严格双曲型算子，我们就可以做到这一点）. 由假设 H_2)，$\Sigma_3\backslash\Delta$ 有一个连通分支与 Ω^- 相遇，记此分支为 Σ_3^-，另一部分记作 Σ_3^+. 令 $\Sigma=\Sigma_1\cup\Sigma_2\cup\Sigma_3$，我们可以证明

定理 10.5.13 设 $u\in H^s$, $s=\frac{n}{2}+m+\theta$, $\theta>0$ 是方程 (10.5.22) 的实解，则

（a）假设 u 限制在 Ω^- 上属于 $H^s(\Sigma,k)$，则在 Ω 上也有 $u\in H^s(\Sigma,k)$.

（b）若 u 限制在 Ω^- 上属于 $H^s(\Sigma_1\cup\Sigma_2,k)$，则在 Σ_3^+ 的一个邻域中，对于适合关系式 $s\leqslant t\leqslant s+\theta+1$, $t+g\leqslant s+k$ 的 t 和 g 有 $u\in H^t(\Sigma_3^+,g)$.

我们感兴趣的情况当然是 $\Delta\cap\Omega^-=\varnothing$. 当 $k=+\infty$ 时，(b)的结论表明，若在 Ω^- 中，u 在 $\Sigma_1\cup\Sigma_2$ 外为 C^∞，而在 Σ_1 和 Σ_2 的邻域内是一个余法分布，则在 Δ 之外，$u\in H^s(\Sigma_1,\infty)\cap H^s(\Sigma_2,\infty)\cap H^{s+\theta+1}(\Sigma_3,\infty)$. 简单地说，就是若在 Ω^- 中有两个波——u 的奇异性——Σ_1 和 Σ_2，则当它们在 Ω^+ 中相交后，除了这两个波仍继续沿自己原来的方向传播外，还产生一个新的异常的（abnormal）波，但比原来的波较弱. 这与前面的反例是一致的. 此定理的证明与定理 10.5.12 类似，我们不在这里重复了，读者可以参看 J. M. Bony [4]，用同样的方法还可研究两个波相互作用后产生 m 个异常波的情况，如 m 阶严格双曲型方程的情况就是如此. 我们也不在此一一叙述了.

3. 评注

A. 完全非线性方程简单波的传播. 在定理 10.5.11 中我们只考虑了半线性方程，这是很自然的，因为这时线性化算子的主部是

光滑的，从而Σ也是光滑的而经过一个 C^∞ 变换可以化为 $x_1=0$，从而方程化为某种标准形式. 对于完全非线性方程，Σ就不再是光滑的，而算子成为仿微分算子. 对这种新问题，S. Alinhac[1],[2] 建立了一种所谓仿复合来代替前述变量变换，从而成功地解决了完全非线性方程解的奇异性传播问题. 他的主要结果如下：

设Ω是 $\mathbf{R}^n$ 的一个开集，$u\in H^s_{loc}(\Omega)$，$s>\frac{n}{2}+m$，是下列方程的一个实解：

$$F(x,u,\cdots,\partial^\alpha u,\cdots)_{|\alpha|\leqslant m}=0,$$

这里 F 是其变元的 C^∞ 函数. 选取坐标 $x=(x_1,t,x')$ 并设

(i) F 关于解 u 的线性化算子 P 相对于曲面 $t=\text{const}$ 是严格双曲的；

(ii) 开集 $\Omega^+=\{x\in\Omega,t>0\}$ 是开集 $\Omega^-=\{x\in\Omega,t<0\}$ 的反射区域，即所有从 Ω^+ 出发的特征都能到达 Ω^-.

设 S 是一个曲面，在Ω上 S 由方程 $x_1=\varphi(t,x')$ 确定，$\varphi(0,0)=0$，$\varphi\in H^\sigma_{loc}$，$S$ 是 P 的一个特征曲面，而且当 $t<0$ 时 $\varphi\in C^\infty$.

在以上条件下，可以证明

定理 10.5.14 设 $s>\frac{n}{2}+m+\frac{7}{2}$，$\sigma>\frac{n}{2}+\frac{3}{2}$ 假设对于 $t<0$，$u\in H^s(\Sigma,\infty)$，则在Ω上 S 是 C^∞ 的，而 $u\in H^s(\Sigma,\infty)$.

我们看到，即使在余法分布框架下，象半线性方程一样，单个波不会产生出异常波来.

定理 10.5.14 证明中的关键一步是作一变换，将Σ变为 $x_1=0$，从而相应的仿微分算子 $\tilde{P}$ 也变成相应的形式

$$\tilde{P}=\sum_{j=1}^{n}B_jZ_j+B_0,$$

这里 $B_j(j=0,1,\cdots,n)$ 是 $m-1$ 阶仿微分算子，$Z_1=x_1\partial_{x_1}$，$Z_2=\partial_t$，$Z_j=\partial_{x_j}(j=3,\cdots,n)$. 下一步的证明就和定理 10.5.11 一样了. 完成这一变换的就是所谓仿复合. 下面作一简

短说明，有兴趣的读者请参看 S. Alinhac [2].

设 Ω_1, Ω_2 是 $\mathbf{R}^n$ 的两个开集，χ: $\Omega_1 \to \Omega_2$ 是一个 $C^{\rho+1}$，$\rho > 1$ 微分同胚，则存在一个线性算子 $\chi_1^*: \mathscr{D}'(\Omega_2) \to \mathscr{D}'(\Omega_1)$满足下面的定理：

定理 10.5.15

(i) 任给 $s \in \mathbf{R}$，$\sigma \neq 0$，算子 χ^* 映 $H^s_{loc}(\Omega_2)$ 到 $H^s_{loc}(\Omega_1)$，映 $C^\sigma_{loc}(\Omega_2)$ 到 $C^\sigma_{loc}(\Omega_1)$.

(ii) 若 $u \in C^\rho_{loc}$，$\chi \in C^{\rho+1}_{loc}$（或 $u \in H^s_{loc}$，$\chi \in H^{r+1}_{loc}$），其中 $\sigma > 1$，$\rho > 0$ $\left(\text{或 } s > \frac{n}{2} + 1,\ r > \frac{n}{2}\right)$，则

$$u \circ \chi = \chi^* u + T_{u' \circ \chi} \chi + R,$$

这里 $R \in C^{\rho+1+\varepsilon}_{loc}$，$\varepsilon = \inf(\sigma - 1, \rho + 1)$ $\left(\text{或 } R \in H^{r+1+\varepsilon}_{loc},\ \varepsilon = \inf\left(s - \frac{n}{2} - 1,\ r - \frac{n}{2} + 1\right)\right)$.

这里 $T_{u'\circ\chi}$ 是以 $u'\circ\chi$ 为象征的仿微分算子．若 $\sigma = +\infty$，就回到了原来的仿线性化定理 10.3.6，因为这时 $\chi^* u \in C^\infty$．另一方面，若 $\chi \in C^\infty$，则 $T_{u'\circ\chi}\chi \in C^\infty$，因此 χ^* 与复合算子只相差一个正则化算子．这就是为什么会采用仿复合这一名词的原因．

仿复合算子有许多性质与复合算子类似．例如我们有

定理 10.3.16

(i) 若 χ_0: $\Omega_0 \to \Omega_1$ 和 χ_1: $\Omega_1 \to \Omega_2$ 是两个 $C^{\rho+1}(\rho > 0)$微分同胚，则

$$\chi_0^* \circ \chi_1^* u = (\chi_1 \circ \chi_0)^* u + Ru,$$

这里 $R \in S^{-\rho}$，即一个 ρ 正则化算子．

(ii) 若 $h(x, \xi) \in \sum_\alpha^m(\Omega_2)$，则

$$\chi^* T_h u = T_{h^*} \chi^* u + Ru,$$

这里 $h^* \in \sum_\varepsilon^m(\Omega_1)$，$\varepsilon = \inf(\alpha, \rho)$，$R \in S^{m-\varepsilon}$ 是一个$(\varepsilon - m)$正则化算子．h^* 的计算与拟微分算子一样，不过只取求导数有意义的有限项而已．

B 半线性方程的多个波的相互作用．定理 10.5.12 和 10.5.13

研究了半线性方程的两个波的相互作用．一般说来这时会出现新的异常波。这是奇异性相互作用的结果．因此我们自然会问：多个波相遇以后的情况会是怎样的？由两个波的情况可以看到，对于非线性方程也一定会有奇异性的相互作用出现，而且在一般情况下这种相互作用是非常复杂的． 关于这类问题，J. M. Bony 研究了一个简单然而十分重要的非线性方程，即 $\mathbb{R}^3$ 中的非线性 Klein-Gordon 方程，(参看 J. M. Bony[5])：

$$\Box u = \partial_t^2 u - \partial_x^2 u - \partial_y^2 u = f(t,x,y,u).$$

设 Ω 是原点的一个邻域，$\Omega^{\pm} = \Omega \cap \{t \gtrless 0\}$，$\Sigma_1, \Sigma_2, \Sigma_3$ 是□的三个特征曲面，而在原点横截相交，Γ 是过原点的特征锥面：$t^2 - x^2 - y^2 = 0$，$\Gamma^{\pm}$ 是两个半锥面：$t = \pm\sqrt{x^2+y^2}$．我们有

定理 10.5.17 设 $u \in H^{\frac{3}{2}+\varepsilon}(\Omega)$，$\varepsilon > 0$ 是非线性 Klein-Gordon 方程的一个实解，在 Ω^- 内有 $u \in H^{\sigma}(\Sigma_1 \cup \Sigma_2 \cup \Sigma_3, k)$，$\sigma > \frac{3}{2}$，$k \in \mathbb{N}$，则在 Ω^+ 内原点附近，对于每个 $\sigma' < \sigma$ 有：

(a) 在 $\bigcup_i \Sigma_i \cup \Gamma^+$ 之外，$u \in H^{\sigma'+k}$；

(b) 靠近 $\Sigma_j \Big\backslash \Big(\bigcup_{i \neq j} \Sigma_i \cup \Gamma^+\Big)$，有 $u \in H^{\sigma'}(\Sigma_j, k)$；

(c) 靠近 $\Gamma^+ \Big\backslash \Big(\bigcup_i \Sigma_i\Big)$，有 $u \in H^{\sigma'}(\Gamma^+, k)$．

由结论(c)，利用定理 10.5.1，我们可得到，靠近 $\Gamma^+ \Big\backslash \Big(\bigcup_i \Sigma_i\Big)$ 有 $u \in H^{\tau}$，$\tau = \min\Big(2\sigma - \frac{n}{2} + 1,\ \sigma + k\Big)$，因此，对于(c)我们可以得到：若 $g = \min\Big(k,\ \Big[\sigma - \frac{n}{2} + 1\Big]\Big)$，则在 $\Gamma^+ \Big\backslash \Big(\bigcup_i \Sigma_i\Big)$ 附近，有 $u \in H^{\sigma'+g}(\Gamma, k-g)$．

定理 10.5.17 的结论可以由下面的关于 t 的三个剖面图示意．

在 t_1 和 t_2 之间奇异性两两相互作用还没有产生异常波，在 t_2 和 t_3 之间，三个波，即奇异性相互作用而产生出了比原来的奇异性较弱的异常奇异性。

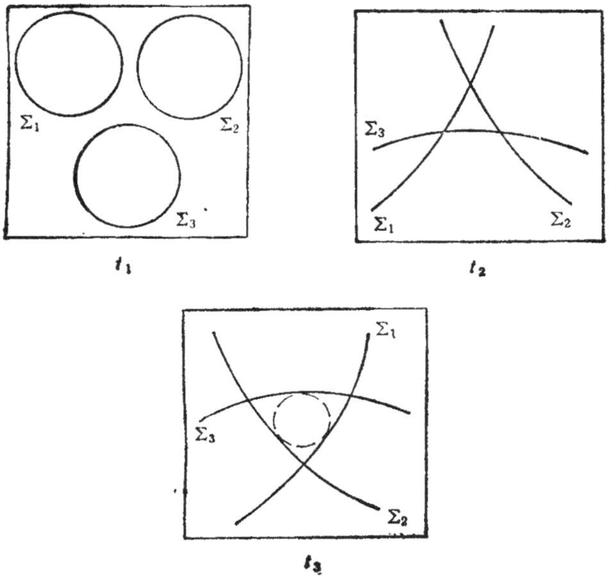

图 10

定理 10.5.17 的证明是非常复杂的. J. M .Bony 为此引进了所谓二次微局部化理论. 我们不在此叙述, 有兴趣的读者可以参看 J. M. Bony[5]. 由此可以看到, 更多的波的相互作用将是一个非常复杂的问题. 这些问题在 J. M. Bony 和他的学生们的工作中已开始论及, 其工具是所谓高次微局部化理论. 此外, 这里读到的波的相互作用还都只是对半线性方程而言的. 对于完全非线性方程情况又会是怎样呢? 这是一个尚未解决而又非常重要和有兴趣的问题.

C. Cauchy 问题的奇异性的传播和相互作用. 关于非线性方程的 Cauchy 问题, 若 Cauchy 初值只在一个曲面上有奇异性, 则此奇异性将沿着特征曲面向内部传播. 这与定理 10.5.1 和定理 10.5.11 的情况类似, 我们就不再重复了. 下面考虑 B 那样的多个波的问题, 而且也只考虑非线性 Klein-Gordon 方程.

假设在平面 $t=0$ 上给出 m 条在原点两两横截相交的曲线: $\Delta_1, \cdots, \Delta_m$. 经过其中每一条曲线都有两个特征曲面 Σ_{j1} 和 Σ_{j2}.

设它们在Ω内都是光滑的，记

$$\Delta = \bigcup_j \Delta_j, \quad \Sigma = \bigcup_{j,k} \Sigma_{jk}.$$

我们有

定理 10.5.18 设 $u \in H^s(\Omega)$, $s > \frac{3}{2}$ 是方程 $\Box u = f(t,x,y,u)$ 的一个实解，又设 u 在 $t=0$ 上的迹满足

$$u(0,x,y) \in H^s(\Delta,k), \quad \partial_t u(0,x,y) \in H^{s-1}(\Delta,k),$$

则在Ω上对所有的 $s' < s$ 有

(a) 在$\Sigma \cup \Gamma$之外有 $u \in H^{s'+k}$;

(b) 在 $\Sigma_{ij} \Big\backslash \Big(\bigcup_{(p,q)\neq(i,j)} \Sigma_{pq} \cup \Delta \Big)$ 附近 $u \in H^{s'}(\Sigma_{ij},k)$;

(c) 在 $\Gamma \backslash \Sigma$ 附近 $u \in H^{s'+g}(\Delta, k-g)$, 这里 $g = \min\left(k, \left[s - \frac{n}{2} + 1\right]\right)$.

这里Γ是过Δ的特征曲面.

这个定理的证明与定理 10.5.17 一样需要用到二次微局部化理论，请读者参看 J. M. Bony[4].

此外，利用仿微分算子理论，我们还可以研究完全非线性方程的边值问题的边界奇异性传播，例如其反射等等问题. 有兴趣的读者请参阅 P. Godin[1], M. Sablé-Toageron[1], [3] 和 E. Leichtman[1].

仿微分算子的象征计算和微局部理论对于处理系数非光滑的微分算子是一个强有力的工具. 它在研究非线性方程时，一定程度上取代了拟微分算子. 因此，它也为非线性双曲型方程的混合边值问题的存在性理论中的能量估计的构造提供了一个有用的工具（即用仿微分算子构造所谓微局部对称化子）. 有兴趣的读者请参看 S. Alinhac[4]，陈恕行[7]，G. Metivier [1]，[2]，A. Mokrane [1], M. Sablé-Tougeron[2] 等文.

参考文献[1]

Abraham, R., Marsden, J. E.

[1] Foundations of Mechanics, 2nd ed., Benjamin Publ. Co., 1978.

Alinhac, S.

[1] Evolution d'une onde Simple, Actes des Journés E. D. P. de Saint Jean de Monts, 1985.

[2] Paracomposition et opérateurs paradifférentieles, *Comm. in PDE*, **11**(1986).

[3] Interaction d'ondes simples pour des équations complètement non-lineaires, Sém. E.D.P. de l'Ecole Polytechnique, 1985—1986.

[4] Existence d'ondes de rarefaction pour des écoulement isentropiques (待发表).

Арнольд, В. И. (Arnold, V.I,)

[1] Математические Методы Классической Механики, Hayka, Москва, 1974 (英译本: Mathematical Methods of Classical Mechanics, Springer-Verlag, 1978).

[2] О харастеристической классе, входящем в условия квантования, *Функч. Ана. и Его Прил.*, **1**(1967), 1—14.

Beals, M.

[1] Spreading of singularities for a semi-linear wave equation, *Duke Math. J.*, **49**(1982), 275—286.

[2] Self-spreading and strength of singularities for solutions to semilinear wave equations, *Ann. of Math.*, **118**(1983), 187—214.

Beals, M., Metivier, G.

[1] Progressing wave solutions to certain non-linear mixed problem, *Duke Math. J.* (待发表).

[2] Reflexion of transversal progressing waves in non-linear strictly hyperbolic mixed problems, *Amer. J. Math.* (待发表).

Beals, M., Reed, M.

[1] Propagation of singularities for hyperbolic pseudo-differential operators with non-smooth coefficients, *Comm. Pure Appl. Math.*, **35**(1982), 169—184.

[2] Microlocal regularity theorems for non-smooth pseudodifferential operators and applications to non-linear problems, *Trans. Amer. Math. Soc.*, **285**(1984).

Berning, J., Reed, M.

1) 上册已有一个参考文献目录，它与这里的目录是有重复的. 文后凡注待发表者均指 1988 年前尚未发表.

[1] Reflexion asrngi lua-qof uities of one dimensional semilinear wave e tions at boundaries, *J. Malh. Anal. Appl.*, 72(1979), 633–653.

Bony, J. M.

[1] Calcul symbolique et propagation des singularités pour les équations aux dérivées partielles non-linéaires, *Ann. Sc. de l'Ecole Norm. Sup.*, 14(1981), 209—246.

[2] Interaction des singularités pour les équations aux dérivées partielles non-linéaires, Sém. Goulaouic-Meyer-Schwartz, Ecole polytechnique, exp. no 22 (1979—1980) et no 2(1981—1982).

[3] Propagation et interaction des singularités pour les solutions des équation aux dérivées partielles non linéaires, Proc, Int. Cong. Math., Warszawa (1983), 1133—1147.

[4] Interaction des singularités pour les équations de Klein-Gordon non linéaires, Sem. Goulaouic-Meyer-Schwartz, Ecole Polytechnique, exp. no 10(1983—1984).

[5] Second microlocalization and propagation for semi-linear hyperbolic equations Symposium on Hyper. Equation and Related Topics, Kinokyniya Publ. Co., Tokyo, 1984.

[6] Propagation and interaction of singularities for solutions of nonlinear part. dif. equ., Proc. of the 1982 Changchung Symp. on Diff. Geo. and Diff. Equ., Science Press, Beijing, 1986.

Boulkhemair, A.

[1] Opérateurs paradifferentiels et conjugation par des opérateurs intégraux de Fourier, Thèse de 3ème cycle, Univ. Paris XI, 1984.

Carathéodory, C.

[1] Variationrechnung und Partielle Differentialgleichungen Erster Ordnung, Teubner, Berlin, 1935 (英译本: Calculus of Variation and Partial Differential Equations of First Order, Holden-Day, San Francisco, 1965).

Cartan, E.

[1] Les symtèmes Differentiels Extérieurs et leurs Applications Geometriques, Hermann, Paris, 1945.

Chemin, J.Y.

[1] Localisation des Singularités pour les solutions d'équations aux déri vées partielles non linéaires en dimension 2 ou à l'ordre 1, *C.R.A.S. Paris*, t303 (1986), I(9).

[2] Analyse mierolocale précisée des solutions d'équ. aux dérivées part. non lineaires, Thès de 3ème cycle, Univ. Paris XI, (1986).

[3] Ondes lentes et interaction controlées pour les équ. strictement hyperb. non lineaires, Sém. École Polytechnique, exp. no4(1986—1987).

[4] Theorèmes de singularités pour les sol d'équ. aux dérivées part. non linéaires hyperb., Thèse de Doctorat, Univ. Paris, XI (1987).

陈恕行 (Chen Shuxing)

[1] 拟线性对称双曲组的初边值问题及其应用，数学年刊，**1**(1980)，511—521.
[2] On the propagation of singularities of solutions for non-linear systems, Proc. of the 1982 Changchung Symp. on Diff. Geo. and Diff. Equ., Science Press, Beijing, 1986.
[3] Pseudo-differential Operators with finitely smooth symbols and appl. to quasilinear equ., *Non-linear Analysis TMA*, **6**(1982). 1193—1206.
[4] 拟线性对称双曲组具有特征边界的初边值问题，数学年刊，**3**(1982)，223—232.
[5] 一类 Sobolev 不等式及其应用，工程数学学报，**2**(1985)，37—45.
[6] 一类双曲型方程组的 Goursat 问题(待发表).
[7] 三维薄机翼超音速绕流问题局部解的存在性(待发表).
[8] The smoothness of shock front solutions for systems of conservation laws (待发表).

Coifman, R., Meyer, Y.
[1] Au-delà des opérateurs pseudodifferentiels, *Astérisque*, **57**(1978).

Duistermaat, J. J.
[1] Fourier Integral Operators, Courant Inst. of Math. Sciences, NYU, New York, 1973.
[2] Oscillatory integrals, Lagrangean immersion and unfolding of singularities, *Comm. Pure Appl. Math.*, **27**(1974), 207—281.

Duistermaat, J.J., Hörmander, L.
[1] Fourier integral operators, II, *Acta Math.*, **128**(1972), 183—269.

Егоров, Ю. В. (Egorov, Ju.V.)
[1] О канонических преобразованиях псевдодифференциальных операторов, *УМН*, **24**(1969),5, 149—150.
[2] Канонические преобразования и псевдодифференциальные операторы, Труды Моск. Матем. Общ., Т., **24**(1971), 3—28.
[3] Линейные Дифференциальные Уравнения Главного Типа, Наука, Москва, 1984.

Fefferman, C.
[1] The uncertainty principle, *Bull. Amer. Math. Soc.*, **9**(1983), 129—206.

Godbillon, C.
[1] Geométrie Differentielle et Méchanique Analytique, Hermann, Paris, 1969.

Godin, P.
[1] Propagation of C^∞ regularity for fully non-linear second order strictly hyperbolic equations in two variables, *Trans. Amer. Math. Soc.*, **290**(1985).

Guillemin, V., Sternberg, S.
[1] Geometric Asymptotics, Amer. Math. Soc. Surveys, 14, Providence, R.I., 1977.

Hörmander, L.

[1] Hypoelliptic second order differential equations, *Acta Math.*, **119** (1967), 147—171.
[2] Fourier integral operators, I. *Acta Math.*, **127**(1971), 79—183.
[3] Spectral analysis of singularities (Sem. on Singularities of Solutions of Linear Partial Differential Operators, ed, Hörmander), Ann. of Math. Studies, 91, Princeton Univ. Press, Princeton, N. J., 1979.
[4] Pseudo-differential operators of principal type, NATO Adv. Study on Sing. in BVP. Reidel Publ. Co., Dodrecht, 1981, 69—96.
[5] Differential operators of principal type and scattering theory, Proc. of the 1982 Changchun Symp. on Diff. Geo. and Diff. Equ., Science Press, Beijing, 1986.
[6] The Analysis of Linear Partial Differential Operators, I—IV, Springer-Verlag, 1983—1985.

Keller, J. B.
[1] Corrected Bohr-Sommerfeld quantum conditions for non-separable systems, *Ann. of Physics*, **4**(1958), 180—186.

Kline, M., Kay, I. W.
[1] Electromagnectic Theory and Geometric Optics, Interscience Publ., N.Y., 1965.

Kreiss, H. O.
[1] Initial boundary value problems for hyperbolic systems, *Comm. Pure Appl. Math.*, **23**(1970), 277—298.

Ландау, Л. Д., Лифшиц, Е. М. (Landau, L. D., Lifschitz, E.M.)
[1] Механика, Физматгиz, Москва, 1965(英译本, Mechanics, Pergamon, Oxford, 1960; 中译本: 朗道,栗夫席兹, 力学, 高等教育出版社, 北京, 1960).

Lascar, B.
[1] Singularités des solutions d'équ. aux dérivées part. nonlinéaires, *C.R.A.S. Paris*, t**287**(1978), 527—529.

Lax, P. D.
[1] Asymptotic solutions of oscillatory initial value problems, *Duke Math. J.*, **24**(1957), 627—646.

Leichtman, E.
[1] Front d'onde d'une sous-variété; propagation des singularités pour des équ. aux dérivées part. non linéaires, Thèse de 3ème cycle, Univ. Paris, XI, 1984.

Lesay, J.
[1] Lagrangian Analysis and Quantum Mechanics, MIT Press, 1981.

Majda, A.
[1] Compressible Fluid Flow and Systems of Conservation Laws in Several Space Variables, Appl-Math. Sci., 53, Springer-verlag, Berlin, 1984.

Маслов, В.П. (Maslov, V, P,)

[1] Теория Возмущения и Асимптотические Методы, Изд,Мгу, Москва, 1965 (法译本, Théorie des Pertubations et Méthodes Asymptotiques, Dunod, Paris, 1972).
[2] Асимптотические Методы Решения Псевдодифференциальных Уравнений, Наука, Москва, 1987.
Маслов, В.П., Федорюк, М.В. (Maslov, V.P., Fedoryuk, M.V.)
[1] Квазиклассические Приближения для Уравнения Квантовой Механики, Наука, Москва, 1976 (英译本 Semi-classical Approximation for Equations of Quantum Mechanics, MIT Press, 1986).
Melrose, R., Ritter, N.
[1] Interaction of non-linear progressing waves for semilinear wave equations, *Ann. Math.*, **121**(1985), 187—213.
[2] Interaction of non-linear progressing waves for semilinear wave equations. II (待发表).
Metivier, G.
[1] Interaction de deux chocs pour un système de deux lois de conservation en dimension deux d'espaces, *Trans. Amer. Math. Soc.* (待发表).
[2] The Cauchy problem for semilinear hyperbolic systems with discontinuous data, *Duke Math. J.* (待发表).
[3] Propagation, interaction and reflection of discontinuous progressing waves for semilinear systems (preprint).
[4] Probèmes mixtes hyperboliques nonlinéares symmetriques dissipatifs (preprint).
Meyer, Y.
[1] Remarque sur un théorème de J.M. Bony, *Supp. Rend. Circ. Mat. Palermo* (1981), no 1.
溝畑茂 (Mizohata, S.)
[1] Solutions nulles et solutions non-analytlques, *J. Math. Kyoto Univ.* 1(1962), 271—302.
Mokrane, A.
[1] Problèmes mlxtes hyperboliques nonlinéaires, Thèse de 3ème cycle, Univ Rennes I, 1987.
Oleinik, O.A., Radkevic, E.D. (Олейник, О. А., Радкевич, Е. Д.)
[1] Second Order Equations with Non-negative Characteristic Form, Amer, Math, Soc., Providence, R. I., 1973.
Петровский, И.Г. (Petrowsky, I. G.)
[1] О некоторых проблемах теории уравнений с счастными производными, *УМН*, 1(1946), 44—76.
仇庆久 (Qiu Qinju)
[1] 关于仿微分算子的 Egorov定理(待发表).
仇庆久,陈恕行,是嘉鸿,刘景麟,蒋鲁敏 (Qiu Qinzu et al)
[1] 傅里叶积分算子理论及其应用,科学出版社,北京, 1985.
Rauch, J.

[1] L^2 is a continuable condition for Kreiss mixed problems, *Comm Pure Appl. Math.*, **23**(1970), 221—232.

[2] Symmetric Positive systems with boundary characteristic of constant multiplicity, *Trans. Amer. Math., Soc.*, **291**(1985), 167—187.

Rauch, J., Massey, F.

[1] Differentiability of solutions to hyperbolic initial Boundary value problems, *Trans Amer. Math. Soc.*, **189**(1974), 303—318.

Rauch, J., Reed, M.

[1] Propagation of singularities for semilinear hyperbolic equations in one space variable, *Ann. of Math.*, **111**(1980), 531—552.

[2] Jump discontinuities of semilinear strictly hyperbolic systems in two variables: creation and propagation, *Comm. Math. Phys.*, **81**(1981),203—227.

[3] Non-linear microlocal analysis of semilinear hyperbolic systems in one space dimension, *Duke Math. J.*, **49**(1982), 379—475.

[4] Striated solutions to semilinear, two speed wave equations, *Indiana Univ. Math. J.*, **34**(1985), 337—353.

[5] Discontinuous progressing waves for semilinear systems, *Comm. PDE*, **10**(1985).

[6] Classical, conormal, semilinear waves, Sém. Ecole Polytechnique, exp, no 5(1985—1986).

Ritter, M.

[1] Progressing wave solutions to non-linear hyperbolic Cauchy problems, Ph. D. Thesis, MIT(1984).

Sablé-Tougeron, M.

[1] Régularité microlocale pour des problèmes aux limites nonlinéaires, *Ann. Inst Fourier*, **36**(1986).

[2] Existence pour un problème de l'élastodynamique Neumann non linéaires en dimension 2 (待发表).

[3] Propagation des singularités faibles en elastodynamique non linéaire (待发表).

Souriau, J. M.

[1] Structure des Systèmes Dynamiques, Dunod, Paris, 1970.

Weinstein, A.

[1] Lectures on Symplectic Manifolds, Reg. Conf. Series in Math., no. 29, Amer. Math. Soc., Providence, R.I., 1977.

Xu C.J. (徐超江)

[1] Régularité des solutions des équations aux dérivées partielles non linéaires, *C.R.A.S., Paris*, **300**(1985), 267—270.
et Thèse de Doctorat. Univ. Paris XI.

[2] Opérateur sous elliptiques et régularité des solutions d'équations aux dérivées partielles non linéaires du second ordre en deux variables, *Comm. PDE*, **11**(1986).

[3] Régularité des solutions d'équations aux dérivées partielles non linéaires associées àun s ystème de champs de vecteurs, *Ann. Inst. Fourier*, 37(1987).

[4] Hypoellipticity of nonlinear second order partial differential equations, *Comm. PDE* (待发表).

[5] 关于二阶退化椭圆型算子的 Harnack 不等式(待发表).

[6] 非严格凸变分问题的极小值的光滑性(待发表).

[7] Hypoellipticité d'équations aux dérivées partielles non linéaires, Actes des journées E.D.P. de Saint Jean de Monts, 1985.

Xu, C.J., Zuily, C.

[1] Smoothness up to the boundary for solutions of nonlinear and non-elliptic Dirichlet proplem, Prepublications, Orsay, 1986.

Zuily, C.

[1] Sur la régularité des solutions non strictement convexes de l, équation de Monge-Ampère, Prepublications, Orsay, 1985.

后　　记

从本书上册完稿到下册隔了三年，因此，下册的面貌自然与原来的设想有很大的不同. 这里应该提到 Hörmander 的巨著，看了这部书再想动笔确有“日月出矣，而爝火不息，其为光也，不亦难乎”(庄子·逍遥游)之感，几乎有关线性偏微分算子的每一个重大问题，这部书里都有极精采的讨论，而基本的理论框架也无不重新处理了. 那么为什么还要把本书写完呢？一位朋友在上册出版后来信说的：“令人望而生畏的微局部分析终于有了国人自己写的书了”. 中国人为本国读者写书是应该占着“人和”之利(即语言以及由语言所表现出来的思路相同而得到的便利)的，这才使作者有勇气写下去. 于是，本书只保留了最基本的理论框架(即下册的辛几何和 Fourier 积分算子理论)，而略去了原来计划的主型算子一章，只把其最主要的概念放在第九章中. 佐藤超函数也只好割爱. 这是由于它已发展成一个很大的领域了，如果要讲它而不涉及一些很活跃的领域似乎是对读者敷衍塞责，而要涉及这些论题，又得重新建立起一整套“重型装备”，无论从篇幅上或作者的能力上都不大可能. 但相反地，本卷由徐超江同志写了第十章“非线性微局部分析”. 这是一个引起许多人重视的方向，国内外关心的人不少，这里介绍了一些最新的文献和正在讨论中的问题，也许可以验证上册序言中的一句话“这个领域还在迅速发展，看不出有停下来或者放慢步伐的迹象”，而且，我们现在可以说，全书的主题即是“微局部分析”.

上册问世后得到不少同志的关心，在此一并致谢，并欢迎更多的批评. 本书（包括上册）的写作得到中国自然科学基金会的支持，在此也致谢意.

齐民友

1987 年 10 月于武汉珞珈山

《现代数学基础丛书》已出版书目

1 数理逻辑基础(上册) 1981.1 胡世华 陆钟万 著
2 数理逻辑基础(下册) 1982.8 胡世华 陆钟万 著
3 紧黎曼曲面引论 1981.3 伍鸿熙 吕以辇 陈志华 著
4 组合论(上册) 1981.10 柯 召 魏万迪 著
5 组合论(下册) 1987.12 魏万迪 著
6 数理统计引论 1981.11 陈希孺 著
7 多元统计分析引论 1982.6 张尧庭 方开泰 著
8 有限群构造(上册) 1982.11 张远达 著
9 有限群构造(下册) 1982.12 张远达 著
10 测度论基础 1983.9 朱成熹 著
11 分析概率论 1984.4 胡迪鹤 著
12 微分方程定性理论 1985.5 张芷芬 丁同仁 黄文灶 董镇喜 著
13 傅里叶积分算子理论及其应用 1985.9 仇庆久 陈恕行 是嘉鸿 刘景麟 蒋鲁敏 编
14 辛几何引论 1986.3 J.柯歇尔 邹异明 著
15 概率论基础和随机过程 1986.6 王寿仁 编著
16 算子代数 1986.6 李炳仁 著
17 线性偏微分算子引论(上册) 1986.8 齐民友 编著
18 线性偏微分算子引论(下册) 1992.1 齐民友 徐超江 编著
19 实用微分几何引论 1986.11 苏步青 华宣积 忻元龙 著
20 微分动力系统原理 1987.2 张筑生 著
21 线性代数群表示导论(上册) 1987.2 曹锡华 王建磐 著
22 模型论基础 1987.8 王世强 著
23 递归论 1987.11 莫绍揆 著
24 拟共形映射及其在黎曼曲面论中的应用 1988.1 李 忠 著
25 代数体函数与常微分方程 1988.2 何育赞 萧修治 著
26 同调代数 1988.2 周伯壎 著
27 近代调和分析方法及其应用 1988.6 韩永生 著
28 带有时滞的动力系统的稳定性 1989.10 秦元勋 刘永清 王 联 郑祖庥 著
29 代数拓扑与示性类 1989.11 [丹麦] I.马德森 著
30 非线性发展方程 1989.12 李大潜 陈韵梅 著

31　仿微分算子引论　1990.2　陈恕行　仇庆久　李成章　编
32　公理集合论导引　1991.1　张锦文　著
33　解析数论基础　1991.2　潘承洞　潘承彪　著
34　二阶椭圆型方程与椭圆型方程组　1991.4　陈亚浙　吴兰成　著
35　黎曼曲面　1991.4　吕以辇　张学莲　著
36　复变函数逼近论　1992.3　沈燮昌　著
37　Banach 代数　1992.11　李炳仁　著
38　随机点过程及其应用　1992.12　邓永录　梁之舜　著
39　丢番图逼近引论　1993.4　朱尧辰　王连祥　著
40　线性整数规划的数学基础　1995.2　马仲蕃　著
41　单复变函数论中的几个论题　1995.8　庄圻泰　杨重骏　何育赞　闻国椿　著
42　复解析动力系统　1995.10　吕以辇　著
43　组合矩阵论(第二版)　2005.1　柳柏濂　著
44　Banach 空间中的非线性逼近理论　1997.5　徐士英　李　冲　杨文善　著
45　实分析导论　1998.2　丁传松　李秉彝　布　伦　著
46　对称性分岔理论基础　1998.3　唐　云　著
47　Gel'fond-Baker 方法在丢番图方程中的应用　1998.10　乐茂华　著
48　随机模型的密度演化方法　1999.6　史定华　著
49　非线性偏微分复方程　1999.6　闻国椿　著
50　复合算子理论　1999.8　徐宪民　著
51　离散鞅及其应用　1999.9　史及民　编著
52　惯性流形与近似惯性流形　2000.1　戴正德　郭柏灵　著
53　数学规划导论　2000.6　徐增堃　著
54　拓扑空间中的反例　2000.6　汪　林　杨富春　编著
55　序半群引论　2001.1　谢祥云　著
56　动力系统的定性与分支理论　2001.2　罗定军　张　祥　董梅芳　著
57　随机分析学基础(第二版)　2001.3　黄志远　著
58　非线性动力系统分析引论　2001.9　盛昭瀚　马军海　著
59　高斯过程的样本轨道性质　2001.11　林正炎　陆传荣　张立新　著
60　光滑映射的奇点理论　2002.1　李养成　著
61　动力系统的周期解与分支理论　2002.4　韩茂安　著
62　神经动力学模型方法和应用　2002.4　阮　炯　顾凡及　蔡志杰　编著
63　同调论——代数拓扑之一　2002.7　沈信耀　著
64　金兹堡-朗道方程　2002.8　郭柏灵　黄海洋　蒋慕容　著

65 排队论基础 2002.10 孙荣恒 李建平 著
66 算子代数上线性映射引论 2002.12 侯晋川 崔建莲 著
67 微分方法中的变分方法 2003.2 陆文端 著
68 周期小波及其应用 2003.3 彭思龙 李登峰 谌秋辉 著
69 集值分析 2003.8 李 雷 吴从炘 著
70 强偏差定理与分析方法 2003.8 刘 文 著
71 椭圆与抛物型方程引论 2003.9 伍卓群 尹景学 王春朋 著
72 有限典型群子空间轨道生成的格(第二版) 2003.10 万哲先 霍元极 著
73 调和分析及其在偏微分方程中的应用(第二版) 2004.3 苗长兴 著
74 稳定性和单纯性理论 2004.6 史念东 著
75 发展方程数值计算方法 2004.6 黄明游 编著
76 传染病动力学的数学建模与研究 2004.8 马知恩 周义仓 王稳地 靳 祯 著
77 模李超代数 2004.9 张永正 刘文德 著
78 巴拿赫空间中算子广义逆理论及其应用 2005.1 王玉文 著
79 巴拿赫空间结构和算子理想 2005.3 钟怀杰 著
80 脉冲微分系统引论 2005.3 傅希林 闫宝强 刘衍胜 著
81 代数学中的 Frobenius 结构 2005.7 汪明义 著
82 生存数据统计分析 2005.12 王启华 著
83 数理逻辑引论与归结原理(第二版) 2006.3 王国俊 著
84 数据包络分析 2006.3 魏权龄 著
85 代数群引论 2006.9 黎景辉 陈志杰 赵春来 著
86 矩阵结合方案 2006.9 王仰贤 霍元极 麻常利 著
87 椭圆曲线公钥密码导引 2006.10 祝跃飞 张亚娟 著
88 椭圆与超椭圆曲线公钥密码的理论与实现 2006.12 王学理 裴定一 著
89 散乱数据拟合的模型、方法和理论 2007.1 吴宗敏 著
90 非线性演化方程的稳定性与分歧 2007.4 马 天 汪宁宏 著
91 正规族理论及其应用 2007.4 顾永兴 庞学诚 方明亮 著
92 组合网络理论 2007.5 徐俊明 著
93 矩阵的半张量积:理论与应用 2007.5 程代展 齐洪胜 著
94 鞅与 Banach 空间几何学 2007.5 刘培德 著
95 非线性常微分方程边值问题 2007.6 葛渭高 著
96 戴维-斯特瓦尔松方程 2007.5 戴正德 蒋慕蓉 李栋龙 著
97 广义哈密顿系统理论及其应用 2007.7 李继彬 赵晓华 刘正荣 著
98 Adams 谱序列和球面稳定同伦群 2007.7 林金坤 著

99 矩阵理论及其应用 2007.8 陈公宁 编著
100 集值随机过程引论 2007.8 张文修 李寿梅 汪振鹏 高 勇 著
101 偏微分方程的调和分析方法 2008.1 苗长兴 张 波 著
102 拓扑动力系统概论 2008.1 叶向东 黄 文 邵 松 著
103 线性微分方程的非线性扰动(第二版) 2008.3 徐登洲 马如云 著
104 数组合地图论(第二版) 2008.3 刘彦佩 著
105 半群的 S-系理论(第二版) 2008.3 刘仲奎 乔虎生 著
106 巴拿赫空间引论(第二版) 2008.4 定光桂 著
107 拓扑空间论(第二版) 2008.4 高国士 著
108 非经典数理逻辑与近似推理(第二版) 2008.5 王国俊 著
109 非参数蒙特卡罗检验及其应用 2008.8 朱力行 许王莉 著
110 Camassa-Holm 方程 2008.8 郭柏灵 田立新 杨灵娥 殷朝阳 著
111 环与代数(第二版) 2009.1 刘绍学 郭晋云 朱 彬 韩 阳 著
112 泛函微分方程的相空间理论及应用 2009.4 王 克 范 猛 著
113 概率论基础(第二版) 2009.8 严士健 王隽骧 刘秀芳 著
114 自相似集的结构 2010.1 周作领 瞿成勤 朱智伟 著
115 现代统计研究基础 2010.3 王启华 史宁中 耿 直 主编
116 图的可嵌入性理论(第二版) 2010.3 刘彦佩 著
117 非线性波动方程的现代方法(第二版) 2010.4 苗长兴 著
118 算子代数与非交换 L_p 空间引论 2010.5 许全华 吐尔德别克 陈泽乾 著
119 非线性椭圆型方程 2010.7 王明新 著
120 流形拓扑学 2010.8 马 天 著
121 局部域上的调和分析与分形分析及其应用 2011.4 苏维宜 著
122 Zakharov 方程及其孤立波解 2011.6 郭柏灵 甘在会 张景军 著
123 反应扩散方程引论(第二版) 2011.9 叶其孝 李正元 王明新 吴雅萍 著
124 代数模型论引论 2011.10 史念东 著
125 拓扑动力系统——从拓扑方法到遍历理论方法 2011.12 周作领 尹建东 许绍元 著
126 Littlewood-Paley 理论及其在流体动力学方程中的应用 2012.3 苗长兴 吴家宏 章志飞 著
127 有约束条件的统计推断及其应用 2012.3 王金德 著
128 混沌、Mel'nikov 方法及新发展 2012.6 李继彬 陈凤娟 著
129 现代统计模型 2012.6 薛留根 著
130 金融数学引论 2012.7 严加安 著
131 零过多数据的统计分析及其应用 2013.1 解锋昌 韦博成 林金官 著

132　分形分析引论　2013.6　胡家信　著

133　索伯列夫空间导论　2013.8　陈国旺　编著

134　广义估计方程估计方程　2013.8　周　勇　著

135　统计质量控制图理论与方法　2013.8　王兆军　邹长亮　李忠华　著

136　有限群初步　2014.1　徐明曜　著

137　拓扑群引论(第二版)　2014.3　黎景辉　冯绪宁　著

138　现代非参数统计　2015.1　薛留根　著